DIE ENERGETIK

NACH IHRER GESCHICHTLICHEN ENTWICKELUNG.

Von

Dr. GEORG HELM,

O. PROFESSOR AN DER K. TECHN. HOCHSCHULE ZU DRESDEN.

MIT FIGUREN IM TEXT.

LEIPZIG,

VERLAG VON VEIT & COMP.

1898.

DIE ENERGETIK

DIE ENERGETIK

NACH IHRER GESCHICHTLICHEN ENTWICKELUNG.

VON

DR. GEORG HELM,

O. PROFESSOR AN DER K. TECHN. HOCHSCHULE ZU DRESDEN.

MIT FIGUREN IM TEXT.

LEIPZIG,

VERLAG VON VEIT & COMP.

1898.

Druck von Metzger & Wittig in Leipzig.

Vorwort.

Im Streite erzeugt, ist dies Buch doch keine Streitschrift. Schon die beschwichtigende Wirkung der Jahre, die seit den Erregungen der Lübecker Tage vergangen sind, bürgt dafür, daß diese Blätter dem Werden und Vergehen der Meinungen, dem Kampf um die Wahrheit und der Erkenntnis des Irrtums mit Gemessenheit folgen.

Nur an wenigen Stellen, besonders im sechsten Teile, wird man es der Haltung des Buches ansehen und, wie ich bitte, nachsehen, daß es aus dem Kampfe kommt. Da finden sich Ausführungen, deren Breite weder der Schwierigkeit, noch dem Einfluß der behandelten Fragen entsprechen dürfte. Nicht wie sonst konnte an diesen Stellen der Umfang allein von dem Urteil über Wert und Tragweite der dargelegten Untersuchungen abhängig gemacht werden. Die Rücksicht auf Verteidigung mußte da mehr als die auf Ebenmaß den Aufbau regeln.

Überall aber ist es ein leitender Gedanke, der die Blätter des Buches durchweht: Die Energetik ist eine einheitliche Gedankenentwickelung, eine eigenartige Weise umfassender Naturerkenntnis, die sich von Robert Mayer bis auf unsere Tage entfaltet. Fehler und Auswüchse hat sie auf allen Stufen ihres Werdens gezeigt; auch vieles, was heute allgemein anerkannt ist, trat nicht gediegen zu Tage und bedurfte der Läuterung. Aber der der geschichtlichen Entwickelung folgende Blick erkennt, daß es, wie bei allem Lebendigen, dieselben Triebkräfte sind, die den wertvollen Zuwachs erzeugen, wie das, was der Ausscheidung verfällt. So will das Buch entschiedene Verwahrung dagegen einlegen, daß man nur einzelne Zweige oder gar Abfälle jener einheitlichen Geistesrichtung allein als Energetik bezeichnet, — wie es ihre Gegner versucht haben. Als ein Ganzes muß diese Gedankenschöpfung verstanden werden, als eine große Wendung menschlicher Auffassung des Naturgeschehens.

Dresden, Februar 1898.

Georg Helm.

Inhalt.

Zweiter Teil: Die Vorbereitung des zweiten Hauptsatzes.

Dritter Teil: Die klassische Thermodynamik.

Erster Teil.

Die Begründung des ersten Hauptsatzes.

Erster Abschnitt.

Die Auffassung der Kraft vor Robert Mayer.

1. So klar ist selten der Standpunkt, den der Historiker naturwissenschaftlichen Theorien gegenüber einnimmt, gekennzeichnet worden, wie vor wenigen Jahren von dem eifrigen Vertreter der Energetik in Frankreich. „Durch die Theorien, welche sich nur erheben, um wieder niedergekämpft zu werden, durch die Hypothesen, die das eine Jahrhundert verehrt als den geheimen Mechanismus und die verborgene Triebfeder des Weltganzen, und die das folgende Jahrhundert wie Kinderspielzeug zerbricht, vollzieht sich, langsam, aber unaufhörlich, der Fortschritt der mathematischen Physik. Wenn die Flut an der Küste steigt, bildet sich eine Welle, schwingt, brandet und bedeckt den vorher trockenen Boden; aber bald muß sie ihre Eroberung aufgeben, der Sand trocknet und sie verliert sich in der Welle, die sich hinter ihr bildet; dies Gebraus der Wogen, die sich nur erheben, um wieder zurückzusinken, erscheint wie ein vergebliches Bemühen des Meeres, ein wenig Schaum und viel Lärm; indessen zwei Stunden später liegt der Ufersand, in dem dein Fuß seine Spuren hinterließ, tief unter Wasser; in dem unaufhörlichen Hin und Her der Wogen, ihrem ruhelosen Aufsteigen und Zerschellen, Vordringen und Zurückweichen — ist der Ozean emporgestiegen.“[1]

Wer die Energetik geschichtlich begreifen will, muß sich vor allem ins Bewußtsein rufen, wie um das Jahr 1840 der Grund und Boden dalag, über welchen seitdem die Wogen dieser Erkenntnis dahingegangen sind. Aber nicht auf die Versuche origineller Denker, auf die von den Zeitgenossen nicht verstandenen, lange vergessenen, heute bewunderten Ideen vorausblickender Geister hat man in erster

[1] P. Duhem, Les théories de l'optique. Revue des deux mondes, 123 (1894).

Linie zu achten, — das sind die emporleckenden Wellen, die schnell ins allgemeine Niveau zurücksinken; vielmehr das breite Wissen der Zeit, die allgemein anerkannte Schulweisheit muß zunächst, so wenig sie ihm anmuten mag, der Blick ins Auge fassen, der der allmählichen Hebung des geistigen Niveaus folgen will.

2. Was man zu der Zeit, mit der unsere Geschichte anhebt, allgemein über die Wirkungsweise der Kräfte dachte, kann z. B. aus dem Artikel „Kraft“ des GEHLER'schen Wörterbuches[1] entnommen werden, der im Jahre 1830 gedruckt worden ist.

„Eine von denjenigen Untersuchungen der bewegenden Kräfte, womit sich die alten Geometer am meisten beschäftigt haben, ist die Bezeichnung derselben durch tote und lebendige. Man könnte diejenige Kraft eine tote oder richtiger eine latente nennen, welche zwar insofern als vorhanden seiend zu betrachten ist, als sie jederzeit hervorgerufen werden kann und also in ihren Bedingungen vollständig vorhanden ist, zur gegebenen Zeit aber allerdings nicht als wirkend, folglich auch genau genommen gar nicht existiert. So darf man z. B. dem Schießpulver die Kraft beilegen, einen gewissen Widerstand zu überwinden, diese aber zugleich so lange latent nennen, bis dasselbe entzündet ist. Hierbei wird aber offenbar das Vermögen oder die Fähigkeit einer Kraftäußerung mit einer vorhandenen Kraft selbst verwechselt, welche letztere in dem nicht entzündeten Schießpulver keineswegs schon wirklich vorhanden ist; nach der Entzündung existiert aber das Schießpulver selbst nicht mehr, sondern ist in Gase verwandelt, welche dann in einen engen Raum komprimiert die Kraftäußerung zeigen. Eine latente Kraft, insofern das Wesen der letzteren durch ihre Wirksamkeit gegeben wird, ist also eigentlich ganz undenkbar, und liegt dabei offenbar die Verwechselung der Möglichkeit mit der Wirklichkeit einer Kraftäußerung zu Grunde.“

„Die Abteilung der Kräfte in tote und lebendige, welche im Jahre 1686 zuerst durch LEIBNIZ (Acta Erud. Lips. 1695, p. 145) aufgestellt wurde, um das von ihm angegebene Maß der Kräfte zu erläutern, bezeichnet übrigens etwas ganz anderes. Hiernach ist nämlich eine tote Kraft eine wirklich vorhandene und wirkende, aber nur keine Bewegung hervorbringende, z. B. diejenige, womit ein schwerer Körper auf seine Unterlage drückt, oder womit er einen Faden straff zieht, an welchem er herabhängt. JOH. BERNOULLI

[1] GEHLERS Physikalisches Wörterbuch, neu bearbeitet von BRANDES, GMELIN, HORNER, MUNCKE, PFAFF. Bd. 5. Leipzig 1830. Der Artikel „Kraft“ ist der Unterschrift M. zufolge von MUNCKE geschrieben.

(Acta Erud. 1735 Mai, p. 210. Discours sur le mouvement. Chap. III. def. 2) nimmt daher Druck und tote Kraft als gleichbedeutend. Es ist indes einleuchtend, daß beide große Geometer in diesen Irrtum durch das Bestreben geführt wurden, das Maß der Kräfte aus der erzeugten Bewegung zu finden, wonach also eine jede Kraft = 0 oder sie selbst tot sein muß, wenn sie gar keine Bewegung hervorbringt. Nach dieser Bestimmung müßten alle in der Statik betrachteten Kräfte tot sein, weil man bloß das durch sie erzeugte Gleichgewicht konstruiert. Aber auch außerdem erkennt man bald die Unzulässigkeit dieser angenommenen Bezeichnung, insofern sie der Kraft selbst etwas beimißt, was keineswegs in dieser und selbst nicht einmal in demjenigen Körper liegt, dem sie angehört, sondern in der Beschaffenheit desjenigen, gegen welchen die Kraft ausgeübt wird. Soll ferner das Prädikat tot, jenem Sprachgebrauche gemäß, das Aufhören der Wirksamkeit bezeichnen, so führt dieses in der Anwendung zu seltsamen Folgerungen. Wenn man z. B. in die eine Schale einer über dem Tische befindlichen Wage ein Gewicht legt, so wird sie niedersinken und auf der unbeweglichen Unterlage ruhen. Diese bleibende Wirkung müßte also durch eine tote Kraft erzeugt werden, welche augenblicklich wieder lebendig würde, wenn man die Unterlage wegnähme. Zwei gleiche Gewichte auf beiden Wagschalen wären lebendig, so lange die Wage oscilliert, und würden beide tot, sobald sie still steht. Obgleich es sich hier nun bloß von einer Bezeichnung und einem Ausdrucke handelt, in der Sache selbst aber nichts geändert wird, so ist es doch besser, solche bloß willkürliche Bestimmungen aus der Wissenschaft zu entfernen; denn offenbar wird keine Veränderung in der Kraft selbst dadurch hervorgebracht, daß ihr eine andere gleich starke widerstrebt und nicht sie selbst, sondern bloß ihre Wirkung = 0 macht."

„Leibniz nennt diejenige Kraft lebendig, welche nicht bloß ein Streben nach Bewegung, sondern wirkliche Bewegung erzeugt und in diesem Sinne ist der Ausdruck auch von Wolf (Elem. Math. Kap. I. Def. 7) verstanden worden, Joh. Bernoulli dagegen dehnt den Begriff zugleich auf diejenigen Körper aus, welche durch ihre eigene Bewegung andere in Bewegung setzen könnten, wenn sie dieselben träfen, z. B. eine fallende Kugel, welche in sich die Kraft habe, eine andere fortzustoßen, obgleich sie dieselbe nicht trifft und daher auch nicht fortstößt. Indem aber die Kraft eines bewegten Körpers nicht aufhören kann, so lange sie nicht in einem anderen ein Hindernis findet oder durch eine entgegenwirkende vernichtet wird, durch den Stoß eines bewegten Körpers gegen einen ruhenden aber wieder eine proportionale Bewegung erzeugt wird, so kam BERNOULLI hierdurch auf den Satz, daß in der Körperwelt allezeit eine gleiche Summe lebendiger Kräfte erhalten werde. Nach LEIBNIZ „soll die lebendige Kraft aus unzählig oft wiederholten Eindrücken der toten Kraft bestehen," — — — — — — — — — — — doch brechen wir die Wiedergabe dieser Wüstenei zielloser Erörterungen ab! Auch die im Buche folgende Darlegung des LEIBNIZ'schen und des DESCARTES'schen Kräftemaßes, die ziemlich beiläufige Erwähnung des Messens der Kräfte durch die Beschleunigungen, die Aufzählung der verschiedenen von der Natur dargebotenen Kräfte führt nicht zur Klärung der Grundanschauungen. So wird unter den bewegenden Kräften der Maschinen die Elastizität aufgeführt und die Wärme; unter jener findet sich als Beispiel die Kraft des Schießpulvers und der Dampf, unter dieser die zusammenziehende Kraft erkaltender Metalle. Die Angaben über die Kraftleistungen der Menschen und Tiere werden zwar auf Pfund in 1 Minute für 1 Fuß Höhe reduziert, aber die so berechneten, als Nutzeffekte bezeichneten Zahlen dienen nur der Vergleichung und erscheinen nicht, wie es erst durch Heranziehung des in jener Zeit von den technischen Mechanikern Frankreichs entwickelten Arbeitsbegriffes ermöglicht ward, von grundsätzlicher Bedeutung für die Auffassung der Naturkräfte. Der Artikel findet seinen würdigen Abschluß in einer nicht ganz knapp bemessenen Besprechung über die geheimen Kräfte der Sympathie, der Wünschelrute und dergl.

3. Das eine Buch kann hier für alle Zeugnis ablegen. Man wird in den Lehrbüchern des ganzen vierten Jahrzehnts unseres Jahrhunderts vergebens nach tiefer gehender Aufklärung suchen, ja die deutschen Lehrbücher nehmen bis in den Beginn der vierziger Jahre noch nicht einmal die Vertiefung auf, welche von den französischen Forschern auf dem Gebiete rein mechanischer Vorgänge durch das Prinzip der lebendigen Kraft und den Begriff der mechanischen Arbeit gewonnen worden war. WEISBACH, dem die deutsche Mechanik so viel an Klarheit und Selbständigkeit verdankt, sagt 1835 in der Vorrede zum Handbuch der Bergmaschinenmechanik die bezeichnenden Worte: „POISSON's Lehrbuch der Mechanik und CORIOLIS' Werk *Du calcul de l'effet des machines* sind dem Verfasser nicht ohne Nutzen gewesen, wiewohl er sich nicht mit dem Prinzipe der lebendigen Kräfte hat einlassen können." Und HELMHOLTZ macht noch 1847 den für die Auffassung der Bewegung als einer Energieumformung wesentlichen Vorschlag, den Faktor $\frac{1}{2}$ zum Produkt aus Masse und Geschwindigkeitsquadrat zu fügen, obschon das Coriolis schon 1829 in dem soeben citierten Werke gethan hatte.

So war im großen und ganzen der Zustand des Bodens, auf den die Saat fiel, die im fünften Jahrzehnt des neunzehnten Jahrhunderts von den Begründern der Energetik ausgestreut wurde. Aber ich betone: im großen und ganzen. So war die Gesamtlage; an einzelnen — aber vereinzelt bleibenden — Stimmen, die ein tieferes Verständnis bekunden, hat es nicht gefehlt, so lange über die Kraft, so lange über die Naturvorgänge nachgedacht worden ist.

Zweiter Abschnitt.

Vereinzelte Ansätze zu energetischer Auffassung.

1. Daß alles Werden ein Vergehen, alles Vergehen ein Werden ist, zeigt sich als Angelpunkt, ja als Quelle alles menschlichen Nachsinnens über die Vorgänge der Außenwelt in den ältesten Schöpfungen systematischen Denkens, den Religionen, und nicht minder erblicken die ältesten Versuche, die Grenzen der Überlieferungen individualistisch zu überschreiten, die ältesten Versuche spekulativer Philosophie, in jenem Satze ihr Problem. So ist denn die Erhaltungs- und die Umwandlungsidee so alt, wie die Theorie überhaupt. Selbst die beiden Hauptrichtungen, die wir heute noch nach der Klärung und quantitativen Ausgestaltung jener schwankenden Ideen in der Energetik unterscheiden können, wurzeln in jenen ehrwürdigen Äußerungen der ältesten sinnenden Betrachtung der Natur: gestaltet die eine Richtung das, was sich bei allen Umwandlungen erhält, zu einem großen geheimnisvollen Unbekannten, so sucht die andere etwas Sinnenfälliges, vorzugsweise die Bewegung, in allem Wechsel der Erscheinung wiederzuerkennen; dort Monismus, hier mechanische Weltanschauung vorherrschend. So haben sich denn aus allen Zeiten gelegentliche Äußerungen von energetischer Färbung nachweisen lassen. Obschon sie alle nach meiner Auffassung vom historischen Aufbau der Wissenschaft keine Bedeutung für die Geschichte der Energetik, sondern nur einen psychologischen Wert besitzen, so werden doch viele Leser sie in einem Buche wie das vorliegende anzutreffen wünschen, und ich lasse daher eine Zusammenstellung der wichtigsten mir bekannt gewordenen Aussprüche dieser Art folgen.

2. Rühlmann, der einen recht vollständigen Überblick über derartige Aussprüche giebt,[1] erinnert daran, daß Heraklit die Ansicht

[1] Rühlmann, Mechanische Wärmetheorie. Bd. 2. Braunschweig 1885. S. 863.

von der ewigen Veränderlichkeit der Natur und der harmonischen Gesetzmäßigkeit im Wechsel entwickelt habe und weist auf ANAXAGORAS' Ausspruch hin: „Nichts tritt ins Sein oder wird zerstört, sondern alles ist eine Zusammenstellung oder Aussonderung von Dingen, die schon vorher existierten." Als EMPEDOKLES' Ausspruch citiert er: „Thoren denken, es könne zu sein beginnen, was nie war, oder es könne, was ist, vergehen und gänzlich verschwinden." Von DEMOKRIT rührt der Satz her: „Aus Nichts wird Nichts und Nichts kann zu Nichts vergehen," der bei EPIKUR in der Form wieder auftritt: „Aus Nichts wird Nichts, denn sonst könnte aus Allem Alles werden." PLATO sagt im Phädrus bei der Erörterung über die Unsterblichkeit der Seele: „Das innere in Bewegung Befindliche ist unsterblich; dasjenige aber, welches ein Anderes bewegt und von einem Anderen bewegt wird, hört auf zu leben, sobald seine Bewegung aufhört. .... Der Anfang der Bewegung ist das, was sich selbst in Bewegung setzt. Dies kann aber weder vergehen noch werden oder es muss der ganze Himmel und die ganze Natur zusammenstürzen und stillstehen, ohne jemals wieder einen Anlaß zur Bewegung zu haben." Am schlagendsten aber unter den Alten bringt LUKREZ in seinem Lehrgedicht den Erhaltungsgedanken zum Ausdruck an der berühmten Stelle: „Niemals war auch dichter vorher noch lockrer der Urstoff; denn er vermehrt sich nie, noch vermindert er sich durch Zerstörung. Deshalb war die Bewegung, die jetzt in den Urelementen herrscht, schon von jeher da, und so wird sie auch künftig noch dasein. Was bisher schon entstand, wird unter der gleichen Bedingung ferner entstehn und bestehn, wird wachsen und blühn und erstarken, je nach dem Maß, das jedem verliehn durch natürliche Satzung. Denn kein Platz ist vorhanden, nach welchem die Teile des Urstoffs könnten entfliehen, kein Platz, von wo aus erneuerte Kräfte brächen hervor, die Bewegung und Natur der Dinge zu ändern."

3. Aus BERTHOLD's ausführlicher Zusammenstellung[1] der Äußerungen, die als Vorläufer der atomistischen Wärmehypothese erscheinen, entnehmen wir als die Energetik vorbereitende Gedanken die folgenden. EULER betrachtet es als paradox, daß aus dem kleinsten Funken der größte Brand entstehen könne, während doch die Wirkung der Ursache gleichen müsse und die Quantität der Bewegung oder der Kräfte nicht vermehrt werden könne. HOBBES hält ein und dieselbe

[1] BERTHOLD, RUMFORD und die mechanische Wärmetheorie. Heidelberg 1875.

Bewegung für die Ursache des Lichtes wie der Wärme, beide sind verschwisterte Wirkungen derselben Ursache. Berühmter ist durch unzählige Berufungen auf ihn LOCKE's Ausspruch geworden: „Was in unserer Empfindung als Wärme erscheint, ist am Gegenstande nur Bewegung."

BOHN[1] hat bei Gelegenheit des TYNDALL-TAIT'schen Streites (vgl. Teil 4, Abschn. 4) auf eine Reihe älterer Äußerungen hingewiesen, die als Vorläufer der Energetik anerkannt werden müssen. Aus JOHANN BERNOULLIS Abhandlung über den wahren Begriff der lebendigen Kräfte und deren Gebrauch in der Dynamik (Opera omnia, Bd. 3) führt er folgende Stellen an: „Hieraus geht hervor, daß die lebendige Kraft (welche passender Aktionsfähigkeit hieße, französisch le pouvoir), etwas Reales und Substantielles ist, was durch sich besteht und dessen Menge nicht von anderem abhängt. Daraus schließen wir, daß eine jede lebendige Kraft ihre bestimmte Größe hat, von der nichts verloren gehen kann, was nicht in einer entstandenen Wirkung wiedergefunden würde. Aus diesem Grunde folgt, daß die lebendige Kraft sich selbst erhält, so daß was vor der Wirkung in einem oder mehreren Körpern vorhanden war, nun, nach der Wirkung, in einem oder mehreren anderen Körpern gefunden wird, wenn es nicht in den früheren zurückgeblieben ist. Und das ist es, was wir die Erhaltung der lebendigen Kräfte nennen." „Wenn Körper nicht vollkommen elastisch sind, so wird ein Teil der lebendigen Kräfte, welcher zu verschwinden scheint, zur Kompression der Körper verbraucht."

Dritter Abschnitt.

Wärme als eine Art der Bewegung.

1. Weit einflußreicher als die angeführten vereinzelten Äußerungen sind für die geschichtliche Entwickelung der Ansichten über die Wirkungsweise der Kräfte jene Arbeiten geworden, welche die Stofftheorie der Wärme bekämpften und nachzuweisen suchten, daß die Wärme als eine Art der Bewegung betrachtet werden müsse.[2] Schon die alte Annahme eines eigenen Wärmestoffes war zu mechanischen Erklärungsversuchen gelangt, indem sie sich vorstellte, daß die Teile eines erwärmten Körpers in heftiger, durch den Anprall der Wärmeatome verursachten Bewegung begriffen seien. Aus dieser

[1] Phil. Mag. (4) 28, 1864.

[2] Die Entwickelung ist sorgfältig dargelegt in BERTHOLD, RUMFORD und die mechanische Wärmetheorie. Heidelberg 1875.

Vorstellungsweise die Wärmeatome, einen besonderen Wärmestoff, gänzlich zu eliminieren, ist in den beiden letztvergangenen Jahrhunderten wiederholt und von verschiedenen Richtungen her unternommen worden, und es konnte nicht fehlen, daß diese Ausbildung einer rein mechanischen Anschauungsweise zur Energetik hinführte, da ja durch sie das Gesetz der lebendigen Kraft auf die Wärmeerscheinungen übertragbar wurde.

So gebraucht Daniel Bernoulli bei Entwickelung seiner kinetischen Gastheorie den Ausdruck „lebendige Kraft, welche einem komprimierten elastischen Körper eingepflanzt ist", und versteht darunter „den potentiellen Auftrieb, welchen ein elastischer Körper anderen Körpern mitteilen kann, so lange seine gesamte elastische Kraft noch nicht erschöpft ist". Ja, er schon „hegt die Überzeugung, daß, wenn alle lebendige Kraft, welche in einem Kubikfuß Kohle verborgen ist, auf vorteilhafte Weise zur Bewegung einer Maschine verwendet wird, mehr damit erreicht werden kann, als durch die tägliche Arbeit von acht oder zehn Menschen". Und als es Graf Rumford in München 1798 gelungen war, durch Reibungswärme beim Bohren Wasser zum Sieden zu bringen, fügt er der Veröffentlichung seiner Versuche die energetisch vortreffliche Bemerkung bei: „Es lassen sich keine Bedingungen denken, in denen diese Art Wärme zu schaffen vorteilhaft sein würde, denn selbst aus dem Futter für das eine Pferd (das zum Betrieb des Bohrers nötig ist), als Feuerung gebraucht, würde man mehr Wärme erhalten."

Nachdem im Jahre 1799 Humphrey Davy durch Aneinanderreiben zweier Eisstücke Eis in Wasser verwandelt hatte, wurde allmählich die Gewöhnung an eine stoffliche Auffassung der Wärme überwunden; aber mit der mechanischen Auffassung der Wärme verbreiteten sich auch energetische Anschauungen über die Wirkungsweise der Kräfte. Fresnel schloß aus der Erhaltung der lebendigen Kraft, daß sie als Maß des Lichtes angesehen werden müsse, dessen Menge, soweit es durchsichtige Mittel durchläuft, sehr nahe unverändert bleibt. Aus den Absorptionserscheinungen aber dürfe man nicht schließen, daß die Erhaltung der lebendigen Kräfte auf diese Vorgänge nicht mehr anwendbar sei, es sei im Gegenteil der Gedanke am wahrscheinlichsten, daß die Summe der lebendigen Kräfte immer dieselbe sei, und daß die Menge lebendiger Kräfte, die als Licht verschwindet, als Wärme wiedererscheint.[1]

[1] Die Belegstelle citiert Bohn, Phil. Mag. (4) 28, 1864; sie stammt aus einem von Fresnel geschriebenen Anhang zur französischen Übersetzung von Thomsons Chemie.

2. In MOHR's Aufsatz über die Natur der Wärme, der 1837 in einer wenig verbreiteten Zeitschrift[1] erschien, nachdem POGGENDORFF seine Aufnahme in die Annalen abgelehnt hatte, finden sich Stellen, die ganz so klingen, als entstammten sie den erst 1842 und 1845 erschienenen Schriften ROBERT MAYER's. „Wenn die Wärmekraft dazu verbraucht worden ist, eine andere Kraft (die Kohäsion) zu zerstören, so muß sie selbst als Kraft aufhören bemerkbar zu sein; demnach ist jedes Latentwerden von Wärme mit Veränderung des Aggregatzustandes, d. h. mit Vernichtung materieller Kräfte verbunden.“ — „Von einer Kraft läßt sich ebenfalls Rechenschaft geben wie von einem wägbaren Stoffe, man kann sie teilen, davon abziehen, dazufügen, ohne daß die ursprüngliche Kraft verloren ginge oder sich in ihrer Quantität ändere.“ Oder an einer anderen Stelle: „Außer den bekannten 54 chemischen Elementen giebt es in der Natur der Dinge nur noch ein Agens, und dieses heißt Kraft; es kann unter den passenden Verhältnissen als Bewegung, chemische Affinität, Kohäsion, Elektricität, Licht, Wärme und Magnetismus hervortreten und aus jeder dieser Erscheinungsarten können alle übrigen hervorgebracht werden. Dieselbe Kraft, welche den Hammer hebt, kann, wenn sie anders angewendet wird, jede der übrigen Erscheinungen hervorbringen.“ Aber diese Stellen können doch keineswegs die Priorität ROBERT MAYER's anfechten. Denn erstens stehen sie ganz auf dem Boden der mechanischen Erklärungsweise der Wärme: wenn MOHR die Wärme als eine Kraft bezeichnet, so will er damit sagen, daß sie in einer bestimmten Bewegung besteht, die durch andere Bewegungen oder Kräfte aus rein mechanischen Gründen verursacht werden kann. Zweitens gelangt MOHR zu keinem quantitativen Abschluß seiner Betrachtungen, er findet nicht die Größe der Kraft in ihren verschiedenen Erscheinungsformen, daher auch nicht das mechanische Wärmeäquivalent.

3. Auch die von AKIN[2] unter die Vorläufer der Energetik gerechneten Äußerungen in PLACIDUS HEINRICH's Werk über Phosphorescenz 1812: „Unterdessen wissen wir wenigstens soviel mit Zuverlässigkeit, daß in der Natur nichts verloren geht; ... alles erhält sich durch einen steten Umtausch, das eine gewinnt durch den Verlust des andern, das eine entsteht durch das Verschwinden

[1] BAUMGARTNER und v. HOLGER's Zeitschr. f. Physik. Bd. 5. Der Aufsatz wurde später abgedruckt in MOHR, Allgemeine Theorie der Bewegung und der Kraft. Braunschweig 1869.

[2] Phil. Mag. (4) 28, 1864.

des andern. ... Also im Universum nie Verlust, nie Wechsel und Umtausch!" — auch diese Worte sind so allgemein gehalten, daß sie kaum als energetische Anregungen in Frage kommen, überdies[1] auch von ihrem Verfasser nur auf Stofferhaltung bezogen.

Am weitesten, selbst bis zu quantitativen Abschätzungen, ist in diesem Gedankenkreise wohl Justus v. Liebig vorgedrungen, der in seinen Chemischen Briefen einzelne Anschauungen niedergelegt hat, die Robert Mayer's Ideen ganz nahe kommen und zweifellos für diese anregend und stützend gewirkt haben. „Wärme, Elektrizität und Magnetismus", sagt er z. B.,[2] „stehen in einer ähnlichen Beziehung zu einander, wie die chemischen Äquivalente von Kohle, Zink und Sauerstoff. Durch ein gewisses Maß von Elektrizität bringen wir ein entsprechendes Verhältnis von Wärme oder von magnetischer Kraft hervor, die sich gegenseitig äquivalent sind. Diese Elektrizität kaufe ich mit chemischer Affinität, die, in der einen Form verbraucht, Wärme, in der andern Elektrizität oder Magnetismus zum Vorschein bringt. ... Zink und Schwefelsäure liefern uns die chemische Affinität in der einen, Kohlen und ein gehöriger Luftzug in der andern Form. ... Aus nichts kann keine Kraft entstehen. ... Wenn wir die Kohlen, die wir zur Ausschmelzung des Zinkes aus seinen Erzen gebrauchen, unter einer Dampfmaschine verbrennen, so werden wir damit höchst wahrscheinlich weit mehr Kraft hervorbringen, als durch Zink, in welcher Form und in welchem Apparat wir es auch verwenden mögen." Über den weitblickenden Geist, der aus diesen Worten spricht, hebt sich Robert Mayer empor durch die Intensität, mit der er seine Kraft dem einen Punkte zuwendet.

Vierter Abschnitt.

Die Begründung der Energetik in der Mechanik.

1. Unvergleichlich wirksamer als die besprochenen Vorläufer energetischer Auffassungsweise, ja endgültig maßgebend für die Ausbildung des Kerns der neuen Anschauungen über die Wirkungsart der Kräfte war das dynamische Prinzip von der Erhaltung der

[1] H. Klein, Prinzipien der Mechanik 1872, S. 43. — Berthold, Pogg. Ann. 157. — Helm, Energie 1887, S. 79.

[2] Chemische Briefe. Zehnter Brief in der Ausgabe von 1845. Zuerst gedruckt in der Beilage zur Allg. Ztg. 30 Sept. 1841.

lebendigen Kraft. Wie es sich bei HUYGHENS, LEIBNIZ und den BERNOULLI's aus einfachen Erfahrungen herausgebildet, wie es sich vor allem an dem Probleme des physischen Pendels entwickelt hat, bedarf keiner Ausführungen an dieser Stelle. Für uns ist allein von Bedeutung, aber von entscheidendster Bedeutung, die Gedankenreihe, die sich an das fertige Ergebnis der dynamischen Analyse angeschlossen hat. LAGRANGE leitet aus den dynamischen Differentialgleichungen in bekannter Weise den Satz ab, daß in den Systemen, die wir heute konservativ nennen, die Summe aller lebendigen Kräfte, vermehrt um eine bekannte Funktion der Koordinaten aller Massenpunkte, konstant ist. Unter lebendiger Kraft einer Masse wird dabei das Produkt aus der Masse m und dem Quadrate ihrer Geschwindigkeit v verstanden, und die Bedingung, daß das System konservativ sein muß, setzt sich aus zweien zusammen. Erstens müssen die wirkenden Kräfte konservativ sein, d. h. die Komponenten einer jeden müssen sich als Differentialquotienten einer Funktion der Koordinaten darstellen lassen, und zweitens müssen der Beweglichkeit des Systemes keine anderen Beschränkungen auferlegt sein, als solche, die sich durch Gleichungen zwischen den Koordinaten darstellen lassen. Unter diesen Bedingungen findet LAGRANGE aus den dynamischen Differentialgleichungen durch eine Integration den oben ausgesprochenen Satz

$$1) \qquad \sum \frac{1}{2} m v^2 + \sum m V = H,$$

oder die Summe der lebendigen Kräfte $m v^2$ ist gleich der Größe

$$2H - 2 \Sigma m V.$$

Dabei ist mit H eine Konstante, mit V eine Funktion der Koordinaten bezeichnet.

Neben diesem Satze erregen die Veränderungen der lebendigen Kraft beim Stoße die Aufmerksamkeit der Mechaniker. Während beim elastischen Stoße die lebendige Kraft nach dem Stoße $\Sigma m v^2$ gleich der vor dem Stoße $\Sigma m c^2$ ist, findet CARNOT für den Verlust an lebendiger Kraft beim unelastischen Stoße einen sehr einfachen Ausdruck. Es ist dieser Verlust

$$2) \qquad \Sigma m c^2 - \Sigma m v^2 = \Sigma m (c - v)^2,$$

also gleich der lebendigen Kraft der verlorenen Geschwindigkeit, d. h. der Resultante aus c und $-v$.

2. An diese Sätze, die namentlich in dem während der Folgezeit besonders viel benutzten Traité de mécanique von POISSON,

Paris 1811, als Rechnungsergebnisse auftreten, knüpft die für uns grundlegende Ideenentwickelung an. Wir verdanken diese den großen Vertretern der technischen Mechanik Frankreichs, einer Reihe von Männern, die, gründlich theoretisch geschult, doch den Blick auf die Probleme der Praxis gerichtet hielten. Der jugendliche Aufschwung der Technik in den ersten friedlichen Jahrzehnten des Jahrhunderts traf nur in Frankreich auf eine ihm theoretisch gewachsene technische Bildung, die wohl nicht so große unmittelbare Erfolge errang, aber um so nachhaltiger wirkende, die Geister beherrschende Ideen entzündete. L. N. M. Carnot, auch Monge, Coulomb, Navier, Coriolis und abschließend Poncelet sind die Träger dieser Ideen. Und die Vorstellung von einer Transformation der Kraft ist es, durch welche die analytische Formel von der Erhaltung der Kraft befruchtet wird.

Während der Bewegung eines konservativen Systems ändert sich im allgemeinen die lebendige Kraft, aber sie kann nur wachsen, wenn jene oben eingeführte Funktion V abnimmt, nur abnehmen, wenn diese steigt und sie hat immer wieder denselben Wert, wenn V ihn hat, also z. B. wenn das System wieder dieselbe Lage erreicht. Da ist ja der Umformungsgedanke nahe genug gelegt, hat auch gewiß allen den Forschern des achtzehnten Jahrhunderts vorgeschwebt, die an der Ausbildung des Gesetzes von der lebendigen Kraft gearbeitet haben; aber geklärt und für den Gebrauch gesichert wird dieser Gedanke doch erst von den Begründern der technischen Mechanik.

Da es für technische Verwendung fernliegend war, sich auf konservative Kräfte und Systeme zu beschränken, so wird nun vorzugsweise in folgender Weise geschlossen. Ist m die Masse eines den Ort xyz mit der Geschwindigkeit $x'y'z'$ durchschreitenden Punktes, stellen XYZ die Kraftkomponenten, t die Zeit dar, so folgt aus den dynamischen Differentialgleichungen:

3) $$m\frac{dx'}{dt} = X, \qquad m\frac{dy'}{dt} = Y, \qquad m\frac{dz'}{dt} = Z$$

durch Multiplikation mit

4) $$x'dt = dx, \qquad y'dt = dy, \qquad z'dt = dz$$

die Beziehung:

5) $$m(x'dx' + y'dy' + z'dz') = Xdx + Ydy + Zdz$$

oder wenn v die Geschwindigkeit, Q die wirkende Kraft und dq die Projektion des Wegelementes auf die Kraftrichtung bezeichnen:

6) $$mvdv = Qdq.$$

Für ein beliebiges Punktsystem ergiebt sich:

7) $$\Sigma m v d v = \Sigma Q d q$$

und durch Integration:

8) $$\frac{1}{2}\sum m v_2^2 - \frac{1}{2}\sum m v_1^2 = \sum \int_1^2 Q d q.$$

Nun handelt es sich vor allem um eine treffende Terminologie. Wenn L. N. M. CARNOT[1] der *force vive* $m v^2$ die *force vive latente* gegenüberstellt, so zeigt er durch diese Namengebung allein schon, daß er im Besitze der Umwandlungsidee ist,[2] und die Anwendungen, welche CARNOT von seinem Satze über den Verlust der *force vive* beim Stoße auf hydrodynamische Maschinen gemacht hat, erschienen so eigenartig, daß NAVIER bereits 1818[3] auf sie zurückweist und einige charakteristische Sätze wörtlich anführt. Eine ganze Reihe von Namen werden für $\Sigma \int Q d q$ bez. für $\Sigma m V$ vorgeschlagen, für die Funktion, die während der Bewegung als Reserve der halben lebendigen Kraft $\frac{1}{2} m v^2$ erscheint oder auch für das Doppelte jener Funktion: *puissance mécanique*, *moment d'activité*, *effet dynamique*, *quantité d'action;* durch PONCELET kommt der von CORIOLIS vorgeschlagene Name mechanische Arbeit in Aufnahme, ein Name, „der sich gewissermaßen selbst definiert". Auch der Vorschlag, $\frac{1}{2} \cdot m v^2$ als lebendige Kraft zu bezeichnen, rührt von CORIOLIS her und ist sehr langsam durchgedrungen. PONCELET schreibt zwar gewöhnlich $\frac{1}{2}$ zu $m v^2$, nennt jedoch $m v^2$ dem älteren Gebrauche gemäß lebendige Kraft. Besonders wichtig war es aber, daß ein Maß der Arbeit eingeführt wurde, von PONCELET im Anschluß an NAVIER's Bezeichnung $k \cdot m$ als Kilogrammmeter bezeichnet, während noch YOUNG, der schon gelegentlich unter *labour* eine bestimmte mechanische Leistung versteht, das Maß derselben durch Umschreibung wiedergiebt.

Die bedeutsamste Wendung lag endlich in der unmittelbaren Verwertung des Prinzipes der lebendigen Kraft zu mechanischen Schlußfolgerungen.

CORIOLIS benutzt in seinem Traité de mécanique 1829, ebenso wie PONCELET seit 1824 in seinen Vorträgen an der Artillerieschule

[1] Principes de l'équilibre et du mouvement.

[2] BOHN, Phil. mag. (4) 29 und Ann. chim. (4) 4.

[3] Ann. chim. (2) 9.

zu Metz[1] und in seinen für Arbeiter bestimmten Abendvorlesungen[2] das Prinzip der lebendigen Kraft zur Lösung mechanischer Aufgaben. Allerdings handelt es sich dabei fast immer um Aufgaben des Maschinenwesens, die von einer veränderlichen Koordinate abhängen, und CORIOLIS sagt ausdrücklich, daß die Behandlung der Bewegungsprobleme von einer Freiheit höherer Stufe auf die dynamischen Differentialgleichungen zurückgreifen müsse. Aber statischen Problemen gegenüber hält man sich keineswegs an diese Beschränkung, sondern faßt die aus dem Prinzip der lebendigen Kraft hervorgehende Gleichung

9) $$X dx + Y dy + Z dz = 0$$

als Prinzip der virtuellen Geschwindigkeiten auf. Und bei PONCELET erscheint die nun nahe gelegte Erweiterung, die Größe $m v dv$ auch als Arbeit aufzufassen. Indem PONCELET $-m\frac{dv}{dt}$ als Kraft der Trägheit, $-m v dv$ demnach als Arbeit der Trägheit bezeichnet, spricht sich bei ihm Formel 7 als eine Beziehung zwischen den virtuellen Momenten in den Worten aus: Die Summe der entwickelten elementaren Arbeiten, sowohl der von den verschiedenen die Bewegung abändernden Kräften erzeugten, als der durch diese Änderungen entwickelten Trägheitskräfte, ist beständig gleich Null.[3] In dieser Weise gedacht, konnte später, wie wir sehen werden, Formel 7 gleich dem D'ALEMBERT'schen Prinzip die gesamte Mechanik umfassen, doch finden sich bei PONCELET noch keine Anwendungen auf Bewegungen in Freiheiten höherer Stufe. Der Eigenartigkeit ihrer Auffassungen bewußt, bezeichnen nun auch CORIOLIS und PONCELET das Prinzip der lebendigen Kraft, in dem sie das Fundament für die technische Mechanik erblicken, mit einem neuen Namen als Prinzip der Arbeit oder Prinzip von der Umformung, Übertragung, Fortpflanzung der Arbeit, *principe de la transmission du travail.*

3. Hier haben wir die historische Grundlage der Energetik. Im Arbeitsprinzip bilden sich die Auffassungsweisen von Umformung und Aufspeicherung der Arbeit auf dem Gebiete der Mechanik und besonders auf dem des praktischen Maschinenwesens aus, die sich

[1] Cours de mécanique appliquée aux machines. Ausgabe von KRETZ 1874. Zuerst lithographiert erschienen 1826 bis 1836.

[2] Introduction à la mécanique industrielle. Ausgabe von KRETZ 1870. Zuerst erschienen 1829.

[3] Cours de mécanique appliquée aux machines 1870, S. 17.

später zu einer alle Erfahrung umfassenden Naturanschauung ausgestaltet haben, mit dem PONCELET'schen Arbeitsprinzip finden die energetischen Anschauungen ihre erste allgemeinere Verbreitung. Insbesondere ziehen sie in die deutschen Lehrbücher der Mechanik zu derselben Zeit ein, da ROBERT MAYER ihre weittragende Bedeutung erschaut; um 1845 erscheinen die deutschen Übersetzungen von PONCELET's und von CORIOLIS' Werken.[1] Während WEISBACH's Bergmaschinenmechanik 1835 wenigstens noch in Klammern das Cartesianische und Leibnizische Kräftemaß überliefert, bringen HECHTS Erste Gründe der mechanischen Wissenschaften 1843 schon Begriff und Maß der mechanischen Arbeit, und RÜHLMANN's Technische Mechanik 1844, die freilich immer noch die beiden verwirrenden Kräftemaße konserviert, behandelt schon ein paar Aufgaben mittels der Begriffe der lebendigen Kraft und der mechanischen Arbeit. Für die weitere Entwickelung der technischen Mechanik in Deutschland ist dann vor allem das 1845 zuerst erschienene Lehrbuch der Ingenieur- und Maschinenmechanik von WEISBACH bedeutungsvoll geworden, das den Arbeitsbegriff nachdrücklich hervortreten lässt, auch PONCELET's Prinzip der Arbeitsübertragung betont. Eine eigenartige Gestaltung giebt übrigens 1852 REDTENBACHER in seinen Prinzipien der Mechanik und des Maschinenbaues dem Prinzip der lebendigen Kraft, indem er als Masse die Hälfte der sonst so benannten Zahl definiert, also Gewicht dividiert durch doppelte Beschleunigung der Schwere, und dadurch dem Faktor $\frac{1}{2}$ bei mv^2 Rechnung trägt.

Der Einfluß der technischen Mechanik Frankreichs ist mit der hier besprochenen Ausbildung der Prinzipien der lebendigen Kraft und der virtuellen Geschwindigkeiten zum Arbeitsprinzip noch nicht erschöpft. Die Namen SADI CARNOT's und CLAPEYRON's gehören derselben Zeit und derselben französischen Technik an; aber ihre weitblickenden Leistungen können wir erst in den Kreis unserer Betrachtung treten lassen, nachdem der Abschluß, den jene Gedankenreihe des Arbeitsprinzips durch ROBERT MAYER fand, uns beschäftigt hat und die dadurch eröffnete neue Bahn der naturwissenschaftlichen Theorien.

[1] SCHNUSE, Lehrbuch der Anwendung der Mechanik auf Maschinen von PONCELET. I 1845, II 1848. — SCHNUSE, Lehrbuch der Mechanik fester Körper von CORIOLIS. 1845. — Industrielle Mechanik nach PONCELET. Bd. I von HALLBAUER 1845, Bd. II von KUPPLER 1841.

Fünfter Abschnitt.

Robert Mayer's energetischer Grundgedanke.

1. Den tiefsten Einblick in die Werkstatt eines Geistes, in die Ausgangspunkte und Triebfedern seines Wirkens gewähren uns seine Irrtümer. Weyrauch hat mit liebevoller Sorgfalt die Schriften und Briefe Robert Mayer's zusammengestellt und kommentiert[1]; hierdurch ist es in seltener Weise erleichtert worden, sich eine intime Einsicht in das Werden dieses Genius, wie sie schon früher seine Freunde, besonders Rümelin, uns vermittelt haben, zu verschaffen, auch in die Entwickelungsperiode, in der die intuitiv erkannte Wahrheit noch nicht schlackenrein gewonnen war.

Wie wunderlich nimmt sich der erste Aufsatz aus, den Robert Mayer 1841 an Poggendorff schickte. Er hat ihn nie zurück erhalten, wie Rümelin u. a. glaubten; Zöllner hat ihn im 4. Bande seiner Wissenschaftlichen Abhandlungen 1881 aus Poggendorff's Nachlaß im Facsimile veröffentlicht und Weyrauch ihn mit den Kleineren Schriften und Briefen von Robert Mayer zum Druck gebracht. In der That kann man Poggendorff keinen Vorwurf daraus machen, daß er die Arbeit nicht druckte, und doch enthält sie den Grundgedanken, dessen Tragweite die folgenden Jahrzehnte bewährten. Bewegen sich zwei gleiche Massen m mit gleichen Geschwindigkeiten c geradlinig gegeneinander, so ist die Bewegungsgröße 0 und bleibt 0, auch nach dem Stoße. Aber auch die absoluten Werte der Bewegungsgrößen erhalten sich im Gesamtbetrage $2mc$ nach Mayer's damaliger Meinung. Bei vollkommen elastischem Stoße bleibt dieser Betrag Bewegungsgröße, bei unelastischem Stoße tritt er als Wärme auf und mißt diese.

„Bewegung, Wärme und, wie wir später zu entwickeln beabsichtigen, Elektrizität sind Erscheinungen, welche auf eine Kraft zurückgeführt werden können, einander messen und nach bestimmten Gesetzen ineinander übergehen. Bewegung geht in Wärme über dadurch, daß sie durch eine entgegengesetzte Bewegung oder durch einen festen Punkt neutralisiert wird, die entstandene Wärme ist der verschwundenen Bewegung proportional."

Der Artikel leidet also — außer an einer unglücklichen, im Vorangehenden umgangenen Bezeichnungsweise — an dem Fehler, den absoluten Betrag der Bewegung durch die Bewegungsgröße zu messen.

[1] R. Mayer, Kleinere Schriften und Briefe. Nebst Mitteilungen aus seinem Leben. Herausgegeben von J. Weyrauch. Stuttgart 1893.

Nach der früher gegebenen Schilderung des allgemeinen Zustandes der Kenntnisse über die Wirkungsweise der Kräfte ist es weniger auffällig, daß MAYER in diesen Irrtum geraten ist, als daß er sich durch ihn hindurchgearbeitet hat und aus eigner Kraft vom cartesischen zum leibnizischen Kräftemaß gelangt ist. Aus einem Briefe, den MAYER im Juli 1842 an BAUR geschrieben,[1] ersieht man, wie gründlich er sich darüber Klarheit verschafft hat, daß Bewegungen, die sich zu neutralisieren vermögen, also entgegengesetzt gleiche Bewegungsgrößen besitzen, nicht gleich groß, d. h. von gleicher Energie, zu sein brauchen. Seine erste Veröffentlichung, die im Mai 1842 in LIEBIGS Annalen der Chemie und Pharmacie erschienenen Bemerkungen über die Kräfte der unbelebten Natur, stellt von dem so gewonnenen richtigen Standpunkte aus, nach welchem das an der Bewegung Unzerstörbare die lebendige Kraft ist, die neue Erkenntnis von der Wirkungsweise der Kräfte dar.

2. „Kräfte sind Ursachen; mithin findet auf dieselben volle Anwendung der Grundsatz: *causa aequat effectum.* Hat die Ursache c die Wirkung e, so ist $c = e$, ist e wieder die Ursache einer anderen Wirkung f, so ist $e = f$, u. s. f. $c = e = f \ldots = e$. In einer Kette von Ursachen und Wirkungen kann, wie aus der Natur einer Gleichung erhellt, nie ein Glied oder ein Teil eines Gliedes zur Null werden. Diese erste Eigenschaft aller Ursachen nennen wir ihre Unzerstörlichkeit."

„Hat die gegebene Ursache c eine ihr gleiche Wirkung e hervorgebracht, so hat eben damit c zu sein aufgehört; c ist zu e geworden; wäre nach der Hervorbringung von e c ganz oder einem Teile nach noch übrig, so müßte dieser rückbleibenden Ursache noch weitere Wirkung entsprechen, die Wirkung von c überhaupt also $> e$ ausfallen, was gegen die Voraussetzung $c = e$. Da mithin c in e, e in f u. s. w. übergeht, so müssen wir diese Größen als verschiedene Erscheinungsformen eines und desselben Objektes betrachten. Die Fähigkeit, verschiedene Formen annehmen zu können, ist die zweite wesentliche Eigenschaft aller Ursachen. Beide Eigenschaften zusammengefaßt, sagen wir: Ursachen sind (quantitativ) unzerstörliche und (qualitativ) wandelbare Objekte."

„Zwei Abteilungen von Ursachen finden sich in der Natur vor, zwischen denen erfahrungsmäßig keine Übergänge stattfinden. Die eine Abteilung bilden die Ursachen, denen die Eigenschaft der Ponderabilität und Impenetrabilität zukommt, — Materien; die

[1] Kleinere Schriften. S. 133.

andere die Ursachen, denen letztere Eigenschaften fehlen, — Kräfte, von der bezeichnenden negativen Eigenschaft auch Imponderabilien genannt. Kräfte sind also: unzerstörliche, wandelbare, imponderable Objekte."

„Eine Ursache, welche die Hebung einer Last bewirkt, ist eine Kraft; ihre Wirkung, die gehobene Last, ist also ebenfalls eine Kraft; allgemeiner ausgedrückt heißt dies: räumliche Differenz ponderabler Objekte ist eine Kraft; da diese Kraft den Fall der Körper bewirkt, so nennen wir sie Fallkraft. Fallkraft und Fall und allgemeiner noch Fallkraft und Bewegung sind Kräfte, die sich verhalten wie Ursache und Wirkung, Kräfte, die ineinander übergehen, zwei verschiedene Erscheinungsformen eines und desselben Objektes. Beispiel: eine auf dem Boden ruhende Last ist keine Kraft; sie ist weder Ursache einer Bewegung noch der Hebung einer anderen Last, wird dies aber in dem Maße, in welchem sie über den Boden gehoben wird; die Ursache, der Abstand einer Last von der Erde, und die Wirkung, das erzeugte Bewegungsquantum, stehen, wie die Mechanik weiß, in einer beständigen Gleichung."

„Indem man die Schwere als Ursache des Falles betrachtet, spricht man von einer Schwerkraft und verwirrt so die Begriffe von Kraft und Eigenschaft; gerade das, was jeder Kraft wesentlich zukommen muß, die Vereinigung von Unzerstörlichkeit und Wandelbarkeit, geht jedweder Eigenschaft ab; zwischen einer Eigenschaft und einer Kraft, zwischen Schwere und Bewegung läßt sich deshalb auch nicht die für ein richtig gedachtes Kausalverhältnis notwendige Gleichung aufstellen. Heißt man die Schwere eine Kraft, so denkt man sich damit eine Ursache, welche, ohne selbst abzunehmen, Wirkung hervorbringt, hegt damit also unrichtige Vorstellungen über den ursächlichen Zusammenhang der Dinge. Um daß ein Körper fallen könne, dazu ist seine Erhebung nicht minder notwendig, als seine Schwere, man darf daher letzterer allein den Fall der Körper nicht zuschreiben."

3. In diesen Worten ist zuerst die spezifische Leistung Robert Mayer's niedergelegt, alles übrige ist Ausführung, ist Kommentar dieser Gedanken. Aus den verworrenen Vorstellungen, die bis dahin unter dem Namen Kraft zusammengefaßt wurden, wird jetzt der Begriff eines im Wandel der Erscheinungen Unzerstörbaren herausgehoben, und Mayer ist sein Leben lang nicht von der Forderung abgegangen, auf dies Unzerstörbare, das wir heute Energie nennen, den Namen Kraft ausschließlich anzuwenden. Das Wort Energie braucht R. Mayer zwar gelegentlich, es erschien ihm aber für seinen

Zweck wohl zu unbestimmt, nicht sachlich präzis genug. So spricht er einmal von einer Erhöhung der Energie des Oxydationsprozesses im Organismus, ein andermal von der Energie der Bewegung, verbindet aber keinen wissenschaftlich definierten Begriff mit dem Worte. Wenn wir auch heute mit Kraft etwas bezeichnen, was sich in der Wirkung nicht verzehrt, nach Mayers Terminologie eine bloße Eigenschaft, so ist doch die klare Abscheidung des jetzt als Energie Bezeichneten aus den alten Kraftvorstellungen die Errungenschaft Mayers. Und auch die zur Durchführung seines Grundgedankens notwendige Trennung von Fallkraft und Bewegung, oder, wie wir heute sagen, von potentieller und kinetischer Energie, ist, so nahe der Poncelet'sche Gedankenkreis an diese Auffassung heranstreifte, doch erst von Mayer klar erfaßt worden.

Nach Mayers, an den medizinischen Schriften seiner Zeit ausgebildeten Darstellungsweise könnte man annehmen, daß er, von seinem Kerngedanken abgesehen, doch noch recht tief in scholastischem Denken und im Suchen nach dem Absoluten stecke. Das ist aber mindestens nicht in dem Maße der Fall, als es dem Stile nach scheint. So erläutert er z. B. in einem Briefe an Griesinger vom 16. Dezember 1842, was er unter Imponderabilien versteht, folgendermaßen: „Man kann den in der Erfahrung begründeten Begriff von unzerstörlichen, wandelbaren Objekten aufstellen; darunter gehören ganz gewiß die chemischen Urstoffe und ihre Verbindungen unter sich, die durch die ihnen allen gemeinschaftlichen Eigenschaften als unzerstörliche, wandelbare, ponderable (und koercible) Objekte charakterisiert werden können; nehmen wir die zwei letzten Eigenschaften weg, so bleiben unzerstörliche, wandelbare, imponderable Objekte übrig, deren Objektivität durch die Erfahrung ebenfalls konstatiert ist (wenigstens so gut als der ponderabeln); diese letzteren wird man mit Fug Imponderabilien nennen. .... Bewegung ist eine Imponderabile, vollkommen so gut wie die Wärme," und man kann von Bewegungskapazität (nämlich Dichtigkeit) ganz in demselben Sinne reden wie von Wärmekapazität.

4. Und den Ausdruck „verwandeln" („Kraft verwandelt sich in Bewegung, Bewegung in Wärme"), den Griesinger zu abstrakt findet, verteidigt Mayer mit folgenden Erläuterungen: „Wenn man einen Schoppen Äther langsam in ein anderes Gefäß gießt, daß das Zimmer mit Geruch erfüllt wird, so hat man im zweiten Gefäß keinen Schoppen Äther mehr; man sagt dann, der Äther hat sich zum Teil in Dampf verwandelt, und es knüpfen sich an dieses Wort präzise Größenbestimmungen, denn es soll sagen: wenn im zweiten

Gefäß 1 Unze fehlt, so ist das Gewicht des Ätherdampfes genau gleich 1 Unze; der Laie aber sagt: die Luft hat halt den Äther aufgezehrt. Die Luft zehrt, besonders die frische. Wenn ich sage, Bewegung läßt sich in Wärme verwandeln und umgekehrt, so will dies nichts heißen, als zwischen Wärme und Bewegung finden hin und her dieselben quantitativen Beziehungen statt, wie zwischen dem Äther und seinem Dampfe." (Brief vom 20. Juli 1844.) „Wie aus der verschwindenden Bewegung Wärme entstehe, oder nach meiner Sprechweise, wie die Bewegung in Wärme übergehe, darüber Aufschluß zu verlangen, wäre vom menschlichen Geiste zu viel verlangt. Wie das verschwindende O und H Wasser gebe, warum nicht etwa eine Materie von anderen Eigenschaften daraus entstehe, darüber wird sich wohl kein Chemiker den Kopf zerbrechen; ob er aber den Gesetzen, denen seine Objekte, die Materien, unterworfen sind, nicht näher kommt, wenn er einsieht, daß die entstehende Wassermenge sich präzis aus der verschwindenden Menge von H und O finden lasse, als wenn er sich keines solchen Zusammenhanges bewußt ist, dies wird keine Frage sein." (Brief vom 5. und 6. Dezember 1842.) MACH hat wiederholt mit Recht vor dem gerade an das Wort „verwandeln" sich anknüpfenden Mysticismus gewarnt, der sich in die Energetik gelegentlich einzuschleichen suchte; aus obigen Worten geht klar hervor, daß der Begründer der Energetik seiner Denkweise nach dieser Warnung nicht bedarf, wenn auch die Ausdrucksweise seiner Schriften manchem seiner Nachfolger Anlaß zu derartigen Mißverständnissen gegeben hat. Im Sinne ihres Begründers ist die Energetik ein reines „Beziehungstum" und will nicht ein neues Absolutes in die Welt setzen. Wenn Veränderungen eintreten, so besteht doch zwischen ihnen diese bestimmte mathematische Beziehung — das ist die Formel der Energetik, und gewißlich ist das auch die einzige Formel aller wahren Naturerkenntnis. Was darüber hinausgeht ist Fiktion.

5. Aus allem Vorangehenden ist schon zu schließen, daß sich ROBERT MAYERS neuer Gedanke nicht allmählich aus den überlieferten Kraftbegriffen bei tieferem Durchdenken derselben herausgelöst hat, sondern zu jenen intuitiv erfaßten Ideen gehört, die, aus anderen Gebieten geistiger Arbeit stammend, gleichsam das Denken überfallen und es nötigen, die überlieferten Begriffe ihnen gemäß umzuwandeln. MAYER hat es auch selbst immer so aufgefaßt und erzählt, „wie er zu dem ganzen Handel gekommen." „Die Theorie habe ich keineswegs am Schreibtisch ausgeheckt," schreibt er am 16. Juni 1844 an GRIESINGER. „Nachdem ich mich auf meiner Reise nach Ost-

indien (als Schiffsarzt auf einem holländischen Schiffe Februar 1840 bis Februar 1841) eifrig und anhaltend mit der Physiologie des Blutes beschäftigt, gab mir die Beobachtung der veränderten somatischen Verhältnisse unserer Schiffsmannschaft in den Tropen, der Acclimatisationsprozeß, wieder vielfachen Stoff zum Nachdenken; die Krankheitsformen und besonders auch die Beschaffenheit des Blutes lenkten meine Gedanken anhaltend in erster Linie auf die Erzeugung der animalischen Wärme durch den Respirationsprozeß." Insbesondere beobachtete er bei Aderlässen, daß das der Armvene entnommene Blut eine auffallend hellrote Färbung zeigte, als hätte er eine Arterie getroffen, und die deutschen Ärzte in Batavia erklärten das für eine bekannte Erscheinung, die bei Einheimischen wie Fremden auftrete. „Will man nun," fährt er in jenem Briefe fort, „über physiologische Punkte klar werden, so ist Kenntnis physikalischer Vorgänge unerläßlich, wenn man es nicht vorzieht, von metaphysischer Seite her die Sache zu bearbeiten, was mich unendlich disgutiert; ich hielt mich also an die Physik und hing dem Gegenstand mit solcher Vorliebe nach, daß ich, worüber mich mancher auslachen mag, wenig nach dem fernen Weltteile fragte, sondern mich am liebsten an Bord aufhielt, wo ich unausgesetzt arbeiten konnte, und wo ich mich in manchen Stunden gleichsam inspiriert fühlte, wie ich mir zuvor oder später nie etwas Ähnliches erinnern kann. Einige Gedankenblitze, die mich, es war auf der Rhede von Surabaja, durchfuhren, wurden sofort emsig verfolgt und führten wieder auf neue Gegenstände. Jene Zeiten sind vorbei, aber die ruhige Prüfung dessen, was damals in mir auftauchte, hat mich gelehrt, daß es Wahrheit ist, die nicht nur subjektiv gefühlt, sondern auch objektiv bewiesen werden kann; ob dieses aber durch einen der Physik so wenig kundigen Mann geschehen könne, dies muß ich natürlich dahingestellt sein lassen. Kommen wird der Tag, das ist ganz gewiß, daß diese Wahrheiten zum Gemeingut der Wissenschaft werden; durch wen dies aber bewirkt wird und wann es geschieht, wer vermag das zu sagen?"

Auch aus der weiteren Phase des ersten Durcharbeitens der einmal erfaßten Idee besitzen wir eine wertvolle Überlieferung. Rümelin[1] schildert, wie im Herbst 1841 Robert Mayer so von seiner Idee besessen war, daß es schwer hielt, mit ihm von etwas anderem zu reden, wie damals der junge Denker im Gespräche und im Kommen und Gehen die drei Schlagwörter im Munde führte:

[1] Reden und Aufsätze. Neue Folge. Freiburg u. Tübingen. 1881. S. 350.

Ex nihilo nihil fit; nihil fit ad nihilum; causa aequat effectum. „Wir gingen einmal in derartigem Gespräche gerade auf der Landstraße, als uns der Eilwagen mit vier dampfenden Rossen entgegenbrauste. Was meinst du nun, fragte er mich, daß der physikalische Effekt von der Muskelkraft dieser Pferde sei? Ich erwiderte, ich wisse nichts zu nennen, als daß die Last der Pferdekörper und des Wagens mit seinem Inhalt eine Versetzung im Raume erfahre, die ohne einen solchen Kraftaufwand nicht erfolgt wäre. Nun, meinte er, so laß sie auf halbem Wege umkehren und nach Heilbronn zurückkehren — was ist dann der physikalische Effekt? ... Die Fortbewegung sei das Motiv und der Nebenerfolg für die mechanische Arbeitsleistung der Pferde gewesen, aber nicht deren physikalische Wirkung. Die Erhitzung der Pferde, der beschleunigte innere Verbrennungsprozeß der von ihnen genossenen Nahrung, die Reibungswärme, welche die bewegten Räder hier in den blauen Streifen auf der Landstraße zurücklassen, die Verzehrung der Fette in der Wagensalbe an den Achsen, alles das seien nicht zufällige Nebenumstände, wofür ich sie zu halten scheine, sondern die Bewegung der Pferde, ihre mechanische Arbeit setze sich in diese Wärmeerscheinungen um, und zwar nach einem konstanten quantitativen Verhältnis, in dessen Auffindung und Formulierung er den wichtigsten Teil seiner Aufgabe sehe, während er über die Richtigkeit des Prinzips nicht den geringsten Zweifel mehr habe. Damals ist mir zum erstenmal klar geworden, was er denn eigentlich wollte und gefunden zu haben glaubte.“

Sechster Abschnitt.

Die Äquivalenz der Energien.

1. Für die Folgezeit erschien als die wichtigste Anwendung des Mayer'schen Grundgedankens die Annahme, daß in den Fällen, wo Bewegung verschwindet und Wärme auftritt, diese aus jener entstanden ist. „So wenig indessen,“ heißt es in der Abhandlung von 1842, „aus dem zwischen Fallkraft und Bewegung bestehenden Zusammenhange geschlossen werden kann: das Wesen der Fallkraft sei Bewegung, so wenig gilt dieser Schluß für die Wärme. Wir möchten vielmehr das Gegenteil folgern, daß, um Wärme werden zu können, die Bewegung — sei sie die einfache oder eine vibrierende, wie das Licht, die strahlende Wärme u. s. w. — aufhören müsse, Bewegung zu sein.“

„Wenn Fallkraft und Bewegung gleich Wärme, so muß natürlich auch Wärme gleich Bewegung und Fallkraft sein. Wie die Wärme als Wirkung entsteht, bei Volumsverminderung und aufhörender Bewegung, so verschwindet die Wärme als Ursache unter dem Auftreten ihrer Wirkungen, der Bewegung, Volumsvermehrung, Lasterhebung.“

„In den Wasserwerken liefert die auf Kosten der Volumsverminderung, welche der Erdkörper durch den Fall des Wassers beständig erleidet, entstehende und wieder verschwindende Bewegung fortwährend eine bedeutende Menge von Wärme; umgekehrt dienen wieder die Dampfmaschinen zur Zerlegung der Wärme in Bewegung oder Lasterhebung. Die Lokomotive mit ihrem Konvoi ist einem Destillierapparate zu vergleichen; die unter dem Kessel angebrachte Wärme geht in Bewegung über, und diese setzt sich wieder an den Achsen der Räder als Wärme in Menge ab.“

Nach solchen Darlegungen ist es unverständlich, wie bis in die neueste Zeit sich die Meinung erhalten konnte, nur durch unmittelbare Erfahrung sei zu entscheiden, ob die entstandene Wärme gleich der verschwundenen kinetischen Energie oder etwa einer anderen bei reinen Bewegungsübertragungen unzerstörbaren Größe, vielleicht der Bewegungsgröße, gleich sei. Indem Mayer immer auf die Kette der Energieumsetzungen hinweist, vereinfacht er von vornherein die experimentelle Aufgabe. Ist erfahrungsmäßig die Beziehung zwischen Fallkraft und Bewegung und die zwischen Fallkraft und Wärme bekannt, so steht auch die zwischen Bewegung und Wärme auf Grund des Mayer'schen Ausgangspunktes fest.

2. Am Schlusse seiner Abhandlung gelangt Mayer zur ersten Angabe des mechanischen Wärmeäquivalents: „Unter Anwendung der aufgestellten Sätze auf die Wärme- und Volumsverhältnisse der Gasarten findet man, . . . daß dem Herabsinken eines Gewichtsteiles von einer Höhe von circa 365 m die Erwärmung eines gleichen Gewichtsteiles Wasser von 0° auf 1° entspreche. Vergleicht man mit diesem Resultate die Leistungen unserer besten Dampfmaschinen, so sieht man, wie nur ein geringer Teil der unter dem Kessel angebrachten Wärme in Bewegung oder Lasterhebung wirklich zersetzt wird, und dies könnte zur Rechtfertigung dienen für die Versuche, Bewegung auf anderem Wege als durch Aufopferung der chemischen Differenz von C und O, namentlich also durch Verwandlung der auf chemischem Wege gewonnenen Elektrizität in Bewegung, auf ersprießliche Weise darstellen zu wollen.“

Die Berechnung ist genau dargestellt in der zweiten Veröffentlichung ROBERT MAYERS: Die organische Bewegung in ihrem Zusammenhange mit dem Stoffwechsel. Ein Beitrag zur Naturkunde. Heilbronn 1845. „GAY-LUSSAC hat durch das Experiment bewiesen, daß eine elastische Flüssigkeit, die aus einem Ballon in einen gleichgroßen luftleeren Behälter einströmt, im ersten Gefäß genau um so viele Grade sich abkühlt, als sie sich im zweiten erwärmt. Dieser durch seine Einfachheit ausgezeichnete Versuch, der auch anderen Beobachtern stets das nämliche Resultat geliefert hat, lehrt, daß ein gegebenes Gewicht und Volum einer elastischen Flüssigkeit auf ein doppeltes, vierfaches, überhaupt auf ein mehrfaches Volum sich ausbreiten könne, ohne im ganzen eine Temperaturänderung zu erfahren, oder daß zur Ausdehnung des Gases an und für sich kein Wärmeaufwand erforderlich sei. Ebenso konstatiert ist aber auch die Thatsache, daß ein Gas, welches unter einem Drucke sich ausdehnt, eine Temperaturverminderung erleidet.“ ... „Ein Kubikcentimeter atmosphärische Luft bei 0° und 0,76 m Barometer wiegt 0,0013 Gramm, bei konstantem Drucke um 1° erwärmt, dehnt sich die Luft um $^1/_{274}$ ihres Volums aus und hebt somit eine Quecksilbersäule von 1 Quadratcentimeter Grundfläche und 76 Centimeter Höhe um $^1/_{274}$ Centimeter.“

„Das Gewicht dieser Säule beträgt 1033 Gramm. Die spezifische Wärme der atmosphärischen Luft ist bei konstantem Drucke, die des Wassers gleich 1 gesetzt, nach DELAROCHE und BÉRARD = 0,267; Die Wärmemenge, die unser Kubikcentimeter Luft aufnimmt, um bei konstantem Drucke von 0 auf 1° zu kommen, ist also der Wärme gleich, durch welche 0,0013 . 0,267 oder 0,000347 Gramm Wasser um 1° erhöht werden. Nach DULONG, dem hierin die Mehrzahl der Physiker folgt, verhält sich die Wärmemenge, welche die Luft bei konstantem Volum aufnimmt, zu der bei konstantem Drucke wie 1 : 1,421; hiernach gerechnet ist die Wärmemenge, die unseren Kubikcentimeter Luft bei konstantem Volum um 1° erhöht,

$$= \frac{0{,}000347}{1{,}421} = 0{,}000244 \text{ Grad.“}$$

Es ist folglich durch den Aufwand von 0,000347 – 0,000244 = 0,000103 Grad Wärme das Gewicht 1033 Gramm auf $^1/_{274}$ Centimeter gehoben worden. „Durch Reduktion dieser Zahlen findet man nun

$$1^0 \text{ Wärme} = 1 \text{ Gramm auf} \left\{ \begin{matrix} 367 \text{ m} \\ 1130 \text{ Pariser Fuß} \end{matrix} \right\} \text{Höhe.“}$$

3. Die organische Bewegung, Mayers erstes selbständig erschienenes Werk von 1845, bringt nicht nur die in der kleinen Abhandlung von 1842 ausgesprochenen Gedanken in gründlicherer Ausführung, es enthält auch neue zahlreiche Anwendungen derselben.

Zunächst die energetische Theorie des Elektrophors. Wird der Deckel, dessen Gewicht P sei, aus der Höhe h auf den elektrisierten Kuchen herabgelassen, so leistet außer der Schwere noch die elektrische Anziehung mechanische Arbeit, so daß diese $Ph + p$ gesetzt werden kann. Während der Deckel auf dem Kuchen ruht, wird ein elektrischer Effekt z ausgeübt und nun ist die elektrische Anziehung verstärkt, so daß es einer Arbeit $Ph + p + x$ bedarf, um den Deckel wieder auf die ursprüngliche Höhe zu heben. Auf dieser liefert er einen zweiten elektrischen Effekt z'. Während wir also jedesmal beim Heben und Senken einen mechanischen Effekt x aufwenden, gewinnen wir den elektrischen Effekt $z + z'$. So ist folglich

$$x = z + z'.$$

„Der Schluß ist einfach. Aus Nichts wird Nichts. Die Elektrizität des Harzkuchens kann, da sie sich unvermindert erhalten hat, die fortlaufende Summe elektrischer Effekte nicht hervorgebracht haben; der bei jedem Turnus verschwundene mechanische Effekt kann nicht zu Null geworden sein. Was bleibt übrig, wenn man sich nicht in einem doppelten Paradoxon gefällt? Nichts, als auszusprechen: der mechanische Effekt ist in Elektrizität verwandelt worden. Die elektrische Unterscheibe, wie der Hebel, die Retorte, ist nichts weiter als ein Instrument, dessen sich der Experimentator bedient, eine Metamorphose zu bewerkstelligen."

Wen überkäme bei diesen Ausführungen nicht das Bewußtsein von der weitschauenden Klarheit und Kühnheit der Mayerschen Gedankenführung! Wie jämmerlich erscheint solchen Worten gegenüber das Unterfangen späterer, Mayer seine Originalität abstreiten zu wollen.

4. Die Schrift von 1845 enthält weiter außer zahlreichen physiologischen Anwendungen der neuen Lehre, wie sie dem Arzte nahe lagen, noch kosmische Betrachtungen, die in einer 1848 veröffentlichten Abhandlung: Beiträge zur Dynamik des Himmels in populärer Darstellung wieder aufgenommen wurden und zu der Theorie der Sonnenwärme führten, nach welcher deren Verlusten Gewinne aus der kinetischen Energie auf die Sonne stürzender Massen des Sonnensystems gegenüberstehen. Da das vorliegende

Buch das Interesse auf die geschichtliche Entwickelung der energetischen Grundgedanken konzentrieren will, so gehe ich auf diese Ansätze zu Anwendungen derselben nicht näher ein und füge nur noch aus dem Werke von 1845 das Schema bei, in welchem ROBERT MAYER die „bisher betrachteten Hauptformen der Kräfte" zusammenstellt:

<table>
<tr><td>I.</td><td></td><td>Fallkraft</td><td rowspan="2">mechanische Kräfte,
mechanischer Effekt.</td></tr>
<tr><td>II.</td><td></td><td>Bewegung
A. einfache.
B. undulierende, vibrierende.</td></tr>
<tr><td>III.</td><td rowspan="3">Imponderabilien</td><td>Wärme.</td><td></td></tr>
<tr><td></td><td>Magnetismus.</td><td></td></tr>
<tr><td>IV.</td><td>Elektrizität, Galvanischer Strom.</td><td rowspan="2">chemische Kräfte.</td></tr>
<tr><td>V.</td><td></td><td>Chemisches Getrenntsein gewisser Materien.
Chemisches Verbundensein gewisser anderer Materien.</td></tr>
</table>

5. ROBERT MAYER ist unzweifelhaft an Gedanken der tiefste, aber an fachwissenschaftlichen Hilfsmitteln und Kenntnissen der ärmste unter den Begründern der Energetik. In einem Briefe an GRIESINGER vom 5. und 6. Dezember 1842 führt er als Beweise für die Wahrheit seiner Behauptungen folgende an: „1. Die notwendige Konsequenz aus einfachen, nicht zu leugnenden Prinzipien. 2. Ein Beweis, der, für mich subjektiv, die absolute Wahrheit meiner Sätze darthut, ist ein negativer: es ist nämlich ein in der Wissenschaft allgemein angenommener Satz, daß die Konstruktion eines *Mobile perpetuum* eine theoretische Unmöglichkeit sei (d. h. wenn man von allen mechanischen Schwierigkeiten, wie Reibung u. s. w. absieht, so bringt man es doch auch in Gedanken nicht hin), meine Behauptungen können aber alle als reine Konsequenzen aus diesem Unmöglichkeitsprinzip betrachtet werden; leugnet man mir einen Satz, so führe ich gleich ein *Mobile perpetuum* auf. 3. Ein dritter Beweis ist vor der Wissenschaft aus den Lehren der Experimentalphysik zu führen." Der Idee nach hat er hiermit sogar vorweggenommen, was die Mitbegründer der Energetik, was JOULE und HELMHOLTZ geleistet haben; aber auch nur der Idee nach. Die Durchführung der praktischen und geistigen Arbeit, die ihm vorschwebte, war wohl schon seiner Anlage und Ausbildung nach nicht seine Sache. Aber es war ihm auch gar nicht vom Schicksal beschieden, sich in

seinen Ideen auszuleben, der Widerstand der stumpfen Welt lähmte seines Geistes Schwingen.

Geboren am 25. November 1814 als Sohn eines Apothekers zu Heilbronn, fand er seine Vorbildung im Heilbronner Gymnasium und im evangelisch-theologischen Seminar Schönthal und studierte von 1832 bis 1837 Medizin in Tübingen. Die glückliche Vermögenslage seines Vaters gestattete ihm weitere Ausbildungsjahre in München und Paris, denen dann jene Reise nach Java als Schiffsarzt auf einem holländischen Kauffahrer folgte, auf der, wie wir berichtet haben, sich zuerst in seinem Geiste die Synthese vollzog, die der Ursprung der Energetik geworden ist. Trotz der ärztlichen Thätigkeit, die er hierauf in Heilbronn entfaltete, wo er zum Oberamtswundarzt, später zum Stadtarzt gewählt wurde, verließen ihn die neuen Anschauungen nicht mehr und drängten zu den litterarischen Gestaltungen, die oben wiedergegeben worden sind.

Aber mit diesen Veröffentlichungen von 1842, 1845 und 1848 ist die Schaffenskraft des bahnbrechenden Denkers erschöpft. Das Jahr 1851 bringt zwar noch zwei Aufsätze: „Bemerkungen über das mechanische Äquivalent der Wärme“ und „Über die Herzkraft“, und der erstere hebt noch einmal die Hauptpunkte der neuen Auffassungsweise eindringlich hervor, aber kein Vorwärtsdringen mehr zeigt sich in diesen Schriften. Man muß Weyrauchs vortreffliche Darstellung der trüben Erfahrungen, die Mayer in dieser Zeit zu ertragen hatte, nachlesen[1], um das Märtyrerloos dieses einsamen Heilbronner Denkers zu verstehen. Ja, das Jahr 1842 seiner ersten Veröffentlichung und seiner Verheiratung war ihm verflossen ‚wie der Brautnacht süße Freuden‘, aber bald folgten die schweren Enttäuschungen. Die Prioritätsansprüche Joule's, — die Zurücksetzung, mit der Helmholtz als Referent der Berliner Fortschritte der Physik die Mayer'schen Arbeiten gegenüber denen von Holtzmann, Joule und den eigenen behandelte, — die politischen Aufregungen des Jahres 1849, — die schnöde Verurteilung Mayers in der Augsburger Allgemeinen Zeitung, — dazu der herbe Verlust zweier Kinder neben dem seiner Eltern, — es war ein Zusammentreffen voll unheilvoller Tragik. Die so angesammelte Überlastung des Nervensystems führte zu einem ersten furchtbaren Ausbruch am Morgen des 28. Mai 1850: In einem Anfalle von Delirium stürzte er sich vor den Augen seiner Frau durch das Fenster zwei Stockwerk hinab auf die Straße. Die schweren Körperverletzungen, die

[1] Mechanik der Wärme. 3. Aufl. S. 224—234.

er sich dabei zugezogen, wurden zwar geheilt, wenn auch ihre Nachwirkungen nie ganz wieder verschwanden, aber die Erscheinungen der Gehirnentzündung und Gemütsverdüsterung wiederholten sich periodisch. In einer Nervenheilanstalt suchte er Heilung, fand aber bei einer entwürdigend harten Irrenbehandlung neue Aufregung. In der Folgezeit hat er wiederholt in Nervenheilanstalten Beruhigung gesucht und gefunden, auch noch mehrere Schriften und Reden veröffentlicht, die von hohem Interesse für jeden sein müssen, der die Bahnen dieses eigenartigen Geistes psychologisch verfolgt, aber für die Geschichte der Energetik ist die weitere Thätigkeit MAYER's ohne Belang. Wie ein Abklingen des Centralsystems, ein Nachleuchten der Klarheit, die es einst erfüllte, muten uns diese späteren Werke an. Prof. HÜFNER-Tübingen, der 1873 MAYER besuchte, schildert ihn in einem Briefe an ZÖLLNER a. a. O. als einen stillen Mann, mit dem man freilich nicht über DARWIN reden dürfe, wenn man ihn nicht reizen wolle, politisch als einen entschiedenen Ultramontanen. MAYER starb am 20. März 1878 an chronischer Lungenentzündung, nachdem ihm noch im letzten Jahrzehnte seines Daseins in reichem Maße die Ehren zu teil geworden waren, zu denen ihn sein Lebenswerk berechtigte. Sie kamen nicht zu spät, um seinen Groll zu lindern, zu spät, um ihm Anregungen zu neuen Schöpfungen zu werden.

Siebenter Abschnitt.

Grove und Joule.

1. Auf der breiten Grundlage umfassender naturwissenschaftlicher Kenntnisse erhebt sich die Entwickelung der Energie-Ideen in England. Gegenüber dem engen Erfahrungsgebiete, von dem aus ROBERT MAYER sich zur Wahrheit durcharbeitet, erscheint der Thatsachenbestand, den FARADAY's Forschungen festgestellt hatten, von reichster Fülle. Die von ihm erschlossenen gegenseitigen Umwandlungen elektrischer, magnetischer, chemischer, mechanischer, optischer Zustände mußten gleichsam von selbst die Ansichten über das Wesen der Kraft, welche schon von den früher bekannt gewordenen, viel einfacheren Umwandlungserscheinungen angeregt worden waren, zu neuem Leben entfachen und zu deren wissenschaftlicher Ausgestaltung drängen. Zu derselben Zeit, als MAYER seine Gedanken veröffentlichte, im Jahre 1842, sprach GROVE zuerst jene Ansichten aus, die er nach weiterer Durcharbeitung später unter dem Titel:

„Die Verwandtschaft der Naturkräfte“ in Buchform erscheinen ließ. Der Standpunkt, den sein Werk einnimmt, ist — seinen eigenen Worten gemäß[1] — der: „daß die verschiedenen Thätigkeitszustände (*affections*) der Materie, welche den Hauptgegenstand der Experimentalphysik bilden, als Wärme, Licht, Elektrizität, Magnetismus, chemische Verwandtschaft und Bewegung, alle miteinander verwandt sind, d. h. in gegenseitiger Abhängigkeit von einander stehen, so daß keine von ihnen für sich allein betrachtet, als die wesentliche Ursache der anderen betrachtet werden kann, vielmehr eine jede von ihnen jede andere hervorzurufen oder in dieselbe sich zu verwandeln vermag. So kann Wärme mittelbar oder unmittelbar Elektrizität hervorrufen, Elektrizität aber wieder Wärme, und so alle übrigen. Eine jede von ihnen als Kraft verschwindend, ruft andere als Produkt hervor, und das nämliche gilt für die anderen Kräfte, so daß es für eine unvermeidliche Schlußfolgerung gelten muß, daß keine Kraft anders entstehen kann, als durch das Ablaufen einer vorher bestehenden Kraft oder von Kräften.“ Diese Anschauungsweise ist aber bei Grove keineswegs wie bei Mohr auf die Annahme gegründet, alle jene Thätigkeitszustände seien Bewegungszustände; vielmehr hält sich zunächst Grove lediglich an die Erfahrung und gelangt so zu Äußerungen, die ganz und gar an Mayers Worte erinnern: „Wir kennen nichts als bestimmte Veränderungen der Materie, für welche Wärme die allgemeine Bezeichnung ist; das Ding Wärme ist uns unbekannt. Da von der Wärme bewiesen ist, daß sie eine Kraft ist, fähig Bewegung zu erzeugen, und Bewegung wieder fähig ist, die übrigen Kraftarten hervorzurufen, so folgt notwendigerweise auch die Fähigkeit der Wärme, mittelbar dieselben veranlassen zu können.“

Der Schluß des Werkes enthält folgende kennzeichnenden Stellen: „Die genaue Bedeutung des Ausdruckes »Verwandtschaft“, den ich als Titel meiner Vorlesungen vom Jahre 1843 gewählt habe, begreift in sich die Notwendigkeit einer gegenseitigen oder wechselseitigen Beziehung zweier Begriffe, die aber in der geistigen Vorstellung untrennbar sind.“ „Es ist wahrscheinlich, daß wenn nicht alle, doch der größte Teil der physischen Erscheinungen unter sich verwandt sind, und daß der Verstand sich ohne eine solche Zweiheit des Begriffes keine Vorstellung von ihnen zu machen vermag.“ „Die Entwickelung einer Kraft oder Kraftform zu einer

[1] Angeführt nach der von Schaper herausgegebenen deutschen Ausgabe, Braunschweig 1871.

anderen hat manchen verleitet, die sämtlichen verschiedenen Thätigkeiten der Natur für zurückführbar auf eine Einheit und als entstanden aus einer einzigen Kraft, die die wirksame Ursache aller übrigen wäre, anzusehen. So sucht der eine zu beweisen, daß Elektrizität die Ursache alles Wechsels in der Materie sei, ein anderer, daß chemische Thätigkeit all und jedes verursache; ein dritter, daß Wärme die allverbreitete Ursache sei, und so weiter. Wenn es, wie ich dargethan habe, der treue Ausdruck der Wirklichkeit ist, daß eine jede Kraftform fähig ist, die übrigen zu erzeugen, und keine von ihnen anders als durch eine andere ihr vorangegangene Kraft hervorgerufen zu werden vermag, so ist eine jede Ansicht, die eine oder die andere von ihnen als die an und für sich wirksame Ursache aller übrigen hinstellt, irrig. Diese Ansicht stammt, wie ich glaube, aus einer Vermengung der allgemeinen oder verallgemeinerten Bedeutung des Ausdruckes Ursache und dessen konkreten oder besonderen Sinnes."

Freilich, am Ende strauchelt unser Autor doch; die Klarheit und Folgestrenge, die wir in Mayers Schriften bewundern, verläßt Grove; der Engländer endigt mit einem Zugeständnis an die überlieferten Ansichten: „Durch das ganze Werk habe ich Bewegung stets in dieselbe Kategorie wie die übrigen Zustände der Materie gebracht. Die in demselben gebrauchte Schlußfolgerung (?) scheint mir aber unvermeidlich zu dem Satze zu führen, daß diese Zustände der Materie selbst Arten der Bewegung sind." „Ob wir ferner die übrigen Thätigkeitszustände aus Anlaß unserer Vertrautheit mit der Bewegung mit dieser in Zusammenhang bringen, gleichsam als ob dieses Wort vornehmlich leicht auslegbar und besonders geeignet sei, eine Erklärung von ihnen zu geben, oder ob sie in Wirklichkeit der einzige Modus ist, in dem unser Verstand, im Gegensatz zu unseren Sinnen, befähigt ist, sich materielle Wirkungen vorzustellen, — so viel ist gewiß, daß seit der Zeit, wo man sich zur Erklärung physikalischer Erscheinungen mystische Vorstellungen von geistigen oder übernatürlichen Kräften machte, alle zu diesem Behufe gebildeten Hypothesen dieselben auf Bewegung zurückgeführt haben." „In all diesen Hypothesen umfassen unsere Begriffe lediglich nur den der Materie und den der Bewegung. Umgekehrt vermögen wir aber auch, wenn wir Ausdrücke wählen, die von unseren eigenen Sinneswahrnehmungen stammen, die selbst wieder bloß Bewegungsformen der Nervenelemente sein mögen, keine Worte zu finden, um andere Erscheinungen zu beschreiben, als solche, die durch Materie und Bewegung ausdrückbar sind. Wir würden uns vergeblich abmühen, um von diesen Ideen abzukommen; thäten wir es aber, so müßten unsere Geisteskräfte einem Wechsel unterliegen, von dem wir zur Zeit noch nicht die entfernteste Vorstellung haben.“ Vielleicht lindert es die Erhitzung in dem gegenwärtigen Streit um die Berechtigung des mechanistischen oder des energetischen Standpunktes, wenn man liest, daß diese Gegensätze älter sind, als der Name Energie und einen der führenden Geister schon zu einer Zeit beschäftigten, in der die Umwandlungsideen erst begannen, eine festere Gestalt anzunehmen.

Der auch bei Mayer überall hervortretenden tiefinnerlichen Überzeugung, daß die neuen Anschauungen mit den letzten Fundamenten menschlichen Denkens und Seins zusammenhängen, giebt Grove mit den letzten Worten seines Werkes einen ebenso schlichten wie festen Ausdruck: „Bei allen Erscheinungen drängt sich uns — menschlich geredet — je tiefer die Forschung dringt, um so mehr die Überzeugung auf, daß weder Materie noch Kraft geschaffen oder vernichtet werden könne, und daß das Wesen der Ursache uns unerreichbar ist. Das Verursachende ist der Wille, die Schöpfung die That Gottes.“

2. Dieselbe Überzeugung erfüllt den Forscher, der Grove's Arbeit hinzufügte, was ihr noch fehlte, den quantitativen Abschluß. Wie bei aller Verschiedenheit des prinzipiellen Standpunktes Groves Ausführungen mit denen Mohr's so vieles gemein haben, so begnügen sie sich auch wie diese mit einer qualitativen Darlegung; die feste Maßbeziehung zwischen den verschiedenen ineinander umwandelbaren Energieformen experimentell ermittelt zu haben, ist das Verdienst von Jakob Prescott Joule. Experimentell erscheinen seine Arbeiten wie Fortführungen der Rumford'schen Pläne; aber die Idee, die Joule leitet, ist nicht mehr der Nachweis der mechanischen Natur der Wärme, es ist dieselbe Umwandlungsidee, der Grove so wirkungsvollen Ausdruck gegeben hatte. „Ich werde keine Zeit verlieren“, schreibt er 1843[1], „diese Versuche zu wiederholen und auszudehnen, da ich überzeugt bin, daß die gewaltigen Naturkräfte durch des Schöpfers ‚Werde‘ unzerstörbar sind, und daß man immer, wo man eine mechanische Kraft aufwendet, ein genaues Äquivalent an Wärme erhält.“ Wenn ein „Tier ein Stück einer Maschine drehte oder auf einen Berg stiege, so würde sich, wie ich glaube, im Verhältnis zu der hierzu verwendeten

[1] Joule, Das mechanische Wärmeäquivalent. Übersetzt von Spengel. Braunschweig 1872.

Muskelanstrengung eine Verminderung der bei einer gegebenen chemischen Thätigkeit in dem System entwickelten Wärme ergeben."

Am Schlusse einer Abhandlung aus dem Jahre 1845 spricht er sich noch ausführlicher aus: „Die von mir angenommenen Grundsätze führen zu einer Theorie der Dampfmaschine, welche von der gewöhnlich angenommenen sehr abweicht, aber zugleich den Thatsachen viel besser entspricht. Es ist die Meinung mancher Forscher, daß die mechanische Kraft der Dampfmaschine einfach von dem Übergange der Wärme von einem warmen auf einen kalten Körper, natürlich ohne Wärmeverlust während des Überganges, herrühre. Diese Ansicht hat CLAPEYRON in einer sehr tüchtigen theoretischen Abhandlung adoptiert.... Dieser Forscher stimmt darin mit CARNOT überein, daß er die Kraft der *vis viva* zuschreibt, welche die im Dampf enthaltene Wärme bei ihrem Übergange von der Temperatur des Kessels zu der des Kondensators entwickelt. Ich bin der Ansicht, daß die immerhin geistreiche Theorie den gewonnenen Grundsätzen der Naturforschung widerspricht, weil sie zu dem Schlusse führt, daß bei unzweckmäßiger Einrichtung des Apparates lebendige Kraft zerstört werden könne; so zieht CLAPEYRON den Schluß: „Da die Temperatur des Feuers 1000 bis 2000° C. höher ist, als die des Kessels, so findet ein ungeheurer Verlust an lebendiger Kraft beim Übergange der Wärme vom Herde in den Kessel statt." Da ich der Ansicht bin, daß nur der Schöpfer die Macht zu zerstören besitzt, so stimme ich mit ROGET und FARADAY darin überein, daß jede Theorie, welche in ihren Konsequenzen zur Vernichtung von Kraft gelangt, notwendig falsch ist. Die Grundsätze, welche ich ... entwickelt habe, sind frei von dieser Schwierigkeit. Aus ihnen können wir schließen, daß der Dampf, während er sich im Cylinder ausdehnt, eine Wärmemenge verliert, welche genau der auf den Stempel übertragenen Kraft proportional ist, und daß bei der Verdichtung des Dampfes die so in Kraft umgesetzte Wärme nicht wieder frei wird. Nehmen wir an, daß bei der Strahlung keine Wärme verloren gehe, so verlangt die hier vorgetragene Theorie, daß die in dem Kondensator frei werdende Wärme geringer ist als die, welche vom Herde dem Kessel mitgeteilt ward, und zwar im genauen Verhältnis zu dem Äquivalent mechanischer Kraft."

3. Die experimentellen Arbeiten JOULE's selbst und späterer Forscher, die das Wärmeäquivalent mit zunehmender Sicherheit feststellten, gehören nur insofern in den Gedankenkreis des vorliegenden Buches, als sie die anfänglichen Zweifel an der quantitativen Durchführbarkeit der Umwandlungsideen mehr und mehr beschwichtigten. In gleichem Sinne mußten die absoluten Maßbestimmungen der elektrischen und magnetischen Größen wirken, wie überhaupt alle hinsichtlich der Genauigkeit auf der Höhe ihrer Zeit stehenden Ermittelungen der Zahlbeziehungen zwischen verschiedenen Energieformen. Es ist selbstverständlich nicht durchführbar, an dieser Stelle alle derartigen Messungen zusammenzustellen, doch dürften wenigstens die älteren Ermittelungen des Wärmeäquivalents, die wesentlich dazu beitrugen, der Energetik zum Durchbruche zu verhelfen, hier gesucht werden. Auch haben die Bestimmungen des Wärmeäquivalents eine alle anderen Äquivalenzermittelungen überragende allgemeine Bedeutung. Könnten wir nämlich ein System aus einem Zustand in einen anderen überführen, indem wir ausschließlich mechanische Energie aufwenden, so würde es aus den Prinzipien der Mechanik folgen, daß jede andere rein mechanische Überführung aus demselben Anfangs- in denselben Endzustand des gleichen Energieaufwandes bedarf. Nun ist zwar die Zuführung positiver Energiebeträge, soweit sie etwa nicht unmittelbar selbst mechanische sind, in einfacheren Fällen leicht bis auf eine mechanische Energiequelle zurückzuführen (und die weitere Entwickelung der Energetik hat gezeigt, daß sie in allen Fällen durch Zuführung mechanischer Energie ersetzbar ist) — aber die abgegebene Energie stellt sich keineswegs immer, und gerade in den einfachsten Fällen nicht, als mechanische Energie dar, sondern als Wärme. Daß diese nach festem Verhältnis mechanischer Energie äquivalent ist, hat also deshalb eine weittragende Bedeutung, weil Wärme die Endform ist, in der uns Energiebeträge entgegentreten.

So lange die Äquivalenz zwischen Wärme und Arbeit nicht festgestellt war, mußte beispielsweise ein besonderer Nachweis dafür erbracht werden, daß bei chemischen Änderungen, bei denen sich ja gewöhnlich die gesamte Energiedifferenz als Wärme kundgiebt, diese Wärmeentwickelung nur von der Natur des Anfangs- und Endzustandes, nicht von der Wahl der Zwischenzustände abhängt. In der That hat 1840 Hess[1] für chemische Reaktionen die Unabhängigkeit der Reaktionswärme von den Zwischenzuständen experimentell nachgewiesen und so einen von den experimentellen Schwierigkeiten der Äquivalenzbestimmungen unabhängigen Beitrag zur Energetik geliefert.

[1] Pogg. Ann. 50 und 56.

Die älteren Bestimmungen des Wärmeäquivalents.

(Vergl. Helm, Lehre von der Energie. Leipzig 1887. S. 90.)

1798	beobachtete Rumford die Wärmeentwickelung beim Bohren der Metalle. Nach Joules Annahme folgt aus den Beobachtungen	[567]	kgm
1830	etwa gelangte S. Carnot auf unbekanntem Wege zu der Angabe	[370]	„
1839	maß Séguin die Expansionsarbeit des Dampfes, und später berechneten Joule und Tait daraus widersprechende Äquivalentwerte	—	

Die zweifellosen Ermittelungen sind folgende:

1842	berechnet R. Mayer aus den spezifischen Wärmen der Luft	365	„
1843	findet Colding aus der Reibung metallischer Körper	350	„
„	Joule mißt die Umformung am Magnetelektromotor	460	„
„	„ „ „ Reibung des Wassers in engen Röhren	422	„
1845	Holtzmann berechnet in der Weise R. Mayers	374	„
„	R. Mayers ausführliche Berechnung	367	„
„	Joule: Versuchsreihen über Verdichtung und Verdünnung der Luft	436	„
„	Joule: Wie 1843 erstes Verfahren	452	„
„	„ „ „ zweites „	425	„
„	„ Reibung eines Schaufelrades in Wasser	488,3	„
1847	„ „ „ „ „ „ neue Versuchsreihe	428,8	„
„	„ „ „ „ „ Wallratöl	429,1	„
„	„ „ „ „ „ Quecksilber	432,1	„
„	Séguin wie 1839	[449]	„
1850	Joule: Reibung eines Schaufelrades in Wasser, in Quecksilber, sowie Reibung von Gußeisen. Als besten auf $^1/_2$ % genauen Wert erklärt Joule	423,55	„
„	Colding: Reibungswärme	372	„
„	Clausius: Wie R. Mayer	370	„
„	„ Expansion des Wasserdampfes	421	„
1852	Kupffer: Ausdehnung der Metalldrähte durch Wärme und durch Zug	453	„
1855	Hirn: Reibung zwischen Maschinenteilen	370	„
1857	Favre: Wärme im Schließungsbogen mit Elektromotor	426 bis 464	„
„	le Roux: Wärmeentwickelung durch magnetelektrische Maschinen	458	„
„	Boscha: Elektromotorische Kraft des Daniell in abs. Maße	419,5	„
„	Quintus Icilius: Wärmeentwickelung absolut gemessener Stromstärken	399,7	„
1858	Favre: Reibung von Metallen im Quecksilberkalorimeter	413,2	„
„	Hirn: Reibung der Metalle bei Anwendung von Schmiermitteln	371,6	„
„	„ Zerstörung der Metalle beim Bohren	425	„
„	„ Umformung durch die Dampfmaschine, nach Clausius' Verbesserung	413	„
„	Matteucci: Schließungsbogen mit Motor	438,96	„

Achter Abschnitt.

Helmholtz' Standpunkt.

1. Die fachwissenschaftlich durchgearbeitete Begründung des Energiegesetzes verdanken wir Helmholtz. Hatte sich Joule durch Naturanschauungen von religiöser Allgemeinheit leiten lassen, Mayer zwar durch einen wissenschaftlichen Begriff, den Kraftbegriff, aber doch einen Begriff von solcher Allgemeinheit, daß seine Klärung nur in einer umfassenden, philosophierenden Weise möglich war — so gelingt es Helmholtz, die bestimmten Seiten präzis zu kennzeichnen, die eine Naturbetrachtung, die irgend eine Ausdrucksweise unserer Kenntnisse über den Naturverlauf aufweisen muß, wenn sie mit dem Energiegesetze in Übereinstimmung sein soll. Diese präzise Kennzeichnung findet er in dem Satze von der Unmöglichkeit eines Perpetuum mobile. Es liegt ja auf der Hand, daß dieser Satz eben auch nur ein Ausdruck der Erfahrungen ist, auf denen sich Robert Mayers Gedankenfolge aufbaut, daß er, erkenntnistheoretisch beurteilt, nicht höher oder tiefer steht als Mayers Hervorhebung unzerstörbarer, aber wandelbarer Ursachen. Aber logisch ist er wertvoller, da er genau das, nicht mehr und nicht weniger, vom Naturlaufe aussagt, als nötig ist, um das Energiegesetz zu begründen. Schon daß er sich von vornherein nicht des Begriffs der Ursache bedient, von dem Mayer ausgehen mußte, um ihn am Ende freilich gründlich zu überwinden, macht den Satz von der Unmöglichkeit des Perpetuum mobile so fundamental bedeutsam.

Helmholtz sucht in seiner berühmten Jugendarbeit: „Über die Erhaltung der Kraft, eine physikalische Abhandlung, vorgetragen in der Sitzung der physikalischen Gesellschaft zu Berlin am 23. Juli 1847. Berlin, Reimer, 1847" nach Ausdrücken für die neue Auffassungsweise der Naturerscheinungen. „Die Herleitung der aufgestellten Sätze kann von zwei Ausgangspunkten angegriffen werden, entweder von dem Satze, daß es nicht möglich sein könne, durch die Wirkungen irgend einer Kombination von Naturkörpern aufeinander in das Unbegrenzte Arbeitskraft zu gewinnen, oder von der Annahme, daß alle Wirkungen in der Natur zurückzuführen seien auf anziehende und abstoßende Kräfte, deren Intensität nur von der Entfernung der aufeinander wirkenden Punkte abhängt." Daß beide Sätze identisch sind, will die Abhandlung in ihrem ersten Teile nachweisen.

Zu diesem Zwecke wird zunächst der erstgenannte Satz, das Prinzip von der Unmöglichkeit eines Perpetuum mobile genau formuliert:

„Denken wir uns ein System von Naturkörpern, welche in gewissen räumlichen Verhältnissen zu einander stehen und unter dem Einfluß ihrer gegenseitigen Kräfte in Bewegung geraten, bis sie in bestimmte andere Lagen gekommen sind: so können wir ihre gewonnenen Geschwindigkeiten als eine gewisse mechanische Arbeit betrachten und in solche verwandeln. Wollen wir nun dieselben Kräfte zum zweiten Male wirksam werden lassen, um dieselbe Arbeit noch einmal zu gewinnen, so müssen wir die Körper auf irgend eine Weise in die anfänglichen Bedingungen durch Anwendung anderer uns zu Gebote stehender Kräfte zurückversetzen; wir werden dazu also eine gewisse Arbeitsgröße der letzteren wieder verbrauchen. In diesem Falle fordert nun unser Prinzip, daß die Arbeitsgröße, welche gewonnen wird, wenn die Körper des Systems aus der Anfangslage in die zweite, und verloren wird, wenn sie aus der zweiten in die erste übergehen, stets dieselbe sei, welches auch die Art, der Weg oder die Geschwindigkeit dieses Überganges sein mögen. Denn wäre derselbe auf irgend einem Wege größer, als auf dem anderen, so würden wir den ersteren zur Gewinnung der Arbeit benutzen können, den zweiten zur Zurückführung, zu welcher wir einen Teil der soeben gewonnenen Arbeit anwenden könnten, und würden so ins Unbestimmte mechanische Kraft gewinnen, ein *perpetuum mobile* gebaut haben, welches nicht nur sich selbst in Bewegung erhielte, sondern auch noch im stande wäre, nach außen Kraft abzugeben."

2. Der letzte Satz bedarf eines von Planck[1] treffend ausgeführten Kommentars. Erfordert die Überführung aus dem Anfangs- in den Endzustand auf einem Wege die Arbeitsgröße a, auf einem anderen a', so soll man nicht etwa denken, daß sich durch Umkehrung des letzteren Weges ein Kreisprozeß mit dem Arbeitsverbrauche $a - a'$ bilden lasse, denn die Wege könnten ja nicht-umkehrbar (vergl. Teil 2) sein; man führe vielmehr den Endzustand in den Anfangszustand auf irgend einem dritten Wege zurück, der die Arbeit b erfordere; dann sind zwei Kreisprozesse konstruiert, welche die Arbeiten $a + b$ bez. $a' + b$ verbrauchen, die, wenn a und a' verschieden wären, nicht beide verschwinden könnten; es gäbe dann also wenigstens eine unerschöpfliche Arbeitsquelle oder einen unersättlichen Arbeitsverbrauch, je nachdem die nicht verschwindende

[1] Das Prinzip der Erhaltung der Energie. Leipzig 1887. S. 141.

Summe positiv oder negativ ist. Daß es unerschöpfliche Arbeitsquellen nicht giebt, kann als ein durch zahlreiche mißglückte Versuche hinreichend gesicherter Erfahrungssatz zugestanden werden; dagegen kann man — wie ebenfalls PLANCK richtig bemerkt — die Unmöglichkeit, daß Arbeit in beliebigem Maße verschwinden könne, keineswegs in solchem Sinne als Erfahrungsergebnis hinstellen, weil doch die Gier der Erfinder stets auf Erzeugung, nicht auf Vernichtung von Werten gerichtet war. Man darf daher mit H. KLEIN[1] die logische, aber nicht die historische Berechtigung bezweifeln, das Energieprinzip auf dem Satze von der Unmöglichkeit des Perpetuum mobile aufzubauen.

Von letzterem Bedenken abgesehen, erfordert dem Vorangehenden zufolge die Zurückführung auf ein Perpetuum mobile, daß eine Überführung aus dem Endzustande in den Anfangszustand möglich ist, also daß überhaupt — wie PLANCK sich ausdrückt — die Überführung jedes Zustandes eines Systems in jeden anderen auf wenigstens einem Wege möglich ist. Aber, ob zwei vorgefundene Zustände Zustände desselben Systems sind, erkennt man doch nur daran, daß der eine aus dem anderen hervorgehen kann; also ist die Zurückführung auf ein Perpetuum mobile nur dann gesichert, wenn folgendes Prinzip zugestanden wird: Ein Zustand, der aus einem anderen hervorgegangen ist, kann auch wieder in diesen — wenn auch auf einem ganz anderen Wege — übergeführt werden. Dies Prinzip erscheint freilich keineswegs so einleuchtend, wie das Perpetuum-mobile-Prinzip selbst, zu dem es wegen der Nichtumkehrbarkeit vieler Veränderungen notwendig hinzutreten muß. PLANCK bemerkt in dieser Hinsicht, daß z. B. die Verwandlung von Kohle in Diamant dem Menschen zur Zeit unmöglich sein kann und doch dem Zusatzprinzip zufolge als ein naturmöglicher Vorgang postuliert werden muß. Wir erwarten auf Grund eines Induktionsschlusses, daß auch noch nicht beobachtete Umwandlungen sich zutragen werden, ebenso wie wir durch Induktion schließen, daß ein Perpetuum mobile unmöglich ist.

3. Benutzen wir der Kürze wegen den von S. CARNOT eingeführten Begriff des Kreisprozesses (vergl. Teil 2), so besteht nach dem Vorhergehenden das Perpetuum-mobile-Prinzip in folgenden Behauptungen:

Jeder Naturprozeß läßt sich zu einem Kreisprozeß ergänzen.

[1] H. KLEIN, Deduktion des Prinzips der Erhaltung der Energie. Dresden 1889. S. 47.

Die Arbeitsgrößen, die während eines Kreisprozesses dem ihn ausführenden System von Naturkörpern zugehen und entgehen, tilgen sich (gleichgültig, ob diese Arbeitsgrößen als mechanische Arbeit auftreten oder nur in solche verwandelbar sind).

Will man auf diese Sätze nicht zurückgehen und doch den Standpunkt der HELMHOLTZ'schen Arbeit einnehmen, so muß man die Behauptung anerkennen, die allein aus jenen Sätzen geschlossen wird, nämlich:

Die gesamte Arbeitsgröße, die ein System gewinnt, wenn es aus irgend einem Zustand in irgend einen anderen übergeht, ist unabhängig von der Art des Überganges.

4. Unter welchen Bedingungen dieser Satz sich aus den Differentialgleichungen der Mechanik herleiten läßt, war seit LAGRANGE analytisch genau bekannt (vgl. S. 11). HELMHOLTZ versucht es, umgekehrt aus seinem Prinzip die Bedingungen herzuleiten, unter welchen der in der Mechanik als Gesetz von der Erhaltung der lebendigen Kraft bekannte Satz gilt. Dieser Versuch ist ihm mißglückt. Ist nämlich die lebendige Kraft eines Punktes:

$$1)\qquad T = \frac{1}{2} m (x'^2 + y'^2 + z'^2)$$

nur von dessen Lage, also von x, y und z abhängig (Bezeichnungen wie S. 12), so ist für jede beliebige Lagenänderung einerseits:

$$2)\qquad d\,T = \frac{\partial T}{\partial x} dx + \frac{\partial T}{\partial y} dy + \frac{\partial T}{\partial z} dz,$$

andererseits auch (S. 12):

$$3)\qquad d\,T = X dx + Y dy + Z dz.$$

Aber der Schluß, daß hiernach die Kraftkomponenten X, Y, Z Ableitungen einer Funktion T von x, y, z sein müßten, also selbst Funktionen von x, y, z, ist nicht haltbar. LIPSCHITZ hat den Einwand erhoben, daß auch der Ansatz:

$$4)\quad X = \frac{\partial T}{\partial x} + Qz' - Ry', \quad Y = \frac{\partial T}{\partial y} + Rx' - Pz', \quad Z = \frac{\partial T}{\partial z} + Py' - Qx'$$

die obige Gleichung für $d\,T$ befriedigt, also eine Kraft zu XYZ gefügt werden dürfe, die senkrecht zur Bewegungsrichtung und senkrecht zum beliebigen Vektor PQR steht, da ja:

$$5)\qquad (Qz' - Ry')x' + (Rx' - Pz')y' + (Py' - Qx')z' = 0$$

und

$$6)\qquad (Qz' - Ry')P + (Rx' - Pz')Q + (Py' - Qx')R = 0.$$

Soll also nicht geradezu angenommen werden, was im wesentlichen bewiesen werden sollte, nämlich die Abhängigkeit der Kräfte von der Lage allein, so bleibt nichts übrig, als neben dem Perpetuum-mobile-Prinzip noch eine weitere Voraussetzung über die Natur der Kräfte zu machen. HELMHOLTZ hat[1] den Einwand von LIPSCHITZ später durch die Voraussetzung beseitigt, daß die Kräfte dem Prinzip der Aktion und Reaktion genügen sollen. In der That, die hierdurch eingeführte Beschränkung der Kräfte widerspricht offenbar im allgemeinen dem Auftreten von Kräften, die immer zur Bewegungsrichtung senkrecht stehen.

5. Sehr allgemein hat VOIGT[2] die Frage erledigt, unter welchen Umständen der Ausdruck

$$X dx + Y dy + Z dz$$

das vollständige Differential einer Funktion der Koordinaten und ihrer zeitlichen Ableitungen ist. Ist f eine Funktion der Zeit t, der Koordinaten x und der Differentialquotienten x', x'', x''' ..., so ist

$$\text{7)} \qquad \frac{df}{dt} = \frac{\partial f}{\partial t} + \frac{\partial f}{\partial x} \cdot x' + \frac{\partial f}{\partial x'} \cdot x'' + \dots .$$

Nun benutze man die Umformungen:

$$\text{8a)} \qquad \frac{\partial f}{\partial x'} x'' = \frac{d}{dt}\left(\frac{\partial f}{\partial x'} \cdot x'\right) - \frac{d}{dt}\left(\frac{\partial f}{\partial x'}\right) \cdot x',$$

$$\text{8b)} \qquad \frac{\partial f}{\partial x''} x''' = \frac{d}{dt}\left(\frac{\partial f}{\partial x''} x''\right) - \frac{d}{dt}\left(\frac{\partial f}{\partial x''}\right) \cdot x'' = \frac{d}{dt}\left(\frac{\partial f}{\partial x''} x''\right) - \frac{d}{dt}\left[\frac{d}{dt}\left(\frac{\partial f}{\partial x''}\right) \cdot x'\right] + \frac{d^2}{dt^2}\left(\frac{\partial f}{\partial x''}\right) \cdot x',$$

$$\text{8c)} \qquad \frac{\partial f}{\partial x'''} x'''' = \frac{d}{dt}\left(\frac{\partial f}{\partial x'''} x'''\right) - \frac{d}{dt}\left[\frac{d}{dt}\left(\frac{\partial f}{\partial x'''}\right) x''\right] + \frac{d^2}{dt^2}\left(\frac{\partial f}{\partial x'''}\right) \cdot x'' = \frac{d}{dt}\left(\frac{\partial f}{\partial x'''} x'''\right) - \frac{d}{dt}\left[\frac{d}{dt}\left(\frac{\partial f}{\partial x'''}\right) x''\right] + \frac{d}{dt}\left[\frac{d^2}{dt^2}\left(\frac{\partial f}{\partial x'''}\right) x'\right] - \frac{d^3}{dt^3}\left(\frac{\partial f}{\partial x'''}\right) x',$$

. . . .

Führt man hier die C. NEUMANN'sche Bezeichnung[3] der Variationskoeffizienten ein:

---

[1] Wiss. Abhandl. Bd. I. Leipzig. 1882.

[2] VOIGT, Elementare Mechanik. Leipzig. 1889. S. 86.

[3] C. NEUMANN, Die Prinzipien der Elektrodynamik. Tübingen. 1868.

9) $$\frac{\partial f}{\partial \xi} = \frac{\partial f}{\partial \xi} - \frac{d}{dt}\left(\frac{\partial f}{\partial \xi'}\right) + \frac{d^2}{dt^2}\left(\frac{\partial f}{\partial \xi''}\right) - \frac{d^3}{dt^3}\left(\frac{\partial f}{\partial \xi'''}\right) + \ldots,$$

so folgt:

10) $$\frac{df}{dt} = \frac{\partial f}{\partial t} + \frac{\partial f}{\partial x} x' + \frac{d}{dt}\left(\frac{\partial f}{\partial x'} x'\right) + \frac{d}{dt}\left(\frac{\partial f}{\partial x''} x''\right) + \ldots.$$

Der Ausdruck

$$X dx + Y dy + Z dz$$

wird also ein vollständiges Differential, wenn

11) $$X = -\frac{\partial \Phi}{\partial x}, \quad Y = -\frac{\partial \Phi}{\partial y}, \quad Z = -\frac{\partial \Phi}{\partial z}$$

und darin Φ eine t nicht explizit enthaltende Funktion der Koordinaten $x y z$ und ihrer Differentialquotienten $x' y' z' x'' y'' z'' \ldots$ darstellt. Und zwar wird dann jenes Trinom das vollständige Differential sein von dem Ausdrucke:

$$-\Phi + \left(\frac{\partial \Phi}{\partial x'} x' + \frac{\partial \Phi}{\partial y'} y' + \frac{\partial \Phi}{\partial z'} z'\right) + \left(\frac{\partial \Phi}{\partial x''} x'' + \frac{\partial \Phi}{\partial y''} y'' + \frac{\partial \Phi}{\partial z''} z''\right) + \ldots.$$

Sollen im besonderen $X Y Z$ nur die Koordinaten $x y z$ und die Geschwindigkeiten $x' y' z'$ enthalten, so darf Φ keine anderen Ableitungen der Koordinaten als die ersten enthalten und auch diese nur in erster Potenz, so daß

12) $$\Phi = \varphi_0 + \varphi_1 . x' + \varphi_2 y' + \varphi_3 z'$$

gesetzt werden darf, wenn die φ Funktionen von $x y z$ vorstellen. Es wird dann

13) $$X = -\frac{\partial \varphi_0}{\partial x} + y'\left(\frac{\partial \varphi_1}{\partial y} - \frac{\partial \varphi_2}{\partial x}\right) + z'\left(\frac{\partial \varphi_1}{\partial z} - \frac{\partial \varphi_3}{\partial x}\right)$$

und entsprechend nehmen Y und Z die Form (4) an, während

14) $$X dx + Y dy + Z dz = -d\varphi_0$$

wird.

6. Weiter beweist Helmholtz, daß, wenn alle Kräfte auf zwischen Punkten wirkende, auf sogenannte Punktkräfte, zurückgeführt werden können, diese Centralkräfte sein müssen, d. h. in der Verbindungslinie des Punktpaares wirkende, vom Abstande r allein abhängige Kräfte. Da nämlich nach dem Vorangehenden immer, wenn der eine der beiden Punkte fest im Koordinatenanfang gedacht wird,

15) $$dT = X dx + Y dy + Z dz = 0$$

sein muß, sobald r denselben Wert annimmt, also sobald

16) $$d\left(\frac{1}{2}r^2\right) = x\,dx + y\,dy + z\,dz = 0$$

ist, d. h. sobald

17) $$dz = -\frac{x\,dx + y\,dy}{z}$$

ist, so folgt

18) $$\left(X - \frac{x}{z}Z\right)dx + \left(Y - \frac{y}{z}Z\right)dy = 0$$

für jedes beliebige dx und dy, folglich

19) $$X : Y : Z = x : y : z.$$

Hieraus ist aber ersichtlich, daß die Kraft XYZ in die Verbindungslinie beider Punkte fällt.

7. So hat Helmholtz das Energiegesetz auf zwei verschiedene Grundlagen gestellt, die sich gegenseitig zu ersetzen vermögen, auf den Satz von der Unmöglichkeit eines Perpetuum mobile und auf den Satz, daß sich alle Kräfte in Centralkräfte, die dem Wechselwirkungsprinzip genügen, auflösen lassen. Die tiefgehende Verschiedenheit beider Auffassungen betont er nicht; weil die damalige Physik auf eine mechanische Erklärung des Naturganzen gerichtet war, tritt in der Abhandlung nirgends deutlich hervor, daß der einen jener beiden Auffassungen die mechanische Hypothese zu grunde liegt, d. h. die Annahme, alles Geschehen sei auf beschleunigungsbestimmende Kräfte zurückführbar, während die andere Auffassung von dieser Hypothese befreit. Ja sogar in dem S. 36 citierten genauen Ausdruck des Perpetuum-mobile-Prinzips werden mechanische Begriffe eingemengt, wodurch man bei jeder Anwendung, z. B. auf elektrische oder thermische Vorgänge, genötigt wird, Geschwindigkeiten und Kräfte in die Erfahrungsthatsachen hineinzudenken.

Diesem mechanischen Standpunkte gemäß nimmt Helmholtz als den analytischen Ausdruck des Energiegesetzes die in der Mechanik seit Lagrange bekannte Gleichung (vgl. S. 13, Gl. 9) in der für Centralkräfte gültigen Form:

20) $$\sum \frac{1}{2} m v_2^2 - \sum \frac{1}{2} m v_1^2 = -\sum \int_{r_1}^{r_2} R\,dr.$$

Hierin bedeutet R die Stärke der zwischen zwei Punkten, deren Abstand r ist, wirkenden Anziehung, r_1 und r_2 sind zwei Werte des Abstandes, bei denen die Punkte sich mit den Geschwindigkeiten

v_1 beziehungsweise v_2 bewegen, und die Summation Σ ist über alle Punkte des Systems zu erstrecken.

Helmholtz hat die in dieser Gleichung rechts auftretende Funktion $\int\limits_{r_1}^{r_2} R\,dr$ mit dem Namen „Summe der Spannkräfte zwischen den Entfernungen r_1 und r_2" belegt, auch „Summe der (bei der Abstandsänderung) verbrauchten Spannkräfte" und „Verlust an Quantität der Spannkraft" genannt. Durch die letzte besonders wichtig gewordene Wendung wird also, ohne daß es ausdrücklich gesagt ist, der Begriff Spannkraft für einen der beiden Zustände allein angewendet, d. h. für das von irgend welchem Normalabstand r_0 aus erstreckte $\int\limits_{r_0}^{r} R\,dr$. Schreibt man nun obige Gleichung:

$$21)\qquad \sum \frac{1}{2} m v_2^2 + \sum \int\limits_{r_0}^{r_2} R\,dr = \sum \frac{1}{2} m v_1^2 + \sum \int\limits_{r_0}^{r_1} R\,dr,$$

so ergiebt sie das berühmte Helmholtzsche Prinzip von der Erhaltung der Kraft, das wir jetzt als Gesetz von der Erhaltung der Energie bezeichnen:

Die Summe der vorhandenen lebendigen und Spannkräfte ist konstant; oder in der späteren Benennungsweise:

Die Summe der kinetischen und der potentiellen Energie ist konstant.

Neunter Abschnitt.

Helmholtz' Anwendungen der Energetik.

1. Mit den Anwendungen des so formulierten Prinzipes auf die verschiedenen Gebiete physikalischer Erfahrungen beschäftigen sich die folgenden Teile der Abhandlung, welche für die nächstfolgende Zeit die wirkungsvollsten waren; denn diese Anwendungen gerade waren es, denen die Ausbreitung und Anerkennung des Energieprinzipes in hervorragendstem Maße zuzuschreiben ist.

Zunächst wird kurz an die Verwendung des Energiegesetzes auf die Bewegungen, welche unter dem Einflusse der allgemeinen Gravitationskraft vor sich gehen, und auf die Bewegungsübertragungen durch inkompressible feste und flüssige Körper erinnert. Dann werden die Bewegungen vollkommen elastischer, fester und flüssiger

Körper überblickt und dabei der Satz angemerkt: „Bei der Interferenz zweier Wellenzüge findet keine Vernichtung der lebendigen Kraft statt, sondern nur eine andere Verteilung. Zwei Wellenzüge von den Intensitäten a^2 und b^2, welche nicht interferieren, geben allen getroffenen Punkten die Intensität $a^2 + b^2$, interferieren sie, so haben die Maxima $(a + b)^2$, um $2ab$ größer, die Minima $(a - b)^2$, um eben so viel kleiner als $a^2 + b^2$." Ich mache auf diese einfache Feststellung nur deswegen aufmerksam, weil in einem weitverbreiteten Lehrbuche noch lange nachher die Sache irrtümlich dargestellt worden ist.

2. Während bei diesen Anwendungen das Auftreten der Reibung ausgeschlossen wurde, wird nunmehr in einem folgenden Abschnitte diese berücksichtigt, indem die von ihr erzeugte Wärme als der verlorenen Arbeit äquivalent hingestellt wird. Dieser Abschnitt nimmt außer auf Joules Arbeiten so eingehend Bezug auf die älteren Ansätze von Carnot, Clapeyron und Holtzmann, daß es nicht zweckmäßig ist, ihn im jetzigen Zusammenhange zu besprechen. Hier gehört nur her, wie dieser Abschnitt die Wärmeerscheinungen dem allgemeinen Prinzip unterordnet. „Man pflegt in der Mechanik die Reibung als eine Kraft darzustellen, welche der vorhandenen Bewegung entgegenwirkt, und deren Intensität eine Funktion der Geschwindigkeit ist. Offenbar ist diese Auffassung nur ein zum Behuf der Rechnungen gemachter, höchst unvollständiger Ausdruck des komplizierten Vorgangs, bei welchem die verschiedensten Molekülarkräfte in Wechselwirkung treten. Aus jener Auffassung folgte, daß bei der Reibung lebendige Kraft absolut verloren ginge, ebenso nahm man es beim (elastischen[1]) Stoße an. Dabei ist aber nicht berücksichtigt worden, daß abgesehen von der Vermehrung der Spannkräfte durch die Kompression der reibenden oder gestoßenen Körper, uns sowohl die gewonnene Wärme eine Kraft repräsentiert, durch welche wir mechanische Wirkungen erzeugen können, als auch die meistenteils erzeugte Elektrizität entweder direkt durch ihre anziehenden oder abstoßenden Kräfte, oder indirekt dadurch, daß sie Wärme entwickelt. Es bliebe also zu fragen übrig, ob die Summe dieser Kräfte immer der verlorenen mechanischen Kraft entspricht. In den Fällen, wo die molekülaren Änderungen und die Elektrizitätsentwickelung möglichst vermieden sind, würde sich

[1] Das eingeklammerte Wort ist nach heutiger Darstellungsweise wohl durch „unvollkommen elastisch" zu ersetzen oder zu streichen, findet sich aber auch in dem neuen Abdruck der Arbeit in den Gesammelten Abhandlungen.

diese Frage so stellen, ob für einen gewissen Verlust an mechanischer Kraft jedesmal eine bestimmte Quantität Wärme entsteht, und inwiefern eine Wärmequantität einem Äquivalent mechanischer Kraft entsprechen kann.“ Die ganz verschiedene Tragweite dieser beiden Fragen wird nun aber von Helmholtz nicht erkannt. Während offenbar die durch einen Hinweis auf Joules Experimente gegebene Antwort auf die erste Frage nach der thatsächlichen Äquivalenz genügt, um die Wärmeerscheinungen dem Grundgesetze der Energetik unterzuordnen, behandelt Helmholtz mit großer Ausführlichkeit die zweite Frage nach der Art, wie man sich die Äquivalenz mechanisch vorzustellen habe, und kann die Antwort, daß die Wärme teils als lebendige Kraft, teils als Spannkraft anzusehen sei, nicht als abschließend betrachten; er bescheidet sich aber damit, daß „für unseren Zweck die Einsicht der Möglichkeit hinreichend ist, daß die Wärmeerscheinungen als Bewegungen gefaßt werden können“. Die Stelle ist besonders bezeichnend dafür, daß Helmholtz 1847 in der Erkenntnis der die Grenzen der Mechanik überragenden Gültigkeit des Perpetuum-mobile-Prinzips mindestens noch unsicher und schwankend ist.

3. Günstiger — nach dieser damaligen Auffassung — liegt der Zustand der Kenntnisse über elektrische und magnetische Vorgänge. Hier vermag Helmholtz in den Erscheinungen die lebendige Kraft von der Spannkraft zu sondern und Formeln für diese Erscheinungen aus seinem Grundgesetz herzuleiten. Für die elektrostatischen Zustände ist nach dem Coulomb'schen Gesetze die Spannkraft bekannt, daher nach dem Energieprinzip auch die lebendige Kraft. „Diese lebendige Kraft gewinnen wir als mechanische, wenn die Geschwindigkeit, womit sich die Elektrizität in den Körpern bewegt, verschwindend klein ist gegen die Fortpflanzungsgeschwindigkeit der elektrischen Bewegung; wir müssen sie als Wärme empfangen, wenn dies nicht der Fall ist.“

In vollster Klarheit tritt dann das Grundgesetz in seiner ganzen Allgemeinheit ohne alle Bezugnahme auf mechanische Vorstellungen bei der Behandlung der galvanischen Kette hervor. „Da während eines gewissen Zeitraumes der Wirkung einer solchen Kette nichts in ihr geändert wird, als die chemischen Verhältnisse und die Wärmemenge, so würde das Gesetz von der Erhaltung der Kraft fordern, daß die durch die vorangegangenen chemischen Prozesse zu gewinnende Wärme gleich sei der wirklich gewonnenen.“ Mit Hilfe des Lenz-Joule'schen Gesetzes der Stromwärme und mit Hilfe des Ohm'schen Gesetzes folgt hieraus die Beziehung zwischen der elektromotorischen Kraft der Kette und den Verbindungswärmen der in ihr vorgehenden Reaktionen. Vergl. Teil 5, Abschn. 7.

4. Bei der Behandlung der magnetischen Induktion, eine der schönsten Leistungen der Abhandlung, geht es wieder nicht ohne mechanische Vorstellungen ab. „Bewegt sich ein Magnet unter dem Einflusse eines Stromes, so muß die lebendige Kraft, die er dabei gewinnt, geliefert werden aus den Spannkräften, welche in dem Strome verbraucht werden.“ Es ist nun keineswegs einleuchtend, und der Autor versucht auch gar nicht, es einleuchtend zu machen, daß die während des Zeitelements dt in einer Kette von der elektromotorischen Kraft A bei der Stromstärke J verbrauchte Energie $AJdt$ in Wärmeeinheiten oder $aAJdt$ in mechanischem Maße (wo a das mechanische Äquivalent der Wärmeeinheit bezeichnet) gerade die während des Zeitelements dt verbrauchten Spannkräfte mißt. Und ebenso wenig sieht man ein, warum die im Gesamtwiderstand W entwickelte Stromwärme aJ^2Wdt, nach mechanischem Maße gemessen, als die in der Strombahn erzeugte lebendige Kraft angesprochen wird, und gar das Produkt aus der Stromstärke J in die Änderung des magnetischen Potentials V als die vom Magneten gewonnene lebendige Kraft.

Es liegt ja auf der Hand, daß JdV sich durchaus nicht als lebendige Kraft zu zeigen braucht, noch viel weniger als lebendige Kraft des Magneten. Da es aber gar nicht darauf ankommt, was lebendige Kraft und was Spannkraft genannt wird, so führen jene unbegründeten Annahmen doch zu der richtigen Gleichung

$$1)\qquad aAJdt = aJ^2Wdt + J\frac{dV}{dt}dt,$$

aus der das Induktionsgesetz

$$2)\qquad J = \frac{1}{W}\left(A - \frac{1}{a}\frac{dV}{dt}\right)$$

folgt. Helmholtz merkt an, daß die Formel auch für $A = 0$ gilt; nun, dann verläuft also die Sache ohne Spannkraft; deutet dies nicht darauf hin, daß überhaupt die Unterscheidung eine gekünstelte ist? Gewiß, es läßt sich nur feststellen, welche Arbeiten und Arbeitsäquivalente während eines Naturprozesses erzeugt und verbraucht werden; — aber das ist auch nur nötig, um die Energiegleichung anzusetzen. Das Gefühl, das Helmholtz veranlaßt, die Größe $aAJdt$ auszuzeichnen und auf die linke Seite allein zu stellen, ist allerdings später in Thomson's Eigenenergie zu einem klaren Begriff geläutert worden.

Was nun aber die Feststellung der einzelnen in Betracht zu ziehenden Arbeiten oder Arbeitsäquivalente anlangt, so zeigt sich auch da, wie PLANCK[1] ausgeführt hat, eine Schwierigkeit. Nur die Erfahrung kann entscheiden, ob alle Arbeitsäquivalente, die in den Prozeß eingehen, in Ansatz gebracht worden sind. Thatsächlich irrt HELMHOLTZ, indem er bei Aufstellung des Erhaltungsgesetzes für den Fall, daß zwei Ströme sich beeinflussen, ganz so verfährt, wie oben im Fall der Wirkung zwischen einem Strom und einem Magnet dargelegt worden ist, aber das elektrodynamische Potential beider Ströme außer Ansatz läßt. Nennen wir T die kinetische Energie, Q die entwickelte Wärme, so ist bei der Wirkung zwischen Strom und Magnet

3) $$dT = J\,dV, \qquad dQ = aJ^2 W dt,$$

und nach dem Induktionsgesetz 2)

$$J = \frac{1}{W}\left(A - \frac{1}{a}\frac{dV}{dt}\right)$$

gilt auch die Gleichung

4) $$dQ = aJA\,dt - J\,dV.$$

Daher liefert die Summation den HELMHOLTZ'schen Ansatz

5) $$aJA\,dt = dT + dQ,$$

aus dem rückwärts das Induktionsgesetz erschlossen werden kann.

Aber bei der Wirkung zwischen zwei durch die Indices 1 und 2 bezeichneten Strömen ist — wenn von der Selbstinduktion abgesehen wird —

6) $$dT = +J_1 J_2\,dV$$

nach den elektrodynamischen Bewegungsgesetzen. Der Ansatz für die Stromwärme:

7) $$dQ = aJ_1^2 W_1\,dt + aJ_2^2 W_2\,dt$$

geht mit Hilfe der Induktionsgesetze für Ströme

8) $$J_1 = \frac{1}{W_1}\left(A_1 - \frac{1}{a}\frac{d(J_2 V)}{dt}\right), \qquad J_2 = \frac{1}{W_2}\left(A_2 - \frac{1}{a}\frac{d(J_1 V)}{dt}\right)$$

über in die Gleichung

9) $$dQ = aJ_1 A_1\,dt + J_2 A_2\,dt - J_1\,d(J_2 V) - J_2\,d(J_1 V).$$

---

[1] PLANCK, Das Prinzip der Erhaltung der Energie. Leipzig 1887. S. 47.

Dadurch wird

$$10)\qquad dT + dQ = aJ_1 A_1 dt + aJ_2 A_2 dt - d(J_1 J_2 V),$$

während bei HELMHOLTZ das letzte Glied fehlt und die Formel lautet

$$10^*)\qquad J_1 A_1 + J_2 A_2 = J_1^2 W_1 + J_2^2 W_2 + \frac{1}{a} J_1 J_2 \frac{dV}{dt}.$$

5. Solchen hier geflissentlich hervorgehobenen Schwierigkeiten gegenüber, die auch einen der größten Vertreter der Energetik zu Fehlern geführt haben, werden die Gegner schnell mit dem Vorwurfe da sein, man könne die Energetik doch eigentlich nicht zum Weiterforschen brauchen, man könne doch mit ihr nur beweisen, was man schon wisse. Ich meine, daß dieser Vorwurf ebenso sehr und ebenso wenig berechtigt ist, wie gegenüber irgend einer Theorie und daß dieser Umstand sich bei der Energetik in ihrer großartigen Einfachheit nur ehrlicher zeigt, als in den mit „den bunten Mäntelchen“ vieler Hypothesen aufgeputzten mechanischen Theorien, Wendet man die Energetik auf irgend ein Erscheinungsgebiet an, so muß man selbstverständlich die in Ansatz zu bringenden Arbeitsäquivalente der Erfahrung gemäß wählen, d. h. so wählen, daß die mathematischen Folgerungen mit der Erfahrung übereinstimmen. Wendet man die mechanische Hypothese auf dasselbe Gebiet an, so hat man nicht minder die Koordinaten, Geschwindigkeiten, Kräfte demselben Grundsatze gemäß zu wählen, und daß sich die Irrtümer im ersteren Falle schneller offenbaren als im letzten, spricht nicht für diesen.

6. Die Mängel des Werkes können freilich nicht im mindesten die kühle Aufnahme rechtfertigen oder nur erklären, die es anfänglich fand. „Ich war nachher,“ schreibt HELMHOLTZ[1] 1882, „einigermaßen erstaunt über den Widerstand, dem ich in den Kreisen der Sachverständigen begegnete; die Aufnahme meiner Arbeit in POGGENDORFFS Annalen wurde mir verweigert, und unter den Mitgliedern der Berliner Akademie war es nur C. G. J. JACOBI, der Mathematiker, der sich meiner annahm. Ruhm und äußere Förderung war in jenen Zeiten mit der neuen Überzeugung noch nicht zu gewinnen, eher das Gegenteil.“

Aber als der große durchdringende Blick in die Natur, den dieses Werk eröffnet, Anerkennung gefunden, die Bedeutung des

[1] Wiss. Abhandl. Bd. 1. S. 74.

Energieprinzips sich Geltung verschafft hatte — da wurde die Helmholtz'sche Abhandlung nach meinem Urteil überschätzt gegenüber den Arbeiten Robert Mayers. Ganz abgesehen von den schiefen, ja ganz unverständigen englischen Beurteilungen, von denen später noch zu berichten sein wird, findet man doch auch sonst recht oft die Ansicht, Robert Mayer sei nur ein Prophet, ein Vorbote der neuen Lehre, Helmholtz ihr eigentlicher wissenschaftlicher Verkündiger. Historisch genommen ist das auch ganz richtig, durch Helmholtz' Arbeit ist in Deutschland wenigstens die Einsicht in den Wert des Energiegesetzes verbreitet worden. Aber daß die größere prinzipielle Klarheit auf Seite Mayer's steht, auf Helmholtz' Seite freilich die vollendetere fachliche Durcharbeitung, muß anerkannt werden und scheint im Laufe der Jahrzehnte immer mehr wenigstens von denen empfunden zu werden, die ohne fachliche Vorurteile der Gedankenschöpfung selbst nachgespürt haben.

Nach Robert Mayer's Auffassung umfaßt die Unzerstörbarkeit den ganzen Inhalt des Kraftbegriffs, die Energetik also enthält die ganze Mechanik. Helmholtz folgte, wie wir sahen (vergl. S. 38) vorübergehend derselben Idee, strauchelte dabei und wendete sich von ihr ab; die Energetik bot genug andere Probleme dar. Mag sie immerhin die Bewegungsvorgänge nicht erschöpfend beschreiben, was sie sofort von ihnen faßt, bietet der Forschung sicheren Boden genug.

Sehr scharf tritt der Einfluß der Helmholtz'schen Arbeit auf dem Gebiete der physikalischen Theorien hervor. Seit dem Erscheinen der Abhandlung über die Erhaltung der Kraft ist jede neue Theorie verpflichtet, den Nachweis zu führen, daß sie dem Gesetze von der Erhaltung der Energie nicht widerspricht. In dieser Hinsicht hat sich die Helmholtz'sche Arbeit am schnellsten Anerkennung verschafft und bezeichnet eine erste Stufe unbezweifelter Geltung der energetischen Grundgedanken.

7. Helmholtz aber muß noch ein ganz besonderes Verdienst zugesprochen werden; ihm ist die Ausbreitung der Kenntnis des Energiegesetzes in den weiten Kreisen der Gebildeten in Deutschland zu danken. Es erschien ihm nach seinen eigenen Worten als das Hauptinteresse und Hauptbedürfnis bei Vorlesungen vor einem überwiegend litterarisch gebildeten Publikum, das Wesen und die Tragweite der Naturgesetze und ihre Beziehungen zu den geistigen Thätigkeiten des Menschen anschaulich zu machen. Dieser Kosmos-Standpunkt, der dem heutigen Gelehrtengeschlechte fast unverständlich geworden zu sein scheint, hat HELMHOLTZ zu pädagogisch und stilistisch vollendeten, geradezu klassischen Aufsätzen und Reden angeregt.[1] Solchen Darlegungen Ziel und Zusammenhang zu geben, war noch nie eine physikalische Erkenntnis so geeignet gewesen, als die Energieerhaltung, dieses „neue allgemeine Naturgesetz, welches das Wirken sämtlicher Naturkräfte in ihren gegenseitigen Beziehungen zu einander beherrscht, und eine ebenso große Bedeutung für unsere theoretischen Vorstellungen von den Naturprozessen hat, als es für die technische Anwendung derselben von Wichtigkeit ist".

An dieser Stelle sei nur des ältesten dieser populären Vorträge gedacht, der 1854 in Königsberg gehalten wurde: Über die Wechselwirkung der Naturkräfte und die darauf bezüglichen neuesten Ermittelungen der Physik. Da wird die Idee eines Perpetuum mobile beleuchtet, die Begriffe der lebendigen Kraft und der Spannkraft treten hervor, auch CLAUSIUS' neue Arbeiten werden berücksichtigt und all diese neuen Ergebnisse auf die großen kosmischen Probleme der Entstehung des Sonnensystems, der Erhaltung der Sonnenwärme, der Witterung, der Ebbe und Flut, des organischen Lebens angewendet, um „Lichtstrahlen in die fernen Nächte des Anfangs und des Endes der Geschichte des Weltalls zu senden".

So hat HELMHOLTZ Jahrzehnte hindurch, ohne selbst an seinen Gedanken von 1847 weiter zu schaffen, für diese gearbeitet, indem er das Werk GROVE's, die Wechselwirkungen der Naturkräfte zu schildern, und ROBERT MAYER's Art, die ja von Haus aus mehr im Boden des allgemeinen Wissens wurzelte, fortführte und mit seiner immer mehr anerkannten Autorität stützte. So drang das Erhaltungsgesetz in die Lehrbücher, in die Anschauungsweise der Naturforscher, ja in das allgemeine Bewußtsein immer tiefer ein, es erhob sogar zum Teil zu weitgehende, verfrühte Ansprüche.[2] HELMHOLTZ aber hat, wie wir sehen werden, erst am Ende seines Schaffens wieder wissenschaftlich fördernd in die Entwickelung der Energiegedanken eingegriffen.

[1] HELMHOLTZ, Populäre wissenschaftliche Vorträge. Braunschweig 1865, 1871, 1876. — Die Sammlung erschien vermehrt unter dem Titel: Vorträge und Reden 1884.

[2] Z. B. wenn REIS in seinem weitverbreiteten Lehrbuch der Physik für Gymnasien u. s. w. 1872 es unternimmt, „die physikalischen Erscheinungen und Gesetze aus dem Prinzip von der Erhaltung der Kraft und den Anschauungen von CLAUSIUS über die innere Bildung des Stoffes auf dem Wege der Deduktion" abzuleiten.

Zweiter Teil.

Die Vorbereitung des zweiten Hauptsatzes.

Erster Abschnitt.

Sadi Carnot.

1. Die weitere Entwickelung der Energetik ist durch die Verschmelzung der bisher entwickelten Ideen mit einer ihnen ganz fremdartigen, von SADI CARNOT ausgehenden Gedankenreihe gekennzeichnet, die sich zwar an einer Stelle — wie wir sahen — schon in die HELMHOLTZ'sche Arbeit über die Erhaltung der Kraft drängt, aber bis auf CLAUSIUS und THOMSON in ungelöstem Widerspruche zu den Vorstellungen steht, von denen in erster Linie jene Arbeit angeregt war. Wie befruchtend die Lösung des Widerspruches gewirkt hat, wird sich später zeigen; zunächst haben wir dieser zweiten Gedankenreihe gesondert unsere Aufmerksamkeit zuzuwenden. Sie ist unmittelbar hervorgegangen aus der technischen Mechanik Frankreichs, deren tiefgehender Einfluß bereits geschildert wurde. So hat damals insbesondere die Arbeit des Wassers in den hydraulischen Motoren, die für CARNOT's Auffassung der Dampfmaschine maßgebend geworden ist, eine ganz energetische Behandlung gefunden.[1] Das unter den französischen Technikern um 1820 verbreitete Wissen bestimmte die Vorzüge und die Fehler der Betrachtungsweise SADI CARNOT's.[2]

Die Dampfmaschine und die Unfähigkeit der theoretischen Mechanik seiner Zeit gegenüber diesem neuen gewaltigen Hebel der Technik bilden den Ausgangspunkt für CARNOT's Gedanken. Die Methode seiner Untersuchung legt er selbst, ein theoretisches Genie, mit folgenden Worten klar: „Trotz der mannigfachen Arbeiten

---

[1] PETIT, Ann. chim. (2) 8, 1818.

[2] S. CARNOT, Réflexions sur la puissance motrice du feu et sur les machines propres à développer cette puissance. Paris 1824. Abgedruckt 1872 in den Ann. de l'école normale. Neue Ausgabe 1887. Deutsch von OSTWALD. Leipzig 1892.

über die Wärmemaschinen, trotz des befriedigenden Zustandes, zu dem sie gegenwärtig gelangt sind, ist ihre Theorie doch sehr wenig fortgeschritten, und die Versuche zu ihrer Verbesserung sind fast nur vom Zufall geleitet . . . Das Phänomen der Erzeugung von Bewegung durch Wärme ist nicht unter einem hinlänglich allgemeinen Gesichtspunkt betrachtet worden. Man hat es nur an Maschinen untersucht, deren Wirkungsweise ihm nicht die ganze Entwickelung gestattet hat, deren es fähig ist. An derartigen Maschinen zeigt sich das Phänomen so zu sagen verstümmelt und unvollständig, so daß es schwierig wird, seine Grundlagen zu erkennen und seine Gesetze zu studieren."

„Um das Prinzip der Erzeugung von Bewegung durch Wärme in seiner ganzen Allgemeinheit zu betrachten, muß man es sich unabhängig von jedem Mechanismus und jedem besonderen Agens vorstellen; man muß Überlegungen durchführen, welche ihre Anwendungen nicht nur auf Dampfmaschinen haben, sondern auf jede denkbare Wärmemaschine, welches auch der angewandte Stoff sei, und in welcher Art man auf ihn einwirkt."

„Die Maschinen, welche ihre Bewegung nicht von der Wärme empfangen, wie die, deren Antrieb die Kraft der Menschen oder Tiere, der Fall des Wassers, die Strömung der Luft u. s. w. ist, können bis in ihre kleinsten Einzelheiten mittels der theoretischen Mechanik studiert werden. Alle Fälle sind vorgesehen, alle möglichen Bewegungen sind allgemeinen, fest begründeten Prinzipien unterworfen, welche unter allen Umständen Anwendung finden. Das ist das Kennzeichen einer vollständigen Theorie. Offenbar fehlt eine ähnliche Theorie bei den Wärmemaschinen."

2. Und nun erkennt CARNOT den einen wesentlichen Umstand, der allen Wärmemaschinen gemeinsam ist, und den anderen — erkennt er nicht, weil seine wissenschaftliche Ausbildung ihn in der damals in Frankreich durch FOURIER's große Arbeiten aufs neue belebten Anschauung befangen hielt, die in der Wärme einen Stoff sieht. Bei dieser Auffassung erscheint es nämlich fast selbstverständlich, die Wärme als ein unzerstörbares Agens anzunehmen, so daß der Irrtum entsteht, im Kondensator der Maschine käme ebenso viel Wärme an, wie im Kessel abgegeben wird. „Die Erzeugung von Bewegung ist bei den Dampfmaschinen stets an einen Umstand geknüpft, auf welchen wir die Aufmerksamkeit lenken müssen. Dieser Umstand ist die Wiederherstellung des Gleichgewichtes des Wärmestoffes, d. h. ein Übergang von einem Körper mit mehr oder weniger erhöhter Temperatur auf einen anderen, wo sie niedriger ist. Was geschieht denn thatsächlich in einer in Thätigkeit befindlichen Dampfmaschine? Der in der Feuerung durch die Verbrennung entwickelte Wärmestoff durchdringt die Wände des Kessels und erzeugt den Dampf, indem er sich sozusagen demselben einverleibt. Dieser nimmt ihn mit sich, führt ihn zum Cylinder, wo er irgend einen Dienst thut, und von dort in den Kondensator, wo er sich in Berührung mit dem dort vorhandenen kalten Wasser verflüssigt. In letzter Linie bemächtigt sich daher das kalte Wasser des Kondensators des durch die Verbrennung entwickelten Wärmestoffes. Es erwärmt sich durch Vermittelung des Dampfes, wie wenn es unmittelbar über die Feuerung gebracht worden wäre. Der Dampf ist hier nur ein Mittel, den Wärmestoff fortzuschaffen; er thut dasselbe, wie bei der Erwärmung der Bäder durch Dampf, nur daß in unserem Falle die Bewegung nutzbar gemacht wird . . . Die Erzeugung von bewegender Kraft ist daher bei den Dampfmaschinen nicht sowohl auf einen wirklichen Verbrauch des Wärmestoffes zurückzuführen, sondern auf seinen Übergang von einem heißen Körper zu einem kalten, d. h. auf die Herstellung seines Gleichgewichtes, welches durch irgend eine Ursache, eine chemische Wirkung wie die Verbrennung, oder irgend eine andere, gestört worden war."

Ganz entsprechende Auffassungen gelten nach der stofflichen Hypothese für alle anderen Fälle, bei denen Wärme dient, um bewegende Kraft zu erzeugen. „Ein fester Körper, beispielsweise ein metallener Stab, vermehrt und vermindert seine Länge, wenn er abwechselnd erwärmt und abgekühlt wird, und vermag Körper zu bewegen, die an seinen Enden befestigt sind." Ebenso vermögen flüssige und gasförmige Körper, sowie die Dämpfe aller Stoffe Wirkungen auszuüben: „Überall, wo ein Temperaturunterschied besteht, kann die Erzeugung von bewegender Kraft stattfinden."

3. Die entscheidende Leistung Carnot's besteht nun darin, daß er sich die Frage vorlegt: Ist die bewegende Kraft, die eine gegebene Menge von Wärmestoff zu erzeugen vermag, der Größe nach unveränderlich oder wechselt sie mit dem Agens, dessen man sich bedient, um sie zu erlangen, mit der Zwischensubstanz. Um diese Frage zu beantworten, ersinnt Carnot einen Prozeß, bei welchem aus Wärme Arbeit erzeugt wird, der arbeitende Körper wieder genau in den ursprünglichen Zustand zurückkehrt (Kreisprozeß), und alle vorkommenden Veränderungen auch in entgegengesetzter Weise durchführbar sind (umkehrbarer Prozeß).

Indem nämlich 1. einem Körper *A*, der Kesselwand, Wärmestoff entzogen wird, wird Dampf von der Temperatur dieses Körpers *A* erzeugt. 2. läßt man diesen Dampf in einem Cylinder *C* einen Kolben vorwärts schieben, also sein Volum vergrößern, wobei er sich abkühlt; es möge die Verdünnung und Abkühlung fortgesetzt werden, bis die Temperatur eines Körpers *B* erreicht ist. Hierauf wird 3. der Dampf bei dieser Temperatur mit dem Körper *B*, dem Kühlwasser oder den gekühlten Wänden des Kondensators, in Berührung gebracht und bei konstantem Druck bis zur Verflüssigung verdichtet.

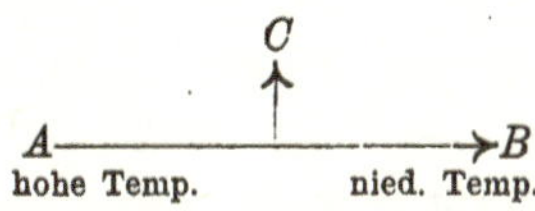

Der Einwand, daß nach diesen drei Vorgängen der arbeitende Körper kälter ist, als ursprünglich, also sich nicht genau im ursprünglichen Zustande befindet, wie es doch für die folgenden Schlüsse nötig ist, läßt sich streng nur dadurch beseitigen, daß man den Dampf im Prozeß 3 unter konstantem Druck nicht bis zur Verflüssigung bringt, sondern nur soweit verdichtet, daß er in einem anzuschließenden Prozeß 4 nach Trennung vom Kühlkörper *B* durch weitere Kompression auf den ursprünglichen Druck und die ursprüngliche Temperatur gelangt. Carnot macht sich diesen Einwand, beseitigt ihn aber durch einen Geniestreich, der mehr der Lösung des gordischen Knotens als der einer theoretischen Schwierigkeit ähnelt; er meint, man könne die Temperaturdifferenz der Körper *A* und *B* verschwindend klein wählen und endliche Temperaturunterschiede bewältigen, indem man den Dampf der Reihe nach viele verschwindend kleine durchlaufen läßt. Bei verschwindend kleiner Temperaturdifferenz von *A* und *B* werde aber der Einwand dadurch beseitigt, daß als Prozeß 4 Berührung des Körpers *A* mit dem Kondenswasser, das beim Prozeß 3 entstanden ist, vorgenommen wird. Ausgleichung unendlich kleiner Temperaturdifferenzen müsse ja ohnehin als ein umkehrbarer Vorgang angesehen werden, da sonst auch die Prozesse 1, 2 und 3 nicht rückwärts durchlaufbar seien.

Bei diesen Prozessen hat man sich die Körper *A* und *B* so groß oder so mit anderen Körpern verbunden zu denken, daß sie ihre Temperatur nicht merklich ändern, trotzdem der eine Wärmestoff abgiebt, der andere ihn aufnimmt. Auch könnten sie, um diesen Zweck zu erreichen, so gewählt sein, daß sie sich dauernd im Schmelzpunkt oder Siedepunkt befinden.

4. Jetzt sind wir in der Schilderung der Carnot'schen Gedanken an den eigentlich springenden Punkt gelangt, an die Stelle, wo das

Genie sich offenbart: „Die beschriebenen Vorgänge können in dem einen Sinne, wie im entgegengesetzten ausgeführt werden. Nichts hindert uns, den Dampf mittels Wärmestoff aus dem Körper B und bei seiner Temperatur zu bilden, ihn so zusammen zu drücken, daß er die Temperatur des Körpers A erlangt und ihn schließlich unter Berührung mit dem Körper A zu kondensieren." Mit diesen Worten ist die Idee des umkehrbaren Prozesses in die Welt getreten, und CARNOT wendet sie sogleich zur Erledigung der von ihm aufgeworfenen Frage an. Während nämlich bei dem zuerst geschilderten Prozesse (α) Wärmestoff von A nach B geht und dabei im Cylinder C Arbeit abgeliefert wird, führt der umgekehrte Prozeß ($-\alpha$) den Wärmestoff von B nach A zurück und im Cylinder C wird Arbeit verbraucht. Gäbe es nun irgend welches Verfahren (β), den Wärmestoff bei seiner Überführung von A nach B zur Hervorbringung einer größeren Menge von bewegender Kraft zu veranlassen, als sie der Prozeß (α) liefert, so brauchte man nur dem Prozesse (β) den Prozeß ($-\alpha$) folgen zu lassen, um die Dinge auf ihren früheren Zustand zu bringen und dieselben Operationen wieder beginnen zu können. „Das wäre nicht nur ein Perpetuum mobile, sondern auch eine unbegrenzte Erschaffung von bewegender Kraft ohne Verbrauch von Wärmestoff oder irgend eines anderen Agens."

Es ist gewiß äußerst merkwürdig, daß das Perpetuum-mobile-Prinzip bei seiner ersten theoretischen Verwendung nur beansprucht wird, um die Unmöglichkeit festzustellen, daß Arbeitskraft ins Ungemessene erzeugt werden kann. Wäre eine wirkliche Erschaffung von bewegender Kraft möglich, erläutert CARNOT, „so wäre es überflüssig, die bewegende Kraft in den Strömungen des Wassers und der Luft, in den Brennmaterialien zu suchen; wir hätten eine unversiegbare Quelle derselben, aus der wir nach Belieben schöpfen könnten." Daß es unmöglich wäre, Arbeitskraft in unbegrenztem Maße zu zerstören, nimmt CARNOT nicht an, giebt vielmehr ihre Zerstörbarkeit stillschweigend zu, da er ja Wärmeübergänge, die ohne Arbeitserzeugung verlaufen, in seinen Betrachtungen berücksichtigt. Würde man einen solchen Wärmeübergang durch den Prozeß ($-\alpha$) rückgängig machen, so hätte man einfach Arbeitskraft vernichtet.

So gewiß als ein Perpetuum mobile unmöglich ist, so gewiß giebt es keinen zwischen A und B verlaufenden Wärmeübergang, bei dem mehr bewegende Kraft entstände, als bei dem oben geschilderten Arbeitsprozeß des Dampfes. Der Wärmestoff verhält sich in dieser Hinsicht ganz wie das fallende Wasser. „Die bewegende Kraft des fallenden Wassers hängt von seiner Höhe und der Menge der Flüssigkeit ab; die bewegende Kraft der Wärme hängt gleichfalls von der Menge des angewendeten Wärmestoffes ab und dem, was man seine Fallhöhe nennen könnte, und was wir in der That so nennen wollen, nämlich dem Temperaturunterschied der Körper, zwischen denen der Austausch des Wärmestoffes stattfindet."

5. Noch bekannter als der mit Dampf ausgeführte Kreisprozeß, an den sich diese Schlüsse anknüpfen, und von vornherein frei von dem oben besprochenen Einwand ist ein zweiter von SADI CARNOT ersonnener Prozeß, ein umkehrbarer Kreisprozeß eines vollkommenen Gases. Atmosphärische Luft nehme den Raum *abik* (Fig. 1) ein:

1. Unter Berührung mit der Wärmequelle *A* dehne sie sich aus, bis der Kolben von *ik* nach *ef* gelangt ist.

2. Außer Berührung mit *A* gebracht, dehnt sie sich, ohne Wärmestoff aufzunehmen, weiter aus, bis der Kolben nach *gh* gelangt ist, wobei die Temperatur auf die des Körpers *B* sinken möge.

3. In Berührung mit dem Körper *B*, der wieder wie vorher kälter sei, als der Körper *A*, wird das Gas bis *cd* komprimiert.

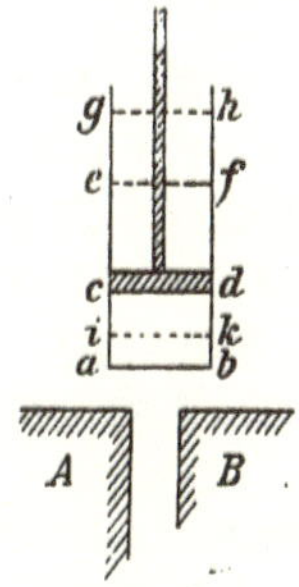

Fig. 1.

4. Nach Aufhebung der Berührung mit *B* setzt man die Kompression bis zur Anfangsstellung *ik* des Kolbens fort, wobei die Luft in ihrem isolierten Zustande eine Temperaturerhöhung erfährt, nämlich auf die anfängliche Temperatur, die Temperatur des Körpers *A*, gelangt.

Damit ist der Kreisprozeß geschlossen und das Spiel kann von neuem beginnen. Da während der Ausdehnungsbewegungen 1 und 2 immer die Temperatur höher ist, als während der Kompressionsbewegungen 3 und 4 bei gleicher Kolbenlage oder gleichem Volum, so ist die vom Gas hervorgebrachte Arbeit größer, als die bei der Kompression verbrauchte, es ist bewegende Kraft gewonnen worden.

6. Die wesentlichen Eigenschaften des beschriebenen Prozesses, die auch bei anderen Arbeitskörpern als Gase vereinigt sein können, sind folgende. Wir nennen CARNOT'schen Prozeß jede mit einem Körper ausgeführte Reihenfolge von Operationen, die

1. ein Kreisprozeß ist, d. h. den der Veränderung unterworfenen Körper in den Anfangszustand zurückführt;

2. umkehrbar ist, d. h. in dem einen Sinne wie auch in umgekehrter Ordnung ausgeführt werden kann;

3. Wärme von $\left\{\begin{matrix}\text{höherer}\\ \text{niederer}\end{matrix}\right\}$ Temperatur zu $\left\{\begin{matrix}\text{niederer}\\ \text{höherer}\end{matrix}\right\}$ überführt und dabei mechanische Arbeit $\left\{\begin{matrix}\text{erzeugt}\\ \text{verbraucht}\end{matrix}\right\}$;

4. aus vier verschiedenen Prozessen zusammengesetzt ist, nämlich zwei *isothermen* Veränderungen des arbeitenden Körpers, d. h. solchen, bei denen sich seine Temperatur nicht ändert, und zwei *adiabatischen*, nämlich solchen, bei denen er Wärme weder aufnimmt, noch abgiebt. Der Zweck dieser Zusammensetzung aus vier Einzelprozessen ist wesentlich der, jeden unbenutzten Wärmeübergang zu vermeiden, d. h. jeden Übergang von höherer zu niederer Temperatur, bei dem nicht zugleich Arbeit geleistet würde.

So ist denn auch der oben geschilderte, von Dampf ausgeführte Kreisprozeß als ein CARNOT'scher Prozeß zu bezeichnen, während, wie dort angegeben, CARNOT selbst ihn nur für den Fall als vollkommenen Kreisprozeß angegeben hat, daß die Temperaturdifferenz der Körper A und B verschwindend klein ist. Der Mangel ist nach dem Muster des CARNOT'schen Gasprozesses später von CLAPEYRON beseitigt worden. Übrigens wendet CARNOT auch seinen Gasprozeß auf den Fall verschwindend kleinen Temperaturgefälles an.

Das Prinzip von der Unmöglichkeit eines Perpetuummobile führt nun von jedem CARNOT'schen Prozesse aus zu dem CARNOT'schen Satze: „*Die bewegende Kraft der Wärme ist unabhängig von dem Agens, welches zu ihrer Gewinnung benutzt wird, und ihre Menge wird einzig durch die Temperaturen der Körper bestimmt, zwischen denen die Überführung des Wärmestoffes stattfindet.*“

Die Anwendungen, die CARNOT von diesem Satze macht, weiter zu verfolgen, würde uns von unserer Aufgabe abführen. So grundlegend die CARNOT'schen Gesichtspunkte für die Entwickelung der Energetik geworden sind, bei CARNOT selbst ist doch ihre Verwertung durch den schon bezeichneten Fehler verdorben, von dem erst CLAUSIUS und THOMSON die Wärmetheorie befreit haben, durch die Verwirrung der beiden Begriffe, die später als Wärme und als Entropie geschieden wurden. Im Wärmestoff der CARNOT'schen Betrachtungsweise sind beide Begriffe noch unentwickelt vermischt. Wenn z. B. CARNOT in sorgfältiger Benutzung der damals bekannten experimentellen Daten ausrechnet, wieviel Einheiten bewegender Kraft eine Wärmeeinheit hervorbringt, wenn sie auf Luft oder auf

Dampf wirkend, von einem Körper zu einem um 1° kühleren übergeht, und dabei findet, daß der Fall des Wärmestoffes um 1° bei niedrigeren Temperaturgraden mehr bewegende Kraft hervorbringt, als bei höheren, so ist das alles richtig, falls man unter Wärme und Wärmestoff die Entropie des arbeitenden Körpers versteht, mußte aber zu Verwirrung führen, da jene Worte für die als Wärme empfundene Energie gebraucht wurden.

7. Daß SADI CARNOT persönlich sich der Klarheit genähert hat, wird durch Notizen aus seinem Nachlasse belegt, die sein jüngerer Bruder (LAZARE HIPPOLYTE) 1878 in der neuen Ausgabe der Réflexions veröffentlicht hat. In der Hauptstelle, die in Facsimile wiedergegeben ist, wird die Auffassung der Wärme als Bewegung kleinster Teile an Stelle der Stoffhypothese vertreten, und angegeben, daß, um 1000 Kilogrammeter zu erzeugen, 2,70 Kalorien zerstört werden müssen, wonach sich das Wärmeäquivalent zu 1000 : 2,70 = 370 Kilogrammeter berechnet. Freilich fehlt jede Angabe über die Art, wie CARNOT zu dieser Zahl gelangt ist, die so merkwürdig mit der mehr als zehn Jahr später von ROBERT MAYER gefundenen übereinstimmt. Insbesondere ist unbekannt, ob und wie CARNOT den Widerspruch, in dem seine auf den Wärmestoff gegründete Theorie mit der Äquivalenz zwischen Wärme und Arbeit steht, innerlich überwunden hat, d. h. ob und wie er eine Entwickelung des Begriffs der Entropie aus dem der Wärme gefunden hat. Es wäre übrigens an und für sich nicht ausgeschlossen, daß die Äquivalenz in Verbindung mit der Stoffhypothese treten könnte, es bedürfte dazu der vollen Durchführung der Analogie zwischen Wärmestoff und fallendem Wasser. Die Wahrheit ist eben, daß die Äquivalenz unabhängig ist von jeder besonderen Ansicht über das Wesen der Wärme, wie sie ja auch bei ROBERT MAYER unabhängig von der Bewegungshypothese entwickelt wird. So scheint es denn, daß CARNOT sich nach der Veröffentlichung seines Werkes zur eignen Aufklärung mit dem RUMFORD'schen Gedanken beschäftigt hat, der in der Wärme Bewegungsvorgänge sieht, daß er hierdurch auf den Äquivalenzgedanken geführt wurde und dessen Widersprüche mit seinen Veröffentlichungen nicht völlig zu überwinden vermochte. Im inneren Kampfe ereilte ihn der Tod, ein tragisches Ende des Genius.

Im Luxemburgpalast zu Paris hatte NIKOLAUS LEONHARD SADI CARNOT am 1. Juni 1796 das Licht der Welt erblickt, als Sohn des großen Technikers und Mathematikers, der damals Mitglied des

Direktoriums war, und ein Jahr darauf in die Verbannung wandern mußte. Auf der Pariser Polytechnischen Schule ausgebildet, war SADI bis 1828 Soldat und widmete sich dann ganz technischen Studien und physikalischen Arbeiten. Am 24. August 1832 erlag er einem Choleraanfall, nachdem durch fieberhafte Krankheiten schon seit dem Juni sein Körper geschwächt worden war.

Wie CARNOT auf Bahnen R. MAYER's gewandelt ist, so waren auch R. MAYER CARNOT's Gedankengänge nicht fremd, obschon er auf sie nicht die andauernde Geistesspannung gerichtet hat. In einem Briefe an GRIESINGER vom 16. Juni 1844 setzt MAYER auseinander[1], daß der menschliche oder tierische Organismus nicht im stande ist, die zu einer Arbeitsleistung, etwa beim in die Höhe Steigen, nötige Wärme zu entwickeln, „ohne zugleich vermehrte Wärme zu erzeugen; denn die verstärkte Respiration ... setzt an sich ein größeres Wärmebedürfnis voraus; um die Luft zu erwärmen, welche in größerem Quantum ein- und ausgeführt wird, und um die verstärkte Wasserverdampfung zu bewirken, wenn man an ein Echauffieren des ganzen Körpers auch noch nicht denken will. Statt 1 Gran“ Kohlenstoff zu verbrennen, „findet also etwa ein Mehraufwand von $2^1/_2$ Gran statt, 1 Gran zu mechanischem Effekt, $1^1/_2$ Gran zu vermehrter Wärme. (Überall lassen sich mit Dampfmaschinen keine unebenen Parallelen ziehen.)“

Zweiter Abschnitt.

Clapeyron.

1. Schon SADI CARNOT selbst hatte in einer ausführlichen Fußnote versucht, das Ergebnis seiner Betrachtungen analytisch zu formulieren; in musterhafter Weise ist das später von einem französischen Bergingenieur E. CLAPEYRON durchgeführt worden. Obschon dessen Arbeit[2], ganz auf dem CARNOT'schen Standpunkte stehend an dessen Fehler leidet, hat sie doch den späteren Verbesserungen dieses Fehlers zum Vorbild gedient, ja geradezu die analytische und geometrische Gestalt bestimmt, in der die Thermodynamik von

[1] WEYRAUCH, Kleinere Schriften und Briefe von R. MAYER. 1893. S. 210.

[2] J. de l'école polytechnique 14, 1834. In POGG. Ann. wurde sie Bd. 59, 1843 mit der Bemerkung wieder abgedruckt: Dieser bisher nur von Wenigen beachtete Aufsatz schien seiner Wichtigkeit wegen noch jetzt ein volles Recht zur Aufnahme zu haben.

Clausius und Thomson festgelegt wurde. Auch dürfte es die Clapeyron'sche Arbeit gewesen sein, die überhaupt Carnots Ideen der Nachwelt erhalten hat, denn Carnot's Originalschrift ist wenig verbreitet gewesen, und Holtzmann wie Clausius und Thomson berichten, daß sie ihnen anfangs unzugänglich gewesen ist.

Clapeyron giebt zunächst für den Gasprozeß wie für den Dampfprozeß, den Carnot ersonnen, die seitdem in alle Lehrbücher aufgenommenen graphischen Darstellungen, wobei er an dem Dampfprozeß die Verbesserung anbringt, die bei der Darstellung desselben auf S. 53 schon berücksichtigt wurde. Indem er das Volum des Arbeitskörpers als Abscisse, den Druck als Ordinate darstellt, erhält er in den Kurvenstücken CE, EG, GK, KC die graphischen Darstellungen der S. 53 und S. 55 bez. mit 1, 2, 3, 4 bezeichneten Teilprozesse. CE und GK sind Isothermen, EG und KC Adiabaten. Fig. 2 stellt den Carnot'schen Prozeß für ein vollkommenes Gas, Fig. 3 für gesättigten Dampf dar.

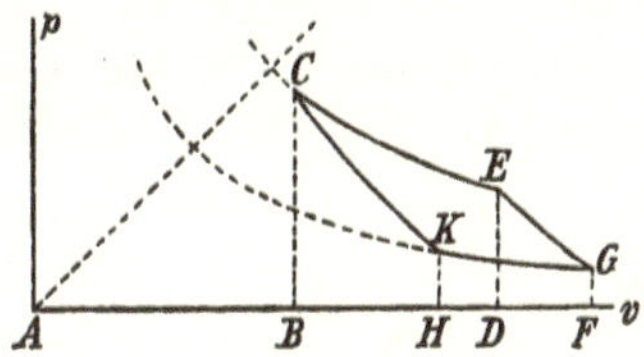

Fig. 2.

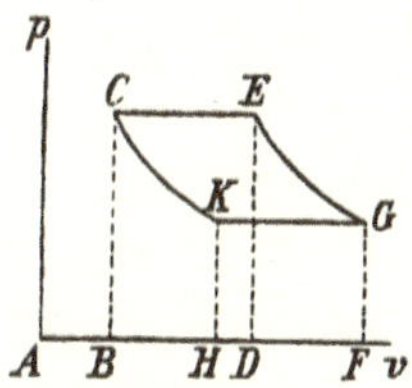

Fig. 3.

2. Zur analytischen Behandlung der Carnot'schen Gedanken gelangt nun Clapeyron, indem er die vier Teilprozesse verschwindend klein wählt, so daß sich das Viereck $CEGK$ zu einem unendlich kleinen Parallelogramm zusammenzieht. Die Temperatur ϑ jedes von Carnot in Betracht gezogenen Arbeitskörpers ist eine Funktion seines spezifischen Volums v und des Druckes p, unter dem er steht. Daher ist:

$$1)\qquad d\vartheta = \frac{\partial \vartheta}{\partial p}\, dp + \frac{\partial \vartheta}{\partial v}\, dv.$$

Auf der Isotherme CE ist $d\vartheta = 0$, daher auch:

$$2)\qquad \frac{\partial \vartheta}{\partial p}\, dp + \frac{\partial \vartheta}{\partial v}\, dv = 0.$$

Nun betrachtet Clapeyron — und das ist der Carnot'sche Fehler — auch die Wärme, d. h. nach Carnot's Standpunkt die Menge des Wärmestoffes, den ein Körper in sich enthält, als Funktion des jeweiligen Körperzustandes, hier also als Funktion von p

und v. Deshalb erhält man für jede unendlich kleine Wärmeaufnahme:

$$3)\qquad dQ = \frac{\partial Q}{\partial p}dp + \frac{\partial Q}{\partial v}dv.$$

Es ist ersichtlich, die Hypothese des Wärmestoffes, die zu diesem Ansatze verleitet, indem sie die Wärme durch eine Stoffmenge mißt, die mit dem ponderablen Stoffe des Körpers verbunden gedacht wird. Man kann wohl, wie schon früher angemerkt wurde, nicht behaupten, daß die Auffassung der Wärme als eines Stoffes schon an sich zu diesem falschen Ansatz nötige. Man könnte ja dem Wärmestoffe irgend welche Attribute beilegen, wie Bewegungen, Spannungen, Abscheidungen, und durch diese, statt durch seine Menge, die Wärme messen; dann wäre sogleich ersichtlich, daß die Wärme nicht vom jeweiligen Zustande des ponderablen Körpers, sondern auch von den vorangegangenen Zustandsänderungen abhängig sein könnte; aber auch, wenn man die Wärme durch die Menge eines hypothetischen Fluidums mißt, kann man dasselbe erreichen, etwa indem man den Teilen des ponderablen Stoffes latentes Caloricum zuschreibt, sich dessen Menge nach Maßgabe der Änderungen des Körperzustandes veränderlich denkt und nur das aus den Körperteilen frei gewordene Caloricum als Maß der Wärme erklärt. Bei Annahme solcher Grundvorstellungen wäre dann Gleichung 3) nicht begründet. Jedoch, für die gewöhnliche Stoffhypothese, wie sie Carnot und Clapeyron feststellen, scheint sie freilich der naturgemäße analytische Ausdruck.

Bei einer isothermen Veränderung gelten nun gleichzeitig die Gleichungen 2) und 3), so daß sich für die Wärmeaufnahme ergiebt:

$$4)\qquad dQ = \frac{\partial p}{\partial \vartheta}dv\left\{\frac{\partial \vartheta}{\partial p}\frac{\partial Q}{\partial v} - \frac{\partial \vartheta}{\partial v}\frac{\partial Q}{\partial p}\right\}.$$

Diese Wärmestoffmenge tritt bei der Temperatur ϑ in den arbeitenden Körper ein und bei der Temperatur $\vartheta - d\vartheta$ nach der Carnot'schen Ansicht unverändert aus ihm heraus. Dabei leistet der Körper Arbeit, und während des Rückganges in den Anfangszustand verbraucht er Arbeit. Da die bei der Volumzunahme dv geleistete Arbeit gleich $p\,dv$ ist, so wird in der Clapeyron'schen graphischen Darstellung die Differenz der geleisteten und verbrauchten, also die insgesamt während des Kreisprozesses gewonnene Arbeit durch das Viereck $CEGK$ gemessen. Während des der Analyse unterworfenen verschwindend kleinen Kreisprozesses wird also eine Arbeit erzeugt, die durch ein unendlich kleines Parallelogramm dargestellt ist. Man findet dessen Fläche, indem man die Horizontalprojektion der einen

Seite CE mit dem Vertikalabstand zwischen CE und KG multipliziert, also das dv der Formel 4) mit $\frac{\partial p}{\partial \vartheta} d\vartheta$. Die beim Übergang der Wärmemenge dQ von der Temperatur ϑ auf $\vartheta - d\vartheta$ gewonnene Arbeit ist demnach:

5) $$\frac{\partial p}{\partial \vartheta} d\vartheta\, dv.$$

3. Carnot hat nun bewiesen, daß ein Perpetuum mobile möglich wäre, wenn durch irgend eine Vorrichtung, die zwischen denselben Temperaturen Wärme überführt, bei gleichem Wärmeübergang mehr Arbeit erzeugt werden könnte. Das Verhältnis der Werte 4) und 5) kann also nur eine Funktion der Temperatur allein sein, wenn ein Perpetuum mobile unmöglich ist. Folglich ist, wenn C eine Funktion der Temperatur ϑ bezeichnet:

6) $$\frac{\partial \vartheta}{\partial p}\frac{\partial Q}{\partial v} - \frac{\partial \vartheta}{\partial v}\frac{\partial Q}{\partial p} = C.$$

Hiernach geht aus 4) die berühmte Clapeyron'sche Formel hervor für jede isotherme Wärmeaufnahme dQ:

7) $$dQ = C \cdot \frac{\partial p}{\partial \vartheta} \cdot dv;$$

auch ist mit Rücksicht auf 2) bei isothermen Änderungen:

8) $$dQ = - C \cdot \frac{\partial v}{\partial \vartheta} \cdot dp.$$

Bei Gasen, für welche die Beziehung:

9) $$pv = R(273 + \vartheta)$$

gilt, wird:

10) $$\frac{\partial \vartheta}{\partial v} = \frac{p}{R}, \qquad \frac{\partial \vartheta}{\partial p} = \frac{v}{R},$$

demgemäß nach 4) und 6):

11) $$dQ = \left(v\frac{\partial Q}{\partial v} - p\frac{\partial Q}{\partial p}\right)\frac{dv}{v},$$

12) $$CR = v\frac{\partial Q}{\partial v} - p\frac{\partial Q}{\partial p}.$$

Da in diesem Falle C als Funktion von ϑ allein auch Funktion von p und v ist, so liegt eine partielle Differentialgleichung vor, deren Integral lautet:

13) $$Q = f(p \cdot v) - R \cdot C \cdot \log p = R(B - C \log p),$$

wo nun auch B eine Funktion von $p \cdot v$ oder auch von ϑ ist.

Clapeyron versucht endlich die von ihm eingeführte Temperaturfunktion C zu ermitteln; „sie ist das gemeinsame Band aller Wärmeerscheinungen an festen, flüssigen und gasförmigen Körpern; es wäre zu wünschen, daß sehr genaue Versuche diese Funktion mit aller wünschenswerten Genauigkeit kennen lehrten, z. B. Versuche über die Fortpflanzung des Schalles in Gasen bei verschiedenen Temperaturen.“ Für verschiedene Temperaturen ermittelt in der That Clapeyron aus den ihm bekannten Versuchen Zahlenwerte für C, — den allgemeinen Ausdruck für die Funktion zu finden, gelingt ihm aber nicht.

Dritter Abschnitt.

Holtzmann.

1. Von anderem Standpunkte als Carnot und Clapeyron, vom Standpunkte der Äquivalenz zwischen Wärme und Arbeit, beginnt Holtzmann seine beachtenswerte Untersuchung[1]; aber unter dem Einfluß jener Autoren mißrät auch seine Arbeit infolge der Anwendung von Formel 3) S. 60, d. h. infolge der Auffassung, daß 1 kg Gas bei gegebenem Druck und gegebenem Volum ebenso eine bestimmte Wärmemenge Q enthalte, wie es eine bestimmte Temperatur ϑ besitzt.

Sein Ausgangspunkt aber ist die kurz vor Veröffentlichung seiner Arbeit von Robert Mayer erfaßte Äquivalenz, allerdings nur auf Gase angewendet: „Die Wirkung der zu dem Gase getretenen Wärme ist somit entweder Temperaturerhöhung, verbunden mit Vermehrung der Elasticität, oder eine mechanische Arbeit, oder eine Verbindung von beiden, und eine mechanische Arbeit ist das Äquivalent der Temperaturerhöhung.“ Noch bestimmter tritt seine Ansicht in den Worten hervor: „Ich nenne Wärmeeinheit die Wärme, welche bei ihrem Zutritte zu Gas die mechanische Arbeit a zu leisten vermag, d. h. a Kilogramme auf 1 m erheben kann.“ Das ist der Joule-Mayer'sche Standpunkt und a ist das mechanische Wärmeäquivalent. Bei Carnot und Clapeyron kann immer nur die Rede sein von der Arbeit, die beim Übergang einer Kalorie von ϑ^0 auf

[1] Holtzmann, Über die Wärme und Elasticität der Gase und Dämpfe. Mannheim 1845.

$(\vartheta - d\vartheta)^0$ erzeugt wird, Holtzmann betrachtet eine Kalorie schlechthin äquivalent mit $\frac{1}{a}$ Kilogrammetern, was er freilich in den oben citierten Worten, nach welchen mechanische Arbeit das Äquivalent der Temperaturerhöhung ist, nicht zum klaren Ausdruck bringt. Jedenfalls rechnet er aber richtig, indem er die Arbeit $p\,d\,v$, die bei einer isothermen Veränderung von einem Gase geleistet wird, mit der ihm dabei zugegangenen Wärme $d\,Q$ vergleicht:

$$1)\qquad \frac{p\,d\,v}{d\,Q} = a.$$

Nun aber führt er die falsche Formel 3) S. 60 ein, und erhält:

$$p\,d\,v = a\frac{d\,v}{v}\left(v\frac{\partial Q}{\partial v} - p\frac{\partial Q}{\partial p}\right).$$

Die partielle Differentialgleichung:

$$2)\qquad v\frac{\partial Q}{\partial v} - p\frac{\partial Q}{\partial p} = \frac{p \cdot v}{a}$$

integriert er wie Clapeyron und erhält:

$$3)\qquad Q = f(p \cdot v) - \frac{p \cdot v}{a}\log p.$$

oder

$$4)\qquad Q = F(\vartheta) - \frac{R(273 + \vartheta)}{a}\log p.$$

Die Vergleichung mit 13) S. 62 zeigt, daß hierdurch — wie Helmholtz[1] bemerkt hat — die Clapeyron'sche Funktion C allgemein bestimmt ist, nämlich:

$$5)\qquad C = \frac{273 + \vartheta}{a}.$$

Den Zahlenwert für die Konstante a, das mechanische Wärmeäquivalent, ermittelt Holtzmann aus den spezifischen Wärmen der vollkommenen Gase. Aus 4) folgt durch einfaches Differenzieren nach ϑ die spezifische Wärme bei konstantem Druck:

$$6a)\qquad c_p = \frac{d\,F}{d\,\vartheta} - \frac{R}{a}\log p,$$

und durch Differenzieren nach ϑ unter Einhaltung der Bedingung $d\,v = 0$ folgt aus 4) die spezifische Wärme bei konstantem Volum:

$$6b)\qquad c_v = \frac{d\,F}{d\,\vartheta} - \frac{R}{a}\log p - \frac{R}{a}.$$

[1] Über die Erhaltung der Kraft. Berlin 1847. S. 36.

Daher ist die Differenz der spezifischen Wärmen:

$$7)\qquad c_p - c_v = \frac{R}{a}.$$

Demgemäß ergiebt sich aus 9) S. 61 die Gleichung zur Bestimmung von a:

$$8)\qquad pv = a(c_p - c_v)(273 + \vartheta).$$

Den Zahlenwert für a findet Holtzmann 374, ungenau besonders infolge der mangelhaften Kenntnis von c_p, das er nach den Versuchen von de la Roche und Bérard für atmosphärische Luft 0,267 Kalorien setzt, während es nach Regnault nur 0,2375 ist. Holtzmann ist streng genug, anzugeben, daß nach dem damaligen Stande der experimentellen Kenntnisse der Wert 374 für a um etwa 40 Einheiten fehlerhaft sein könne.

Auf ganz ähnlichem Standpunkte wie Holtzmann steht eine Arbeit, auf die wohl bisher noch nicht hingewiesen worden ist: „Die Arbeit der Wärme. Rückblick auf Vorträge, gehalten bei den Naturforscherversammlungen zu Nürnberg, Kopenhagen und Aachen, von Hermann v. Kauffmann. Kopenhagen 1848.“ Auch hier sind die Formeln die Clapeyron'schen, die Wärme wird als Funktion von Druck und Volum angesehen, aber daneben steht als „Aktionsprinzip“ der Satz: „Wärme und mechanische Arbeit ersetzen sich natürlich wechselweise, damit nichts von der Summe verloren gehe.“ Weiter führt dann freilich der Verfasser andere Annahmen in sein Aktionsprincip ein, die den Wert seiner Untersuchung zerstören.

Vierter Abschnitt.

Thomson's vorenergetische Arbeiten.

1. Die wichtigste Verwendung der Carnot'schen Theorie ist zweifellos die, für welche sie ersonnen worden ist, die Beurteilung der Leistung einer Dampfmaschine oder eines anderen Wärmemotors. Gerade dabei tritt aber ihr grundsätzlicher Fehler am deutlichsten hervor, so daß wir diese von Carnot, Clapeyron und Holtzmann durchgeführten Anwendungen übergehen können. Auch die anderen Folgerungen dieser Autoren, welche sich auf die theoretische Ableitung bekannter physikalischer Eigenschaften der Gase und Dämpfe erstrecken, sollen nicht näher besprochen werden, da sie keine neuen Thatsachen erschlossen haben. An den beiden schönsten Früchten dieser Theorie dürfen wir aber nicht vorübergehen; es sind die Folgerungen, die WILHELM und JAKOB THOMSON aus den CARNOT'schen Voraussetzungen entwickelt haben, Betrachtungen, die auch nach der später zu besprechenden Berichtigung der CARNOT'schen Theorie durch CLAUSIUS sich ihre Giltigkeit erhielten und selbst in der Form nur wenig Abänderung erfuhren. Als diese reifsten Früchte der CARNOT'schen Theorie betrachte ich die absolute Temperaturskala und die Schmelzpunkterniedrigung durch Druck.

WILHELM THOMSON, dessen Leben die ganze Zeit umspannt, in der sich die Geschichte der Energetik abwickelt, wird uns in dieser Geschichte wiederholt als ein Forscher entgegentreten, der mit dem nachhaltigsten Einflusse in ihre Entwickelung eingreift. Wir werden jetzt seine Leistungen auf CARNOT'schem Boden besprechen, wir werden ihn später neben CLAUSIUS die klassische Form der Wärmetheorie finden, endlich neben RANKINE die Terminologie feststellen und die ersten Versuche zur Verallgemeinerung der Wärmetheorie, zu ihrer Ausgestaltung im Sinne einer allgemeinen Energetik, durchführen sehen.

Um WILHELM THOMSON's absolute Temperaturskala in historischer Beleuchtung zu überblicken, muß man bis in den Anfang des Jahrhunderts zurück gehen. Die Geschichte des absoluten Nullpunktes und der absoluten Temperatur ist ein Kabinetstück der Ideengeschichte, dessen Studium besonders denen zu empfehlen ist, deren Augen vom Glanze dessen, was ihre Zeit als wahr überliefert erhielt, so geblendet sind, daß sie — wie heute die Gegner der Energetik — das Werdende nichts achten und das Vergehende verehren. Der Begriff der absoluten Temperatur ist auf dem Boden der Stofftheorie der Wärme entwickelt worden. Dieser zufolge ist ein Zustand jedes Körpers denkbar, in dem er keinen Wärmestoff mehr enthält, also nicht mehr abgekühlt werden kann; die dann herrschende Temperatur soll der absolute Nullpunkt heißen. Denken wir uns alle Körper in diesen Zustand gebracht, in dem sie kein Caloricum mehr enthalten, dann bleibt uns, sagen DESORMES und CLÉMENT[1], „von der ganzen Natur ein Bild, das sehr verschieden ist von dem, das wir unter unseren Augen sehen; nicht allein das Leben fehlt in diesem traurigen All, von dem wir uns eine Vor-

[1] J. de physique, de chimie et d'histoire naturelle 1819. Wir folgen in der Schilderung der Arbeit der eleganten Darstellung DUHEM's, Revue des deux mondes Bd. 129, 1895.

stellung bilden, sondern auch jede Art von Bewegung würde aufgehört haben auf der Erde; es gäbe keine Atmosphäre, keine Flüsse, keine Meere; Erstarrung und Tod herrschten überall." Der Wärmestoff nun, der einem Körper zugeht, wird teils als latente Wärme in inniger Verbindung mit den ponderablen Teilen des Körpers vorgestellt, teils ruft er als freie Wärme durch seine Spannung die Temperaturempfindung hervor. Um die Berücksichtigung latenter Wärme zu umgehen, stellen Desormes und Clément die Frage so: Wieviel Caloricum enthält der leere Raum bei gegebener Temperatur, und verstehen unter Temperatur die Spannung dieses Caloricums, gemessen nach solchem Maße, daß die Spannung beim Siedepunkt des Wassers um 100 Einheiten größer ist als beim Gefrierpunkt. Die so verstandene Temperatur nennen sie die absolute Temperatur. Indem sie endlich noch voraussetzen, daß das freie Caloricum dem Boyle-Mariotte'schen Gesetze folge, machen sie die Spannung durch die Dichtigkeit meßbar.

Nun weiß man seit Gay-Lussac's Experiment von 1807, daß bei der Ausdehnung der Luft in einen leeren Raum hinein im Ganzen Wärme weder gebunden noch frei wird, das Caloricum verhält sich, als ob es dem Volume anhafte. Vergrößert man das Volum eines Gases plötzlich, so kühlt es sich ab und erreicht die frühere Temperatur erst, nachdem es sich mit soviel Caloricum gemischt hat, als dem Raum anhaftet, um den es vergrößert wurde. Und plötzliche Kompression erhöht die Temperatur, bis so viel Caloricum abgegeben ist, als der vorgenommenen Raumverminderung entspricht.

Läßt man Luft in einen luftverdünnten Raum stürzen und schließt sofort nach der Druckausgleichung den letzteren ab, so hat man zuviel Caloricum in ihm; den Überschuß lehrten Desormes und Clément messen; sie bestimmten ihn durch die bei der folgenden Abkühlung eintretende Druckverminderung. Indem sie einmal bei der Temperatur des erstarrenden, dann bei der des siedenden Wassers diesen Überschuss ermittelten, fanden sie die Temperatur des absosuten Nullpunktes 267,50° unter dem Eispunkt gelegen. Die nahe Übereinstimmung mit dem reciproken Werte 266,66 des Gay-Lussac'schen Ausdehnungskoeffizienten der Gase bestärkte in nahe liegender Weise die Experimentatoren in ihrer Schlußfolge. Sie meinten, für das Verständnis der Wärmeerscheinungen ein Ergebnis von eben solcher Bedeutung gefunden zu haben, „wie es die Antwort Galilei's an die Florentiner Brunnenbauer für die Lehre von den atmosphärischen Vorgängen gewesen war." Die Akademie freilich, der 1812 die Arbeit Desorme's und seines Schwiegersohnes Clément bei einer Preisbewerbung unterbreitet wurde, bei der die Ermittelung der spezifischen Wärmen der Gase gefordert war, krönte die Beobachtungen von DELAROCHE und BÉRARD; erst 1819 erschien die abgelehnte Arbeit im Druck. —

Ich habe dieser Arbeit eingehender gedacht, um hervortreten zu lassen, wie sich die Dinge im geschichtlichen Verlaufe verschieben. Auch heute noch werden CLÉMENT und DESORMES in den Lehrbüchern zitiert, aber in welch anderem Lichte dargestellt, als sie sich selbst oder den Zeitgenossen erschienen. In ihrer Methode sind grundsätzliche Mängel erkannt worden, ihre Zahlen mußten verbessert werden, ihr theoretischer Standpunkt ist gänzlich vergessen. Und doch hat ihre Arbeit andauernd nachgewirkt, zu vielfachen experimentellen Wiederholungen und Abänderungen angeregt, neue theoretische Gedanken hervorgerufen. Erinnert nicht die oben zitierte Bemerkung der Autoren an CARNOT's Ausgangspunkt? Wie man einst die Grenzen für die Leistung einer pneumatischen Maschine festgestellt hatte, so meinen sie die Grenzen für die durch Caloricum erreichbaren Leistungen ermittelt zu haben, und CARNOT unternimmt, für die mit Caloricum betriebenen Maschinen die Leistungsfähigkeit rationell zu bemessen. Die Arbeit von CLÉMENT und DESORMES ist eine jener Wellen in der Geschichte der Physik, die zurücksinkend neue erzeugen.

2. Uns gilt es jetzt, zunächst zu verfolgen, wie der Gedanke absoluter Temperaturmessung sich weiter entwickelt hat, der Gedanke, eine Beziehung zwischen Temperatur und Wärme festzustellen, die ja seit BLACK's Lehre von der latenten Wärme nicht mehr wie einst als identisch angesehen werden konnten. „Giebt es irgend ein Prinzip, auf das eine absolute thermometrische Skala gegründet werden kann?“ fragt sich WILHELM THOMSON 1848[1] und findet ein solches in CARNOT's Gedanken von 1824, die er in einer ausführlichen Darstellung 1849[2] zu verbreiten sucht. CARNOT hat ja eine Beziehung zwischen Temperatur, Wärme und mechanischer Arbeit behauptet: Die Arbeit, die beim Übergang einer Wärmeeinheit von irgend einer Temperatur zu einer um 1^0 niedrigeren höchstens gewonnen werden kann, hängt nur von der Temperatur ab. THOMSON schlägt demgemäß vor, die Temperaturskala so zu wählen, daß die

[1] Phil. Mag. (3) 33, Okt. 1848. — Math. and phys. papers. Cambridge 1882. Bd. I. S. 100.

[2] Transactions Edinb. R. Soc. XVI, 1849. — Math. and phys. papers. Bd. I. S. 113.

Wärmeeinheit beim Herabsinken um 1° immer denselben mechanischen Effekt hervorzubringen vermag, von welcher Temperatur sie auch ausgehe. Nach Gleichung 7), S. 61, läßt sich bei Gasen und Dämpfen die von THOMSON als CARNOT'scher Koeffizient bezeichnete Größe $1:C$ ermitteln und THOMSON benutzt die von REGNAULT inzwischen veröffentlichten Beobachtungen über den Wasserdampf, um diesen Koeffizienten für alle Temperaturen des Luftthermometers zwischen 0° und 230° zu berechnen.

3. Dieselbe Gleichung 7) führt auch auf die von WILHELM THOMSON entdeckte und von seinem Bruder JAKOB veröffentlichte schöne Folgerung der CARNOT'schen Theorie, daß der Schmelzpunkt des Wassers bei Druckerhöhung sinkt. Die bei 0° dem Eis zugeführte Wärme erzeugt ja eine Volumverminderung, also muß $\partial p : \partial \vartheta$ negativ sein. Der Faktor C in der Formel war nach den von WILHELM veröffentlichten Tafeln auf Grund REGNAULT'scher Beobachtungen genauer bekannt, als ihn früher CLAPEYRON ermittelt hatte, und so konnte JAKOB THOMSON berechnen, daß eine Atmosphäre Druckerhöhung den Schmelzpunkt um 0,0075° vermindern müsse. Seine Ableitung stützt sich aber nicht auf Gleichung 7), an der sicherlich WILHELM zuerst die Beziehung bemerkt hat; JAKOB entwickelt vielmehr die Erscheinung auf eine selbständige Weise, die später vielfach Nachahmung bei anderen Naturerscheinungen gefunden hat. Von CARNOT rührt der Gedanke des umkehrbaren Kreisprozesses her, aber er und CLAPEYRON behandeln nur zwei solche Prozesse, einen mit Dampf und einen mit Gas ausgeführten. Es liegt jedoch kein Anlaß vor, auf diese sich zu beschränken; JAKOB THOMSON hat nun neue Kreisprozesse ersonnen, die ihn zu seiner Folgerung führen.

Er zeigt zunächst, daß durch einen rein mechanischen Prozeß und doch ohne schließlichen Aufwand von mechanischer Arbeit Wasser in Eis übergeführt werden kann. Man braucht zu diesem Zwecke nur Luft von 0° isotherm zu komprimieren, indem man den sie enthaltenden Cylinder etwa, wie er sagt, in Berührung mit einem See von 0° hält. Läßt man sie dann wieder isotherm sich ausdehnen, bis sie den Anfangszustand erreicht hat, hält sie aber jetzt in Berührung mit einer kleineren Wassermasse M von 0°, so wird dieser Wärme entzogen, die Masse also ohne Temperaturänderung teilweise in Eis übergeführt. Während des ganzen Vorganges ist nichts geschehen, als daß Wärme ohne Temperaturfall aus M in den See übergegangen ist.

Um weiter darzuthun, daß der Gefrierpunkt bei höherem Druck unter 0° liegt, denkt sich J. Thomson die Wassermasse *M* in einem besonderen Cylinder befindlich, der durch einen Kolben abgeschlossen ist. Während des Gefrierens, das, wie oben geschildert, eingeleitet sein möge, muß der Druck erhöht werden, wenn es bei konstantem Volum erfolgen soll. Gegen Ende des Expansionsprozesses der Luft lasse man den Druck im Wassercylinder allmählich bis auf den ursprünglichen unter Volumvermehrung abnehmen. Dann hat man am Kolben des Wassercylinders Arbeit *A* gewonnen und doch ist alles im ursprünglichen Zustande, wenn noch das Eis durch Wärme, die aus dem See ohne Temperaturfall zugeführt werde, geschmolzen ist. Der unmittelbare Schluß, daß die Arbeit *A* durch Wärmeverbrauch entstanden sein muß, also die Temperatur des unter hohem Druck gebildeten Eises niedriger war, als die des Luftcylinders, — dieser Schluß ist natürlich vom Carnot'schen Standpunkte aus nicht statthaft, Wärme und Arbeit sind ja nicht als äquivalent erkannt. Thomson schließt daher, daß als Äquivalent der gewonnenen Arbeit *A* irgendwo Arbeit geleistet worden sein muß, und das kann nur am Kolben des Luftcylinders dadurch geschehen sein, daß die Luft bei der Expansion kälter war, als bei der Kompression, also auch das Wasser, das mit ihr bei der Expansion in Berührung stand, kälter war als 0°.

Um endlich die quantitative Beziehung zwischen Druckerhöhung und Temperaturerniedrigung zu finden, ersinnt J. Thomson einen Carnot'schen Kreisprozeß einer „Eismaschine". 1. Eine Eismasse von solcher Größe, daß sie beim Schmelzen mehr als einen Kubikfuß Wasser liefert, wird, in einem Cylinder abgeschlossen, isotherm zusammengedrückt, bis 1 Kubikfuß Schmelzwasser entstanden ist. 2. Der Druck wird adiabatisch weiter erhöht, wobei die Temperatur sinkt, weil sie immer die Schmelztemperatur des jeweiligen Druckes ist. 3. Bei der so erreichten, unter 0° gelegenen Temperatur wird die Masse isotherm in den Zustand übergeführt, der sie 4. adiabatisch in den Anfangszustand zurückzuführen gestattet.

Wilhelm Thomson stellte Versuche an, welche die von ihm bemerkte und von seinem Bruder ausführlich hergeleitete Konsequenz der Carnot'schen Theorie vollkommen bestätigten. Aber in demselben Jahre 1850, in dem er diese Experimente veröffentlicht, sagt er sich von der Carnot'schen Idee los, gewonnen durch Rankine's Entdeckung der Kondensation des Wassers bei der Expansion gesättigten Dampfes und durch Clausius' erste thermodynamische Veröffentlichung.

Dritter Teil.

Die klassische Thermodynamik.

Erster Abschnitt.

Die Begründung der Thermodynamik durch Clausius.

1. Wenn wir vorläufig von dem freilich tiefgehenden Unterschied in der Auffassung des Energiegedankens bei ROBERT MAYER und bei HELMHOLTZ absehen, so bleiben uns als Ergebnis der bisher dargelegten Entwickelung zwei fundamentale Ideen, einerseits die durch CARNOT und CLAPEYRON vertretene Äquivalenz des Wärmeüberganges mit mechanischer Arbeit und andererseits die Äquivalenz zwischen Wärmeenergie und Arbeit, die, wenigstens für das Urteil der Zeitgenossen, in erster Linie durch JOULE's experimentelle Untersuchungen gestützt wurde. Jene ist in bestem Einklang mit der Hypothese, daß die Wärme ein Stoff ist, denn indem die Wärme Arbeitsfähigkeit verliert, wie fallendes Wasser, ändert sie nach dieser Ansicht doch ihre Menge nicht. Die andere Idee drängt zu der Hypothese, daß die Wärme Bewegung kleinster Teile sei, denn, indem sie arbeitet, hört sie auf zu sein, wie Bewegung, die eine andere hervorbringt. Schon HELMHOLTZ ist sich in seiner Arbeit von 1847 des Widerspruchs dieser Standpunkte bewußt; überwunden hat ihn erst[1] CLAUSIUS in seiner grund-

[1] F. E. NEUMANN hat mehrfach geäußert, daß er die Gedanken, die CLAUSIUS 1850 zu publizieren begann und die gewöhnlich als mechanische Wärmetheorie bezeichnet werden, bereits vor 1850 in einer Vorlesung eingehend und systematisch entwickelt habe. Die Jahrzahl konnte er nicht bestimmt angeben, wünschte aber die Veröffentlichung der Vorlesung, falls sich noch ein passendes Heft eines damaligen Zuhörers finden sollte. C. NEUMANN ersucht (nach einer Mitteilung P. VOLKMANN's in dessen Schrift FRANZ NEUMANN. Leipzig, TEUBNER, 1896) frühere Schüler seines Vaters die Ausführung dieses Wunsches zu ermöglichen.

legenden Arbeit von 1850[1]. Den Gegensatz stellt er mit folgenden Worten dar:

„CARNOT weist nach, daß jederzeit, wenn Arbeit durch Wärme geleistet wird und nicht zugleich eine bleibende Veränderung in dem Zustande des wirksamen Körpers eintritt, eine gewisse Wärmemenge von einem warmen zu einem kalten Körper übergeht, wie z. B. bei der Dampfmaschine durch Vermittelung des Dampfes, welcher sich im Kessel entwickelt und dann im Kondensator wieder niederschlägt, Wärme vom Herde zum Kondensator übertragen wird. Diese Übertragung nun betrachtet er als die der hervorgebrachten Arbeit entsprechende Wärmeveränderung. Er sagt ausdrücklich, daß dabei keine Wärme verloren gehe, sondern die Quantität derselben unverändert bleibe, indem er hinzufügt: „Diese Thatsache ist nie bezweifelt worden; sie ist zuerst ohne Untersuchung angenommen und dann in vielen Fällen durch kalorimetrische Versuche bestätigt. Sie zu verneinen würde heißen, die ganze Theorie der Wärme, in welcher sie der Hauptgrundsatz ist, umstoßen."

„Ich weiß indessen nicht, daß es experimentell hinlänglich feststeht, daß bei der Erzeugung von Arbeit nie ein Verlust von Wärme stattfinde, vielmehr kann man vielleicht mit größerem Rechte das Gegenteil behaupten, daß wenn ein solcher Verlust auch nicht direkt nachgewiesen ist, er doch durch andere Thatsachen nicht nur zulässig, sondern sogar höchst wahrscheinlich gemacht wird. Wenn man annimmt, die Wärme könne, ebenso wie ein Stoff, nicht an Quantität geringer werden, so muß man auch annehmen, daß sie sich nicht vermehren könne. Es ist aber fast unmöglich, z. B. die durch Reibung verursachte Erwärmung ohne eine Vermehrung der Wärmequantität zu erklären, und durch die sorgfältigen Versuche von JOULE, bei welchen auf sehr verschiedene Weise unter Anwendung von mechanischer Arbeit Erwärmung hervorgerufen wurde, ist außer der Möglichkeit, die Wärmequantität überhaupt zu vermehren, auch der Satz, daß die Menge der neu erzeugten Wärme der dazu angewandten Arbeit proportional sei, fast zur Gewißheit geworden. Dazu kommt noch, daß in neuerer Zeit immer noch mehr Thatsachen bekannt werden, welche dafür sprechen, daß die Wärme nicht ein Stoff sei, sondern in einer Bewegung der kleinsten Teile der Körper bestehe. Wenn dieses richtig ist, so muß sich auf die Wärme auch der allgemeine Satz der Mechanik anwenden

[1] Vorgetragen in der Berl. Akad. Febr. 1850, gedruckt POGG. Ann. 1850, Bd. 79, und Phil. Mag. (4) 2.

lassen, daß eine vorhandene Bewegung sich in Arbeit umsetzen kann und zwar so, daß der Verlust an lebendiger Kraft der geleisteten Arbeit proportional ist.

„Diese Umstände, welche auch CARNOT sehr wohl kannte, und deren Gewicht er ausdrücklich zugestanden hat, fordern dringend dazu auf, die Vergleichung zwischen Wärme und Arbeit auch unter der abweichenden Voraussetzung vorzunehmen, daß zur Erzeugung von Arbeit nicht bloß eine Änderung in der Verteilung der Wärme, sondern auch ein wirklicher Verbrauch von Wärme nötig sei, und daß umgekehrt durch Verbrauch von Arbeit wiederum Wärme erzeugt werden könne."

Nachdem dann CLAUSIUS dargelegt hat, daß HOLTZMANN den Gegensatz beider Anschauungsweisen nicht durchschaute, dagegen W. THOMSON ihn wohl erkannte, aber dem CARNOT'schen Standpunkt wegen der Schwierigkeiten, die vorläufig der JOULE'sche noch biete, den Vorzug gab, — fährt er fort mit Worten, die wie ein Programm für jeden Fortschritt theoretischer Physik erscheinen:

„Ich glaube, daß man vor diesen Schwierigkeiten nicht zurückschrecken darf und sich vielmehr mit den Folgen der Idee, daß die Wärme eine Bewegung sei, möglichst vertraut machen muß, indem man nur dadurch die Mittel gewinnen kann, dieselbe zu bestätigen oder zu widerlegen. Auch halte ich die Schwierigkeiten nicht für so bedeutend wie THOMSON, denn wenn man auch in der bisher gebräuchlichen Vorstellungsweise einiges ändern muß, so kann ich doch mit erwiesenen Thatsachen nirgends einen Widerspruch finden. Es ist nicht einmal nötig, die CARNOT'sche Theorie dabei ganz zu verwerfen, wozu man sich gewiß schwer entschließen würde, da sie zum Teil durch die Erfahrung eine auffallende Bestätigung gefunden hat. Bei näherer Betrachtung findet man aber, daß nicht das eigentliche Grundprinzip von CARNOT, sondern nur der Zusatz, daß keine Wärme verloren gehe, der neuen Betrachtungsweise entgegensteht, denn es kann bei der Erzeugung von Arbeit sehr wohl beides gleichzeitig stattfinden, daß eine gewisse Wärmemenge verbraucht und eine andere von einem warmen zu einem kalten Körper übergeführt wird, und beide Wärmemengen können zu der erzeugten Arbeit in bestimmter Beziehung stehen."

2. Als ersten Grundsatz stellt demgemäß CLAUSIUS den Satz über die Äquivalenz von Wärme und Arbeit auf: „daß in allen Fällen, wo durch Arbeit Wärme entstehe, eine der erzeugten Arbeit proportionale Wärmemenge verbraucht werde, und daß umgekehrt durch Verbrauch einer ebenso großen Arbeit, dieselbe Wärmemenge erzeugt werden könne." Um die gewöhnlich neben der äußeren Arbeit auftretende innere, d. h. zur Zustandsänderung des arbeitenden Körpers nötige Arbeit aus der mathematischen Betrachtung auszuschließen zu können, bedient sich CLAUSIUS des CARNOT'schen Kunstgriffs, nur Kreisprozesse ins Auge zu fassen, so daß der arbeitende Körper nach Ausführung der Umwandlung von Wärme und Arbeit wieder in den ursprünglichen Zustand übergegangen ist. Weiter beschränkt er die Untersuchung zunächst auf vollkommene Gase und benutzt die CLAPEYRON'sche Darstellung des mit einem solchen Gase durchgeführten CARNOT'schen (d. h. aus zwei Isothermen und zwei Adiabaten bestehenden) Kreisprozesses. Indem er sich endlich noch alle vorkommenden Veränderungen des Gases verschwindend klein denkt, gewinnt er folgenden Ausgangspunkt für die mathematische Analyse.

Volum v und Druck p eines vollkommenen Gases seien durch Abscisse und Ordinate eines Punktes A dargestellt. Die zugehörige Temperatur sei ϑ. AB stelle eine unendlich kleine isotherme Änderung dar, bei der das Volum um dv wachse, AD eine unendlich kleine, adiabatische, bei der Volum und Temperatur um δv und $\delta\vartheta$ zunehmen mögen. Bei dem in der Fig. 4 (folg. S.) dargestellten Falle ist $\delta\vartheta$ negativ.

Nun ist Q nicht als eine Funktion der den jeweiligen Zustand des Gases bestimmenden Größen anzusehen, das ist die neue Wendung, welche man CLAUSIUS verdankt. Betrachtet man, wie er, den Gaszustand durch v und ϑ bestimmt, so ist Q nicht eine Funktion dieser Veränderlichen, wohl aber ist:

$$1)\qquad dQ = M dv + N d\vartheta,$$

und in diesem Differential sind M und N als bestimmte Funktionen von v und ϑ zu betrachten, denn die Wärmezufuhr ist für jede gegebene Veränderung $(dv, d\vartheta)$ eines Zustandes (v, ϑ) eine bestimmte Größe. Insbesondere folgt für die isotherme Änderung AB:

$$2)\qquad dQ_{AB} = M dv$$

und für die adiabatische AD:

$$3)\qquad dQ_{AD} = 0 = M\delta v + N\delta\vartheta.$$

Durch letztere wird nun:

$$M \text{ in } M + \frac{\partial M}{\partial v}\delta v + \frac{\partial M}{\partial \vartheta}\delta\vartheta$$

übergeführt, also wird eine isotherme Änderung DC, die das Volum $v+\delta v$ noch um $d\bar{v}$ ändert, die Wärme:

4) $$d\,Q_{DC}=\left(M+\frac{\partial M}{\partial v}\delta v+\frac{\partial M}{\partial \vartheta}\delta\vartheta\right)d\bar{v}$$

erheischen. Die Größe von $d\bar{v}$ ist aber, um einen CARNOT'schen Prozeß zu erhalten, so zu wählen, daß C auf der durch B gehenden Adiabate liegt, woraus hervorgeht, daß die Adiabate BC eine Volumänderung um $\delta v+d\bar{v}-dv$ und eine Temperaturänderung $d\vartheta$ erfordert. Da ferner in B die Funktion:

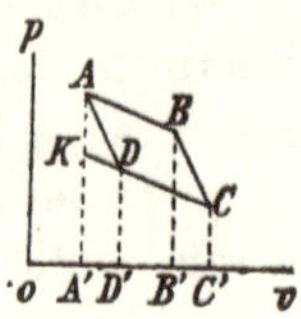

Fig. 4.

$$M \text{ in } M+\frac{\partial M}{\partial v}dv$$

und

$$N \text{ in } N+\frac{\partial N}{\partial v}dv$$

übergeführt war, so ist:

5) $$d\,Q_{BC}=0=\left(M+\frac{\partial M}{\partial v}dv\right)(\delta v+d\bar{v}-dv)+\left(N+\frac{\partial N}{\partial v}dv\right)\delta\vartheta.$$

Die gesamte, während des Kreisprozesses zugeführte Wärme:

6a) $$\left\{\begin{aligned}(d\,Q)&=d\,Q_{AB}+d\,Q_{BC}+d\,Q_{CD}+d\,Q_{DA}\\&=d\,Q_{AB}\qquad\qquad -d\,Q_{DC}\end{aligned}\right.$$

ergiebt sich hiernach zu:

6) $$(d\,Q)=M\,dv-\left(M+\frac{\partial M}{\partial v}\delta v+\frac{\partial M}{\partial \vartheta}\delta\vartheta\right)d\bar{v}.$$

Mit Hilfe von 3) und 5) kann man hieraus δv und $d\bar{v}$ eliminieren und findet unter Beschränkung auf unendlich Kleines zweiter Ordnung:

7) $$(d\,Q)=-\left(\frac{\partial M}{\partial \vartheta}-\frac{\partial N}{\partial v}\right)\cdot\delta\vartheta\cdot dv.$$

Andererseits stellt der Flächeninhalt $ABCD$ die Arbeit dar, welche während der Wärmezufuhr $d\,Q$ abgegeben worden ist, und kann durch $AK\cdot dv$ dargestellt werden, wobei AK die Druckänderung bezeichnet, die bei konstantem Volum stattfindet, wenn sich die Temperatur um die (in der Figur negative) Größe $\delta\vartheta$ vermehrt. Bei vollkommenen Gasen, die dem Gesetze:

8) $$p\,v=R\cdot(\vartheta+273)$$

folgen, ist diese Änderung:

$$A K = -\left(\frac{\partial p}{\partial \vartheta}\right)_{dv=0} \delta \vartheta = -\frac{R}{v} \cdot \delta \vartheta,$$

also die abgegebene Arbeit:

$$-\frac{R}{v} dv \cdot \delta \vartheta. \tag{9}$$

Somit folgt als Verhältnis der verbrauchten Wärme zur erzeugten Arbeit:

$$\left(\frac{\partial M}{\partial \vartheta} - \frac{\partial N}{\partial v}\right) \frac{v}{R}$$

und dem ersten Grundsatze gemäß ist dies eine universelle Konstante, die mit A bezeichnet werden möge, das Wärmeäquivalent. Der erste Grundsatz findet also bei vollkommenen Gasen seinen mathematischen Ausdruck in der Formel:

$$\frac{\partial M}{\partial \vartheta} - \frac{\partial N}{\partial v} = A \cdot \frac{R}{v}. \tag{10}$$

3. Hieran schließt CLAUSIUS sofort die für die Entwickelung der Energetik folgenreiche Bemerkung, daß man diese Differentialgleichung auch durch folgende ersetzen könne:

$$d Q = d U + A \cdot p \cdot dv, \tag{11a}$$

wenn mit U eine unbekannte Funktion von v und ϑ bezeichnet wird. Denn ersetzt man $d Q$ und p durch ihre aus 1) und 8) folgenden Werte, so wird:

$$(M - A p) dv + N d\vartheta = d U, \tag{11b}$$

folglich:

$$\frac{\partial M}{\partial \vartheta} - A \frac{R}{v} = \frac{\partial N}{\partial v}$$

und das ist die soeben aufgestellte Gleichung 10.

4. Es dürfte zweckmäßig sein, schon an dieser Stelle, beim ersten Auftreten der Bezeichnung, auf die Schwierigkeiten und Mißverständnisse hinzuweisen, die das Zeichen $d Q$ veranlaßt. Da $d Q$ wohl eine unendliche kleine Größe, nicht aber das Differential einer Funktion der sonst in den Gleichungen auftretenden Veränderlichen ist, so kann es analytisch nur als ein Symbol für den Ausdruck $M dv + N d\vartheta$ angesehen werden und ist bei allen Rechnungen durch ihn zu ersetzen. C. NEUMANN hat deshalb[1] auch vorgeschlagen,

[1] C. NEUMANN, Vorlesungen über die mechanische Theorie der Wärme. Leipzig 1875. S. IX.

durch ein eigenartiges Differentialzeichen $\bar{d}\,Q$ an diesen besonderen Umstand jederzeit zu erinnern.

5. Auch auf gesättigte Dämpfe, die schon CARNOT und CLAPEYRON neben den vollkommenen Gasen ihrer Theorie unterwerfen konnten, wendet CLAUSIUS seinen ersten Grundsatz an. Er betrachtet einen unendlich kleinen CARNOT'schen Kreisprozeß, den die Gewichtseinheit eines Gemisches von Flüssigkeit und Dampf ausführt, und bestimmt dessen Zustand durch die Temperatur ϑ und die Dampfmenge m, die mit der Flüssigkeitsmenge $1-m$ gemischt ist. Um die Dampfmenge bei konstanter Temperatur ϑ um den Betrag dm zu vermehren, bedarf es einer Wärmemenge $r\,dm$, wenn mit r die Verdampfungswärme bezeichnet wird. Nennt man ferner c die spezifische Wärme der Flüssigkeit und h die Wärme, die der Gewichtseinheit gesättigten Dampfes zugeführt werden muß, wenn sie um $d\vartheta$ Grad erwärmt, aber dabei (mittels Druckerhöhung) im Sättigungszustande erhalten werden soll, so ergiebt sich $[(1-m)c+mh]\,d\vartheta$ als die Wärme, die nötig ist, das Gemisch zu erwärmen, ohne das Verhältnis von Flüssigkeit und Dampf abzuändern. Die für eine beliebige Änderung des Zustandes nötige Wärmemenge ist also:

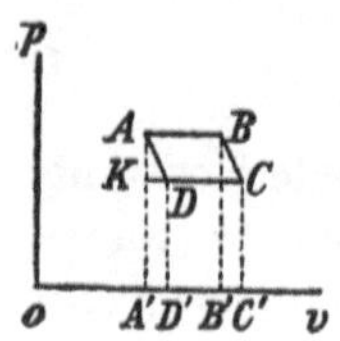

Fig. 5.

$$12)\qquad dQ = r\,dm + [(1-m)c + mh]\,d\vartheta.$$

Durch dieselbe Analyse des Kreisprozesses, die von Gleichung 1) zu 7) führte, gelangt man von Gleichung 12) zur Feststellung der während des unendlich kleinen CARNOT'schen Kreisprozesses erforderliche Wärmezufuhr:

$$13)\qquad (dQ) = -\left(\frac{\partial r}{\partial \vartheta} + c - h\right) dm\cdot\delta\vartheta.$$

Andererseits findet man die Arbeit, die während des Kreisprozesses erzeugt wird, durch das Parallelogramm $ABCD$ dargestellt, also gleich $AK\cdot AB$. Hierbei ist AB die Volumzunahme bei isothermer Vermehrung der Dampfmenge um dm, also $AB = (s-\sigma)\,dm$, wenn s das spezifische Volum des Dampfes, σ das seiner Flüssigkeit angiebt. Da außerdem wie oben bei Betrachtung der Gase:

$$AK = -\left(\frac{\partial p}{\partial \vartheta}\right)\delta\vartheta$$

zu setzen ist, so folgt die erzeugte Arbeit:

14) $$-\frac{\partial p}{\partial \vartheta}(s-\sigma)\cdot\delta\vartheta\cdot dm,$$

und der Grundsatz von der Äquivalenz zwischen Wärme und Arbeit liefert:

15) $$\frac{\partial r}{\partial \vartheta}+c-h=A(s-\sigma)\cdot\frac{\partial p}{\partial \vartheta}\cdot$$

6. Nachdem Clausius in solcher Weise das festgestellt hat, was für Gase und Dämpfe aus dem ersten Grundsatze seiner Theorie folgt, wendet er sich zweitens dem Carnot'schen Grundsatze zu. „Carnot hat angenommen, daß der Erzeugung von Arbeit als Äquivalent ein bloßer Übergang von Wärme aus einem warmen in einen kalten Körper entspreche, ohne daß die Quantität der Wärme dabei verringert werde. Der letzte Teil dieser Annahme, nämlich daß die Quantität der Wärme unverringert bleibe, widerspricht unserem früheren (ersten) Grundsatze und muß daher, wenn wir diesen festhalten wollen, verworfen werden. Der erste Teil dagegen kann seinem Hauptinhalte nach fortbestehen. Denn wenn wir auch eines eigentlichen Äquivalentes für die erzeugte Arbeit nicht mehr bedürfen, nachdem wir als solches einen wirklichen Verbrauch von Wärme angenommen haben, so bleibt es doch möglich, daß jener Übergang gleichzeitig mit dem Verbrauche stattfinde und ebenfalls zur Arbeit in einer bestimmten Relation stehe. Es kommt also darauf an, zu untersuchen, ob diese Annahme außer der Möglichkeit auch eine hinlängliche Wahrscheinlichkeit für sich habe." Da ist denn vor allem zu bemerken, daß auch ein Wärmeübergang ohne mechanischen Effekt stattfinden kann, nämlich bei unmittelbarer Berührung verschieden erwärmter Körper. Um das Maximum der Arbeit für den Übergang einer bestimmten Wärmemenge zwischen zwei Körpern A und B von bestimmten Temperaturen t und τ zu erlangen, muß also, wie es Carnot lehrte, der Vorgang so geleitet werden, daß nie zwei Körper von verschiedener Temperatur in Berührung kommen. „Dieses Maximum der Arbeit ist es, welches mit dem Wärmeübergange verglichen werden muß, und dabei findet sich, daß man in der That Grund hat, mit Carnot anzunehmen, daß es nur von der Menge der übergeführten Wärme und von den Temperaturen t und τ der beiden Körper A und B, nicht aber von der Natur des vermittelnden Stoffes abhänge. Dieses Maximum hat nämlich die Eigenschaft, daß man durch Verbrauch desselben auch wieder eine ebenso große Wärmemenge von dem kalten Körper B nach dem warmen A hinüberschaffen kann, als bei seiner Hervorbringung von A nach B gehen mußte.“ Das lehrt ja sofort eine nähere Betrachtung der CARNOT'schen Prozesse.

Gäbe es nun zwei Stoffe, die verschiedene Arbeitsbeträge entwickelten, wenn durch sie ein und dieselbe Wärmemenge vom Körper A zum Körper B übergeführt wird, so könnte man (vgl. S. 54) den einen zur Erzeugung von Arbeit verwenden und den anderen benutzen, um umgekehrt mittels dieser Arbeit die Wärme wieder auf die höhere Temperatur des Körpers A zu bringen. „Durch Wiederholung dieser beiden abwechselnden Prozesse könnte man also, ohne irgend einen Kraftaufwand oder eine andere Veränderung beliebig viel Wärme aus einem *kalten* Körper in einen *warmen* schaffen, und das widerspricht dem sonstigen Verhalten der Wärme, indem sie überall das Bestreben zeigt, vorkommende Temperaturdifferenzen auszugleichen und also aus den *wärmeren* in die *kälteren* Körper überzugehen.“

Um endlich die Richtigkeit des ersten Teiles der CARNOT'schen Annahme auch durch den *Erfolg* zu bestätigen, wird sie mathematisch genauer verfolgt. Geht die Wärmeeinheit von A in einem um $d\vartheta$ niedriger temperierten Körper über, so ist das Maximum der dabei erzeugbaren Arbeit eine Funktion von ϑ und $\vartheta - d\vartheta$ allein, also darstellbar in der Form:

$$\frac{1}{C} \cdot d\vartheta,$$

wo C eine Funktion der Temperatur ϑ bedeutet.

Die übergeführte Wärme ist nun in den oben behandelten Kreisprozessen die als dQ_{DC} bezeichnete Größe; denn während dQ_{AB} von dem arbeitenden Körper aufgenommen und davon der Teil (dQ) in Arbeit umgewandelt wird, bleibt der andere Teil Wärme und geht als solche auf die niedere Temperatur der unteren Isotherme über. Bei Gasen ist unter Vernachlässigung unendlich kleiner Beträge zweiter Ordnung nach Gleichung 4) in Verbindung mit 3) und 5):

$$dQ_{DC} = Md\bar{v} = Mdv,$$

bei gesättigten Dämpfen aber rdm. Während also die Wärmeeinheit um die Temperatur $d\vartheta$ sinkt, wird im Gase nach 9) das Arbeitsmaximum:

$$\frac{R\,dv\,d\vartheta}{v} : M\,dv = \frac{d\vartheta}{C},$$

im Dampfe dagegen nach 14):

$$\frac{\partial p}{\partial \vartheta}(s - \sigma)\,dm\,d\vartheta : r\,dm = \frac{d\vartheta}{C}$$

entwickelbar sein. Es folgt für Gase:

16) $$M = \frac{R\,C}{v}$$

und andererseits für Dämpfe:

17) $$r = C(s - \sigma)\cdot\frac{\partial p}{\partial \vartheta}.$$

7. Den Wert für C endlich gewinnt Clausius durch die Nebenannahme: „Ein permanentes Gas verschluckt, wenn es sich bei konstanter Temperatur ausdehnt, nur so viel Wärme, wie zu der äußeren Arbeit, die es dabei leistet, verbraucht wird.“ Denn diese Nebenannahme spricht sich nach 11b) in der Formel aus:

18a) $M = A p$ bei konstanter Temperatur,

18b) $$M = A\,R\frac{273 + \vartheta}{v},$$

und die Vergleichung mit 16) lehrt:

19) $$C = A(273 + \vartheta).$$

Außerdem kann sich Clausius auf Clapeyron's und besonders auf Thomson's Berechnungen der Zahlenwerte für C berufen, die sich der obigen Formel mit genügender Genauigkeit anschmiegen.

Clausius entgeht nicht die wichtige Folgerung, die sich aus 15) unter Rücksicht auf 17) und 19) ergiebt:

$$\frac{\partial r}{\partial \vartheta} + c - h = \frac{r}{273 + \vartheta}.$$

Diese Gleichung gestattet, die Werte von h zu berechnen, und Clausius findet sie zwischen den Temperaturen 0 und 200° negativ. Er schließt hieraus, daß gesättigter Dampf „bei der (adiabatischen) Ausdehnung sich teilweise niederschlägt, während bei der Zusammendrückung seine Temperatur in stärkerem Verhältnisse steigt, als es der Zunahme der Dichte entspricht.“ Die ältere Theorie des Dampfes, wie sie besonders von Watt und Pambour für technische Zwecke entwickelt worden war, hatte angenommen, daß bei adiabatischer Volumänderung gesättigter Dampf gesättigt bleibt, also $h = 0$ sei. Ein negatives h bedeutet, daß es zu der mit der Expansion gesättigter Dämpfe — deren Druck ja eine Funktion der Temperatur ist — notwendig verbundenen Abkühlung einer Wärmezufuhr bedarf; ist diese durch eine adiabatische Hülle ausgeschlossen, so hört der Dampf auf, gesättigt zu sein.

Daß dieser Satz nur richtig ist, wenn der Dampf in jedem

Stadium seiner Expansion seine volle Druckkraft entwickelt, in anderen Fällen aber der Abänderung bedarf, hat CLAUSIUS in einer besonderen Abhandlung[1] dargelegt, um einen von THOMSON erhobenen Einwand zu beseitigen.

Fast gleichzeitig mit CLAUSIUS hat RANKINE[2] aus der Wärmetheorie geschlossen, daß h negativ sei. Nach der Entdeckung der Schmelzpunkterniedrigung durch Druck ist diese Kondensation des expandierenden Dampfes das zweite Hauptergebnis der neuen Theorien in der Physik, das nicht wenig dazu beigetragen hat, das Interesse der Zeitgenossen für die neuen Betrachtungsweisen anzuregen und zu erhalten.

8. Zum Schlusse seiner großen Abhandlung berechnet CLAUSIUS das mechanische Wärmeäquivalent $1 : A$ aus seinen Formeln. Aus den für Gase giltigen Gleichungen folgt die Berechnungsweise, die schon ROBERT MAYER und HOLTZMANN durchgeführt hatten. Denn infolge der Nebenannahme 18) folgt aus 11b), daß U eine Funktion der Temperatur allein ist, so daß

$$d\,U = c_v\,d\,\vartheta$$

gesetzt werden darf, wo nun c_v nur von ϑ abhängt. Somit wird unter Beachtung von 1) die Gleichung 11a) zu

$$d\,Q = M\,d\,v + N\,d\,\vartheta = c_v\,d\,\vartheta + A\,p\,d\,v.$$

Sie zeigt, daß c_v die spezifische Wärme bei konstantem Volum darstellt, und liefert, angewendet auf den Fall konstanten Druckes, bei dem c_p die spezifische Wärme sei,

$$c_p\,d\,\vartheta = c_v\,d\,\vartheta + A\,p\,d\,v = c_v\,d\,\vartheta + A\,R\,d\,\vartheta$$

$$c_p - c_v = A\,R,$$

eine Gleichung, die bereits S. 64 entwickelt worden ist und mit den damals bekannten Zahlenwerten $1 : A = 370$ liefert.

Auch die für Dämpfe entwickelten Gleichungen 17) und 19) liefern ein Mittel zur Berechnung von A oder vielmehr — da ja CLAPEYRON und THOMSON bereits aus Gleichung 17) die Zahlenwerte für C berechnet hatten — gestattet Gleichung 19) die Werte von A aus den für C vorliegenden Tabellen zu berechnen. CLAUSIUS findet auf diesem Wege Zahlen für $1 : A$, die zwischen 416 und 462

[1] POGG. Ann. 1851, Bd. 82 und Phil. Mag. (4) 1.

[2] Trans. Roy. Soc. Edinburgh. Bd. 20, 1850. Wieder gedruckt in Phil. Mag. (4) 7, 1854.

liegen, und kommt zu dem Schlusse, „daß das Arbeitsäquivalent für die Wärmeeinheit die Erhebung von etwas über 400 kg auf die Höhe von 1 m sei“ und daß JOULE's direkte Beobachtungen mit diesem theoretischen Ergebnisse in guter Übereinstimmung stehen. —

Diese Arbeit von CLAUSIUS aus dem Jahre 1850 bezeichnet die entscheidende Wendung. Hier haben wir zum ersten Male die Grundlagen eines Lehrgebäudes vor uns, das, ohne hypothetisch auf die Mechanik zurückzugehen, oder auch nur mechanische Analogien heranzuziehen, doch denselben Anspruch auf unbedingte und umfassende Gültigkeit erheben kann, wie die Mechanik: was CARNOT und MAYER erstrebt hatten, ist hier erfüllt. Diese energetische Eigenart der Arbeit von CLAUSIUS tritt besonders auffällig hervor, wenn man die gleichzeitig im Februar 1850 veröffentlichte Abhandlung RANKINE's vergleicht, die — wie RANKINE in einem Briefe an POGGENDORFF[1] zur Wahrung seiner Priorität hervorhebt — zu ähnlichen Resultaten gelangt und insbesondere, wie soeben erwähnt wurde, das Verhalten des gesättigten Dampfes beim Ausströmen theoretisch herleitet. Die RANKINE'sche Arbeit steht durchaus auf dem Boden einer mechanischen Hypothese: Molekularwirbel werden ersonnen und hypothetisch gewisse mechanische Beziehungen derselben als Wärme, andere als Temperatur gedeutet, um zu den Ergebnissen vorzudringen.

Zweiter Abschnitt.

Die Begründung der Thermodynamik durch W. Thomson.

1. Der erste große Erfolg der CLAUSIUS'schen Abhandlung war der, daß WILHELM THOMSON für die in England schon lange durch JOULE vertretene und experimentell von ihm weit geförderte Äquivalenz von Wärme und Arbeit gewonnen wurde. Wir haben ihn bisher als den bedeutendsten und erfolgreichsten Vertreter der CARNOT'schen Anschauungen kennen gelernt, und noch 1848 erklärte er in seiner Arbeit über die absolute Temperaturskala: „Die Umwandlung der Wärme (oder des Caloricums) in mechanische Wirkung ist wahrscheinlich unmöglich.“ In einer Fußnote fügt er diesem Ausspruche die merkwürdigen Worte bei: „Eine gegenteilige Meinung wird von JOULE in Manchester vertreten; einige sehr bemerkenswerte Ent-

[1] POGG. Ann. 81, 1850.

deckungen, die er hinsichtlich der Wärmeerzeugung durch Reibung bewegter Flüssigkeiten gemacht hat und einige bekannte Versuche mit elektromagnetischen Maschinen scheinen eine wirkliche Umwandlung mechanischer Wirkungen in Caloricum anzudeuten. Kein Experiment aber ist beigebracht worden, in welchem die umgekehrte Umwandlung vorgeführt würde; aber man muß zugeben, daß bis jetzt hinsichtlich dieser Grundfragen der Naturwissenschaft vieles in Dunkel gehüllt ist."

2. In der Einleitung zu Thomson's Abhandlung über die mechanische Wärmetheorie[1] erscheint zwar der Mayer-Joule'sche Äquivalenzgedanke nur als eine durch den Fortschritt der Wissenschaft nötig gewordene Verbesserung der Carnot'schen Theorie, und dem einstigen Vertreter der letzteren gilt es jetzt vor allem festzustellen, was von ihr noch aufrecht zu erhalten ist; aber in der Abhandlung selbst und später in der Fülle der Anwendungen, die Thomson ihr abzugewinnen weiß, tritt doch der selbständige Charakter der neuen Lehre glänzend hervor.

Die Untersuchung stützt sich auf die beiden Hauptsätze, die Thomson folgendermaßen in Worte faßt:

„I. Wenn gleiche Mengen mechanischer Wirkung durch irgend welche rein thermische Quellen erzeugt oder in rein thermischen Wirkungen verbraucht werden, so vergehen oder entstehen gleiche Wärmemengen.

II. Wenn eine Maschine so beschaffen ist, daß sich bei ihrem Rückwärtsgange die physikalischen und mechanischen Erscheinungen in jedem Teil ihrer Bewegungen umkehren, so erzeugt sie soviel mechanische Wirkung als aus einer gegebenen Wärmemenge von irgend einer thermodynamischen Maschine erzeugt werden kann, welche dieselbe Kessel- und dieselbe Kondensatortemperatur besitzt."

Den Beweis des letzteren Satzes gründet Thomson auf eine ihm eigentümliche Fassung des Carnot'schen Grundsatzes. Er sagt: „Es ist unmöglich, durch Vorgänge in unbelebtem Stoffe mechanische Wirkungen aus irgend einem Körper durch Abkühlung unter die Temperatur des kältesten der umgebenden Gegenstände zu gewinnen." Um daraus den Satz II abzuleiten, schließt er zunächst ganz wie Carnot: Gäbe es einen Prozeß (β) (vergl. S. 54), der mehr mechanische Wirkung aus derselben Wärmemenge hervorbrächte, als der

[1] Trans. Roy. Soc. Edinburgh. 1851. Phil. Mag. 4. 1852. Math. phys. Papers I. S. 174.

umkehrbare Prozeß (α), so würde der aus (β) und ($-\alpha$) zusammengesetzte Prozeß ($\beta - \alpha$) ohne Wärmeaufwand Arbeit erzeugen. Sorgt man nun, schließt THOMSON weiter, dafür, daß (β) soviel Wärme dem Kessel A entzieht, als ($-\alpha$) ihm zuführt, so muß nach Satz I dem Kondensator B vom Prozeß ($-\alpha$) mehr Wärme entzogen werden, als (β) ihm zuführt, um die Entstehung der vom Prozeß ($\beta - \alpha$) gebildeten Arbeit zu erklären. Es würde also dem Kondensator B durch Wiederholung des Prozesses ($\beta - \alpha$) unbegrenzt Wärme entzogen und diese in Arbeit umgewandelt, obschon er kälter ist, als die Umgebung; — und das steht im Widerspruch zum THOMSON'schen Grundsatz.

3. Nun stellt THOMSON das Differential der Wärmemenge, die einer beliebigen Substanz, deren Volum, Temperatur und Druck v, ϑ und p sind, zugeführt wird, wie CLAUSIUS, durch $M dv + N d\vartheta$ dar, und da $-p\,dv$ die zugeführte Arbeit bezeichnet, so wird in mechanischem Maße die gesamte Wirkung nach außen sein

$$1)\qquad -\left\{\left(\frac{M}{A} - p\right) dv + \frac{N}{A} d\vartheta\right\}.$$

Das Integral dieses Ausdrucks — schließt nun THOMSON, abweichend von CLAUSIUS, weiter — muß nach dem Satze I verschwinden, wenn es über einen Kreisprozeß der Substanz ersteckt wird, daher muß obiges Differential ein vollständiges sein, oder

$$2)\qquad A\frac{\partial p}{\partial \vartheta} = \frac{\partial M}{\partial \vartheta} - \frac{\partial N}{\partial v},$$

entsprechend der Gleichung 10) S. 75 bei CLAUSIUS. Hier schon zeigt THOMSON im Vergleich mit CLAUSIUS den weiteren, umfassenderen Blick. Nicht sowohl darin, daß er die Gleichung sofort allgemein, ohne Beschränkung auf vollkommene Gase oder Dämpfe aufstellt, vielmehr in der Aufmerksamkeit, die er der Integralfunktion

$$3)\qquad \int\left\{\left(\frac{M}{A} - p\right) dv + \frac{N}{A} d\vartheta\right\}$$

bezuwendet. Er bezeichnet sie als mechanische Energie der betrachteten Substanz, während CLAUSIUS sie nur mit einem Buchstaben U eingeführt hatte (vgl. S. 75), und benutzt sie in einem Artikel, der am 15. Dezember 1851 der Edinburger Gesellschaft eingereicht wurde, nicht nur in mathematischer Hinsicht, indem er setzt:

$$4)\quad \begin{cases} de = \frac{1}{A}(M dv + N d\vartheta) - p dv \\ \frac{\partial e}{\partial v} = \frac{M}{A} - p, \qquad \frac{\partial e}{\partial \vartheta} = \frac{N}{A}, \end{cases}$$

woraus wieder 2) folgt, sondern er führt auch in diesem Artikel physikalisch den Begriff der mechanischen Energie in die Wissenschaft ein mit folgenden Worten:

4. „Ein Körper, welcher entweder Wärme aussendet oder seine Dimensionen gegen Widerstandskräfte ändert, leistet Arbeit auf den umgebenden Stoff. Die mechanische Wirkung dieser Arbeit ist in dem einen Falle die Erregung von Wärmebewegungen und in dem anderen die Überwindung von Widerständen. Der Körper muß sich selbst in seinen Zuständen ändern, so daß er einen Arbeitsvorrat *(store of work)* in sich enthält, der sich genau um den Gesamtbetrag der erzeugten mechanischen Wirkungen vermindert; und umgekehrt muß der Gesamtbetrag der erzeugten mechanischen Wirkungen allein von dem Anfangs- und Endzustande des Körpers abhängen und ist deshalb der gleiche, durch welche Zwischenzustände auch der Körper hindurchgegangen sein mag, wenn nur die Anfangs- und Endzustände dieselben sind. Die gesamte mechanische Energie eines Körpers könnte definiert werden als der mechanische Wert aller Wirkungen, welche der Körper durch Wärmeaussendung und Überwindung von Widerständen hervorbringen würde, wenn man ihn auf das Äußerste abkühlte und ihn sich unbegrenzt zusammenziehen bez. ausdehnen ließe, je nachdem nämlich die zwischen seinen Teilen thätigen Kräfte anziehend oder abstoßend wirken, wenn die Wärmebewegungen in ihm verhindert sind. Nur können wir bei unseren gegenwärtigen mangelhaften Kenntnissen über vollkommene Kälte und über die Natur der Molekularkräfte diese gesamte mechanische Energie für keinen Teil der Materie bestimmen und nicht sicher sein, ob sie für einen endlichen Teil der letzteren unendlich groß ist; daher erscheint es angemessen, einen gewissen Zustand als Normalzustand *(standard state)* des betrachteten Körpers zu wählen und den Ausdruck mechanische Energie schlechthin mit Bezug auf diesen Normalzustand anzuwenden. Die mechanische Energie eines Körpers in einem gegebenen Zustande soll also den mechanischen Wert aller Wirkungen bezeichnen, welche der Körper beim Übergange aus dem gegebenen Zustande in den Normalzustand erzeugen würde, oder den mechanischen Wert der ganzen Leistung, die nötig wäre, um den Körper aus dem Normalzustande in den gegebenen

Zustand zu bringen." Wir werden die hier definierte Größe nicht mechanische Energie, sondern Eigenenergie nennen, entsprechend dem später von THOMSON an Stelle von *mechanical energy* gebrauchten Namen *intrinsic energy*.

5. Während Gleichung 2) den ersten Hauptsatz I zum mathematischen Ausdruck bringt, findet sich als Ausdruck des Satzes II in der von CLAUSIUS und schon von CLAPEYRON eingehaltenen Weise die Formel

5) $$\frac{\partial p}{\partial \vartheta} : M = \frac{1}{C}.$$

Bei dem S. 60 und S. 78 betrachteten unendlich kleinen CARNOT'schen Kreisprozeß wird nämlich bei der höheren Temperatur isotherm Wärme aufgenommen im Betrage $M\,dv$; bei einer um $d\vartheta$ tieferen Temperatur wird ein Teil derselben als Wärme abgegeben, während im Verlaufe des Kreisprozesses der andere Teil nach I in Arbeit umgewandelt wird, nämlich der Betrag $\frac{\partial p}{\partial \vartheta}\,dv\,d\vartheta$. Das Verhältnis beider Beträge ist eine Temperaturfunktion nach II.

Schon an dieser Stelle bemerkt THOMSON, daß nur ein unendlich kleiner Bruchteil der in den Prozeß eingetretenen Wärme in Arbeit umgewandelt wird, „während der Rest für den Menschen unabwendbar verloren, daher verschwendet *(wasted)*, wennschon nicht vernichtet ist".

Gleichung 5 hat auch in der neuen Theorie dieselbe Form wie bei CLAPEYRON (Gleichung 7, S. 61), aber in dem Falle, daß der Kreisprozeß einen endlichen Temperaturunterschied durchläuft, zeigt sich die Abweichung beider Theorien.

Denkt man sich nämlich den endlichen Temperaturfall von ϑ_0 auf ϑ_u in verschwindend kleine Teile zerlegt und durch einen derselben die Wärme q teils auf die um $d\vartheta$ niedere Temperatur übergeführt, teils in Arbeit $dq : A$ verwandelt, so ist nach II (vergl. auch S. 78)

6) $$\frac{dq}{Aq} = \frac{d\vartheta}{C},$$

folglich

7) $$\log \frac{H}{R} = A \int_{\vartheta_u}^{\vartheta} \frac{d\vartheta}{C},$$

wenn H die bei der oberen Temperatur aufgenommenen, R die bei der unteren Temperatur abgegebene Wärme bezeichnet. Setzt man:

$$A\int_{\vartheta_u}^{\vartheta_0}\frac{d\vartheta}{C} = T,$$

so folgt

$$R = He^{-T} \tag{8}$$

und daher die gewonnene Arbeit

$$W = \frac{1}{A}(H - R) = \frac{H}{A}(1 - e^{-T}) = H\int_{\vartheta_u}^{\vartheta_0}\frac{d\vartheta}{C}\left\{1 - \frac{T}{2} + \frac{T^2}{2.3} - \ldots\right\} \tag{9}$$

Nach CARNOT's Theorie jedoch würde während des Temperaturfalles die Wärmemenge H nicht verändert, daher wäre

$$\left\{\begin{aligned} \frac{dW}{H} &= \frac{d\vartheta}{C} \\ W &= H\int_{\vartheta_u}^{\vartheta_0}\frac{d\vartheta}{C}. \end{aligned}\right. \tag{10}$$

Man erkennt, daß die neue Theorie sich um so weniger von der alten CARNOT'schen unterscheidet, je kleiner der Temperaturfall $\vartheta_0 - \vartheta_u$ ist.

6. Vor allem liegt nun THOMSON daran, die Temperaturfunktion C zu bestimmen, für die er ja schon früher vom CARNOT'schen Standpunkte aus die Zahlenwerte berechnet hatte. Daß man, wenn α den Ausdehnungskoeffizienten der vollkommenen Gase bezeichnet,

$$C = A\left(\frac{1}{\alpha} + \vartheta\right) = A(273 + \vartheta) \tag{11}$$

setzen könne, hatte ihm JOULE 1848 geschrieben; es ging dies schon aus der HOLTZMANN'schen Arbeit von 1845 hervor, worauf HELMHOLTZ 1847 hingewiesen hatte (vergl. S. 63). THOMSON kann sich nicht ohne weiteres zur Annahme dieser Formel entschließen. Aus 5) folgt zunächst nur

$$M = C\cdot\frac{\partial p}{\partial\vartheta},$$

und wenn daher ein Körper die Wärme H braucht, um isotherm sein Volum von v_1 auf v_2 zu vergrößern, so ist

$$H = \int_{v_1}^{v_2} M\,dv = C\cdot\frac{\partial}{\partial\vartheta}\int_{v_1}^{v_2} p\,dv = C\frac{\partial W}{\partial\vartheta}, \tag{12}$$

falls W die bei der Volumvergrößerung geleistete Arbeit bezeichnet. Für Gase, die den Gesetzen von Boyle und von Gay-Lussac unterworfen sind, ergiebt die einfache Berechnung

$$13)\qquad H = \frac{C}{273 + \vartheta} \cdot W.$$

Hiernach ist allerdings die Wärme, die nötig ist, um isotherm Arbeit aus einem Gas zu gewinnen, der Arbeit proportional, aber der Proportionalitätsfaktor ist nur dann von der Temperatur des isothermen Prozesses unabhängig, wenn

$$11)\qquad \frac{C}{273 + \vartheta} = A$$

ist. Nur dann steht die verbrauchte Wärme einfach mit der geleisteten Arbeit in der Beziehung von Ursache und Wirkung, wenn keine andere Veränderung, z. B. keine Dichtigkeitsänderung des arbeitenden Körpers stattfindet. Daß bei isothermen Änderungen der Gase trotzdem die zugeführte Wärme der geleisteten Arbeit proportional sei, also das Gas keine Wärme zur isothermen Änderung seines eigenen Zustandes erfordere, stellt Thomson als eine willkürliche Hypothese Robert Mayer's hin; ein später vielfach wiederholter Vorwurf, der, wie wir S. 24 gesehen haben, ganz ungerechterweise erhoben wird.

7. Zur Entscheidung der Frage, ob die Abweichungen, welche die von Clapeyron und Thomson berechneten Werte von C gegenüber der Formel 11) zeigen, nur in der Ungenauigkeit der Beobachtungen über Gase und Dämpfe und vor allem in der Ungenauigkeit des Wärmeäquivalents begründet sind, aus denen sie hergeleitet wurden, oder ob vielmehr die Formel 11) zu verwerfen ist, empfiehlt Thomson erneute Beobachtungen über die Ausströmung von Gasen.

Während aus einem sehr großen Gefäße, in dem der Druck p_1 herrscht, das Gasvolum v_1 durch poröse Pfropfen in ein anderes Gefäß stationär überströmt, wo es das Volum v_2 unter dem Drucke p_2 annimmt, möge die Wärmemenge H (besonders von der Ausströmungsstelle) an die Umgebung abgegeben werden. Beide Gefäße werden auf der Temperatur ϑ erhalten und die Strömungsvorgänge sind auf einen so kleinen Teil der gesamten Gefäße beschränkt, daß die Drucke und Temperaturen der Gefäße durch sie keine merklichen Veränderungen erleiden. Die Volumänderung der betrachteten Gasmasse erfordert den Wärmeaufwand

$$\int_{v_1}^{v_2} M\,dv = C\int_{v_1}^{v_2} \frac{\partial p}{\partial \vartheta}\,dv, \tag{12}$$

wobei p den zwischen p_1 und p_2 liegenden Druck bezeichnet, mit dem das Gas die Öffnung zwischen beiden Gefäßen durchströmt. Andererseits ist die beim Überströmen verbrauchte Arbeit

$$-\int v\,dp = \int_{v_1}^{v_2} p\,dv - p_2 v_2 + p_1 v_1 = W. \tag{13}$$

Den Gasgesetzen zufolge tilgen sich die beiden letzten Glieder. Der berechneten Arbeit entspricht die Wärme $A\int p\,dv$, so daß

$$H + C\int_{v_1}^{v_2} \frac{\partial p}{\partial \vartheta}\,dv = A\int_{v_1}^{v_2} p\,dv. \tag{14}$$

Da nun nach den Gasgesetzen

$$W = \int_{v_1}^{v_2} p\,dv = p_1 v_1 \log\frac{v_2}{v_1}, \qquad \int_{v_1}^{v_2} \frac{\partial p}{\partial \vartheta}\,dv = \frac{W}{273 + \vartheta}, \tag{15}$$

so folgt

$$H = \left(A - \frac{C}{273 + \vartheta}\right) W. \tag{16}$$

Ist Gleichung 11) richtig, haben Mayer, Clausius, Joule Recht, so muß das Experiment $H = 0$ ergeben, es darf keine Wärme an die beide Gefäße umspülende Flüssigkeit von der Temperatur ϑ abgegeben werden. In einer Reihe ausführlicher Experimentaluntersuchungen[1] haben Joule und Thomson gezeigt, daß beim Überströmen der Luft in der That H sehr nahe Null ist und gelangen 1854[2] auch vom Standpunkte der neuen Theorie aus zu dem alten Thomson'schen Vorschlage, die Temperatur als proportional der Carnot'schen Funktion zu definieren, d. h. zur absoluten Temperaturskala im modernen Sinne.

Von diesem Standpunkte aus erscheinen dann die Messungen des Wertes H bei den Joule-Thomson'schen Ausströmungsversuchen als Vergleichungen des Luftthermometers mit der absoluten Temperaturskala. Indem wir die der Temperatur ϑ entsprechende absolute Temperatur $273 + \vartheta$ mit θ bezeichnen, schreiben wir

---

[1] Bei Thomson, Math. phys. papers I, S. 333 ff. zusammengestellt.

[2] Trans. Roy. Soc. Juni 1854.

17) $$\int_{\vartheta_u}^{\vartheta_0} \frac{d\vartheta}{C} = \frac{1}{A} \log \frac{\theta_0}{\theta_u}$$

und bringen dadurch die Formeln 8) und 9) in die Gestalt

17b) $$R = H\frac{\theta_u}{\theta_0}, \qquad AW = H\frac{\theta_0 - \theta_u}{\theta_0}.$$

8. Unter den Anwendungen, die Thomson von der mechanischen Wärmetheorie macht, ragt eine durch ihre Tragweite für die energetische Verallgemeinerung der Thermodynamik besonders hervor: Die Theorie der umkehrbaren Beziehungen zwischen Wärme und Elektrizität eröffnet die Möglichkeit, den Gesichtskreis der eigentlichen Thermodynamik zu erweitern. Diese Theorie ist daher bereits sehr frühe von Clausius[1] wie von Thomson[2] in Angriff genommen worden, und letzterer ist einen bedeutsamen Schritt weiter vorgedrungen als sein Nebenbuhler.

Vor allem tritt bei dieser Anwendung der Wärmetheorie der Unterschied umkehrbarer und nichtumkehrbarer Vorgänge sehr einflußreich hervor. Obschon die dem Quadrate der Stromstärke proportionale Wärmeentwickelung Gegenstand der eingehenden Untersuchungen über die Energieerhaltung gewesen war, die Joule durchgeführt hatte, mußte sie doch für eine vollständige auf thermodynamischer Grundlage, also unter Heranziehung des zweiten Hauptsatzes zu entwickelnde Theorie außer Betracht gelassen werden; denn sie hängt von der Richtung des Stromes nicht ab und ist überhaupt nicht umkehrbar; sie ist vielmehr der Wärmeentwickelung durch Reibung zu vergleichen, welche die Mechanik auch zunächst gegenüber den Wirkungen der konservativen Kräfte unberücksichtigt läßt. Die Joule'sche Wärme fällt um so geringer aus gegenüber den thermoelektrischen umkehrbaren Wärmevorgängen, je kleiner die Stromstärke ist. Wir setzen also voraus, daß der Strom sehr schwach sei.

Außerdem ist, um die Umkehrbarkeit der betrachteten Vorgänge zu sichern, die Wärmeleitung im Schließungskreise zu vernachlässigen oder, genauer gesagt, es muß angenommen werden, daß die thermoelektrischen Vorgänge denselben Gesetzen folgen würden, wenn keine Wärmeleitung stattfände.

Es möge nun ein Schließungsbogen aus zwei Leitern bestehen,

---

[1] Pogg. Ann. 90. 1853.

[2] Trans. Roy. Soc. Edinb. 21, I, 1854; Papers I. S. 232.

die an den Stellen 1 und 2 sich berühren. An diesen Lötstellen müssen in der Sekunde die Wärmemengen Q_1 und $-Q_2$ bei den Temperaturen θ_1 und θ_2 zugeführt werden, um einen positiven Strom von der Stärke 1 im Schließungsbogen aufrecht zu erhalten. Ferner bedeute $\sigma\, d\theta$ die Wärmemenge, die in einem Leiterstücke in der Sekunde entwickelt wird, dessen Enden auf den Temperaturen $\theta + d\theta$ und θ erhalten werden, während ein Strom von der Stärke 1 es durchfließt. σ, die sogenannte spezifische Wärme der Elektrizität, ist in verschiedenen Metallen verschieden; in den beiden Teilen unseres Schließungsbogens möge diese Größe die Werte σ_1 und σ_2 besitzen. Nennt man θ_0 die Temperatur einer beliebigen Stelle im ersten Leiter, so ist die gesamte innerhalb der Leiter entwickelte Wärme

18) $$\int_{\theta_1}^{\theta_0} \sigma_1\, d\theta + \int_{\theta_2}^{\theta_1} \sigma_2\, d\theta + \int_{\theta_0}^{\theta_2} \sigma_1\, d\theta = \int_{\theta_1}^{\theta_2} (\sigma_1 - \sigma_2)\, d\theta,$$

während an den Lötstellen die Wärmemenge $Q_1 - Q_2$ verbraucht wird.

Ist nun $\varDelta$ die von diesen Wärmevorgängen hervorgerufene elektromotorische Kraft, so stellt auch $\varDelta$ die beim Durchgang der Stromeinheit in der Sekunde thermoelektrisch entwickelte Energie dar; daher ist nach dem ersten Hauptsatz:

19) $$\varDelta = Q_1 - Q_2 - \int_{\theta_1}^{\theta_2} (\sigma_1 - \sigma_2)\, d\theta,$$

während der zweite Hauptsatz erfordert, daß:

20) $$\frac{Q_1}{\theta_1} - \frac{Q_2}{\theta_2} - \int_{\theta_1}^{\theta_2} \frac{\sigma_1 - \sigma_2}{\theta}\, d\theta = 0.$$

Ist $\theta_1 = \theta_2$, so wird $Q_1 = Q_2$ und $\varDelta = 0$; sind die Temperaturen θ_1 und θ_2 nur wenig verschieden, wie es zur Hervorbringung eines schwachen Stromes nötig ist, für den doch unsere Theorie nur gilt, so folgt aus der Gleichung 20) durch Differentiation:

$$\frac{d}{d\theta}\left(\frac{Q}{\theta}\right) + \frac{\sigma_1 - \sigma_2}{\theta} = 0,$$

21) $$\sigma_1 - \sigma_2 = \frac{Q}{\theta} - \frac{dQ}{d\theta}.$$

Dadurch aber geht die Gleichung 19) für $\varDelta$ über in:

22) $$\varDelta = -\int_{\theta_1}^{\theta_2} \frac{Q}{\theta}\, d\theta,$$

oder bei hinreichend kleiner Temperaturdifferenz $\theta_1 - \theta_2$:

22b) $$\varDelta = \frac{Q}{\theta}(\theta_1 - \theta_2).$$

Durch Differentiation folgt die PELTIER-Wärme:

23) $$Q \doteq \theta \frac{d\varDelta}{d\theta}.$$

Hätte man den sogenannten THOMSON-Effekt, der durch die mit σ behafteten Glieder ausgedrückt wird, nicht beachtet, wie es CLAUSIUS that, so würde aus den Gleichungen 20) oder 21) folgen, daß Q mit θ proportional ist, was erfahrungsmäßig nicht zutrifft.

9. Ausführlicher auf die zahlreichen anderen Anwendungen der Thermodynamik einzugehen, die THOMSON durchgeführt hat, habe ich hier keine Veranlassung.

Seine ausführlichen Untersuchungen der Elastizität[1] und des mechanischen Wertes der Verteilungen von Elektrizität, Magnetismus und Galvanismus[2] führen uns zu sehr von unserem Gegenstande in die physikalischen Einzelheiten, und die allgemeineren Betrachtungen über die mechanischen Wirkungen der Strahlung, der belebten Wesen und über die Quellen der Energie, die er 1852[3] veröffentlichte, sind verspätet gegenüber der Entwickelung, die die Energetik in Deutschland genommen hatte. Bemerkenswert ist ein Irrtum der damaligen Abhandlung, den er bei ihrem Wiederabdruck in seinen gesammelten Schriften hervorhebt. Er glaubte damals bei der Aufzählung der von Menschen ausgenutzten Energiequellen, daß die mechanische Arbeit, die wir in Windmühlen und Segeln gewinnen, nur teilweise der Sonnenenergie entstamme, zum Teil aber von der die Passate erzeugenden Erdrotation verursacht sei. Im Wiederabdruck erscheint die Stelle dergestalt verbessert, daß der Erdrotation nur die Arbeit zugeschrieben wird, die man in den von den Gezeiten getriebenen Wassermühlen gewinnt.

Auch THOMSON's Veröffentlichungen aus dem Jahre 1854 über die mechanischen Energien des Sonnensystems[4], über die mechanischen Vorläufer von Bewegung, Wärme und Licht[5] führen nicht

[1] Trans. Roy. Soc. Edinburgh. 1851. Phil. Mag. 4. 1851. Quarterly J. of math. 1855. Papers I, S. 203, 291 ff.

[2] Glasgow, Phil. Soc. Proc. III. 1853. Papers I, S. 521.

[3] Proc. Roy. Soc. Edinburgh. Febr. 1852. Papers I, S. 505.

[4] Phil. Mag. (4) 8, 1854. Papers II, S. 1.

[5] Papers II, S. 34.

über den Gedankenkreis der kosmischen Betrachtungen von Mayer und Helmholtz hinaus. Dagegen führt die Arbeit über die mögliche Dichtigkeit des Lichtäthers und über den mechanischen Wert einer Kubikmeile Sonnenlicht[1] eine neue Anwendung des Energieprinzipes durch, indem sie die Ätherhypothese und die Strahlung der Kritik dieses Prinzipes unterwirft.

Dritter Abschnitt.

Die Vorbereitung des Entropiebegriffes.

1. Erscheint uns heute Thomson als Nachfolger auf den vom ersten Hauptsatz, dem Energieprinzip, abhängigen Fragen der Naturerkenntnis, so tritt er außer durch seine Aufstellung des Begriffs der Eigenenergie uns als Vorläufer und Bahnbrecher entgegen in allen vom zweiten Hauptsatz bedingten Lehren, also in demjenigen Teil der neuen Lehre, der ihm von lange her vertraut war. Daß er zuerst auf die heute noch nicht völlig überwundenen Schwierigkeiten hingewiesen hat, die bei nicht umkehrbaren Prozessen der zweite Hauptsatz zur Folge hat, ist schon S. 85 angemerkt worden. In einem kurzen Artikel, der 1852[2] erschien, behandelt er „das allgemeine Streben in der Natur zur Zerstreuung (*dissipation*) der mechanischen Energie.“ Er unterscheidet da zwei Klassen von Energievorräten (*stores of mechanical energy*), die statischen und die dynamischen. „Gehobene Gewichte, die bereit stehen zum Herabfallen und wenn nötig zum Arbeiten, ein elektrisierter Körper, Brennstoffe enthalten Energievorräte statischer Art. Bewegte Massen, von Lichtschwingungen und strahlender Wärme durchzogene Raumteile, Körper, die Wärmebewegungen zwischen ihren Teilchen zeigen (d. h. nicht unendlich kalt sind) enthalten Energievorräte dynamischer Art.“ Bereits 1853[3] in einem Aufsatz „über die Wiederherstellung (*restoration*) mechanischer Energie aus einem ungleichmäßig erwärmten Raume“ giebt Thomson zu Gunsten der inzwischen von Rankine eingeführten Bezeichnungen potentiell und aktuell die Namen statisch und dynamisch auf.

[1] Phil. Mag. 9. 1854. Papers II, S. 28.

[2] Proc. Roy. Soc. Edinburgh. April 1852. Phil. Mag. Okt. 1852. Papers I, S. 511.

[3] Phil. Mag. (4) 5, Febr. 1853. Papers I, S. 554.

Schon in der Arbeit von 1852 schließt nun THOMSON aus seiner Form des CARNOT'schen Grundsatzes (S. 82) unter anderem folgendes: „Wenn Wärme durch einen nichtumkehrbaren Prozeß (z. B. durch Reibung) erzeugt wird, findet eine Zerstreuung der mechanischen Energie statt und eine volle Wiederherstellung derselben in ihrer ursprünglichen Beschaffenheit ist unmöglich. Wenn sich Wärme durch Leitung ausbreitet, findet eine Zerstreuung der mechanischen Energie statt und vollkommene Wiederherstellung ist unmöglich."

Ist ein Körper auf ungleichmäßiger Temperatur — so führt die Arbeit von 1853 aus — und kommt dem Volumelement dv die absolute Temperatur θ zu und die Wärmekapazität c, so wird durch Abkühlung dieses Elementes um $d\theta$ die Wärme $c\,d\theta\,dv$ gewonnen. Stellt sich nun nach Ausgleich der Temperaturen aller Volumelemente die Temperatur θ_0 her, so würde in dem ideellen Grenzfalle, daß der Wärmefall von θ auf θ_0 eine umkehrbare Maschine betreibt, nach den Gleichungen 17) S. 89 der Betrag $c\,d\theta\,dv\,.\,\theta_0:\theta$ Wärme bleiben und der Betrag $c\,d\theta\,dv(\theta-\theta_0):\theta$ in Arbeit übergeführt werden. Denkt man sich entsprechend die Teile des Raumes, die anfänglich eine Temperatur θ niedriger als θ_0 haben, durch umkehrbare Maschinen auf diese Ausgleichstemperatur gebracht, so ergeben sich für die insgesamt bei der Temperatur θ_0 verbleibende Wärme und die insgesamt zu gewinnende Arbeit die Werte:

$$1)\qquad R=\int\limits_v\int\limits_{\theta_0}^{\theta} c\,dv\,\frac{\theta_0\,d\theta}{\theta},\qquad W=\frac{1}{A}\int\limits_v\int\limits_{\theta_0}^{\theta} c\,dv\,\frac{\theta-\theta_0}{\theta}\,d\theta,$$

wobei die Integration über alle Volumelemente auszuführen ist. Unter der Annahme, daß c unabhängig von θ ist, folgt weiter:

$$2)\qquad R=\theta_0\int\limits_v c(l\theta-l\theta_0)\,dv,\qquad W=\frac{1}{A}\int\limits_v c\,dv\left(\theta-\theta_0-\theta_0\,l\frac{\theta}{\theta_0}\right).$$

Da θ_0 die Temperatur des Ausgleichs sein soll, ist $R=0$, also würde sich die Ausgleichstemperatur in dem betrachteten idealen Falle aus:

$$3)\qquad l\theta_0=\int\limits_v c\,l\theta\,dv:\int c\,dv$$

ergeben und die aus der Wärme höchstens erzeugbare mechanische Energie zu:

$$4)\qquad W=\frac{1}{A}\int\limits_v c\,dv\left(\theta-\theta_0-\theta_0\,l\frac{\theta}{\theta_0}\right).$$

Besteht z. B.[1] das System aus zwei gleichen Massen von gleicher spezifischer Wärme und haben diese anfangs die Temperaturen θ_1 und θ_2, so ist die im Grenzfalle umkehrbarer Wärmeausgleichung erreichbare Ausgleichstemperatur θ_0 gegeben durch:

$$l\,\theta_0 = \frac{1}{2}(l\,\theta_1 + l\,\theta_2),$$

also

5) $$\theta_0 = \sqrt{\theta_1\,\theta_2},$$

und die dabei zu gewinnende mechanische Energie ergiebt sich zu:

6) $$W = \frac{1}{A}(\sqrt{\theta_1} - \sqrt{\theta_2})^2 \cdot c\,V,$$

wenn V das Volumen einer der beiden Massen darstellt.

Bezeichnet θ_0 in den Formeln 1) und 2) die tiefste Temperatur in der Umgebung des Systems, auf die es gebracht werden kann, so giebt W an, wie viel mechanische Arbeit höchstens aus dem System durch Temperaturänderung zu gewinnen ist, und R, wie viel dabei Wärme bleibt. Kann aus dem System durch andere Änderungen noch Arbeit im Betrage L gewonnen werden, so nennt THOMSON die Summe:

$$M = L + W$$

die gesamte Triebenergie[2] (*motivity*) des Systems. Die Fähigkeit der Wärme, Arbeit zu leisten, ihre Triebenergie, würde hiernach durch W gemessen, W ist ein Ausdruck für den Besitz, „dessen Vergeudung Dissipation genannt wird."

Wenn auch diese letzteren Ausführungen einer weit späteren Zeit entstammen, dem Entropiebegriffe von CLAUSIUS nachfolgen, ja bereits auf die bald danach von HELMHOLTZ behandelte freie Energie hinweisen, so ist doch 1852[3] bereits THOMSON im Besitze der Grundlagen für diese großen Erkenntnisse, die in der Folge der Ausgangspunkt so vieler Untersuchungen geworden und noch heute nicht zu einem allseitig befriedigenden und anerkannten Abschlusse geführt worden sind; denn damals schon stellte er die Sätze auf:

„1. In der stofflichen Welt herrscht ein allgemeines Bestreben zur Zerstreuung mechanischer Energie.

---

[1] TAIT, Wärmelehre. Wien 1885. S. 306.

[2] THOMSON, Phil. Mag. (5) 7. 1879. Auch Papers I.

[3] Proc. Roy. Soc. Edinburgh. April 1852. Phil. Mag. Okt. 1852. Papers I, S. 511.

2. Jede Wiederherstellung mechanischer Energie, die mehr betrüge als das Äquivalent der Zerstreuung, ist in unbelebt-stofflichen Vorgängen unmöglich und wahrscheinlich niemals mittels organisierten Stoffes zu bewirken, mag er mit pflanzlichem Leben begabt oder dem Willen eines tierischen Geschöpfes unterworfen sein.

3. Innerhalb einer endlichen Vergangenheit muß die Erde ungeeignet gewesen sein für die Bewohnbarkeit durch Menschen, wie sie gegenwärtig beschaffen sind, und in einer endlichen Zukunft muß sie es wieder sein, — es sei denn, daß Vorgänge stattgefunden haben oder hergestellt werden, die unter den Gesetzen unmöglich sind, denen die bekannten derzeit stattfindenden Vorgänge in der stofflichen Welt unterworfen sind."

2. Das von Clausius und Thomson im Wettbewerb begründete System der mechanischen Wärmetheorie findet seinen glänzenden Abschluß in der Erkenntnis der Existenz der Entropiefunktion, zu der folgende Erwägungen hingeführt haben.

Thomson benutzt in seiner Untersuchung über thermoelektrische Ströme[1] die Bemerkung, daß Gleichung 17b) S. 89 in die Form:

$$\frac{H}{\theta_0} - \frac{R}{\theta_u} = 0 \tag{7}$$

gebracht werden kann. Hierbei stellt H die bei der oberen Temperatur θ_0 aufgenommene, R die bei der unteren θ_u abgegebene Wärme dar. Rechnet man abgegebene Wärme negativ und bezeichnet mit H_1, H_2 ... die bei den absoluten Temperaturen θ_1, θ_2 ... aufgenommenen Wärmemengen, so läßt sich obige Formel schreiben:

$$\frac{H_1}{\theta_1} + \frac{H_2}{\theta_2} = 0\,, \tag{8}$$

und ist in dieser Form einer von Thomson a. a. O. gegebenen Verallgemeinerung fähig: Die während eines umkehrbaren Kreisprozesses bei den absoluten Temperaturen θ_1, θ_2 ... aufgenommenen Wärmemengen Q_1, Q_2 ... genügen der Gleichung

$$\frac{Q_1}{\theta_1} + \frac{Q_2}{\theta_2} + \cdots + \frac{Q_n}{\theta_n} = 0\,, \tag{9}$$

wenn abgegebene Wärmemengen als aufgenommene negative in Rechnung gestellt werden.

Um dies zu beweisen, stelle man sich eine Reihe von umkehrbaren Kreisprozessen vor:

[1] Trans. Roy. Soc. Edinburgh. 21, Mai 1854; Papers I, S. 236.

Der erste gebe Q_1 bei θ_1 ab und nehme $\theta_2 \frac{Q_1}{\theta_1}$ bei θ_2 auf;

der zweite gebe $\theta_2 \frac{Q_1}{\theta_1} + Q_2$ bei θ_2 ab

und nehme $\theta_3 \left(\frac{Q_1}{\theta_1} + \frac{Q_2}{\theta_2}\right)$ bei θ_3 auf;

der dritte gebe $\theta_3 \left(\frac{Q_1}{\theta_1} + \frac{Q_2}{\theta_2}\right) + Q_3$ bei θ_3 ab

und nehme $\theta_4 \left(\frac{Q_1}{\theta_1} + \frac{Q_2}{\theta_2} + \frac{Q_3}{\theta_3}\right)$ bei θ_4 auf;

u. s. f.

der letzte gebe $\theta_{n-2}\left(\frac{Q_1}{\theta_1} + \frac{Q_2}{\theta_2} + \cdots + \frac{Q_{n-3}}{\theta_{n-3}}\right) + Q_{n-2}$ bei θ_{n-2} ab

und nehme $\theta_{n-1}\left(\frac{Q_1}{\theta_1} + \frac{Q_2}{\theta_2} + \cdots\cdots\cdots + \frac{Q_{n-2}}{\theta_{n-2}}\right)$ bei θ_{n-1} auf.

Diese Kette umkehrbarer Prozesse, die alle die Bedingung 8) erfüllen, giebt dieselben Wärmemengen ab, wie sie der betrachtete Kreisprozeß aufnimmt. Führt man also diesen gleichzeitig mit jener Kette von Prozessen aus, so hat man im ganzen eine Reihe von Prozessen ausgeführt, die identisch sind mit einem umkehrbaren Kreisprozeß zwischen zwei Temperaturen θ_{n-1} und θ_n. Der Gesamtprozeß nimmt nämlich bei θ_{n-1} die Wärme auf:

$$\theta_{n-1}\left(\frac{Q_1}{\theta_1} + \frac{Q_2}{\theta_2} + \cdots + \frac{Q_{n-2}}{\theta_{n-2}}\right) + Q_{n-1}$$

und bei θ_n die Wärme Q_n. Für ihn muß also nach 8) gelten:

$$9) \qquad \frac{Q_1}{\theta_1} + \frac{Q_2}{\theta_2} + \cdots + \frac{Q_{n-2}}{\theta_{n-2}} + \frac{Q_{n-1}}{\theta_{n-1}} + \frac{Q_n}{\theta_n} = 0,$$

wie zu beweisen war.

3. Zu derselben Erkenntnis gelangt Clausius im selben Jahre 1854[1]. Er geht aus von dem Carnot'schen Grundsatze, dem er jetzt folgende Fassung giebt: „Es kann nie Wärme aus einem kälteren in einen wärmeren Körper übergehen, wenn nicht gleichzeitig eine andere damit zusammenhängende Änderung eintritt.“ Weiter nennt er, wenn die Wärme Q von der Temperatur θ aus Arbeit entsteht, den Quotienten $Q:\theta$ den Äquivalenzwert dieser

[1] Pogg. Ann. 93, Dez. 1854.

Verwandlung, und wenn die Wärme Q von der Temperatur θ_1 (des Kessels) auf die Temperatur θ_2 (des Kondensators) übergeht, soll der Äquivalenzwert dieser Verwandlung sein:

$$Q\left(\frac{1}{\theta_2} - \frac{1}{\theta_1}\right).$$

Der Äquivalenzwert aller während eines Kreisprozesses der oben geschilderten Art auftretenden Verwandlungen ist nun, da ja jede vom arbeitenden Körper aufgenommene Wärmemenge als in Arbeit verwandelt, jede abgegebene als aus Arbeit erzeugt angesehen werden kann:

10) $$\mathsf{N} = -\left\{\frac{Q_1}{\theta_1} + \frac{Q_2}{\theta_2} + \cdots + \frac{Q_n}{\theta_n}\right\} = -\sum \frac{Q}{\theta},$$

oder, wenn sich während der Aufnahme dieser Wärmemengen ihre Temperatur stetig ändert:

11) $$\mathsf{N} = -\int \frac{dQ}{\theta}.$$

Clausius zeigt nun, indem er durch eine Betrachtung, die nicht so präzis ist wie die Thomson'sche, den Fall auf eine Reihe von Kreisprozessen zurückführt, deren jeder nur zwischen zwei Temperaturen stattfindet, daß $\mathsf{N} = 0$ sein muß, wenn der betrachtete Kreisprozeß umkehrbar ist, und daß bei nicht umkehrbaren Prozessen N nie negativ sein kann.

Die Beweisführung von Clausius ist einer sehr eingehenden Kritik von Planck[1] unterworfen worden. Bezeichnet man als Wert für die Verwandlung der Wärme Q aus der Temperatur θ_1 in die Temperatur θ_2 den Ausdruck:

$$Q\left(\frac{1}{\theta_2} - \frac{1}{\theta_1}\right)$$

und betrachtet, sobald es sich um Werte der Verwandlung von Wärme in Arbeit und umgekehrt handelt, stets Arbeit als Wärme von unendlich hoher Temperatur — dann folgt allerdings aus dem Carnot-Clausius'schen Prinzip der Satz: Der Verwandlungswert eines Prozesses kann nicht negativ sein. Aber, fügt nun Planck hinzu, für alle, nicht nur für umkehrbare Prozesse gilt die Folgerung: Der Verwandlungswert jedes Prozesses ist Null. Geht z. B. von einem Gase bei konstantem Volum die Wärme Q auf ein anderes Gas bei konstantem Volum über und kühlt sich dabei

[1] Max Planck, Über den zweiten Hauptsatz der mechanischen Wärmetheorie. München 1879.

das erstere Gas von θ_1 auf θ_1' ab, während sich das zweite von θ_2 auf θ_2' erwärmt, so ist:

$$Q = c_1(\theta_1 - \theta_1') = c_2(\theta_2' - \theta_2), \tag{12}$$

wobei c_1 und c_2 die spezifischen Wärmen der Gase für konstantes Volum bezeichnen. Nun haben während dieses Prozesses überhaupt in der Natur drei Verwandlungen stattgefunden:

1. Die Wärmemenge Q ist aus der Temperatur θ_1 in die Temperatur θ_2' übergegangen;

2. die im ersten Gase verbliebene Wärme $c_1\theta_1'$ ist aus der Temperatur θ_1 in die Temperatur θ_1' verwandelt;

3. die im zweiten Gase ursprünglich vorhandene Wärme $c_2\theta_2$ ist aus der Temperatur θ_2 in die Temperatur θ_2' verwandelt worden.

Die diesen drei Änderungen entsprechenden Äquivalenzwerte sind beziehungsweise (unter Rücksicht auf 12):

$$Q\left(\frac{1}{\theta_2'} - \frac{1}{\theta_1}\right), \qquad c_1\theta_1'\left(\frac{1}{\theta_1'} - \frac{1}{\theta_1}\right) = \frac{Q}{\theta_1},$$

$$c_2\theta_2\left(\frac{1}{\theta_2'} - \frac{1}{\theta_2}\right) = -\frac{Q}{\theta_2'}.$$

Ihre Summe ist Null, und wenn Clausius für diesen nichtumkehrbaren Prozeß den Ausdruck $-\Sigma(Q:\theta)$ positiv erhält, so ist das nur deswegen der Fall, weil er bei Bildung der Summe den Verwandlungswert $Q:\theta_1$ für die im Wärmereservoir, hier also im ersten Gase, verbliebene Wärme nicht mitrechnet, sondern nur die Verwandlungswerte addiert, welche den als Arbeitskörper betrachteten Körper, hier das zweite Gas, betreffen, nur die Verwandlungswerte, welche nach der späteren Bezeichnungsweise die Entropieänderung des arbeitenden Körpers ergeben.

Unter solchen Umständen erscheint es angemessen, bei Aufstellung der Entropiefunktion die Verwandlungswerte überhaupt außer Betracht zu lassen und die Entropie auf dem von Thomson beschrittenen und noch weiter unten auszuführenden Wege abzuleiten. Planck aber macht a. a. O. einen weiter gehenden Vorschlag: er will in eigenartiger Weise den Entropiebegriff unmittelbarer als Thomson und Clausius aus der Erfahrung herleiten. Darüber werde ich später (Teil 5, Abschn. 9) zu berichten haben.

4. Für jetzt ist nur noch eine Bemerkung nötig. Schon in diesem ersten Stadium der Entwickelung thut Clausius den für die weitere Ausbildung des Entropiebegriffes entscheidenden Schritt. Der Ausdruck für das Wärmedifferential:

13) $$d\,Q = M\,d\,v + N\,d\,\vartheta$$

ist kein vollständiges Differential. THOMSON vermeidet daher mit Recht immer die Bezeichnung der Wärme durch ein Differential; er setzt $M\,d\,v + N\,d\,\vartheta$ nie dem Differential einer Größe gleich. CLAUSIUS bemerkt nun, daß bei umkehrbaren Prozessen:

14) $$\frac{d\,Q}{\theta} = \frac{M}{\theta} \cdot d\,v + \frac{N}{\theta} \cdot d\,\vartheta$$

ein vollständiges Differential ist, da ja bei solchen $\int d\,Q : \theta$ immer gleich Null sein muß, so oft ϑ und v wieder ihre anfänglichen Werte annehmen. Freilich führt er für die Größe $d\,Q : \theta$ jetzt noch nicht das Differential einer Funktion von v und ϑ ein, aber er schließt bereits:

15) $$\frac{\partial}{\partial\,\vartheta}\left(\frac{M}{\theta}\right) = \frac{\partial}{\partial\,v}\left(\frac{N}{\theta}\right)$$

und zieht schon damals weitere Folgerungen daraus.

Vierter Abschnitt.

Das System der klassischen Thermodynamik.

1. Wenn wir hier schon vorausgreifend den Namen Entropie, den CLAUSIUS erst 1865 einführte, benutzen, wie wir uns ja auch der Bezeichnung Energie bereits bei dem Bericht über die Leistungen der Vorgänger THOMSON's bedient haben, so stellt sich das bis etwa zum Jahre 1855 gewonnene Wissen über die Beziehungen zwischen Wärme und Arbeit als ein in sich abgeschlossenes wissenschaftliches System dar. Es hat sich unter dem Namen der mechanischen Wärmetheorie oder der Thermodynamik allmählich allgemeine Anerkennung verschafft und steht heute so einwandfrei da, daß man es wohl als klassisch bezeichnen kann, mit welchem Namen es zuerst von den Gegnern aller Versuche, es weiter zu entwickeln, ausgezeichnet worden ist.

Es erscheint zweckmäßig, in dem Berichte über die Weiterentwickelung der Energetik für einen Augenblick innezuhalten und uns klar zu machen, was bis etwa zum Jahre 1855 erreicht worden war.

Das MAYER'sche Energieprinzip: der Gesamtbetrag der Energie ist unveränderlich, hat sich bis dahin durch drei Entwickelungsformen hindurch ausgebildet. Aus dem Gesetze von der Äquivalenz der Wärme und der mechanischen Arbeit, wie es sich vor allem an JOULE's Untersuchungen anschließt, war bei HELMHOLTZ das Gesetz von der Erhaltung der Energie geworden, vergl. S. 38. Jetzt hat THOMSON demselben Prinzip den weittragendsten Ausdruck gegeben, indem er es als Gesetz von der Eigenenergie ausspricht, deren mathematische Bedeutung schon in der ersten Arbeit von CLAUSIUS hervorgetreten war:

Von den Größen, die den augenblicklichen Zustand eines Körpers bestimmen, von den Parametern des Körperzustandes, wie z. B. den Temperaturen, Koordinaten, Geschwindigkeiten seiner Teile, von diesen Größen allein hängt eine Funktion ab, deren Änderung während eines beliebigen Zeitraumes die gesamte Energie mißt, welche dem Körper während dieses Zeitraumes zugeführt wurde, gleichgiltig, ob die einzelnen (positiven oder negativen) Energiebeträge als mechanische Arbeit zugeführt wurden, oder nur in solche verwandelbar waren. Die so durch ihre zeitliche Veränderung, also mathematisch durch ihr Differential definierte Funktion soll die Eigenenergie des Körpers heißen.

Der Satz selbst ist in der Thermodynamik als erster Hauptsatz bezeichnet worden und statt des Namens Eigenenergie sind eine Reihe anderer Namen gebraucht worden, wie von KIRCHHOFF Wirkungsfunktion, von ZEUNER innere Wärme bez. innere Arbeit, von C. NEUMANN Energiefunktion, Kapital, Arbeitsvorrat des Körpers, von CLAUSIUS innere Energie. Das Wort Eigenenergie findet sich wohl zuerst in NEESEN's Übersetzung der MAXWELL'schen Wärmetheorie zur Wiedergabe der englischen Bezeichnung verwendet.

Wer den Kern der Sache noch nicht erfaßt hat, wird vielleicht in der vorangehenden Darlegung der geschichtlichen Entwickelung einen Beweis dieses Satzes vermissen. Aber beweisen heißt, auf bekannte Thatsachen zurückführen. „Man kann,“ sagt MACH einmal, „nicht mathematisch beweisen, daß die Natur so sein müsse, wie sie ist.“ Und was er bezüglich des Prinzips der virtuellen Geschwindigkeiten ausspricht, daß in ihm „nur die Anerkennung einer Thatsache liegt, die uns längst instinktiv geläufig war, nur daß wir sie nicht so scharf und klar erfaßten,“ — das gilt wörtlich von dem jenes mechanische Prinzip umfassenden und teilweise aus ihm herausgewachsenen Energieprinzip. Die ihm zu Grunde liegende Thatsache ist, daß dieselbe Veränderung in der Natur nicht das eine Mal mehr Arbeit abzugeben vermag, als das andere Mal. Wem das Perpetuum-mobile-Prinzip verständlicher erscheint, der mag dieses anführen, wer die Prinzipien der GALILEI-NEWTON'schen Mechanik für gewiß hält, mag aus ihnen das Gesetz der lebendigen Kraft und damit einen Teil des Energieprinzipes ableiten — das alles sind nur Wendungen derselben Sache, nicht mathematische Beweise.

2. Dem Energieprinzipe als erstem Hauptsatz stellt nun die Thermodynamik einen zweiten Hauptsatz zur Seite, der sich bis 1855 aus dem CARNOT'schen Prinzipe heraus zu einer Theorie entwickelt hat.

Die sorgfältigste Darstellung dieser Theorie dürfte die von CARL NEUMANN[1] herrührende sein. Man denke sich, führt er aus, eine homogene oder heterogene Substanz *M*, die z. B. auch aus mehreren räumlich getrennten Teilen bestehen kann. Auf diese Substanz *M* mögen von außen her irgend welche mechanische und kalorische Einwirkungen erfolgen. Die mechanischen können wir uns durch ein mechanisches System, die kalorischen durch eine Reihe konstanter Wärmequellen oder Wärmespeicher von den benötigten Temperaturen hervorgebracht denken. Jeder thermodynamische Prozeß, dem die Substanz *M* unterworfen wird, besteht dann erstens in einer Zustandsänderung der Substanz *M*, zweitens einem (positiven oder negativen) Arbeitsverlust des mechanischen Systems, drittens in (positiven oder negativen) Wärmeverlusten der einzelnen Wärmespeicher. „Diese dreierlei Dinge mögen zusammen genommen bezeichnet werden als der Gesamteffekt des betrachteten Prozesses." Das CLAUSIUS'sche Prinzip formuliert nun C. NEUMANN folgendermaßen:

„Unter Anwendung beliebig vieler und beliebig beschaffener Substanzen wird niemals ein Prozeß möglich sein, dessen Gesamteffekt in einem wirklichen Wärmeverlust einer kälteren und in dem ebenso großen Wärmegewinn einer heißeren konstanten Wärmequelle bestände."

Oder in leicht verständlichen Zeichen:

1) $[Q_{\theta_0}; \; - Q_{\theta_1}]$ unmöglich, wenn $\theta_0 < \theta_1$ und Q positiv.

Aus diesem Prinzip folgt dann in der von CARNOT, CLAPEYRON und CLAUSIUS gelehrten Weise der Lehrsatz: Unter Anwendung zweier konstanten Wärmequellen von den absoluten Temperaturen θ_0 und θ_1 und unter Anwendung eines mechanischen Systems wird es stets möglich sein, mit einem vollkommenen Gase *M* einen Prozeß auszuführen, dessen Gesamteffekt darin besteht, daß die Wärmequellen die Wärmemengen x_0 bez. x_1 abgeben und das mechanische System die zu $x_0 + x_1$ äquivalente Arbeitsmenge aufnimmt. Es ist dazu nur nötig, die Größen x_0 und x_1 so zu wählen, daß die Gleichung:

[1] Leipziger Ber. 1891, S. 75.

2) $$\frac{x_0}{\theta_0} + \frac{x_1}{\theta_1} = 0$$

erfüllt ist. Der Prozeß, der auszuführen ist, ist ein geeignet oft wiederholter CARNOT'scher Kreisprozeß.

Schematisch könnte man seinen Gesamteffekt durch:

$$[x_{1\theta_1};\ x_{0\theta_0};\ -(x_0 + x_1)]$$

darstellen, wenn wieder jeder Wärmemenge die Temperatur ihres Speichers als Index beigefügt, und die vom mechanischen System abgegebene Arbeit in Wärmemaß ohne Temperaturindex angeschrieben wird. (C. NEUMANN's Bezeichnung ist etwas abweichend von der hier benutzten.)

Daß für die Größen x_0 und x_1 noch eine zweite Bedingung verfügbar bleibt, verwertet C. NEUMANN zunächst, um das von W. THOMSON benutzte Prinzip aus dem CLAUSIUS'schen Prinzip abzuleiten. Würde nämlich mit irgend einer Substanz ein Prozeß ausführbar sein, dessen Gesamteffekt darin bestände, daß eine Wärmequelle von der Temperatur θ die Wärme q abgäbe und vom mechanischen System das Arbeitsäquivalent dieser Wärme aufgenommen würde, so könnte man diesem Prozeß einen CARNOT'schen Prozeß mit einem Gase folgen lassen und für ihn außer der Wärmequelle von der Temperatur θ noch eine zweite von der Temperatur θ_1 benutzen. Verfügt man dann über die Größen x und x_1 so, daß sie außer der Gleichung:

3a) $$\frac{x}{\theta} + \frac{x_1}{\theta_1} = 0$$

noch der Gleichung:

3b) $$x + x_1 = -q$$

genügen, so ist der Gesamteffekt beider Prozesse der, daß aus der Wärmequelle von der Temperatur θ die Wärme $q + x$ oder $-x_1$ und aus der von der Temperatur θ_1 die Wärme x_1 abgegeben wird:

1. Prozeß	$[\ q_\theta,\qquad -q]$,
2. Prozeß	$[\ x_\theta,\ \ x_{1\theta_1},\ (x + x_1)]$,
Gesamtprozeß	$[-x_{1\theta},\ x_{1\theta_1}]$.

Nach CLAUSIUS' Prinzip 1) ist dies bei $q > 0$ unmöglich, da ja

4) $$x_1 = -\frac{q\,\theta_1}{\theta_1 - \theta}$$

zufolge der Gleichungen 3). Somit folgt der THOMSON'sche Satz: Unter Anwendung beliebig vieler und beliebig beschaffener Substanzen wird niemals ein Prozeß herstellbar sein, dessen Gesamteffekt in Aufnahme einer positiven Wärmemenge aus einer constanten Wärmequelle und Abgabe der ihr äquivalenten Arbeit an ein mechanisches System bestände. Oder:

5) $[q_\theta\,;\ -q]$ unmöglich, wenn $q > 0$.

Um nun endlich den allgemeinen Fall zu behandeln, einen Prozeß, dessen Gesamteffekt:

$$[q_{1\theta_1}\,;\ q_{2\theta_2}\,;\ q_{3\theta_3}\,;\ \ldots;\ q_{n\theta_n}\,;\ -(q_1+q_2+q_3+\ \ldots\ +q_n)]$$

ist, konstruiert man nach Thomson (vgl. S. 96) $(n-1)$ Prozesse mit den Gesamteffekten:

$$\begin{array}{llll} x_{1\theta_1}\,; & x'_{1\theta_2}\,; & & -(x_1+x'_1), \\ & x_{2\theta_2}\,; & x'_{2\theta_3}\,; & -(x_2+x'_2), \\ & & x_{3\theta_3}\,;\ x'_{3\theta_4}\,; & -(x_3+x'_3), \\ & & \ldots\ldots\ldots\ldots & \end{array}$$

und macht:

6a) $$\frac{x_1}{\theta_1}+\frac{x'_1}{\theta_2}=0,\quad \frac{x_2}{\theta_2}+\frac{x'_2}{\theta_3}=0,\quad \ldots\ldots\quad \frac{x_{n-1}}{\theta_{n-1}}+\frac{x'_{n-1}}{\theta_n}=0,$$

sowie

6b) $$\left\{\begin{array}{l} q_1+x_1=0,\quad q_2+x'_1+x_2=0,\quad q_3+x'_2+x_3=0,\ \ldots\ldots \\ \qquad\qquad q_{n-1}+x'_{n-2}+x_{n-1}=0. \end{array}\right.$$

Führt man nun nach dem gegebenen Prozesse noch diese $(n-1)$ Prozesse aus, so erhält man einen Prozeß vom Gesamteffekt

$$[(q_n+x'_{n-1})_{\theta_n}\,;\qquad -(q_n+x'_{n-1})].$$

Dieser ist aber nach dem Thomson'schen Satz unmöglich, wenn $q_n+x'_{n-1}>0$. Nach Elimination von x'_{n-1} mit Hilfe obiger Gleichungen, besagt diese Ungleichung, daß die Bedingung erfüllt werden muß

7) $$\frac{q_1}{\theta_1}+\frac{q_2}{\theta_2}+\frac{q_3}{\theta_3}+\ldots+\frac{q_n}{\theta_n}\leqq 0.$$

Hiermit ist die Ungleichung von Clausius für jede beliebige homogene oder heterogene Substanz und für jeden beliebigen Kreisprozeß nachgewiesen. Unter den θ sind keineswegs die Temperaturen, welche die Substanz oder irgend ein Teil derselben bei der Wärmeaufnahme besitzt, zu verstehen, sondern durchaus nur die Temperaturen der Wärmequellen oder Wärmespeicher.

3. Einzig in dem Falle, daß die Substanz in jedem ihrer Teile dieselbe Temperatur besitzt, die sich jedoch im Laufe der Zeit verändern kann, und daß ferner diese Temperatur mit der der Quelle übereinstimmt, die jeweilig Wärme abgiebt, was offenbar nur bei unendlich langsam verlaufenden Änderungen der Substanz angenommen werden kann, darf unter θ die Temperatur der Substanz verstanden werden. In diesem Falle, wo jeder Zustand der Substanz einen Ruhezustand darstellt, nimmt man gewöhnlich an, daß der Kreisprozeß auch rückwärts ausführbar sei. Durch diese Annahme schließt man freilich gewisse Erscheinungen aus, wie die Überschreitung der Elastizitätsgrenze, die Hysterese u. a. m. Duhem beschäftigt sich[1] ausführlich mit diesen Vorgängen, bei denen eine stetige Folge von Gleichgewichtszuständen doch keinen umkehrbaren Prozeß bildet. Der durchsichtigste Fall dieser Art ist die Bewegung auf rauher Bahn, wenn sie gleichförmig erfolgt, so daß eben nur die Reibung überwunden wird. Kehrt man hier die Bewegung um, so kehren sich doch nicht die sie begleitenden Vorgänge um, es wird nach wie vor mechanische Arbeit in Wärme umgesetzt; dennoch besteht in jedem der durchlaufenen Zustände Gleichgewicht der Reibung gegen die sonst einwirkenden Kräfte.

Schließt man noch derartige Fälle, wie es gewöhnlich geschieht, aus, so kann nur das Gleichheitszeichen beibehalten werden. Heißt also dQ die während des Zeitelements dt der Substanz M zugeführte Wärme und ist θ die in allen Teilen gleiche Temperatur der Substanz im Zeitelement dt, so gilt

$$8)\qquad \int \frac{dQ}{\theta} = 0$$

für solche unendlich langsame und umkehrbare Kreisprozesse.

Ein recht zweckmäßiges Kennzeichen umkehrbarer Prozesse möge hier Erwähnung finden. Jeder umkehrbare Vorgang läßt sich als Störung eines beweglichen Gleichgewichts auffassen. Das Gleichgewicht zwischen Wasser und Dampf z. B. kann man sich als bewegliches Gleichgewicht vorstellen, bei dem fortdauernd eben soviel Wasser verdampft als Dampf kondensiert wird. Überwiegt der eine dieser fingierten Vorgänge, so ändert sich das Gleichgewicht in dem einen, überwiegt der andere, so ändert es sich im umgekehrten Sinne. Ebenso könnte man sich denken, daß in einem

[1] Sur les déformations permanentes et l'hysteresis. Mém. Ac. Belgique, Band 54, 1896.

thermoelektrischen Schließungskreise der Strom die Temperaturdifferenz der Lötstellen erhöht und gleichzeitig die erhöhte Differenz Strom entwickelt.

Jeder Ruhezustand der Substanz M ist nun durch Angabe der Werte bestimmt, die gewisse veränderliche Parameter, wie Temperatur der Substanz, Koordinaten ihrer einzelnen Punkte in diesem Zustande besitzen, also durch einen Punkt in einem mehrfach dimensionierten Raume. Versteht man unter Z_0 einen ein für allemal festgesetzten Anfangszustand, unter Z einen beliebigen Zustand der Substanz, so wird

9a) $$S = \int_{Z_0}^{Z} \frac{d\,Q}{\theta}$$

für alle von Z_0 nach Z laufenden Kurven ein und denselben Wert haben, d. h. S ist eine Funktion von Z allein oder von den diesen Zustand bestimmenden Parametern. Diese Funktion S heiße Entropie der Substanz, und es gilt für den Fall, daß ein Ruhezustand, bei dem die Substanz die Temperatur θ besitzt, in einen unendlich nahen anderen Ruhezustand umkehrbar übergeht, die Gleichung

9b) $$d\,Q = \theta\,.\,d\,S\,.$$

4. Auch hinsichtlich einer anderen, später viel behandelten Frage, folgen wir im wesentlichen den Betrachtungen C. Neumann's. Wenn eine Substanz aus mehreren Bestandteilen zusammengesetzt ist, ist dann ihre Energie die Summe der Energien ihrer Teile? Ist ihre Entropie die Summe der Entropien ihrer Teile?

Möge eine Substanz aus zwei räumlich getrennten oder zwei sich berührenden Teilen bestehen, die durch die Indices 1 und 2 unterschieden werden sollen, während alle außerdem, also in der Umgebung von 1 und 2 vorhandene Substanz mit 0 indiziert sein möge. Bezeichnet man nun die von der Umgebung auf die Masse 1 übergehende Wärme mit $d\,Q_1^0$, die von 1 auf 2 übergehende Arbeit mit $d\,A_2^1$, und benutzt entsprechende Zeichen für alle in Betracht kommenden Wirkungen, so ist die gesamte Energieänderung:

10a) $$d\,E = d\,Q_1^0 + d\,Q_2^0 + d\,A_1^0 + d\,A_2^0\,,$$

während sich die Eigenenergien der beiden Teile 1 und 2 ändern um

10b) $$\begin{cases} d\,E_1 = d\,Q_1^0 + d\,Q_1^2 + d\,A_1^0 + d\,A_1^2 \\ d\,E_2 = d\,Q_2^0 + d\,Q_2^1 + d\,A_2^0 + d\,A_2^1\,. \end{cases}$$

Offenbar ist nur dann

$$dE = dE_1 + dE_2, \tag{11}$$

wenn die beiden Gleichungen erfüllt sind:

$$dQ_1^2 + dQ_2^1 = 0, \qquad dA_2^1 + dA_1^2 = 0. \tag{12}$$

Denkt man sich ferner die Wärmemengen bei der Temperatur θ umkehrbar zugeführt, so müssen die Entropieänderungen dS_1 und dS_2 der Teile, bez. die Entropieänderung dS des Systems, die Gleichungen erfüllen:

$$\begin{cases} dQ_1^0 + dQ_2^0 = \theta\, dS, \qquad dQ_1^0 + dQ_1^2 = \theta\, dS_1, \\ \qquad\qquad dQ_2^0 + dQ_2^1 = \theta\, dS_2. \end{cases} \tag{13}$$

Es ist also nur dann

$$dS = dS_1 + dS_2, \tag{14}$$

wenn wiederum, aber nun für umkehrbare Vorgänge,

$$dQ_1^2 + dQ_2^1 = 0. \tag{15}$$

Die Bedingungen 12) sind nun offenbar bei bloßen Berührungswirkungen der beiden Substanzen 1 und 2 erfüllt, während Fernwirkungen zwischen ihnen im allgemeinen die Bedingung

$$dA_2^1 + dA_1^2 = 0$$

verletzen. Hiernach könnte man vermuten, daß sich die Teile eines Systems immer so wählen lassen, daß die Gleichungen 11) und 14) erfüllt sind; man müßte nur die Fernwirkungen durch Berührungswirkungen ersetzen können, also nötigenfalls die Zwischenmedien mit zu dem System rechnen, durch welche man die Fernwirkungen vermittelt denken kann.

Wenn nun aber auch die Bedingungen 12) erfüllt sind, so gelten doch keineswegs die Additionssätze für Energie und Entropie selbst, sondern nur für ihre Differentiale. Die in den Werten der Energie und Entropie auftretenden additiven Konstanten erfordern in jedem Falle eine besondere Untersuchung, bevor auf Energie und Entropie selbst der Additionssatz angewendet werden kann, und dabei ist insbesondere zu beachten, daß wenn die additiven Konstanten für einige Substanzen willkürlich gewählt sind, sie zugleich mitbestimmt sind für jede andere Substanz, die aus jenen durch irgend welche umkehrbaren Operationen hergestellt werden kann. Wären z. B. die

Integrationskonstanten für flüssiges Wasser willkürlich gewählt, so wären sie für Wasserdampf auch mitbestimmt, hätte man sie für Wasserstoff und Sauerstoff willkürlich angesetzt, so dürfte man sie nicht für Wasser wiederum willkürlich wählen.

Wenn es nach diesen Untersuchungen schon unter Umständen zweifelhaft sein kann, ob die Addition der Energien und Entropien von räumlich nebeneinander befindlichen Substanzen uns die Energie und Entropie des Systems liefert, so liegt auf der Hand, daß es im allgemeinen nicht gestattet ist, diese Funktion für irgend eine Substanz aus den für andere Substanzen gültigen durch Addition zu berechnen, wenn jene Substanz durch Mischung aus diesen hervorgegangen ist. Diese der Thermochemie angehörige Frage soll an einem anderen Orte (in Teil 5) noch einmal berührt werden.

Vierter Teil.

Neue Anläufe, Kämpfe und verfehlte Versuche.

Erster Abschnitt.

Zweifel an der Thermodynamik.

1. Die Form, in der sich die Zeitgenossen eine neue Lehre aneignen, ist wohl immer die, daß einige sie mißverstehen und bekämpfen. So hat es auch der jungen Thermodynamik nicht an Gegnern gefehlt, deren Angriffe sich gelegentlich zu leidenschaftlicher Erregung steigerten. Dabei hat sich dann wohl manche Wendung der die neue Lehre vertretenden Autoren als nicht präzis genug ergeben, ja die wohlgefügte Fassung der Grundlehren, die wir soeben zusammengestellt haben, stammt erst aus den letzten Jahren; aber die Sache ist so geblieben, wie sie 1850 von Clausius geschaffen wurde.

Zunächst hatte Clausius mit mathematischen Mißverständnissen zu kämpfen; der Gebrauch partieller Differentialquotienten und unvollständiger Differentiale in der Physik führte zu Irrtümern, die Clausius nötigten, den mathematischen Zusammenhang ausführlicher klar zu legen; aber trotz der immer allgemeiner gewordenen Gewöhnung an diese Begriffe sind solche Verwirrungen bis auf heute noch nicht ganz ausgestorben.

Auch die Äquivalenz der Wärme und Arbeit wurde noch 1853 von Reech[1], noch länger, bis 1860, von Hirn[2] in Zweifel gezogen, allerdings in so wissenschaftlicher Weise, daß diese Prüfungen zugleich für die Verbreitung und Anerkennung der Wärmetheorie äußerst förderlich gewesen sind.

Vor allem aber sind die beiden Grundbegriffe, Eigenenergie und Entropie, sowie der zweite Hauptsatz nur nach vielen Mühen und Kämpfen verstanden worden, so daß immer wieder die Aufgabe ent-

[1] Liouville J. 1853, Berl. Ber. 1853, S. 404.

[2] Recherches, Colmar 1858; Berl. Ber. 1858, S. 346. Dagegen Anerkennung der Wärmetheorie Cosmos 16, Berl. Ber. 1860, S. 328.

stand, diese Begriffe zu verteidigen und aufzuklären, einwandfrei darzustellen und vor Mißverständnissen zu schützen.

So gab Hirn eine Vorrichtung an, bei welcher durch Wärme aus einer Wärmequelle von 100° eine Gasmasse von 0° auf etwa 120° gebracht werden könne, ohne daß ihr Volum geändert, also ohne daß Arbeit geleistet oder verbraucht werde. Dies schien dem Carnot-Clausius'schen Grundsatze zu widersprechen, daß Wärme nur von höherer zu niederer Temperatur von selbst übergehe. Clausius konnte freilich leicht zeigen[1], wie man den Vorgang aufzufassen habe, um den Widerspruch mit jenem Grundsatze zu beseitigen; zweckmäßiger ist es aber doch, den Grundsatz selbst so zu fassen, daß der Einwand gänzlich ausgeschlossen ist, wie dies durch die Neumann'sche Fassung (S. 101) in der That erreicht wird.

Auch der Tait'sche Einwand, daß durch eine Thermosäule ein Draht bis zum Glühen erhitzt werden könne, obschon die Lötstellen etwa nur auf Temperaturen von 0° und 100° gehalten würden, erscheint nur gegenüber der von Clausius angegebenen Form des Carnot'schen Satzes der Erörterung bedürftig; gegen die C. Neumann'sche Formulierung kann er nicht vorgebracht werden, da neben der Wärmeabgabe aus einer Quelle von 100° und der Wärmeaufnahme bei 0° noch ein dritter Vorgang stattfindet, also ein Fall vorliegt, von dem das Prinzip nicht handelt. Als dritter Vorgang kann entweder die Temperaturänderung der Substanz des Drahtes oder, wenn der Draht auf konstanter Temperatur erhalten wird, die Änderung einer dritten Wärmequelle angesehen werden.

Daß jeder beliebige Wärmeübergang zwischen zwei Wärmespeichern benutzt werden kann, um Wärme von noch höherer Temperatur zu erzeugen, als sie der wärmere der beiden Speicher hat, ist ja sofort klar, wenn man sich den Übergang zunächst zur Arbeitserzeugung benutzt denkt, wie bei der Dampfmaschine und dann die gewonnene Arbeit etwa durch Reibung in Wärme verwandelt.

Ein anderer von Tolver Preston erhobener Einwand konstruiert einen Prozeß, bei dem sich Wasserstoff und Sauerstoff durch Diffusion vermischen, und übersieht bei den daraus gezogenen Folgerungen, daß dieser Vorgang kein Kreisprozeß ist.

2. Solche Einwände sind für das Studium der Sache oder doch wenigstens ihrer historischen Entwickelung gewiß auch heute nicht wertlos; zu einer wirklichen Bereicherung der Wissenschaft hat aber

[1] Clausius, Mechanische Wärmetheorie. Abschn. XIII: Diskussionen u. s. w.

nur einer geführt. Kann nicht durch Strahlenvereinigung bei der Reflexion und Brechung eine höhere Temperatur erreicht werden, als sie die Strahlenquelle besitzt? Es war nebenbei bemerkt eine sehr wunderliche Form, in der dieses Bedenken zuerst hervortrat, oder vielmehr — da es ja an und für sich ziemlich nahe liegend erscheint — so brennend wurde, daß es zur Beseitigung drängte.

Die Wärmeverluste durch Ausstrahlung ins Universum, welche die uns bekannte Welt fortwährend erleidet, lassen befürchten, daß die Welt einem Endzustande entgegenstrebt, bei dem alle Energie in Form strahlender Wärme zerstreut ist, die Sterne erloschen sind und alle Naturerscheinungen aufgehört haben. Eine Abhilfe gegen diese trostlose Aussicht fand[1] Rankine's ideenreicher Kopf in der Annahme, der Äther, der die sichtbare Welt erfüllt, sei begrenzt und seine Grenzfläche reflektiere daher alle ihr zugestrahlte Energie total, so daß sich diese in Brennpunkten vereinige. Käme dann ein erloschener Stern in einen solchen Brennpunkt, so würde er wieder erhitzt, verdampft und in seine elementaren Bestandteile aufgelöst: auf Kosten der strahlenden Wärme würde wieder chemische Energie entwickelt. Clausius untersucht darauf hin, unter welchen Bedingungen es unmöglich sei, durch Wiedervereinigung der Strahlen eine höhere Temperatur zu erzielen, als die Körper besitzen, welche sie aussenden. Er findet, daß, wenn das Carnot'sche Prinzip zugestanden wird, das Emissionsvermögen von Körpern, die sich in verschiedenen Medien befinden, bei gleicher Temperatur verschieden sein muß, nämlich umgekehrt proportional dem Quadrate der Fortpflanzungsgeschwindigkeit in diesen Medien.

Zweiter Abschnitt.

Rankine.

1. Sofort nach dem Erscheinen der ersten, die Thermodynamik begründenden Schriften von Clausius und Thomson, treten auch die heute so heftig angefeindeten Bestrebungen hervor, sie weiter zu bilden und so zu gestalten, daß ihre Lehren auf alle Energieformen anwendbar, ja zu Grundlagen aller Naturwissenschaft erhoben oder vertieft werden. Der Romantiker, der von seiner ganz individuellen phantasievollen Auffassung der Naturerscheinungen ausgehend, den

[1] Phil. Mag. (4) 4. — Clausius, Pogg. Ann. 121 oder Mech. Wärmetheorie.

Klassikern auf dem Fuße folgt, ist WILHELM JOHANN MACQUORNE RANKINE.

Es ist schon (S. 81) davon die Rede gewesen, daß RANKINE Prioritätsansprüche gegen CLAUSIUS erheben konnte, daß aber seine damaligen Arbeiten ganz auf dem Boden einer eigentümlichen mechanischen Hypothese über die innere Natur der Körper aufgebaut sind. RANKINE giebt selbst[1] folgende kurze Skizze seiner Ideen:

Die Körper bestehen aus kleinen von Atmosphären umgebenen Kernen. Diese Kerne üben die Funktionen des Äthers aus, indem ihre Schwingungen sich durch Vermittelung von Fernkräften, die zwischen den Kernen wirken, in Wellen fortpflanzen, welche die Erscheinungen der Strahlung erklären. Thermometrische Wärme besteht dagegen in einer Erregung der Atmosphären, die nach den Gesetzen der Centrifugalkraft einen nach außen gerichteten Druck hervorbringt. Strahlung wird emittiert, wenn die Atmosphären schneller wirbeln, als die Kerne schwingen, daher durch letztere verzögert werden; im umgekehrten Falle findet Absorption statt. Die Aggregatzustände unterscheiden sich durch die Stärke der Hemmung, welche die Kerne seitens der Atmosphäre erfahren.

Von dieser Hypothese der Molekularwirbel hat er sich noch weiter leiten lassen und mit ihrer Hilfe die Lehren von CLAUSIUS und THOMSON sich zurecht zu legen gesucht. Nur von diesem Standpunkte aus gelangt man zu einem Verständnis der Hauptlehren seiner Abhandlung über das allgemeine Gesetz der Transformation der Energie, in der er, wie schon erwähnt (S. 92), die Namen potentielle und aktuelle Energie einführte. Später[2] bemerkte übrigens RANKINE, daß hinsichtlich mechanischer Energie schon L. N. M. CARNOT in seinen Prinzipien des Gleichgewichtes und der Bewegung den Unterschied durch die Namen virtuelle und aktuelle lebendige Kraft gefaßt habe (S. 13).

THOMSON hat diese Bezeichnungen statt der von ihm vorgeschlagenen statische und dynamische Energie adoptiert und später durch potentiell und kinetisch ersetzt; aber so ganz fällt das, was RANKINE vorgeschwebt hat, nicht mit der THOMSON'schen Einteilung der Energieformen zusammen, vielmehr handelt RANKINE von den Begriffen, die CLAUSIUS als innere Arbeit und als im Körper enthaltene Wärme bezeichnet, ja vielleicht, die viel später HELMHOLTZ als freie und gebundene Energie festgelegt hat. Ein Teil der

[1] Phil. Mag. (4) 27. 1864, S. 313.
[2] Phil. Mag. (4) 17. 1859, S. 252. Vergl. oben S. 17.

einem Körper zugeführten Wärme dH wird nach RANKINE's Auffassung im Körper potentiell oder latent, ein anderer bleibt auch im Körper aktuell oder fühlbar. Das gleiche gilt von jeder dem Körper zugeführten Energieform; ändert man irgend einen Parameter V, so wird hierbei potentielle Energie entwickelt, die teilweise durch Transformation der im Körper vorhandenen aktuellen Energie entsteht.

Das ist eine Auffassung, die dem Verhalten der mechanischen Energie nachgebildet ist, also für RANKINE, dem ja jeder Körper nichts als ein mechanisches System ist, selbstverständlich. Die aktuelle Energie denkt er sich offenbar als die Bewegungsenergie seiner Molekularwirbel, denen außerdem potentielle Energie zukommt. Aber er stellt diese Unterscheidung als für alle Energie gültig dar, während sie doch an die mechanische Naturauffassung gebunden ist.

Nennen wir dU die abgegebene potentielle, dQ die aufgenommene aktuelle Energie, so ist der Zuwachs dE der Eigenenergie stets darstellbar als (vergl. Formel 3 in RANKINE's Aufsatz):

1) $$dE = dQ - dU.$$

Um zu zeigen, daß diese Auffassung zu den späteren HELMHOLTZ'schen Begriffen der freien und gebundenen Energie gehört, schreiben wir die bei einer umkehrbaren Änderung eintretende Zunahme der Eigenenergie:

2) $$dE = \theta\, dS - P\, dV,$$

unter θ, S, P, V in gewöhnlicher Weise die absolute Temperatur, die Entropie, den Druck und das Volum verstehend. Bringt man die Gleichung in die Form:

3) $$-d(E - \theta S) = S\, d\theta + P\, dV$$

und setzt, um zu den HELMHOLTZ'schen Begriffen zu gelangen:

4) $$Q = \theta S, \qquad U = -E + \theta S,$$

so wird, wie bei RANKINE:

1b) $$E = Q - U,$$

und wie in seiner Formel A) wird wegen $dU = P\, dV$ auch:

5) $$\frac{\partial U}{\partial V} = P.$$

Nun folgt aber aus Gleichung 3) auch:

6) $$\frac{\partial S}{\partial V} = \frac{\partial P}{\partial \theta},$$

also wird die Wärmemenge $dH = \theta\, dS$, die bei konstanter Temperatur zuzuführen ist, um das Volum um dV zu ändern:

$$7)\qquad dH = \theta \cdot \frac{\partial P}{\partial \theta} \cdot dV,$$

und die Wärmemenge H, die zur Änderung des Volums von V_a auf V_b erforderlich ist, kann

$$8)\qquad H = \theta \cdot \frac{\partial}{\partial \theta} \int\limits_{V_a}^{V_b} P\, dV = \theta (F_b - F_a)$$

geschrieben werden, wenn die Funktion

$$9)\qquad F = \frac{\partial}{\partial \theta} \int\limits_{V_0} P\, dV$$

durch ein bei konstantem θ von einem Normalzustande V_0 aus erstrecktes Integral ermittelt wird.

Bestimmt man weiterhin die Zustände des betrachteten Körpers als Funktionen von θ und F, statt wie bisher durch θ und V, so findet sich für die Wärmemengen H_1 und H_2, die zuzuführen sind, während θ die konstanten Werte θ_1 bez. θ_2 besitzt und beide Male F die gleiche Änderung erleidet:

$$8\text{b})\qquad H_1 = \theta_1 (F_b - F_a), \qquad H_2 = \theta_2 (F_b - F_a).$$

Für einen umkehrbaren Kreisprozeß, der den Zustand $\theta_1\, F_a$ durch die Zustände $\theta_1\, F_b$, $\theta_2\, F_b$, $\theta_2\, F_a$ hindurch in den Zustand $\theta_1\, F_a$ zurückführt, folgt:

$$10)\qquad \frac{H_1 - H_2}{H_1} = \frac{\theta_1 - \theta_2}{\theta_1},$$

wie bei Clausius und Thomson. Rankine gelangt zu den Formeln 8) bis 10) auf einem anderen, nicht einwandfreien Wege und hat Q statt θ in ihnen stehen. Das kann man zwar auch auf dem oben benutzten Wege erreichen, wenn man nämlich Gleichung 2) in:

$$11)\qquad -d(E - \theta S \log S) = \log S \cdot d(\theta S) + P\, dV$$

umformt und daraus schließt:

$$\frac{\partial P}{\partial Q} = \frac{\partial \log S}{\partial V} = \frac{1}{S} \frac{\partial S}{\partial V},$$

so daß man statt 7) erhält:

$$dH = \theta \frac{\partial S}{\partial V} dV = Q \frac{\partial P}{\partial Q} dV,$$

und statt 10) die von RANKINE gegebene, bei ihm mit 7) bezeichnete Gleichung:

$$\frac{H_1 - H_2}{H_1} = \frac{Q_1 - Q_2}{Q_1}.$$

Aber dann folgt aus dieser von RANKINE allgemein für jede Form aktueller Energie als giltig betrachteten Formel durch Anwendung auf den speziellen Fall, daß Wärme die von außen zugeführte aktuelle Energie sei, nicht die richtige Gleichung 10). RANKINE erhält letztere, indem er sagt, daß auf Grund seiner hypothetischen Ansichten über die Molekularwirbel die innere aktuelle Energie Q der absoluten Temperatur θ proportional zu setzen sei, was aber nach 4) nicht zulässig ist. Überhaupt scheint es das Verhängnis dieser Arbeit RANKINE's zu sein, daß die Größen Q und θ infolge unklarer, von der mechanischen Hypothese veranlaßten Analogien nicht streng auseinandergehalten worden sind.

2. Dabei fehlt es der Arbeit nicht an weitschauenden Ideen. Ändert sich Q, die innere aktuelle Energie, nicht, so wird alle von außen zugeführte aktuelle Energie in potentielle verwandelt, ändert sich F nicht, so wird keine aktuelle Energie zugeführt. Versteht man unter der von außen zugeführten Energie die Wärme, so hat man die Isothermen und Adiabaten vor sich, wie das 1854 RANKINE[1] näher ausführte, und in F tritt uns zum ersten Male die Funktion entgegen, die im speziellen Falle der Wärmezufuhr zur Entropie wird, wie das aus obiger Entwickelung, in der F mit S identisch ist, ohne Weiteres hervorgeht.

Auch heute muß man bezüglich dieser Arbeit und überhaupt der ganzen Arbeitsart RANKINE's dem Urteil beipflichten, das HELMHOLTZ 1853 in den Berliner Berichten über ihn mit Bezug auf die Abhandlung über das allgemeine Gesetz der Energietransformation ausspricht: „Der Berichterstatter bemerkt, daß es überhaupt sehr schwierig ist, sich durch Hrn. RANKINE's Abhandlungen so hindurch zu arbeiten, daß man ein Urteil über sie gewinnt. Hr. RANKINE hat auf seinem eigenen Wege viele Resultate gefunden, welche von ganz anderen Ausgangspunkten her auch von anderen Forschern als richtig erkannt sind. Aber es ist meist unmöglich, ihm auf dem Wege zu folgen, auf dem er den Beweis seiner Sätze zu führen sich bemüht, so daß es den Eindruck macht, als habe er seine Resultate mehr durch eine Art richtigen Instinktes, als durch strenge

[1] Phil. Mag. (4) 7.

mathematische Analyse gefunden. Oder er hat von den Mittelgliedern seiner Schlußverbindungen so viele verschwiegen, daß der Leser diese Schlußverbindungen fast ganz von neuem wieder erfinden muß."

3. PLANCK hat neuerdings[1] behauptet, RANKINE habe in seiner Arbeit von 1853 über das allgemeine Gesetz der Energietransformation den Versuch gemacht, „durch Einteilung der Energie in verschiedene Formen und Zerlegung einzelner derselben in zwei Faktoren das CARNOT'sche Gesetz zu einem allgemeinen Gesetz zu erweitern, welches sämtliche Naturvorgänge umfassen sollte". Das ist aber hinsichtlich der Zerlegung in Faktoren nicht richtig. Zu dieser ist RANKINE erst 1859 gelangt, und mit ihr hat es folgende Bewandtnis.

1859 erschien[2] ein Aufsatz über die Erhaltung der Kraft von FARADAY, in dem er sich über Mißverständnisse beklagt, denen seine Untersuchungen über die Gravitation ausgesetzt gewesen seien. Unter Kraft verstehe er „die Ursache einer physischen Wirkung, die Quelle oder Quellen aller möglichen Änderungen unter den Teilchen oder Stoffen des Weltalls", nicht, wie manche, die mechanische Kraft, d. h. die Tendenz eines Körpers von einem Orte zu einem anderen überzugehen. Nur auf jenen Begriff beziehe sich die Erhaltung der Kraft, und er könne keinen Grund einsehen, warum diejenigen, denen die Umwandlung von Wärme, Elektrizität, Magnetismus, chemischer Wirkung und Bewegung ein geläufiger Gedanke ist, die Ursache der Gravitation *a priori* von der Gemeinschaft mit der Ursache jener anderen Erscheinungen ausschließen sollten.

An die Gegenstellung von Energie und Tendenz, die hier FARADAY betont, knüpft nun eine in demselben Bande des Phil. Mag. erschienene Arbeit RANKINE's an. „Gewiß, sagt er, ist kein Gesetz der Erhaltung auf die Tendenz eines Körpers, seinen Ort zu ändern, oder auf irgend eine derartige Tendenz anwendbar. Die Größe, deren Betrag erhalten wird während aller gegenseitigen Einwirkungen zwischen einem körperlichen System, ist immer das Produkt aus zwei Faktoren; und wenn einer dieser Faktoren die Größe des Bestrebens zu irgend einer speziellen Änderung mißt, ist der andere Faktor die Größe der Änderung, durch welche hin dieses Bestreben fähig ist, fortdauernd wirksam zu sein." So ist die Energie einer bewegten Masse das Produkt der Masse in das halbe Ge-

[1] Wied. Ann. 57, 1896.
[2] Phil. Mag. (4) 17.

schwindigkeitsquadrat, die Energie der Wärme das Produkt Gewicht × Temperatur × spezifische Wärme × JOULE's Äquivalent, und die Energie des elektrischen Stromes ist proportional zum Produkt elektromotorische Kraft × Strommenge oder (Strommenge)^2 × Widerstand des Schließungsbogens u. s. w. Im Falle der Gravitation ist die NEWTON'sche Kraft die Tendenz, die Potentialfunktion aber jene Energie, deren Größe „erhalten" wird.

Auch in dieser Arbeit RANKINE's ist ein gesunder Kern in schiefer Auffassung, insbesondere mit mathematisch bedenklichen Wendungen vorgetragen. Für die mechanische Arbeit war es nicht nur längst bekannt, sondern der technischen Mechanik ganz besonders geläufig geworden, daß ihr Differential in der Form Pds dargestellt werden kann und dabei P eine Kraft, also eine Tendenz im FARADAY-RANKINE'schen Sinne bedeutet. Auch für die Differentiale gewisser elektrischer und magnetischer Energieformen war dieselbe Form gefunden worden. Aber die Differentiale der Energieformen sind im allgemeinen unvollständige; es hat zunächst keinen Sinn, von endlichen Beträgen derselben zu reden, $\int Pds$ hängt von der Gestalt des zurückgelegten Weges ab. Ändert sich P auf diesem Wege, so kann man wohl, wie RANKINE will, einen mittleren Wert P' einführen, aber dieser ist nicht das arithmetische Mittel des Anfangs- und Endwertes von P, wie er anzunehmen scheint, sondern von der Beschaffenheit des Weges abhängig. Wollte man aber eine Funktion $P' \cdot \int ds$ einführen, so bliebe nachzuweisen, welchen mathematischen Nutzen man damit gewänne oder ob diesen fingierten Größen mit Vorteil ein physikalischer Sinn untergelegt werden könne.

4. Die Stärke RANKINE's liegt in der Anwendung der Mechanik und Thermodynamik auf technische Fragen. Wie WEISBACH die technische Mechanik der Franzosen, ZEUNER die Thermodynamik in Deutschland verbreiteten, so lehrt er die englischen Techniker, diese Theorien zu verwerten. Am 5. Juli 1820 zu Edinburg geboren, widmete er sich seit 1839 dem Ingenieurfache und war bis 1852 bei zahlreichen Wasser- und Eisenbahnbauten beschäftigt. Von 1852 bis zu seinem Tode am 24. Dezember 1872 bekleidete er die Professur für Mechanik und Ingenieurwesen an der Universität zu Glasgow.

Sein im unmittelbaren praktischen Umgang mit den Dingen selbst geübter Geist sucht — wie mich dünkt — der Theorie dieselbe Kraft zu verleihen, mit der er unmittelbar die Erscheinungen beurteilt. Er verkennt dabei, daß nur in der schließlichen Wirkung die weite Gebiete überschauende Theorie mit der Übersicht, die der praktische Blick gewährt, übereinstimmt; in der Methode aber stehen sich die auf Begriffen in strenger Folgerichtigkeit aufgebaute Theorie und die intuitive Klarheit des Praktikers wie entgegengesetzte Pole gegenüber.

Was RANKINE bei seinen theoretischen Studien vorschwebt, sieht man daher weit deutlicher, als in seinen rein wissenschaftlichen Versuchen, in seinen berühmten Lehrbüchern, besonders dem Handbuch der angewandten Mechanik und dem Handbuch der Dampfmaschine. Da erkennt man, was er mit der von ihm zuerst als Energetik[1] bezeichneten Wissenschaft, die alle theoretische Naturerkenntnis und zunächst Mechanik und Thermodynamik, auch Elektrotechnik, umfassen sollte, eigentlich beabsichtigt hat. Von dieser Energetik ist es, soviel auch davon wieder aufgegeben wurde, nie ganz still geworden in der Welt, wie Hr. PLANCK behauptet[2], und die mit ihm, die von dem Stückchen reinster Theorie, das sie beherrschen, so geblendet sind, daß sie das weite Gebiet der Technik nicht sehen.

Sein System der Mechanik beginnt, an die Maschine anknüpfend, mit dem Begriffe der Arbeit. Kraft und Widerstand werden zwar gebraucht, um die Arbeit zu definieren, aber gemessen wird zunächst die Arbeit allein. Als Arbeit, die nötig ist, einem Körper eine gewisse Beschleunigung zu erteilen, nämlich ihn von der Geschwindigkeit v_1 auf die Geschwindigkeit v_2 zu bringen, wird:

$$\frac{G}{g} \frac{v_2^2 - v_1^2}{2}$$

gefunden, wo $G:g$ die Masse des Körpers bezeichnet.

Später wird der Name Energie eingeführt für die Fähigkeit, Arbeit zu leisten; die zur Beschleunigung aufgewendete Energie soll aufgespeichert, aufgenommen, die bei Verzögerung der Bewegung in Arbeit verwandelte soll abgegeben heißen, und

$$\frac{G v^2}{2 g}$$

soll die aktuelle Energie genannt werden, die bei der Geschwindigkeit v in der Masse $G:g$ aufgespeichert ist. Der aktuellen Energie gegenüber soll die durch Arbeit einer Kraft erzeugbare Energie potentiell heißen.

5. In der Thermodynamik stellt RANKINE zunächst das Energiegesetz als erstes Gesetz auf, wendet sich dann zur graphischen

[1] Edinb. Phil. Journal 1855.

[2] WIED. Ann. 57, S. 72.

Darstellung der Zustände eines homogenen Körpers, den isothermischen und adiabatischen Kurven, und stellt die Wärme, die einem Stoffe zugeführt werden muß, damit sein Zustand das Kurvenstück AB umkehrbar durchlaufe, durch die Fläche dar, welche von AB und den durch A und B gelegten ins Unendliche verlaufenden Adiabaten begrenzt ist.[1] Hierauf wird, wie in den schon besprochenen Arbeiten RANKINE's, die Eigenenergie als aus zwei Teilen bestehend dargestellt, aus der potentiellen Energie der molekularen Wirkungen und der aktuellen Energie, der Wirkungsfähigkeit, „die der Substanz deswegen zukommt, weil sie warm ist". Diese aktuelle Energie setzt RANKINE wieder proportional der absoluten Temperatur, erblickt aber nicht in dieser Annahme, sondern in folgendem Satze das zweite Gesetz der Thermodynamik: „Die in Energietransformation bestehende Wirkung des Vorhandenseins aktueller Energie in einer Substanz ist die Summe der Wirkungen aller ihrer Teile." Für den Fall der Wärme giebt er diesem düsteren Satze[2] folgende Gestalt: „Wenn die absolute Temperatur irgend einer gleichmäßig warmen Substanz in eine beliebige Zahl gleicher Teile geteilt wird, so sind die Wirkungen dieser Teile bei der Arbeitserzeugung einander gleich." Klarer wird, wie immer bei RANKINE, die Sache in der Anwendung. Zieht man zwischen einem Paare von Adiabaten eine Reihe Isothermen, die gleichweit voneinander abstehenden Temperaturen entsprechen, so sind die entstehenden Flächenstücke einander gleich. Der isotherme Weg $A_1 B_1$ erfordert nämlich, wenn $A_1 M$ und $B_1 N$ Adiabaten darstellen, eine Wärmemenge H_1, die durch die Fläche $A_1 B_1 N M$ dargestellt wird; der isotherme Weg $A_2 B_2$, dessen Endpunkte den Adiabaten der Punkte A_1 und B_1 angehören, erfordert $H_2 = A_2 B_2 NM$; der Kreisprozeß $A_1 B_1 B_2 A_2$ endlich verbraucht die Wärme $H_1 - H_2 = A_1 B_1 B_2 A_2$ und verwandelt sie in Arbeit. (Das Bedenken, daß die Flächen $A_1 B_1 NM$ und $A_2 B_2 NM$, deren Berandung ins Unendliche reicht, nicht endlich zu sein brauchen, ist später von ZEUNER[3] durch eine Konstruktion beseitigt worden, von der die RANKINE'sche ein besonderer Fall ist.) Ist nun θ_1 die

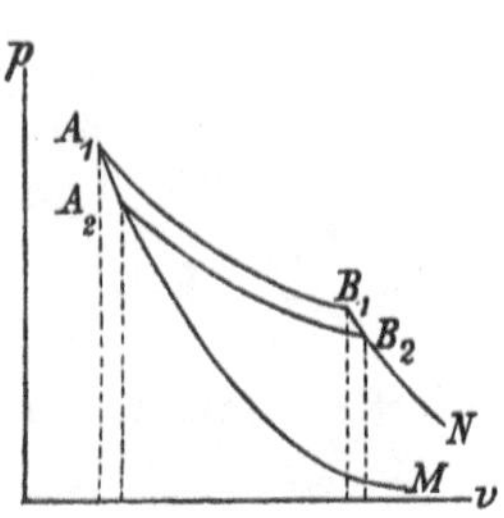

Fig. 6.

[1] Zuerst veröffentlicht Phil. Mag. (4) 7, 1854.

[2] Vergl. auch MAXWELL's abfällige Kritik in der Besprechung von TAIT's Thermodynamik. MAXWELL, Scientific Papers II, S. 664.

[3] Technische Thermodynamik I, S. 39.

absolute Temperatur der Isotherme $A_1 B_1$ und teilt man diese in beliebig viele gleiche Teile $\varDelta \theta$, so daß $\theta_2 = \theta_1 - \varDelta \theta$ die Temperatur der Isotherme $A_2 B_2$, so ist nach RANKINE's Grundsatz gemeint, daß die bekannte Gleichung besteht:

$$\frac{H_1 - H_2}{H_1} = \frac{\theta_1 - \theta_2}{\theta_1}.$$

Die Bemerkung, daß die Fläche $A_1 B_1 B_2 A_2$ bei unendlich kleinem $\varDelta \theta$ dargestellt werden kann als

$$\varDelta H = \varDelta \theta \cdot \frac{\partial}{\partial \theta} \int_A^B P d v,$$

hatte RANKINE früher[1] zu den damals schon von HELMHOLTZ gerügten Schlusse verleitet, daß auch

$$H_1 = \theta_1 \cdot \frac{\partial}{\partial \theta} \int_A^B P d v$$

sei, um dann durch Division die abzuleitende Gleichung zu gewinnen. Nur um diesen Schluß aufrecht erhalten zu können, ist dann das zweite RANKINE'sche Gesetz eingeführt worden.

Wichtig ist nun aber wieder, daß RANKINE das Wärmedifferential

$$d H = \theta d \varphi$$

setzt, also die Funktion φ einführt, die er früher (S. 113) mit F bezeichnet hatte und die später Entropie genannt worden ist. Sie erscheint mitten unter seinen bedenklichen Rechnungen, und neben einer anderen Funktion F, die er Wärmepotential nennt, und die sich nicht lebensfähig erwiesen hat.[2] Aber von jener so wichtig gewordenen Funktion φ erkennt er schon, daß sie auf einer jeden Adiabaten einen konstanten Wert hat, berechnet ihren Wert für vollkommene Gase und nennt sie thermodynamische Funktion oder Wärmefaktor.

Noch bestimmter endlich tritt als eigentlicher Zweck des neben dem Äquivalenzgesetze nötigen zweiten Hauptsatzes der Thermodynamik die Gleichung:

$$d H = \theta d \varphi$$

in einer Arbeit[3] hervor, die RANKINE 1865 nach der Einführung der Entropiefunktion durch CLAUSIUS veröffentlichte. Da stellt er geradezu als zweites Gesetz der Thermodynamik folgenden Satz auf:

[1] Phil. Mag. (4) 5, 1853, S. 107. HELMHOLTZ' Kritik in den Berl. Ber.

[2] CLAUSIUS beschäftigt sich mit ihr POGG. Ann. 116, 1862; Abhandlgn. I, S. 260. RANKINE verteidigt seine Auffassung Phil. Mag. (4) 30, 1865.

[3] Phil. Mag. (4) 30, 1865, S. 241 und 407.

„Die Energiemenge, die aus einer dieser Formen (Wärme und mechanische Arbeit) in die andere übergeht während einer gegebenen Änderung der Abmessungen und des Zustandes eines gegebenen Körpers, ist das Produkt der absoluten Temperatur in eine Funktion dieser Veränderung und der Art und des Zustandes der Körpersubstanz.“ Wie er dieses zweite Gesetz der Thermodynamik aus seinen Molekularhypothesen herleitet, gehört nicht hierher, so wenig wie die Beziehungen seiner Auffassung des inneren Zustandes der Körper zu den inzwischen erschienenen sogleich zu besprechenden Ansichten von CLAUSIUS.

Dritter Abschnitt.

Einführung der Entropie durch Clausius.

1. Die Arbeiten RANKINE's scheinen CLAUSIUS zum Abschluß von Untersuchungen gedrängt zu haben, die er mit einer gewissen Zurückhaltung veröffentlicht. Wir können heute klar übersehen, was ihn bedenklich machen mochte. Diese Arbeiten wurzeln in dem zweiten Hauptsatz und führen zur endgültigen Gestaltung des Entropiebegriffes; aber sie bewegen sich doch nicht auf dem unzweifelhaften Gebiete der Thermodynamik, sie sind ein Abweg der Energetik, auf dem freilich CLAUSIUS nicht mathematisch so strauchelt, wie RANKINE. Diese Abwege der beiden Meister werden nicht mehr in den Lehrbüchern überliefert, und sind denen wohl aus dem Gedächtnis entschwunden, die heute über die neuen Versuche der Energetik den Stab brechen; — und doch ist auf solchen Wegen der Entropiebegriff gestaltet worden.

Die Methoden, die ich hier als Abwege bezeichne, sind durch die mechanische Hypothese veranlaßt, und bestehen in einer Vermengung derselben mit der Energetik. Ist jeder Körper nichts als ein dynamisches System, so hat es einen klaren Sinn, seine Eigenenergie in kinetische oder aktuelle und in potentielle zu zerlegen. Aber außerhalb der mechanischen Hypothese, also auf dem Gebiete des ersten und zweiten Hauptsatzes der Thermodynamik, ist jede Spekulation darüber, wieviel Eigenenergie die Form von Wärme oder sonst welche Form habe, logisch ausgeschlossen. „Wir wissen“, sagt TAIT[1] sehr richtig über diese Spekulationen, „wieviel eingeht und

[1] Die Stelle citiert MAXWELL, Papers, Cambr. 1890, II, S. 644 in seiner Besprechung von TAIT's Thermodynamik.

wieviel austritt, und wir wissen, was beim Ein- und beim Austritt die Form von Wärme oder von Arbeit hat. Aber das ist alles." In der Eigenenergie, als der Fähigkeit eines Körpers Arbeit zu leisten, ist jeder Unterschied der Energieformen verschwunden; nur jede Änderung der Eigenenergie geschieht in der einen oder anderen Form, in welcher, das hängt von den besonderen Bedingungen der Änderung ab. Nun bleibt hier allerdings, auch rein energetisch gedacht, ein Problem zurück; aber das ist erst viel später von HELMHOLTZ angerührt worden. Die Eigenenergien zweier Körper sind doch verschiedene Dinge, weil eben die Körper verschiedene Eigenschaften haben, die eine Eigenenergie kann man leichter als die andere zu einer bestimmten Abgabe bringen; kann man vielleicht eine Abgabe in gewisser Form, etwa als mechanische Arbeit, nur bis zu einem gewissen Betrage erzwingen? Aber bis zu dieser Frage nach der freien Energie ist die Zeit nicht vorgedrungen, von der ich jetzt berichte.

2. Wie RANKINE strebt auch CLAUSIUS gewissermaßen ins Innere der Natur einzudringen, indem er nach der Art sucht, wie die in einen Körper aufgenommene Energie in ihm aufgesammelt wird, sie so zu zerlegen sucht, daß man über ihr ferneres Verhalten Voraussagen zu machen vermag.

In einer 1862 veröffentlichten Abhandlung[1] zerfällt er die Eigenenergie E in innere Wärme H und innere Arbeit, die in Wärmemaß mit J bezeichnet sein möge. Wird noch mit dQ die von außen zugeführte Wärme, mit dW die nach außen abgegebene Arbeit in Wärmemaß bezeichnet, so ist:

$$1)\qquad dE = dH + dJ = dQ - dW,$$

$$2)\qquad dQ = dH + dJ + dW.$$

Nun zerlegt CLAUSIUS die von ihm (vergl. S. 97) eingeführte und später als Entropie bezeichnete Größe:

$$3)\qquad \int \frac{dQ}{\theta} = \int \frac{dH}{\theta} + \int dZ,$$

so daß:

$$4)\qquad \theta\, dZ = dJ + dW,$$

und nennt Z die Disgregation, dZ die Änderung der Disgregation oder Anordnungsänderung des Körpers, indem er sich H als kine-

[1] CLAUSIUS, Über die Anwendung des Satzes von der Äquivalenz der Verwandlungen auf die innere Arbeit. POGG. Ann. 16 (1862).

tische Energie der Körperteilchen denkt. Nach Durchlaufen eines umkehrbaren Kreisprozesses muß zufolge 3) der Verwandlungswert der Wärme, die im Körper enthalten ist,

$$\int \frac{dH}{\theta} = 0$$

sein, woraus sich, da sowohl dH als $dH : \theta$ vollständige Differentiale sind, schließen läßt — wie CLAUSIUS zeigt —, daß die in einem Körper vorhandene Wärme H nur von der Temperatur abhängig ist. Er setzt sie dann aus hypothetischen Gründen, auf die hier nicht weiter einzugehen ist, der absoluten Temperatur proportional, ganz wie RANKINE seine aktuelle Energie.

3. Bald darauf im Jahre 1865 kommt er auf diese Gedanken zurück in der Abhandlung, die etwas rhetorisch mit den Worten schließt:

„1. Die Energie der Welt ist konstant.

2. Die Entropie der Welt strebt einem Maximum zu."

Die Funktion S, die ihn seit 1854 (vergl. S. 99) beschäftigt, erscheint ihm nun gemäß Gleichung 3), als Summe aus der Disgregation Z und dem Verwandlungswert des Wärmeinhalts H; und da die Disgregation als Verwandlungswert der Anordnung der Bestandteile des Körpers zu betrachten ist, kommt er dazu, von der Größe S zu sagen, sie sei der Verwandlungsinhalt des Körpers. „So, fährt er fort, schlage ich vor, die Grösse S nach dem griechischen Worte ἡ τροπή, die Verwandlung, die Entropie des Körpers zu nennen." Nachdem er diese Funktion für vollkommene Gase, sowie für gesättigte Dämpfe aufgestellt hat, wendet er sie an, um die von THOMSON sogleich in seiner ersten thermodynamischen Arbeit aus der Vereinigung des Energiegesetzes mit dem CARNOT'schen Prinzip gefolgerte Tendenz in der Natur (vergl. S. 85) zu einem mathematischen Ausdrucke zu bringen. CLAUSIUS knüpft zu diesem Zwecke an seine Formel von 1854 (vergl. S. 97) an:

$$\mathsf{N} = -\int \frac{dQ}{\theta} \tag{5}$$

ist, wenn das Integral über einen Kreisprozeß erstreckt wird, nie negativ und soll die während des Prozesses unkompensierte Verwandlung heißen. Um nun zu einer Aussage über einen beliebigen Prozeß α, der den Zustand 1 des betrachteten Körpers in den Zustand 2 überführt, zu gelangen, denkt er sich diesen Prozeß durch einen umkehrbaren β zu einem Kreisprozeß geschlossen und erhält für diesen letzteren:

6) $$\mathsf{N} = -\int\limits_{(\alpha)1}^{2} \frac{d\,Q}{\theta} - \int\limits_{(\beta)2}^{1} \frac{d\,Q}{\theta}.$$

Da nun nach dem Begriffe der Entropie das über einen umkehrbaren Prozeß hinerstreckte Integral (vergl. S. 105):

7) $$\int\limits_{(\beta)1}^{2} \frac{d\,Q}{\theta} = S_2 - S_1$$

ist, so haben wir:

8) $$\mathsf{N} = S_2 - S_1 - \int\limits_{(\alpha)1}^{2} \frac{d\,Q}{\theta}.$$

Damit hat CLAUSIUS die unkompensierte Verwandlung zunächst für den Kreisprozeß $\alpha + \beta$, weiter aber auf Grund des Satzes, daß umkehrbare Kreisprozesse keine unkompensierte Verwandlung hervorbringen, auch die für den nicht-umkehrbaren Prozeß α berechnet. Offenbar unterliegt die Formel der Beschränkung, daß die Zustände 1 und 2 solche sein müssen, die durch einen umkehrbaren Prozeß ineinander übergeführt werden können, also Zustände des Gleichgewichts, z. B. auch Zustände gleichmäßiger Temperatur in allen Teilen des Körpers. Dagegen können freilich die Zustände, die beim Prozeß α zwischen 1 und 2 liegen, beliebige sein, jedoch ist dann (vergl. S. 104) unter θ immer die absolute Temperatur des Wärmespeichers zu verstehen, aus dem die Wärmemenge $d\,Q$ stammt oder an den sie abgegeben wird.

BAUSCHINGER[1] hat für gewisse Bedingungen den Wert N berechnet und Gleichung 8) bestätigt, was hier Erwähnung verdient, weil sich an seine Arbeit eine Diskussion[2] mit CLAUSIUS über die Begriffe der Umkehrbarkeit und der Entropie geknüpft hat, in der CLAUSIUS seine Definitionen verfechten mußte.

Weiter führt nun CLAUSIUS die Analyse in der in Rede stehenden Abhandlung nicht, sondern beschränkt sich darauf, zum Schlusse als Resultate weiter ausgeführter Untersuchungen jene Aufsehen erregenden Sätze über das Weltall anzuführen, die oben erwähnt wurden.

---

[1] Ztschr. f. Math. u. Phys. 10, S. 109, 1865.

[2] Sie zieht sich durch Bd. 11 der Ztschr. f. Math. u. Phys. 1866.

4. Der erste dieser Sätze erscheint zwar völlig unbedenklich, insofern niemand darüber im Zweifel ist, was der Satz meint; aber recht präzis gefaßt ist er nicht. Denken wir uns alle uns bekannten Teile des Universums durch eine sehr große Fläche umschlossen, so ist nach dem Energiegesetze die Änderung der von der Fläche umschlossenen Energie in jedem Zeitteil gleich der durch die Fläche hindurchtretenden Energie. Daß letztere gegen Null konvergiert, wenn man die Grenzfläche ins Unendliche sich erweitern läßt, kann, z. B. mit Rücksicht auf die Eigenschaften der strahlenden Energie, nicht behauptet werden und soll gewiß auch nicht der Sinn des Satzes sein. Vielmehr ist dieser zweifellos so zu verstehen, es gäbe eine Fläche von solchen Dimensionen, daß sie alle Raumteile umschließt, in denen überhaupt etwas geschieht. Das ist aber eine äußerst zweifelhafte und jedenfalls für irgend welche Anwendung des Energiegesetzes völlig unnötige Annahme.

Es mag hingehen, wenn man die Sätze von der Erhaltung des Stoffes oder der Bewegungsgrößen auf „die Welt" bezieht, denn es erscheint uns verständlich und anschaulich, anzunehmen, daß der gewöhnliche ponderable Stoff einen abgegrenzten Teil des Raumes erfüllt. Aber für die Energie, mindestens für die strahlende Energie, gilt das keineswegs oder doch nur, wenn man hypothetische Vorstellungen über die Beziehungen zwischen Stoff und Energie einführt, was doch gewiß nicht die Absicht der universellen Fassung des Energiegesetzes ist.

Planck[1] versteigt sich freilich in seinem Versuche, den Satz von Clausius, dessen Undeutlichkeit er übrigens zugiebt, einigermaßen zu retten, zu der Behauptung: „Man wird schon einen verhältnismäßig kleinen Fehler begehen, wenn man die Energie unseres Sonnensystems konstant setzt." Aber geht denn nicht unserem Sonnensystem die gesamte von der Sonne ausstrahlende Energie verloren, abgesehen von dem ungeheuer kleinen Bruchteil der Sonnenenergie, der die wesentliche Quelle alles Geschehens auf der Erde und den Planeten bildet? Wer etwa dagegen auf die dem Sonnensystem von außen zugestrahlte Energie verweisen wollte, würde sich in unabsehbare Schwierigkeiten verwickeln und jedenfalls die fundamentale Einfachheit des Energieprinzipes preisgeben.

Mit dem Ausspruche: „Die Energie der Welt ist konstant" wird also der feste Boden des Energiegesetzes preisgegeben, wonach dasselbe nichts ist, als eine erfahrungsmäßige Beziehung meßbarer Größen,

[1] Planck, Vorlesungen über Thermodynamik. Lpz. 1897, S. 95.

die wir bei jedem Naturvorgange vorfinden können; und für diese Preisgabe wird auch gar nichts eingehandelt, als ein tönendes Wort.

5. Noch viel schlimmer steht es aber um den zweiten Universalsatz von CLAUSIUS: „Die Entropie der Welt strebt einem Maximum zu." Wendet man die Gleichung 8), mit der CLAUSIUS seine analytische Untersuchung abschließt, um dann in mehr allgemein gehaltenen Betrachtungen fortzufahren, auf ein Körpersystem in adiabatischer Hülle an, so folgt, da nun alle dQ gleich Null sind, und N nur positiv oder Null sein kann, allerdings

$$S_2 \geqq S_1 \,. \tag{9}$$

Aber damit ist nur bewiesen, daß, wenn ein System aus einem Gleichgewichtszustande in einen anderen adiabatisch übergegangen ist, die Entropie nicht abgenommen haben kann; denn die Formel 8) gilt ja nur für den Fall, daß die mit 1 und 2 bezeichneten Zustände auch umkehrbar erreichbar sind, und der Begriff Entropie ist überhaupt nur für solche Zustände definiert. Zu den soeben bezüglich des ersten Satzes geäußerten mehr formellen, im Begriff Welt liegenden und schon längst von MACH[1] erhobenen Bedenken, kommt also hier ein sachliches im Entropiebegriff begründetes hinzu. Die Entropie der uns bekannten Körper können wir nur angeben, wenn ein jeder in einem Zustande des Gleichgewichts ist, die Entropie eines Systems solcher Körper nur, wenn sich das System im Gleichgewichte befindet; Gleichgewicht ist nun aber in dem Teil des Universums, der uns interessiert, nie vorhanden, und wäre es einmal vorhanden, so — interessierte uns die Sache nicht mehr.

So sind denn diese beiden berühmten Sätze nichts, als eine metaphysische Verirrung, die freilich lebhafter zur Beschäftigung mit der Energie und Entropie angereizt hat, als die nüchternen Aussprüche, welche die wahre Tragweite dieser Begriffe zum Ausdruck zu bringen suchen.

Außer auf diese prinzipiellen Einwände ist noch auf einen mathematischen Fehler hinzuweisen, der bei der Benutzung des zweiten Hauptsatzes unterläuft. Da S bei adiabatischen Vorgängen nicht abnehmen kann, bei umkehrbaren adiabatischen Vorgängen aber konstant bleibt, so hat man gelegentlich geschlossen, daß es bei nicht-umkehrbaren adiabatischen Vorgängen steige. Dieser Schluß ist aber unberechtigt; denn man weiß nicht, ob etwa N mit abnehmendem dQ gegen Null konvergiert, man weiß nur, daß es nie

[1] MACH, Erhaltung der Arbeit. Prag 1872. S. 36. — Vergl. MACH, Wärmelehre. Leipzig 1896. S. 338.

negativ ist. Es könnte sehr wohl sein, daß bei allen adiabatischen Prozessen mit $d\,Q$ auch N und $d\,S$ verschwänden, wie das jüngst von WIEDEBURG (vergl. Teil 7, Abschn. 8) wahrscheinlich gemacht worden ist. Die CLAUSIUS'sche Schlußweise beweist nichts weiter, als daß S bei adiabatischen Vorgängen nicht abnehmen kann, ob es konstant ist oder wächst, bleibt auf diesem Wege schlechthin unerledigt.

Vierter Abschnitt.

Der englische Prioritätsstreit.

1. Vor dem Jahre 1865, mit dem wir den Bericht über die Entwickelung der reinen Thermodynamik zunächst abbrechen müssen, ist noch in England ein lebhafter Prioritätsstreit ausgefochten worden über die Ansprüche der einzelnen Begründer der Energetik. Gleichsam als sollte auf dem Gebiete der Energetik nichts, auch nicht die kleinste Wahrheit ohne hitzigen persönlichen Streit zur Anerkennung gelangen, wurde damals die Hervorhebung der Verdienste ROBERT MAYER's gegenüber den Ansichten seiner Vorläufer, wie RUMFORD und DAVY, oder den Leistungen seines Zeitgenossen JOULE als Verletzung des englischen Nationalstolzes gebrandmarkt. In loderndem Meinungskampf, ja unter persönlichen Schmähungen wurde damals klargestellt, was jetzt als gerechte Abwägung der Verdienste MAYER's und JOULE's anerkannt wird. Solch tiefe Erregung, solch Aufbäumen des ganzen Menschen in wissenschaftlichen Streitfragen ist immer ein Zeichen, daß es sich im Grunde nicht um das Spezialgebiet, sondern um allgemeine Anschauungen handelt. In der That geht es in jenem Prioritätsstreit nicht um die Frage, ob MAYER oder JOULE die eine oder andere Angabe früher oder später gemacht hat, sondern darum, ob neben der experimentellen Methode JOULE's die mehr philosophierende Art ROBERT MAYER's wissenschaftlich wertvoll, insbesondere ob sie wertvoller, als die zum System nicht durchgearbeiteten Ideen seiner Vorläufer, ja als die gelegentlichen Äußerungen aus früheren Jahrhunderten ist.

JOHANN TYNDALL hatte in einer 1862 gehaltenen Abendvorlesung über Kraft mit bewundernswert klarer Abschätzung der geistigen Arbeit und des Erfinderrechtes die Priorität ROBERT MAYER's eindringlich hervorgehoben. „Alles, sagt er am Schluß seines Vortrages, alles, was ich Ihnen dargelegt habe, ist das Werk eines Mannes. Alles, was ich vor Ihnen vorgebracht habe, ist den Arbeiten eines deutschen Arztes, namens MAYER, entnommen . . . Geleitet durch seine eigenen wundervollen Untersuchungen und ganz unabhängig von MAYER, veröffentlichte JOULE seine erste Arbeit über den mechanischen Wert der Wärme im Jahre 1843; aber 1842 hatte MAYER thatsächlich das mechanische Äquivalent der Wärme aus Unterlagen berechnet, die nur ein Mann von seltener Originalität ausnutzen konnte."

Im Philosophical Magazine erschien TYNDALL's Vortrag[1] und schon im nächsten Hefte der Zeitschrift erwiderte JOULE: „MAYER's Verdienst besteht darin, ersichtlich ohne Kenntnis dessen, was vorher gethan war, die wahre Theorie der Wärme verkündet zu haben. Das ist kein kleines Verdienst und ich bin der letzte, der es verkleinert sehen möchte. Aber MAYER oder irgend einem einzelnen den ungeteilten Preis zuzuerkennen, er habe die dynamische Wärmetheorie vorgeschlagen, ist offenbar ungerecht gegen die vielen, die zu diesem großen Fortschritt der Naturerkenntnis beigetragen haben." Und nun zitiert JOULE Aussprüche von LOCKE, RUMFORD und DAVY, vor allem aber weist er auf SÉGUIN's Werk „Über den Einfluß der Eisenbahnen" hin, das 1839 erschien. Darin findet sich die Vermutung ausgesprochen, daß eine gewisse Wärmemenge im Akte der Krafterzeugung verschwindet und umgekehrt. „Die mechanische Kraft, sagt SÉGUIN, welche während der Temperaturerniedrigung eines Gases, wie irgend eines anderen Körpers, der sich ausdehnt, erscheint, ist das Maß und die Wiedergabe dieser Wärmeabnahme." Ja, er giebt eine Tafel der Größe des mechanischen Effektes, der, dem Temperaturverluste expandierenden Dampfes entsprechend, erzeugt wird, und darnach scheint es, wie JOULE sagt, daß 1° C. entsprechend 363 kg sei, die 1 m hoch gehoben werden.[2] Auch führt JOULE noch eine Stelle SÉGUIN's an, nach welcher von der Wärme, die in Industrie und Haushalt gebraucht wird, um Kraft zu erzeugen, nur ein kleiner Teil ausgenutzt erscheint; „eine andere sehr beträchtliche Menge, welche ungeheure Werte schaffen und das Volksvermögen um sie bereichern könnte, erscheint gänzlich verloren."

Wie SÉGUIN habe auch MAYER, meint JOULE, die Hypothese gemacht, daß die bei Kompression einer elastischen Flüssigkeit entwickelte Wärme das Äquivalent der zusammendrückenden Kraft sei, und diese Hypothese sei damals nicht auf Thatsachen begründet gewesen, wodurch sich erkläre, daß die wissenschaftliche Welt diese

[1] Phil. Mag. (4) 24, 1862, S. 57.

[2] Daß er diese Stelle bei SÉGUIN mißverstanden habe, giebt später im Verlaufe der Kontroverse JOULE selbst zu. Phil. Mag. (4) 28, S. 150, 1864.

Schriften so wenig beachtet habe. Die belegenden Experimente habe er beigebracht und zur Ausbildung der Theorie hätten noch viele andere beigetragen. Doch sei er nicht ungerecht gegen MAYER's Verdienste und schlage vor, daß dessen erste Schriften im Philosophical Magazine zum Abdrucke gebracht würden, um jedem ein Urteil über MAYER's gerechte Ansprüche zu ermöglichen. Dieser ehrenwerte Vorschlag ist auch ausgeführt worden, es erschienen in demselben und den folgenden Bänden MAYER's Bemerkungen über die Kräfte der unorganischen Natur und die Beiträge zur Dynamik des Himmels.

TYNDALL erwiderte einfach auf JOULE's Worte, daß es ihm nicht eingefallen sei, JOULE's von MAYER's Arbeiten ganz unabhängige Leistungen für die Wissenschaft zurückzusetzen; „es ist Platz für Euch Beide auf dieser großen Bühne.“ Doch bekämpft er JOULE's Behauptung, MAYER habe sich eine für seine Zeit unberechtigte Annahme über das Verhalten der Gase erlaubt.

2. Sehr aufgebracht wurde aber TYNDALL, als er die Oktobernummer einer Zeitschrift Good Words zu Gesicht bekam, die in einer Auflage von 120000 erschien; zwischen Betrachtungen über die Kindheit Jesu, die Bande der Liebe, Daheim in der Bibel, veröffentlichte sie einen Artikel über Energie von THOMSON und TAIT, der den Versuch, MAYER's Verdienste neben JOULE hervorzuheben, im Namen des wissenschaftlichen Patriotismus zurückweist. Erzürnt darüber, daß die Herren dem Laienpublikum eines solchen Blattes eine streitige Sache auftischen, führt TYNDALL im 25. Bande des Philosophical Magazine, um sich vor den Urteilsfähigen zu rechtfertigen, eine Stelle an aus seinen Vorlesungen über die Wärme, betrachtet als eine Art der Bewegung: „MAYER's Arbeiten tragen bis zu einem gewissen Grade den Stempel tiefer Intuition, welche aber in des Autors Geist zur Kraft zweifelsfreier Überzeugung anwächst. JOULE's Arbeiten sind im Gegensatz dazu ein experimenteller Beweis. Treu dem spekulativen Instinkt seines Vaterlandes zog MAYER aus geringfügigen Prämissen breite und gewichtige Folgerungen, während der Engländer vor allem nach der bestimmten Feststellung der Thatsachen strebte. Und er hat sie festgestellt.“

Daß die hierauf erfolgende gröbliche Antwort, die sich zu der Behauptung versteigt, MAYER's Abhandlung hätte überhaupt keinen Anspruch auf Neuheit oder Genauigkeit, von TAIT unterzeichnet ist, wird von TYNDALL in sehr beleidigender Form ignoriert; er sendet einen an THOMSON gerichteten Brief nicht an diesen, sondern an das

Philosophical Magazine und behandelt TAIT's Antwort als von THOMSON ausgegangen, denn in jedem Artikel, wo THOMSON's Name mit dem TAIT's assoziiert sei, sei sicher THOMSON als die Hauptperson zu betrachten. TYNDALL beruft sich in seiner langen Erwiderung auf HELMHOLTZ' und VERDET's[1] Äußerungen über ROBERT MAYER und giebt ein ausführliches Referat über dessen Erstlingsschrift. Auch bestreitet er hier die Behauptung JOULE's, aus SÉGUIN's Angaben folge derselbe Wert des Wärmeäquivalents, wie der von MAYER berechnete, indem er sich auf Angaben GROVE's bezieht.

Durch diesen Ton TYNDALL's beleidigt, lehnt THOMSON es ab, persönlich in den Streit einzugreifen, und TAIT fängt seine Entgegnung mit dem Nachweis an, — schon NEWTON habe die Erhaltung der Energie hinsichtlich mechanischer Vorgänge aufgestellt. Im übrigen bleibt er bei seinen Meinungen.

Während sich nun der Streit trostlos unerquicklich hinzieht, indem wiederholt TAIT, TYNDALL, JOULE ihren Standpunkt wahren, auch ROBERT MAYER[2] selbst seine bereits 1849[3] gegen JOULE erhobenen Ansprüche erneuert, bleibt doch auch dies Gezänk nicht unfruchtbar für die Geschichte der Wissenschaft.

3. Es veranlaßt nämlich den Oberingenieur der Stadt Kopenhagen, A. COLDING[4], seine Ansprüche anzumelden: 1843 hat er Thesen über die Kraft der Kopenhagener Akademie vorgelegt, in denen er den Erhaltungsgedanken vertrat, der ihn schon Jahre lang, von OERSTED gefördert, beschäftigt hatte. Sein Ausgangspunkt ist die volle Gegenstellung von Kraft und Stoff, ein Begriffsübermut, der uns heute, wenigstens in der Naturwissenschaft, fast unverständlich geworden ist. Die Kräfte der Natur sind ihm etwas Geistiges und Stoffloses, Entitäten, die wir nur durch ihre Herrschaft über die Natur erkennen, die also natürlich weit über allem Stofflichen stehen. Und weil sich durch sie allein die Weisheit ausspricht, die wir in der Natur erkennen und bewundern, müssen sie zu der geistigen, stofflosen, intellektuellen Macht in Beziehung stehen, welche die Natur in ihrem Fortschreiten lenkt. Aber wenn das so ist, so ist es ganz unmöglich, diese Kräfte als etwas Natürliches, Sterbliches oder Vergängliches zu begreifen. So gelangte COLDING zur Erhaltung

[1] VERDET, Théorie mécanique de la chaleur. Die betreffende Stelle wurde ebenfalls in Phil. Mag. (4) 25 abgedruckt.

[2] Phil. Mag. (4) 26, 1863, S. 66.

[3] C. R. 29, 1849, S. 534.

[4] Phil. Mag. (4) 27, 1863.

der Kraft — fast wie einst DESCARTES aus einem Attribute Gottes *a priori* die Erhaltung der Bewegungsgröße bewies[1] — und suchte nun bekannte Erscheinungen ihr unterzuordnen. Bei der Wärmeentwickelung während der Kompression spricht er ausdrücklich die fehlerhafte Ansicht aus, die ROBERT MAYER von JOULE, THOMSON und TAIT untergeschoben werden sollte, daß bei Kompression aller, auch fester Körper die entwickelte Wärme der aufgewendeten mechanischen Energie proportional sei. Die Proportionalität der Reibungswärme mit der aufgewendeten Arbeit benutzte er, um das Äquivalent zu ermitteln und fand es gleich 350 kgm durch Experimente, zu deren Fortsetzung ihm die Kopenhagener Akademie 1843 einen Betrag bewilligte. In den Jahren 1848 und 1850 wurden diese verbesserten Versuche, 1851[2] und 1856 weitere theoretische Untersuchungen der Akademie vorgelegt, bei denen es sich um die Entstehung des Weltganzen handelt und bei denen wieder die unmittelbare Wirkung der Kräfte darin gefunden wird, sie von der innigen Verbindung mit dem Stoffe zu befreien; wo wir sie gegen dieses Gesetz wirken lassen, bereiten wir nur einen Zustand vor, der später wieder zerstört wird.

Ich habe mit Bedacht erst hier von COLDING berichtet, obschon seine Thätigkeit ja so weit zurück liegt. Es liegt mir daran, zu schildern, wie sich die wissenschaftlichen Gedanken aufbauen und stützen. COLDING hat keinen Einfluß geübt; er wird, seit CLAUSIUS' und THOMSON's Arbeiten die allgemeinere Aufmerksamkeit auf die Energie hinlenkten, neben JOULE und ROBERT MAYER genannt, um ihm nicht unrecht zu thun; aber seine Betrachtungsart fand keinen Anklang und nur sein experimentelles Verfahren erschien neben den Versuchen von RUMFORD und JOULE der Überlieferung wert.

Der TYNDALL-TAIT'sche Streit wurde weiter die Veranlassung, daß die Aufmerksamkeit auf die Vorläufer der Energie-Ideen gerichtet wurde, und in den Bänden des Phil. Mag., durch die sich der Kampf hinzieht, erscheinen wiederholt historische Notizen, Aufklärungen und Lesefrüchte, welche für die Geschichte des Kraftbegriffes bemerkenswert sind und von mir bereits bei der S. 5 ff. gegebenen Zusammenstellung zu Rate gezogen wurden.

[1] BOHN führt Phil. Mag. (4) 28, 1864 die Belegstelle an.

[2] Berl. Ber. 1851, S. 597.

Fünfter Teil.

Die energetische Behandlung der Chemie.

Erster Abschnitt.

Kirchhoff.

1. Nach den Begründern der Thermodynamik ist KIRCHHOFF der erste Forscher, der ihr ein neues Gebiet der Anwendungen erschließt. Der Griff des großen Theoretikers erweist sich ebenso geschickt als erfolgreich: die chemischen Anwendungen der Thermodynamik sind auch heute noch das unbestrittene Gebiet der Energetik.

KIRCHHOFF's mathematischer Grundgedanke ist echt energetisch, nur viel vorsichtiger als die energetischen Versuche RANKINE's und späterer, die heute den Gegnern willkommene Angriffspunkte bieten. KIRCHHOFF bleibt ganz auf dem Boden der klassischen Thermodynamik: Er betrachtet eine Substanz in Zuständen, die durch Temperatur und Druck vollkommen definiert sind. Zur mathematischen Bestimmung des Zustandes und seiner Änderung benutzt er aber neben der Temperatur ϑ eine Veränderliche x, die der Voraussetzung gemäß von Temperatur und Druck abhängen muß, deren physikalische Bedeutung aber vorläufig offen gelassen bleibt. Diese rein formal erscheinende Wendung nenne ich energetisch bedeutsam, da sie sogleich gestattet, die Grundlagen der Thermodynamik statt auf Gase und Dämpfe auch auf Lösungen anzuwenden, deren Zustand mit Temperatur und Druck sich ändert, indem man unter x eine das Mischungsverhältnis bestimmende Größe versteht. Das Gebiet der Energetik wird also durch den KIRCHHOFF'schen Gedanken erweitert und bleibt doch so zuverlässig wie die Thermodynamik im engsten Sinne.

Bezeichnen wir die Eigenenergie der Substanz mit E (KIRCHHOFF führt in seiner Abhandlung die entgegengesetzte Größe $-E$

9*

ein, die er **Wirkungsfunktion** nennt), so wird nach dem ersten Hauptsatze der Thermodynamik:

$$1)\qquad dE = \frac{1}{A}\,dQ - P\,dV,$$

wobei P den Druck, V das Volum der Substanz darstellt, dQ die zugeführte Wärme, $1:A$ das mechanische Äquivalent der Wärmeeinheit. Wächst x um dx und ϑ um $d\vartheta$, so ist:

$$2)\qquad dQ = X\,dx + C\,d\vartheta,$$

wenn X und C Funktionen von x und ϑ bedeuten. Auch ist:

$$3)\qquad dV = \frac{\partial V}{\partial x}\,dx + \frac{\partial V}{\partial \vartheta}\,d\vartheta,$$

daher:

$$4)\qquad \frac{\partial E}{\partial x} = \frac{X}{A} - P\frac{\partial V}{\partial x}, \qquad \frac{\partial E}{\partial \vartheta} = \frac{C}{A} - P\frac{\partial V}{\partial \vartheta}.$$

Der zweite Hauptsatz der Thermodynamik, nach welchem $dQ:\theta$ ein vollständiges Differential sein muß, wenn $\theta = 273 + \vartheta$ die absolute Temperatur bezeichnet, lehrt, daß:

$$5)\qquad \frac{\partial}{\partial \vartheta}\left(\frac{X}{\theta}\right) = \frac{\partial}{\partial x}\left(\frac{C}{\theta}\right)$$

oder

$$5\text{b})\qquad X = \theta\left(\frac{\partial X}{\partial \vartheta} - \frac{\partial C}{\partial x}\right).$$

Mit Hilfe der Gleichungen 4) folgt aus 5b):

$$6)\qquad \left\{\begin{aligned} \frac{\partial E}{\partial x} &= \theta\left\{\frac{\partial P}{\partial \vartheta}\cdot\frac{\partial V}{\partial x} - \frac{\partial P}{\partial x}\cdot\frac{\partial V}{\partial \vartheta}\right\} - P\frac{\partial V}{\partial x} \\ &= \theta^2\left\{\frac{\partial\left(\frac{P}{\theta}\right)}{\partial \vartheta}\,\frac{\partial V}{\partial x} - \frac{\partial\left(\frac{P}{\theta}\right)}{\partial x}\,\frac{\partial V}{\partial \vartheta}\right\}, \end{aligned}\right.$$

und diesen Ausdruck benutzt KIRCHHOFF, um unter Beachtung obiger Gleichung 4):

$$\frac{\partial E}{\partial \vartheta} = \frac{C}{A} - P\frac{\partial V}{\partial \vartheta}$$

die Eigenenergie E durch Integrale darzustellen.

Versteht man insbesondere unter x das Volum V einer gasförmigen Substanz, so erhält man:

$$7)\qquad \frac{\partial E}{\partial V} = \theta^2\,\frac{\partial\left(\frac{P}{\theta}\right)}{\partial \vartheta},$$

also für vollkommene Gase Null.

Versteht man aber unter x die Dampfmenge m, die über einer Flüssigkeit, z. B. einer wässerigen Salzlösung oder einem Gemisch von Wasser und Schwefelsäure steht, so ist wegen der Eigenschaften des gesättigten Dampfes P unabhängig von x, daher:

$$8)\qquad \frac{\partial E}{\partial m} = \theta^2 \cdot \frac{\partial\left(\frac{P}{\theta}\right)}{\partial \vartheta} \cdot \frac{\partial V}{\partial m}.$$

Endlich gelingt es KIRCHHOFF auch noch für den Fall, daß die Flüssigkeit zwei gasförmige Körper abzuscheiden vermag, daß sie z. B. ammoniakhaltiges Wasser ist, eine entsprechende Formel aufzustellen, die den BUNSEN'schen Absorptionskoeffizienten enthält.

2. Die Methode nun, mit der KIRCHHOFF seine Formeln auf die zu untersuchenden Vorgänge anwendet, ist die dem Wesen des Energiegesetzes am sichersten angepaßte Methode des Kreisprozesses. Er denkt sich stets, daß die betrachtete Substanz auf zwei verschiedenen Wegen aus einem bestimmten Zustande des Gleichgewichtes in einen anderen bestimmten Gleichgewichtszustand übergeführt werde und ermittelt für beide Wege die Energiezufuhr.

Um die Wärme zu bestimmen, die bei der Auflösung eines Salzes in Wasser frei wird, denkt er sich demgemäß, daß einmal die Wassermasse auf das Salz geschüttet und, um dabei die Temperatur der Substanz konstant zu erhalten, die entwickelte Wärme abgeleitet wird. So ist ein Zustand der in Reaktion tretenden Stoffe, der Zustand völliger Trennung, in einen anderen, den der Mischung übergeführt worden. Auf einem zweiten Wege wird der Übergang aus demselben Anfangs- in denselben Endzustand folgendermaßen bewerkstelligt: Man verdampft das Wasser isotherm, bringt den Dampf in Berührung mit dem Salz und drückt ihn isotherm zusammen, bis er ganz kondensiert ist.

Um die in der Originalarbeit nötigen Integrale zu vermeiden, führen wir nach dem Vorgange von CARL NEUMANN[1] statt der eben geschilderten folgende Prozesse aus: In eine gegebene Salzlösung schütten wir eine sehr kleine Wassermenge dm und führen unter Erhaltung der Temperatur die frei werdende Wärme dF ab. Um auf einem zweiten Wege die Verdünnung der Salzlösung auszuführen, verdampfen wir durch Volumvergrößerung die ursprünglich gegebene Wassermenge dm und erteilen ihr durch weitere Volum-

[1] C. NEUMANN, Vorlesungen über die mechanische Theorie der Wärme. Leipzig 1875.

vergrößerung den Druck, den bei der herrschenden Temperatur der Dampf der Salzlösung hat; dann bringen wir die letztere mit der Dampfmenge dm in Berührung und komprimieren endlich, bis wir die auf dem ersten Wege erhaltene, um dm verdünnte Lösung gewonnen haben.

Nun macht KIRCHHOFF die bei niederen Temperaturen des Wasserdampfes für zulässig gehaltene Annahme, daß sich dieser wie ein vollkommenes Gas verhalte, also nach 7) seine Energie eine Funktion der Temperatur allein sei und im vorliegenden Falle isothermer Änderungen konstant bleibe. Unter dieser Annahme kommen nur die Energieänderungen beim Verdampfen aus reinem Wasser unter dem Drucke p_0 und beim Kondensieren über der Salzlösung unter dem höheren Drucke p_1 in Betracht. Wenn das Volum der Flüssigkeit gegen das des Dampfes vernachlässigt, dieses aber nach dem MARIOTTE-GAY LUSSAC'schen Gesetz ermittelt wird, betragen sie nach 8):

$$\theta^2 \frac{\partial\left(\frac{p_0}{\theta}\right)}{\partial\vartheta} \cdot \frac{R\theta}{p_0} dm - \theta^2 \frac{\partial\left(\frac{p_1}{\theta}\right)}{\partial\vartheta} \frac{R\theta}{p_1} dm$$

$$= R\theta^2 \frac{\partial}{\partial\vartheta} l\left(\frac{p_0}{\theta}\right) dm - R\theta^2 \frac{\partial}{\partial\vartheta} l\left(\frac{p_1}{\theta}\right) dm = R\theta^2 \frac{\partial}{\partial\vartheta} l\left(\frac{p_0}{p_1}\right) dm .$$

Die Energiemengen, die dem aus der Salzlösung und der kleinen Wassermenge dm bestehenden System zugeführt werden müssen, um es aus dem Zustande der Trennung in den der Vermischung überzuführen, sind unabhängig von dem Wege der Überführung, also folgt:

$$-\frac{1}{A} dF = R\theta^2 \frac{\partial}{\partial\vartheta} l\left(\frac{p_0}{p_1}\right) dm,$$

9) $$\frac{dF}{dm} = AR\theta^2 \frac{\partial}{\partial\vartheta} l\left(\frac{p_1}{p_0}\right).$$

Diese Formel bestätigt KIRCHHOFF zunächst durch den Hinweis auf das der Erfahrung entnommene BABO'sche Gesetz, nach welchem das Verhältnis $p_1 : p_0$, das Verhältnis der Spannung des Wasserdampfes über der Lösung und über reinem Wasser von gleicher Temperatur unabhängig von der Temperatur ist. Für verdünnte Lösungen, bei denen Zusatz von Wasser keine Wärmeentwickelung zur Folge hat, geht es aus obiger Formel hervor. Hauptsächlich aber prüft KIRCHHOFF[1] seine Formel dadurch, daß er zeigt, inwieweit sich durch sie die THOMSEN'schen Beobachtungen über die beim Vermischen von Wasser und Schwefelsäure entwickelte Wärme mit den

[1] POGG. Ann. 104, 1858.

REGNAULT'schen Messungen der Dampfspannungen über verdünnten Schwefelsäuren verknüpfen.

3. Eine bemerkenswerte Anwendung der Gleichung 8) ist endlich[1] noch der Nachweis, daß die Dampfspannungskurven des Eises und des flüssigen Wassers bei 0° nicht mit gemeinsamer Tangente, sondern in verschiedenen Richtungen zusammentreffen. Setzt man nämlich die Energie der Wassermasse 1 bei 0° gleich 0, so ist nach Gleichung 8) die Energie des gesättigten Dampfes, der sich aus ihr bilden läßt:

$$273^2 \cdot \frac{\partial\left(\frac{p_w}{\theta}\right)}{\partial \vartheta} \cdot \sigma,$$

wo σ das Volum der Masseneinheit Dampf bei 0° bedeutet, neben dem das Volum des Wassers vernachlässigt ist, p_w die Dampfspannung über Wasser bezeichnet und nach Ausführung der Differentiation $\vartheta = 0$ zu setzen ist. Denken wir uns andererseits dieselbe Wassermenge von 1 Gramm durch Entziehung der Schmelzwärme $Q = 79$ cal. in Eis und dann dieses in gesättigten Dampf verwandelt, so müssen wir dieselbe Energie erhalten wie vorher. Ist also p_e die Spannung des Dampfes über Eis und vernachlässigt man wieder das Volum des Eises gegen das des Dampfes, so ist:

$$10)\qquad -\frac{Q}{A} + 273^2 \frac{\partial\left(\frac{p_e}{\theta}\right)}{\partial \vartheta}\sigma = 273^2 \frac{\partial\left(\frac{p_w}{\theta}\right)}{\partial \vartheta}\sigma,$$

folglich, wenn die Differentiation ausgeführt und $p_e = p_w$ gesetzt wird:

$$11)\qquad \left[\frac{\partial p_e}{\partial \vartheta} - \frac{\partial p_w}{\partial \vartheta}\right]_{\vartheta = 0} = \frac{Q}{A \cdot \sigma \cdot 273}.$$

4. Auf eine andere Anwendung, die KIRCHHOFF von seinen Formeln macht, gehe ich hier nicht näher ein, weil die ziemlich verwickelten Rechnungen in energetischer Hinsicht keinen Gedanken enthalten, der über das bisher Besprochene hinausreicht. Es handelt sich um die Absorption eines Gases in Wasser und es werden das flüssige Wasser und das Gas auf zwei isothermen Wegen aus dem Zustande der Trennung in den der Mischung übergeführt. Einmal wird die Gasmasse mit dem Wasser in Berührung gebracht und das Volum bei konstantem Druck und konstanter Temperatur

[1] POGG. Ann. 103, 1858.

verkleinert, bis die ganze Gasmasse vom Wasser aufgenommen ist. Andererseits wird das Wasser in Dampf verwandelt, dessen Dichtigkeit so gering ist, daß er sich wie ein vollkommenes Gas verhält; das zu absorbierende Gas wird auf denselben Druck und dann mit jenem Wasserdampf zur Berührung gebracht; nach der Diffusion wird das Gemenge durch Kompression in den flüssigen Zustand übergeführt. KIRCHHOFF findet, daß die bei der Absorption der Gasmasse g entwickelte Wärme Q gleich ist:

$$Q = -A g R' \theta^2 \frac{\partial}{\partial \vartheta} \log b, \tag{12}$$

wobei b den BUNSEN'schen Absorptionskoefficienten, R' die Konstante des MARIOTTE-GAY LUSSAC'schen Gesetzes für das betrachtete Gas darstellen.

Daß KIRCHHOFF's Methode sich selbst in verwickelteren Verhältnissen als ein recht handliches Instrument erweist, geht aus einer viel späteren Anwendung hervor, die HELMHOLTZ[1] davon macht. Er unterwirft eine Konzentrationszelle (z. B. ein aus zwei verschieden konzentrierten Kupfersulfatlösungen, in die Kupferstäbe tauchen, bestehendes Element) einem isothermen umkehrbaren Prozesse, indem er einerseits den Elektroden die pro Sekunde nötigen Elektrizitätsmengen zuführt und entzieht, wofür das Arbeitsäquivalent leicht angegeben werden kann, andererseits das Arbeitsäquivalent der Konzentrationsänderungen, die während der Durchströmung eintreten, in KIRCHHOFF'scher Weise ermittelt. Die Veränderung nämlich, die im Zustande der Flüssigkeit entsteht, können wir dadurch beseitigen, „daß wir aus allen Schichten der Flüssigkeit, wo der Strom die Flüssigkeit verdünnt, soviel Wasser, als zugeführt wird, verdampfen lassen; umgekehrt, wo der Strom die Flüssigkeit konzentriert, die entsprechende Menge Wasser durch Niederschlag von Dämpfen zuführen.“ Zunächst soll der Dampf in Berührung mit der Flüssigkeit bleiben bei dem Drucke p, der dem Sättigungsgrade der Flüssigkeit mit Salz entspricht. Dann soll er sich isotherm bis zu einem bestimmten Drucke p_1 ausdehnen, aus dem er dort, wo die Verdampfung negativ sein muß, wieder entnommen wird. So ergiebt sich für jede Schicht und durch Integration für die ganze Flüssigkeit das Arbeitsäquivalent der pro Zeiteinheit stattfindenden Verdünnung.

[1] WIED. Ann. 3. Wiss. Abh. Bd. 1. Über galvanische Ströme, verursacht durch Konzentrationsunterschiede; Folgerungen aus der mechanischen Wärmetheorie.

5. Noch eine zweite energetische Aufklärung verdankt man KIRCHHOFF. Er macht darauf aufmerksam, daß die Versuche über die bei chemischen Prozessen entwickelte Wärme streng genommen auf die Temperatur Rücksicht nehmen müßten, bei der die Prozesse stattfinden, denn die Reaktionswärme sei eine Funktion der Reaktionstemperatur. Das läßt sich aus dem ersten Hauptsatze der Thermodynamik in folgender Weise ableiten. Entwickelt eine Substanz A, z. B. Knallgas, die Wärmemenge Q, wenn sie bei konstantem Volum unter der Temperatur ϑ in einen anderen chemischen Zustand B, Wasser, übergeht, so denke man sich denselben Anfangszustand A in denselben Endzustand B auf einem zweiten Wege übergeführt. Man erwärme die Substanz A auf die Temperatur ϑ_1, lasse bei dieser die chemische Reaktion bei konstantem Volum eintreten und bringe die Reaktionsprodukte durch Temperaturänderung in den Zustand B. Da die Reaktion auf beiden Wegen ohne Arbeitsleistung erfolgt, so ist der Energiebetrag, um den der Zustand A reicher ist als B den zwei verschiedenen Überführungen entsprechend durch zwei Ausdrücke darstellbar und man erhält die Gleichung:

13) $$Q = c_a(\vartheta - \vartheta_1) + Q_1 + c_b(\vartheta_1 - \vartheta),$$

wo c_a und c_b die mittleren spezifischen Wärmen der Substanzen A und B für das durchlaufene Temperaturintervall darstellen. Es folgt:

14) $$Q_1 = Q + (c_a - c_b)(\vartheta_1 - \vartheta),$$

also Q_1 verschieden von Q, da c_a nicht gleich c_b.

Zweiter Abschnitt.

Ausgangspunkte der Thermochemie.

1. Während KIRCHHOFF von mathematisch-physikalischen Gesichtspunkten ausgehend zur energetischen Untersuchung chemischer Vorgänge gelangte, fehlte es auch auf dem Gebiete der Chemie selbst nicht an Anregungen zu energetischen Versuchen. Seit HESS (siehe S. 33) war die Wärmeentwickelung bei chemischen Vorgängen der Gegenstand zahlreicher Experimentalarbeiten, vor allem waren die nach großem Plane angelegten, ausgedehnten Messungen JULIUS THOMSEN's in vollem Gange. Natürlich hoffte man als Preis dieser Arbeiten mehr zu gewinnen als eine Reihe von Zahlen, welche die Unterschiede der Eigenenergie chemisch verschiedener Substanzen messen; man hoffte bei der Vergleichung dieser Zahlen einen tiefen Blick in die Be-

ziehungen zwischen den Stoffen, in das Wechselspiel der chemischen Kräfte zu gewinnen, in das, was als chemische Verwandtschaft, als Affinität bezeichnet wurde, aber mehr als Postulat, denn als definierter Begriff vorschwebte.

Schon 1854[1] veröffentlichte JULIUS THOMSEN theoretische Erörterungen, nach denen er geradezu die Affinität durch die Wärmetönung messen wollte. Da nun immer von der stärkeren Affinität die schwächere überwunden werde, so müsse bei jedem chemischen Prozesse die durch Befriedigung der stärkeren Affinität gewonnene Kraft mehr betragen, als die zur Überwindung der schwächeren Affinität benötigte, daher Kraft in Form von Wärme erscheinen. Durch diese energetische Betrachtung, die freilich infolge der unbegründeten Verwechselung von Affinität und Energie hinfällig ist, gelangt er also zu seinem, besonders später im Streit um BERTHELOT's Maximumprinzip viel berufenen Satz, daß jede „rein“ chemische Wirkung mit Wärmeentwickelung verbunden sei.

Neben den Riesenerfolgen der Stöchiometrie sind die Versuche der physikalischen Chemie zwar zurückgetreten, aber nie verschwunden; ja gerade indem man sich die Äquivalentgewichte allgemein als Maße kleiner Massen dachte, wurde man immer wieder angereizt, diesen Massen die Kräfte anzudichten, welche sie wie NEWTON's Kraft die Weltkörper regieren möchten. Und wenn auch dieses Ziel selbst sich immer wieder trügerisch erwiesen hat, ist doch wohl aus diesem Gedankenkreise die erste mathematische Formulierung des Massenwirkungsgesetzes von GULDBERG und WAAGE hervorgegangen. Wir heute haben freilich erkannt, daß die Molekularhypothese im Gegensatz zur energetischen Betrachtungsweise steht, aber dieser Gegensatz war den Vertretern der mechanischen Wärmetheorie nicht bewußt; außer ROBERT MAYER, WILHELM THOMSON und den Vertretern der Thermotechnik haben sie wohl alle den Unterschied grundsätzlich zu beseitigen oder doch gelegentlich zu verwischen gesucht. So konnte zeitweise selbst die herrschende atomistische Auffassung der Chemie nicht die Versuche beeinträchtigen, die mechanische Wärmetheorie auf chemische Prozesse anzuwenden, Versuche, welche durch die nahe Beziehung der in Frage kommenden beobachteten Thatsachen zu den Wärmeerscheinungen nahe genug gelegt waren.

2. Ein früher, sehr beachtenswerter Versuch chemischer Verwendung der Energetik ist die Arbeit von SCHRÖDER VAN DER KOLK

[1] POGG. Ann. 92, S. 34.

„über die mechanische Energie der chemischen Wirkungen“ [1], beachtenswert schon um deswillen, weil sie 1864, um dieselbe Zeit, da CLAUSIUS die stete Zunahme der Entropie behauptete, ebenfalls betonte, daß die chemischen Erscheinungen in einem bestimmten Sinne vor sich gehen. Der Verfasser meint, daß die von den Dissoziationserscheinungen hervorgerufene Ansicht SAINTE-CLAIRE-DEVILLE's, alle chemischen Verbindungen seien durch hinreichend gesteigerte Temperatur schließlich in ihre Bestandteile zerlegbar, in Zusammenhang stehe mit der Wärmeentwickelung bei chemischen Prozessen. Denn nach dem Energieprinzipe könnten überhaupt Körper, welche bei Erhitzung unter Wärmeentwickelung in einen anderen Zustand übergehen, nicht bei folgender Abkühlung in den vorigen Zustand zurückgelangen; sie müßten ja sonst, wenn diese Regel eine Ausnahme erleiden sollte, bei der Rückbildung entweder Wärme aus der Umgebung aufnehmen oder sich plötzlich unter die ursprüngliche Temperatur abkühlen, weil die in ihnen vorhandene Energie zur Herstellung des ursprünglichen Körpers bei der ursprünglichen Temperatur nicht ausreicht. Wie diese von SCHRÖDER als Ausnahmen seiner Regel erwähnten Fälle zu behandeln seien und die Regel abändern, hat später VAN'T HOFF gelehrt, SCHRÖDER führt nur eine Reihe von Thatsachen an, die die Regel bestätigen und die Nützlichkeit des Energiebegriffes für die Chemie hervorheben sollen. Zum Schlusse bemerkt er, daß die Funktion der Energie bei den chemischen Verbindungen „sehr oft mit der des STAHL'schen Phlogistons zusammenfällt. Wie man sich im Kohlenstoff viel Phlogiston dachte, das bei der Verbrennung zu Kohlensäure entweiche und dessen Menge mit der Verbrennungswärme zusammenhänge, so haben auch Kohlenstoff und Sauerstoff einzeln mehr Energie als die gebildete Kohlensäure, welche Differenz gleichsam die Verbrennungswärme angiebt. In dieser Hinsicht war die Phlogiston-Theorie ganz naturgemäß.“

Ein solcher Hinweis auf die alte Phlogiston-Theorie findet sich bereits bei ROBERT MAYER. Die merkwürdige Stelle steht in MAYER's erster Veröffentlichung, den Bemerkungen über die Kräfte der unbelebten Natur, in den Annalen der Chemie und Pharmacie vom Jahre 1842; sie ist aber von MAYER beim späteren Wiederabdruck der Arbeit in seiner Mechanik der Wärme 1867 weggelassen worden. MAYER sagt [2]: „Knallgas, H + O, und Wasser, HO, ver-

[1] POGG. Ann. 122, S. 439 und S. 658; spätere Ergänzung in POGG. Ann. 131.
[2] Auch: Mechanik der Wärme, 3. Aufl., 1893, S. 31.

halten sich wie Ursache und Wirkung, also H + O = HO. Wird aus H + O HO, so kommt außer Wasser noch Wärme, cal., zum Vorschein; diese Wärme muß ebenfalls eine Ursache, x, haben; es ist also H + O + x = HO + cal., und nicht etwa H + O = cal., und x = HO, worauf sich aus obiger Gleichung ebenfalls schließen ließe u. dgl. m. Die Phlogistiker erkannten die Gleichung von cal. und x, das sie Phlogiston nannten und thaten damit einen großen Schritt vorwärts, verwickelten sich aber wieder dadurch in ein System von Irrtümern, daß sie statt O $-x$ setzten, also beispielsweise H = HO $-x$ erhielten." Es bedarf wohl kaum der Bemerkung, daß nach dem jetzigen Zustande der Energetik unter dem x Robert Mayer's der Unterschied der Eigenenergien zu verstehen ist, die H + O einerseits und HO andererseits enthalten.

Schröder van der Kolk hebt ferner den Unterschied zwischen chemischer Energie und chemischer Affinität recht klar hervor, indem er ihn durch eine energetische Analogie verdeutlicht: Die Verbindungswärme ist so wenig ein Maß der Affinität, wie die beim Aufschlagen eines freifallenden Körpers entwickelte Wärme uns über die besonderen Eigenschaften der Schwerkraft belehrt. Man sieht hieraus, daß der Verfasser recht glücklich die Richtungen erkannt hat, in denen die Energetik für die Chemie sich wertvoll erweisen sollte.

3. Bei der weiteren Entwickelung in diesen Richtungen ist es freilich nicht ohne verfehlte Versuche abgegangen. Am einflußreichsten war Berthelot's Versuch, zu dem Energiegesetze ein „Prinzip der größten Arbeit" hinzu zu stellen, um die chemischen Vorgänge energetisch aufzuklären. In seinem umfangreichen, seine ausgedehnten Experimente und Studien abschließenden Hauptwerke [1] giebt er diesem Prinzip der größten Arbeit die Fassung: „Jede chemische Veränderung, die sich ohne Eingreifen fremder (äußerer) Energie vollzieht, strebt zur Bildung des Körpers oder Körpersystems, welches die größte Wärmemenge entbindet." Er führt zur Begründung die soeben besprochenen Schlüsse an, die Schröder van der Kolk vorgebracht hat, und findet in dem Satz, daß der Schwerpunkt eines Systems die tiefste Lage sucht, eine passende Analogie zu seinem Prinzipe. [2]

[1] Essai de mécanique chimique fondée sur la thermochimie. Paris 1879.

[2] Erst im Jahre 1894 (C. R. 118) hat Berthelot die Überlegenheit des Entropiegesetzes über sein Prinzip der größten Arbeit, allerdings nur für die Behandlung der Dissoziationserscheinungen, zugegeben, im übrigen aber immer

4. Der diese theoretischen Versuche zum Austrag gebracht hat, ist HORSTMANN. Das Mittel, das die Wärmetheorie selbst schon ausbilden mußte, um die Richtung festzustellen, in der die Naturprozesse verlaufen, reicht, wie er zeigte, auch für die Erledigung chemischer Fragen aus. Wo der erste Hauptsatz, das Energiegesetz, für sich allein nicht genügt, bedarf es doch nicht neuer, etwa aus speziell chemischen Erfahrungen induzierter Hilfssätze, vielmehr genügen die Konsequenzen des zweiten Hauptsatzes, die Eigenschaften der Entropie, auch zur Behandlung einer ganzen Reihe chemischer Probleme.

Zuerst im Jahre 1869 [1], dann 1870 ausführlicher in der Abhandlung „über den zweiten Hauptsatz der mechanischen Wärmetheorie und dessen Anwendung auf einige Zersetzungserscheinungen" [2] wendete HORSTMANN die CLAPEYRON'sche Formel:

$$d\,Q = A\,\theta \frac{\partial p}{\partial \vartheta} \cdot d\,v$$

[vergl. Formel 7) S. 61 und Formel 5) S. 63] auch auf chemische Veränderungen an. Nach der CLAUSIUS-THOMSON'schen Ausbildung der Thermodynamik leitet man diese Formel jetzt aus dem Energiegesetze:

$$1)\qquad d\,E = \frac{d\,Q}{A} - p\,d\,V$$

und dem Entropiesatze für umkehrbare Prozesse:

$$2)\qquad \frac{d\,Q}{\theta} = d\,S$$

dadurch ab, daß man das Wärmeelement $d\,Q$ eliminiert und dann in Ansatz bringt, daß die Änderungen der Eigenenergie E und der Entropie S vollständige Differentiale sind. Am einfachsten ist es wohl, zu setzen:

$$d\,E = \frac{1}{A}\theta\,d\,S - p\,d\,V, \qquad - d\left(E - \frac{\theta\,S}{A}\right) = \frac{1}{A}S\,d\,\theta + p\,d\,V$$

und nun zu schließen:

noch den Einklang beider Sätze behauptet. Den gegenwärtigen Standpunkt BERTHELOT's könnte man aus seiner Thermochimie, Par. 1897, I, S. 7 f. ersehen, womit DUHEM, Thermochimie à propos d'un livre récent de M. MARCELIN BERTHELOT, Par. 1897, zu vergleichen wäre.

[1] Ber. d. deutsch. chem. Ges. 2, 1869.

[2] Ann. d. Chem., 8. Suppl., 1872; das Heft des Gesamtbandes aber, das HORSTMANN's Abhandlung enthält, ist 1870 ausgegeben.

3) $$\frac{1}{A} \cdot \frac{\partial S}{\partial V} = \frac{\partial p}{\partial \theta}.$$

Daraus folgt für isotherme Vorgänge:

4) $$d\,Q = \theta \frac{\partial S}{\partial V} d\,V = A \cdot \theta \frac{\partial p}{\partial \theta} d\,V,$$

das ist die von Clapeyron schon für Aggregatsänderungen abgeleitete Formel. Nicht nur bei Aggregatsänderungen, sondern auch bei der Dissoziation des Salmiaks, der Krystallwasserverbindungen, des kohlensauren Kalkes ist $\partial p : \partial \vartheta$ eine Temperaturfunktion, also ist während der isotherm verlaufenden Zersetzung die zur Umwandlung der Gewichtseinheit nötige Wärme ΔQ mit der Änderung des spezifischen Volums Δv verknüpft durch die Beziehung:

5) $$\Delta Q = A \cdot \theta \cdot \frac{\partial p}{\partial \vartheta} \cdot \Delta v,$$

und Horstmann zeigt, daß diese Forderung der Theorie von den vorliegenden Beobachtungen befriedigend erfüllt wird.

5. Tiefer noch dringt eine spätere Arbeit Horstmann's, betitelt Theorie der Dissoziation.[1] „Eine Reaktion, welcher Art sie auch sei, kann nur beginnen und sich fortsetzen, wenn die gesamte Zunahme, welche die Entropie durch die einzelnen Vorgänge erleidet, die gleichzeitige Abnahme überwiegt, denn, wie wir wissen, kann im ganzen die Entropie nicht abnehmen. Die Reaktion muß daher aufhören in dem Augenblicke, in welchem die Abnahme größer werden will, als die Zunahme, d. h. in dem Augenblicke, in welchem die Gesamtzunahme gleich Null ist. So kommt man zu dem mathematischen Ausdruck für die Bedingung des Gleichgewichtszustandes bei der Dissoziation. Es muß $\delta S = 0$ sein, wenn S die Entropie des Systems bedeutet. Diese Gleichung enthält die ganze Theorie der Dissoziation."

Indem nun Horstmann die Entropie als Funktion der relativen Anzahl umgesetzter Molen darstellt, wobei er sich übrigens in seiner ursprünglichen Veröffentlichung des Clausius'schen Begriffes der Disgregation bedient, von dem er sich später[2] befreit, gelangt er zu Formeln, die sich in hinreichender Übereinstimmung mit den vorhandenen Beobachtungen erweisen. Einer genaueren Prüfung

[1] Ann. d. Chem. 170, 1873.

[2] Lehrbuch der physikalischen und theoretischen Chemie von Horstmann, Landolt und Winkelmann. Braunschweig 1885. II. Abteilung. S. 717.

durch eigene Beobachtungen am karbaminsauren Ammoniak hat HORSTMANN später[1] die Folgerung der Theorie unterzogen, daß, wenn ein fester Körper in zwei gasförmige Bestandteile dissoziiert, so daß *m* Mol des einen und *n* Mol des anderen Gases aus 1 Mol der festen Verbindung hervorgehen, stets die Teildrucke p_1 und p_2 der Gase während des Dissoziationsgleichgewichtes die Gleichung:

6) $$p_1^m p_2^n = f$$

erfüllen müssen, wo f eine Funktion der Temperatur ist.

6. So naheliegend uns heute HORSTMANN's Schritte erscheinen, so ist doch auch dieses bescheidene Vorrücken der Energetik nicht ohne die lebhafteste Anfeindung geblieben. ALEXANDER NAUMANN, damals der Vertreter des Gestrigen, schlug einen Ton an, der — wie HORSTMANN[2] schrieb — eigentlich eine Erwiderung verbietet. NAUMANN's molekularhypothetischen Bedenken gegenüber verteidigt sich HORSTMANN schlicht und treffend damit, daß die von ihm gezogenen Folgerungen aus der Thermodynamik vollständig unabhängig von dem Wert unserer Hypothesen über molekulare Vorgänge sind. „Bei dem Schmelzen des Eises z. B. sind wir in dieser Beziehung noch heute völlig im Dunkeln und doch hat die Formel schon vor 20 Jahren die Erniedrigung des Schmelzpunktes durch erhöhten Druck richtig vorausgesagt."

In demselben Jahre 1871, in welchem der ursprünglich selbst von molekularhypothetischen Gesichtspunkten ausgegangene HORSTMANN die Energetik gegen den Übermut der Molekularhypothese verteidigen mußte, wurde auch von zwei französischen Forschern, PESLIN[3] und MOUTIER[4], die CLAPEYRON'sche Dampfspannungsformel auf Dissoziationserscheinungen angewendet, wie HORSTMANN es zwei Jahre vorher gethan hatte, aber das Übergewicht der Molekularhypothese hat doch auch damals eine allgemeinere Anerkennung und Verwertung des HORSTMANN'schen Fortschrittes verhindert. Ja, die HORSTMANN'sche Methode, die chemischen Vorgänge dem Entropiebegriff zu unterwerfen, ist erst 1887 wieder von PLANCK aufgenommen, erweitert und auf neue Anwendungsgebiete übertragen worden, nachdem inzwischen GIBBS und HELMHOLTZ andere Bahnen eröffnet hatten, GIBBS, indem er neben der Entropie neue, speziell

[1] Ann. d. Chem. 187, 1877.
[2] Ber. chem. Ges. 4, S. 849, 1871.
[3] Ann. chim. phys. (4) 24, 1871.
[4] C. R. 72, 1871.

für chemische Zwecke ersonnene Funktionen einführte, HELMHOLTZ, indem er die Thermodynamik überhaupt durch eine aus der Entropie hergeleitete neue Funktion erweiterte. HORSTMANN aber wird, glücklicherweise noch bei seinen Lebzeiten, die Anerkennung zu teil, daß die Gründe, die, aus der Molekularhypothese geschöpft, seine wertvolle Methode zurückgedrängt, über ein Jahrzehnt niedergehalten haben, heute kaum noch der Rede wert sind. Der Unverstand hat seine Leistungen verkannt.

Dritter Abschnitt.

Grundzüge der Gibbs'schen Thermochemie.

1. Die vorangehende Darstellung hat wiederholt Gelegenheit geboten, darauf hinzuweisen, daß bis in das achte Jahrzehnt des Jahrhunderts die Thermodynamik eng verknüpft gehalten wurde mit der kinetischen Gastheorie, also der Atomistik. Man dachte sich die Sache etwa so, als handelte es sich im Energie- und Entropiegesetze um Überschläge in Bausch und Bogen, die wohl für manche, z. B. technische Zwecke ausreichend seien, ähnlich wie in der Mechanik sich die Schwerpunkts- und Flächenintegrale oder das Energieintegral nützlich erweisen, die aber nimmermehr den Feinheiten der Natur zu folgen gestatten, nimmermehr einen Blick in die Mechanik des Inneren der Körper erschließen. Wem die Auflösung alles Geschehens in Bewegung der Atome als höchstes Ziel theoretischen Naturerkennens vorschwebt, dem kann freilich die Thermodynamik, wie sie sich bis dahin entwickelt hatte, als eine Ramschtheorie erscheinen, weil ihr nur Beziehungen zugänglich sind, die er als späte Folgen jener nach seiner Meinung wahren und eigentlichen innersten Vorgänge betrachtet. Die Überwindung dieser atomistischen Betrachtungsweise gehört nicht der Energetik allein an, allgemeinere Gedankenführungen haben daran teil, die Energetik hat nur wesentlich den Glauben an die Notwendigkeit atomistischer Hypothesen erschüttert und an die Befriedigung, die sie gewähren sollen.

Es läßt sich heute gar nicht verkennen, welche hohe historische Bedeutung die mechanische Hypothese gehabt hat; sie war ein geschichtlich notwendiger Durchgangspunkt der wissenschaftlichen Entwickelung. Man erinnere sich doch, daß die Stoffhypothese der Wärme in FOURIER's Händen große Erfolge davongetragen hatte, daß noch WILHELM THOMSON bis zur Mitte des Jahrhunderts auf ihrem Boden stand. Nun war durch die Energetik es unmöglich geworden, die Wärme sich einfach als Stoff vorzustellen; da war es von großer Bedeutung, daß sich eine andere Anschauungsweise darbot, der sich die neuen Theorien anpassen ließen, in der das neue Wissen von der Wärme sich mit einem Bilde verständlich, begreiflich machen ließ. Die Wärme eine Bewegung war dieses neue Bild. Hätte es sich nicht bereits bis zu einem gewissen Grade fertig vorgefunden, so würde nichts übrig geblieben sein, als die alte Stofftheorie durch Zusätze und Nebenhypothesen den neu in den Vordergrund getretenen Erfahrungen anzuschmiegen, um ein verständliches Bild zu erhalten. Es scheint mir heutzutage unnötig, mit Waffengeklirr wider die mechanische Hypothese an sich zu Felde zu ziehen; sie hat ihre Schuldigkeit gethan, die Welle in dem Meere wissenschaftlicher Theorien, von dem die Einleitung dieses Buches sprach, ist gestiegen und sinkt, nachdem sie den energetischen Anschauungsweisen die Bahn bereitet hat. Zu bekämpfen ist nur, daß man diese mechanische Hypothese durch allerhand Künsteleien aufrecht zu erhalten sucht, als käme es mehr auf die Existenz der bewegten Atome an, als darauf die Erfahrungen einfach zu beschreiben. Vor allem aber ist die noch keineswegs ausgerottete Vermengung der Energetik mit der Molekularhypothese zu bekämpfen.

2. Helmholtz ist es, der mit seiner grundlegenden Arbeit von 1847 diese Vermengung der energetischen Ideen mit der Molekularhypothese veranlaßt hat. Robert Mayer hält sich völlig frei davon und auch in England hat unter dem steten Einflusse Wilhelm Thomson's die Energetik sich reiner entwickelt. In Deutschland zeigt sich das allmählich wachsende Übergewicht der mechanischen Hypothesen sehr deutlich an der persönlichen Entwickelung von Clausius. Seine erste Arbeit von 1850 sieht (vergl. S. 71) in der Energetik eine neue neben die Mechanik hintretende Wissenschaft; aber in die späteren Arbeiten drängt sich mehr und mehr die Molekularhypothese, und entsprechend erscheint der ganze Entwickelungsgang der Wissenschaft in Deutschland von der Mitte der fünfziger bis zu der der achtziger Jahre wie ein Abfall von der reinen Klarheit der Mayer'schen Intuition. Es ist ganz wesentlich während dieser Zeit in Deutschland die Thermotechnik, die unter Zeuner's Führung die Hereinziehung molekularhypothetischer Gesichtspunkte verschmäht und an der Unmittelbarkeit festhält, mit der die beiden Hauptsätze gestatten, der Erfahrung gerecht zu werden. Aber eine

Verbeugung vor der Molekularhypothese glauben doch fast alle Lehrbücher der Wärmetheorie den Ansätzen derselben schuldig zu sein und, wie wir sehen, steckt demgemäß auch HORSTMANN ursprünglich in der Anschauung, daß die eigentliche wissenschaftliche Grundlage der Thermodynamik in der Mechanik der Atome zu suchen sei.

3. Völlig frei von solcher Voreingenommenheit für die Mechanik der Atome, völlig unbefangen die strikten Konsequenzen der beiden Hauptsätze feststellend, ohne alles Schielen und Sehnen nach der Mechanik, — so steht das Werk von GIBBS mit einem Male vor dem die geschichtliche Entwickelung verfolgenden Blick. Hier ist der alte große Gedanke ROBERT MAYER's in mathematischen Formeln lebendig geworden, frei von allem molekularhypothetischen Aufputz.

Was für ein Buch, in dem chemische Vorgänge behandelt werden ohne den überkommenen chemischen Apparat der Atome, in dem Theorieen der Elastizität, der Kapillarität und Krystallisation, der elektromotorischen Kraft ohne alle die gewohnten Behelfe atomistischen Ursprunges hingestellt werden! Nackt und rein steht der wahre Gegenstand theoretischer Naturerkenntnis vor uns, die Feststellung der quantitativen Beziehungen zwischen den Parametern, die den Zustand eines Körpersystems während der der Untersuchung unterworfenen Veränderungen bestimmen. Was Wunder, daß die Leute diese Arbeiten von GIBBS nicht verstanden, trotzdem MAXWELL[1] mit Nachdruck auf ihre Bedeutung hinwies. Erst ein Jahrzehnt nach ihrem Erscheinen, nachdem HELMHOLTZ in GIBBS einen Vorläufer für Untersuchungen, von denen wir später zu reden haben werden, anerkannt hatte, fing man an, GIBBS zu begreifen und seine Arbeit zu studieren. Daß diese schwer zugängliche Arbeit allgemeiner gelesen wurde, ist in erster Linie OSTWALD zu danken, der wohl zuerst den hohen Wert gerade der tieferen energetischen, nicht nur formell-mathematischen Züge der GIBBS'schen Forschungen durchschaut hat.[2]

4. Die Selbständigkeit, mit der GIBBS seine Hauptaufgabe anfaßt, das Gleichgewicht heterogener Stoffe mit den Hilfsmitteln der Energetik zu untersuchen, zeigt sich schon in der mathematischen Ausdrucksweise, deren er sich bedient.

---

[1] Proc. Cambr. Phil. Soc. II, 1876; Scientific Papers II, S. 498.

[2] WILLARD GIBBS, On the equilibrium of heterogeneous substances. Trans. of the Connecticut Acad. 3, 1875 bis 1878. — Thermodynamische Studien. Übersetzt von OSTWALD. Leipzig 1892.

Bis dahin war, seit CLAPEYRON die mathematische Behandlung der CARNOT'schen Ideen gezeigt hatte, die totale Differentialgleichung im wesentlichen die mathematische Ausdrucksform der Thermodynamik geblieben. Während einer Veränderung eines Systems, die auch umgekehrt durchlaufen werden kann, möge sich die Eigenenergie desselben um dE, die Entropie um dS, das Volum um dV ändern. Herrscht im System die Temperatur θ und der Druck p, so ist

$$dE = \theta\, dS - p\, dV$$

die zwischen den totalen Differentialen dE, dS, dV bestehende Beziehung. Lassen sich alle in der Gleichung vorkommenden Größen durch zwei unabhängig voneinander veränderliche Größen x und y darstellen, so liegt hiernach eine Differentialgleichung zwischen letzteren vor, eine Gleichung zwischen dx und dy von der Form

$$X dx + Y dy = 0,$$

aus der die Beziehung folgt:

$$\frac{\partial X}{\partial y} = \frac{\partial Y}{\partial x}.$$

Das ist die Grundlage, deren sich CLAUSIUS und THOMSON ebenso wie KIRCHHOFF für ihre Schlüsse bedienen. Auch HELMHOLTZ hat die Differentialgleichung benutzt, welche in der Mechanik die Grundlage des Energieintegrals bildet und daraus, wie wir berichtet haben, allerdings unberechtigte Schlüsse gezogen.

Diese Behandlungsweise ist keineswegs die einzige Art, ROBERT MAYER's Auffassung mathematisch wiederzugeben. Die Energie ist unzerstörbar. Ist daher E der Energiebesitz eines Systems, das in keiner Form Energie aufnimmt oder abgiebt, so ist es bei allen möglichen Veränderungen des Systems eine unveränderliche Größe. Ist sie eine Funktion der unabhängig Veränderlichen x und y (nicht abhängig von deren Differentialquotienten nach der Zeit), so bleibt sie sowohl bei bloßer Änderung des x als bei bloßer Änderung des y konstant, nicht nur die eine vollständige Differentialgleichung besteht:

$$dE = \frac{\partial E}{\partial x} dx + \frac{\partial E}{\partial y} dy = 0,$$

sondern es gelten die zwei Gleichungen

$$\frac{\partial E}{\partial x} = 0, \qquad \frac{\partial E}{\partial y} = 0,$$

die in dem Ausdrucke

$$\delta E = 0$$

zusammengefaßt werden können, wie es GIBBS thut. Sind diese zwei Bedingungen nicht gleichzeitig erfüllt, so sind Änderungen von x und y möglich, die E ändern; diejenigen Änderungen von x und y, die E nicht ändern, sind alle die, welche die Differentialgleichung

$$d E = 0, \qquad \frac{\partial E}{\partial x} d x + \frac{\partial E}{\partial y} d y = 0$$

erfüllen. Diese Änderungen zu bestimmen ist die Aufgabe, die in den bekannten wichtigen und einfachen Fällen der Gase und Dämpfe von der klassischen Thermodynamik bearbeitet worden ist.

Wir könnten den Gegensatz der beiden mathematischen Behandlungsweisen etwa dadurch fassen, daß wir die eine als die Methode der ausgeschlossenen Veränderungen, die andere als die Methode der zulässigen Veränderungen bezeichnen. Zu der letzteren älteren Methode bringt GIBBS die erste hinzu, wenigstens ist er der erste, bei dem diese Methode klar herausgearbeitet im Mittelpunkte der Behandlung aller Probleme steht.

Denken wir uns, um den Unterschied noch an einem Beispiele zu erläutern, es sollen die Veränderungen eines vollkommenen Gases untersucht werden, die durch Änderungen des Druckes p und des Volums V möglich sind, ohne daß im ganzen Energie zu- oder abgeführt wird. Die Eigenenergie vollkommener Gase ist (vergl. S. 80) eine lineare Funktion der absoluten Temperatur, also dem BOYLE-GAY LUSSAC'schen Gesetze zufolge auch eine lineare Funktion des Produktes $p \cdot V$. Änderungen der Eigenenergie sind also trotz willkürlicher Änderungen des Druckes und Volums ausgeschlossen, wenn

$$\delta (p V) = p \cdot \delta V + V \cdot \delta p = 0$$

für alle Werte von δV und δp, d. h. nur wenn $p = 0$ und $V = 0$. Somit erkennt man, daß es unmöglich ist, die Eigenenergie gegen alle möglichen Änderungen des Druckes und Volums unverändert zu erhalten, es sei denn im absoluten Nullpunkt. Gewisse Änderungen des Druckes und Volums, welche die Eigenenergie ungeändert lassen, giebt es vielmehr in jedem Zustande des Gases, nämlich die, welche $p . V$ nicht ändern,

$$d (p \cdot V) = p d V + V d p = 0$$

machen, oder deren Verhältnis den Wert besitzt:

$$\frac{d p}{d V} = - \frac{p}{V}.$$

5. Vor allem bringt nun GIBBS die Grundlagen seiner Untersuchung, den Energie- und den Entropiesatz, in eine strenge und für ihn geeignete Fassung. Wohl beruft er sich auf CLAUSIUS; aber die berühmten Universalsätze von CLAUSIUS stehen als Motto, gleichsam als die Phantasie und das Streben anregende Leitsterne über der Arbeit von GIBBS. In den ersten Worten der Arbeit selbst giebt er den wahren Gehalt der Grundlagen der Energetik in dem Umfange, in dem er dieselben anzuwenden hat, mit einer ihm eigentümlichen Wortfassung wieder. „Zum Gleichgewichte eines abgesonderten Gebildes *(isolated system)* ist es notwendig und hinreichend, daß für alle möglichen Änderungen in dem Zustande des Gebildes, welche seine Energie unverändert lassen, die Änderung der Entropie Null oder negativ ist:"

1) $$(\delta S)_E \leqq 0.$$

In der That hat CLAUSIUS (vgl. S. 125) bewiesen, daß, wenn ein System aus einem Gleichgewichtszustande in einen anderen adiabatisch übergegangen ist, die Entropie nicht abgenommen haben kann. Nun denkt sich GIBBS die Energie, sowie die Entropie eines Systems als Funktionen seiner Parameter für alle durch Störung eines gegebenen Gleichgewichtszustandes Z_0 erreichbaren benachbarten Gleichgewichtszustände Z bekannt und sucht mit Hilfe dieser beiden Funktionen nach seiner Methode der ausgeschlossenen Veränderungen den Satz von CLAUSIUS zum Ausdruck zu bringen. Aber der Übergang von diesem zu obiger GIBBS'schen Formulierung ist doch keineswegs so offenliegend, wie es nach GIBBS diesbezüglichen Auseinandersetzungen scheinen könnte, die sich im wesentlichen nur mit den zunächst nebensächlichen Schwierigkeiten, wie dem Einfluß der Reibung und Zähigkeit, beschäftigen. Jedenfalls hat GIBBS nicht in präziser Form den Zusammenhang seines Satzes mit dem von CLAUSIUS dargelegt.

6. Diese Lücke dürfte in folgender Weise[1] ausgefüllt werden. Ist dE die Änderung der Eigenenergie beim Übergange aus dem Zustande Z_0 in irgend einen anderen Gleichgewichtszustand Z, welcher jedoch unendlich nahe an Z_0 liegen möge, ist ferner dQ die beim Übergange dem Systeme zugeführte Wärme, dA die ihm in anderer Form zugeführte Energie, so ist:

2) $$dE = dQ + dA.$$

[1] HELM, Grundzüge der mathematischen Chemie. Leipzig 1894.

Stammt nun die Wärme $d\,Q$ aus einem Wärmespeicher von der Temperatur θ und ist der betrachtete Übergang aus Z_0 nach Z umkehrbar (wozu unter anderem nötig, daß das System durchgehends die Temperatur θ besitzt), so ist:

3) $$d\,Q = \theta \cdot d\,S,$$

wobei mit $d\,S$ die beim betrachteten Übergange eintretende Entropievermehrung bezeichnet ist. Für den Fall aber, daß dieser Übergang nicht umkehrbar verläuft (jedoch durch einen umkehrbaren zum Kreisprozesse geschlossen werden kann), ist nach dem Satze von CLAUSIUS (Gleichung 8 auf S. 123):

4) $$\begin{cases} d\,S - \dfrac{d\,Q}{\theta} \text{ positiv oder Null,} \\ d\,S \geqq \dfrac{d\,Q}{\theta} \\ d\,Q \leqq \theta \cdot d\,S, \end{cases}$$

somit gilt für alle möglichen Vorgänge, sie mögen umkehrbar sein oder nicht,

5) $$d\,E \leqq \theta\,d\,S + d\,A.$$

Würde daher dem Systeme bei einem nicht-umkehrbaren Vorgang Wärme von derselben Temperatur wie bei einem umkehrbaren zugeführt und führen beide Prozesse von demselben Anfangszustande Z_0 zu demselben unendlich nahen Endzustande Z, so erfordert notwendig der nicht-umkehrbare Prozeß die gleiche oder eine größere Arbeitszufuhr $d\,A$ als der umkehrbare.

7. Die Ableitung dieser Formel läßt sich auch noch von der Beschränkung befreien[1], daß der Endzustand Z ein Gleichgewichtszustand sein müsse. Geht der Zustand Z_0 vollkommenen Gleichgewichts zunächst in einen Zustand Z_1 über, während dem System Wärme $d\,Q$ aus einer Wärmequelle von der Temperatur θ und außerdem Arbeit im Betrage $d\,A_{01}$ zugeführt wird, so besteht die Gleichung:

$$d\,E_{01} = d\,Q + d\,A_{01}.$$

Führt man nun den Zustand Z_1, wenn er kein Gleichgewichtszustand ist, in einen solchen Z_2 über, ohne weitere Wärme zuzuführen, und nennt die bei der Überführung dem System zugehende Arbeit $d\,A_{12}$, so gilt:

$$d\,E_{12} = d\,A_{12}.$$

[1] HELM, Wied. Ann. 57, 1896, S. 654.

Der Übergang vom ursprünglichen Zustand Z_0 in den schließlich erreichten Z_2 gestattet nun aber die Anwendung des zweiten Hauptsatzes und man hat:

$$d E_{02} = d Q + d A_{02}, \qquad d Q : \theta \leqq d S,$$

wenn man mit $d S$ die Entropieänderung bezeichnet, die bei dem Übergange $Z_0 Z_2$ eintritt. Es folgt:

$$d E_{01} \leqq \theta\, d S + d A_{01}.$$

Wenn man diese Formel wie oben

$$d E \leqq \theta\, d S + d A$$

schreibt, so hat man nur zu beachten, daß, während die Änderungen $d E$ und $d A$ sich auf den Übergang aus einem Gleichgewichtszustand Z_0 in einen beliebigen Endzustand Z_1 beziehen, doch die Änderung von S die Überführung jenes Gleichgewichtszustandes Z_0 in einen Gleichgewichtszustand Z_2 voraussetzt. Aber die Ungleichung besteht jedenfalls, wenn nur der Übergang $Z_1 Z_2$ adiabatisch erfolgt.

8. Aus Gleichung 5) folgt nun, daß jeder mögliche Übergang aus einem Gleichgewichtszustand in einen unendlich nahe benachbarten Zustand, bei welchem die Energie konstant bleibt und keine Arbeit (also auch keine Wärme) zugeführt wird, ohne Verminderung der Entropie verläuft:

6) $d S \geqq 0$, wenn $d E = 0$ und $d A = 0$, (daher auch $d Q = 0$).

Wenn daher die Funktion S im Zustande Z_0 ein Maximum besitzt, einen höheren Werth als in allen den Bedingungen $d E = 0$, $d A = 0$, $(d Q = 0)$ genügenden Nachbarzuständen, wenn sie demgemäß einer Verminderung unfähig ist, oder wenn

7) $\delta S \leqq 0$ bei $\delta E = 0$ im isolierten System,

so ist jede Störung des Zustandes Z_0 ausgeschlossen. Die Werte „im isolierten System" stehen für die Bedingung, daß kein Zu- oder Abgang von Arbeit, d. h. von jeglicher Energie, die nicht Wärmeform hat (und daher auch wegen Konstanz der Gesamtenergie kein Zu- oder Abgang von Wärme), stattfindet, insbesondere also keine Änderung des Gesamtvolums, das vom System eingenommen wird, keine Änderung der Gesamtmasse irgend eines der chemischen Bestandteile des Systems u. dergl.

Aus unserer Formel 5) folgt für $d A = 0$ und $d S = 0$, daß bei jeder möglichen Überführung in einen unendlich nahe benachbarten Gleichgewichtszustand die Energie abnehmen muß, falls die Entropie unverändert erhalten und das System isoliert ist:

8) $$dE \leqq 0, \quad \text{wenn} \quad dS = 0 \quad \text{und} \quad dA = 0.$$

Jede Veränderung ist also ausgeschlossen, wenn die Energiefunktion einer Abnahme unter den gestellten Bedingungen unfähig ist, wenn

9) $$\delta E \geqq 0 \text{ bei } \delta S = 0 \text{ im isolierten System.}$$

Die Ungleichung 8) scheint einem flüchtigen Blick in Widerspruch mit dem Satze von der Erhaltung der Energie zu stehen. Aber dieser behauptet, daß bei $dQ = 0$ und $dA = 0$ notwendig $dE = 0$ sei, wie es Gleichuug 2) besagt. Nun läßt sich die Wärme dQ nur in einer gewissen unvollkommenen Weise durch $\theta\, dS$ darstellen, nämlich nur im Falle der Umkehrbarkeit. Im allgemeinen läßt sich für dQ ein integrierender Divisor θ nicht angeben oder keine Funktion S der Parameter des Systems finden, deren Differential mit θ multipliziert dQ ergäbe. Die zur Überführung eines Systems aus dem Zustande Z_0 in den Zustand Z_1 erforderliche Wärme hängt von dem besonderen Wege der Überführung ab; nur im Falle der Umkehrbarkeit genügt es, die Temperaturen des besonderen Weges und den Entropieverlauf desselben zu kennen, ja bei konstanter Temperatur sogar nur die Entropiedifferenz der beiden Zustände Z_0 und Z_1.

9. Es ist freilich auffällig, daß $dE = 0$ sowohl nach 8) Bedingung möglicher, nämlich umkehrbarer Änderung, als auch nach 9) Bedingung für die Unmöglichkeit jeder Veränderung, für das Gleichgewicht, ist. Man beachte aber, daß die umkehrbare Änderung im Durchlaufen einer Reihe von Gleichgewichtszuständen besteht, also nicht selbst eine in der Natur mögliche Änderung, sondern deren Grenzfall bezeichnet. Es ist ja ein gewisses Zugeständnis an den bisher allgemeinen Gebrauch, wenn in Gleichung 8) das Gleichheitszeichen aufgenommen worden ist, aber die Eigenschaft der umkehrbaren Änderung als Grenzfall zwischen den natürlichen Änderungen einerseits und den Zuständen vollkommenen Gleichgewichts andererseits rechtfertigt es, das für sie charakteristische Gleichheitszeichen in die allgemeinen Bedingungen des Geschehens sowohl wie des Nichtgeschehens aufzunehmen.

Die hier zur Sprache gebrachte Eigenschaft der umkehrbaren

Änderung ist von DUHEM[1] sehr scharf betont worden. Eine umkehrbare Änderung, sagt er, ist keine Änderung, es ist eine stetige Folge von Gleichgewichtszuständen, die gemeinsame Grenze zweier realisierbaren Gruppen von Änderungen, die in entgegengesetztem Sinne verlaufen. Man kann auch nicht etwa behaupten, daß jede stetige Folge von Gleichgewichtszuständen eine umkehrbare Folge sei, wie das Beispiel der magnetischen Hysterese zeigt. Vgl. S. 104.

10. Die Behauptung 9) faßt GIBBS mit den Worten: „Zum Gleichgewichte eines abgesonderten Gebildes ist es notwendig und hinreichend, daß für alle möglichen Änderungen in dem Zustande des Gebildes, bei welchen die Entropie unverändert bleibt die Änderung der Energie Null oder positiv ist."

10) $$(\delta E)_S \geqq 0\,.$$

GIBBS stellt diesen Satz 10) als Gegenstück zu 1) auf und bedient sich seiner vorwiegend bei seinen Untersuchungen. Er folgert 9) aus 7) durch die Bemerkung, daß Energie und Entropie gleichzeitig gesteigert oder gleichzeitig vermindert werden können, nämlich durch Zuführung oder Entziehung von Wärme. Um die Analogie der beiden Sätze, deren einer jeden Wärmezu- oder -abgang, deren anderer jede Entropieänderung ausschließt, augenfällig zu machen, benutzt er seinen eigentümlichen Begriff des isolierten Systems: sein isoliertes System ist gegen allen Energieaustausch, ausgenommen den Wärmeaustausch, geschützt. Hierdurch erreicht er zwei Ausdrucksweisen der energetischen Prinzipien, die sich von der Benutzung unvollständiger Differentiale wie dQ und dA frei halten und nur zwei Funktionen S und E der Parameter benutzen, die für jeden Gleichgewichtszustand des Systems gegeben sein müssen.

11. Um den eigentlichen Sinn dieser Festsetzungen zu durchschauen, wird es gut sein, den besonderen Fall ins Auge zu fassen, daß ein System aus einem Wärmespeicher von der Temperatur θ_1 dieselbe Wärmemenge dQ_1 empfängt, die es gleichzeitig als $-dQ_2$ an einen Wärmespeicher niedrigerer Temperatur $\theta_2 \leqq \theta_1$ abgiebt. Nach CLAUSIUS' Formel:

$$dQ \leqq \theta\, dS$$

folgt aus:

[1] DUHEM, Traité élémentaire de mécanique chimique. I. Paris 1897. S. 59. Auch J. de math. (4) 9, 1893, S. 302.

$$d\,Q_1 + d\,Q_2 = 0,$$

also bei konstanter Energie, daß

$$\theta_1\,d\,S_1 + \theta_2\,d\,S_2 \geqq 0.$$

Schreibt man hierfür:

$$\theta_1\,(d\,S_1 + d\,S_2) - (\theta_1 - \theta_2)\,d\,S_2 \geqq 0$$

und beachtet, daß $\theta_1 \geqq \theta_2$ und daß $d\,Q_2$, daher auch $d\,S_2$, positiv ist, so ergiebt sich, daß jedenfalls

$$\theta_1\,(d\,S_1 + d\,S_2) \geqq 0,$$

daher die gesamte Entropieänderung:

$$d\,S_1 + d\,S_2 \geqq 0,$$

bei konstanter Energie. Damit ist der eine der Gibbs'schen Sätze (Formel 1) für den betrachteten besonderen Fall erwiesen.

Denkt man sich andererseits die Entropie konstant:

$$d\,S_1 + d\,S_2 = 0,$$

so ist auch $\theta_1\,d\,S_1 + \theta_1\,d\,S_2 = 0$, daher wegen $\theta_1 \geqq \theta_2$

$$\theta_1\,d\,S_1 + \theta_2\,d\,S_2 \leqq 0.$$

Um so mehr ist die gesamte Energieänderung:

$$d\,Q_1 + d\,Q_2 \leqq 0,$$

bei konstanter Entropie, und hiermit der zweite Gibbs'sche Satz (Formel 10) dargethan.

Insbesondere ist also zu beachten, daß das Gibbs'sche isolierte System im allgemeinen nicht auch gegen Wärme, nur gegen alle anderen Energieformen isoliert ist. Wäre ein System auch gegen Wärme isoliert, so würde seine Energie nach dem ersten Hauptsatze unveränderlich sein, also seine Entropie nach 1) nicht abnehmen können.

Vierter Abschnitt.

Die Gibbs'schen Funktionen.

1. Nach diesem Überblick über Gibbs' mathematische Darstellungsweise gelangen wir zu den beiden großen physikalischen Ergebnissen seiner Untersuchung, die von ihm in den Begriffen Phase und chemisches Potential niedergelegt sind. „Bei der

Betrachtung der verschiedenen homogenen Körper, welche aus einer Gruppe von Bestandteilen gebildet werden können, wird es bequem sein, einen Ausdruck zu haben, welcher sich ausschließlich auf die Zusammensetzung und den thermodynamischen Zustand eines solchen Körpers ohne Rücksicht auf seine Menge und Form bezieht. Wir wollen solche Körper, insofern sie in Zustand und Zusammensetzung verschieden sind, verschiedene Phasen des betrachteten Stoffes nennen, indem wir alle Körper, welche voneinander nur hinsichtlich der Menge und Form verschieden sind, als verschiedene Beispiele derselben Phase ansehen."

Es mögen nun E', E'', .. die Eigenenergien der verschiedenen Phasen des betrachteten Systems darstellen, S', S'',... deren Entropiefunktionen, V', V'',... ihre Volume, M_1', M_1'', ... die nach Grammen, Molen oder einem sonst geeigneten Maße gemessenen Massen eines Stoffes, der Bestandteil dieser Phasen ist, M_2', M_2''... die Massen eines anderen solchen Stoffes, u. s. f. Ferner mögen θ', θ'', ... die Temperaturen der einzelnen Phasen sein, p', p'', ... die Drucke, die in ihnen herrschen. Gibbs setzt:

$$1)\quad \begin{cases} dE' = \theta' dS' - p' dV' + \Pi_1' dM_1' + \Pi_2' dM_2' + \ldots + \Pi_n dM_n' \\ dE'' = \theta'' dS'' - p'' dV'' + \Pi_1'' dM_1'' + \Pi_2'' dM_2'' + \ldots + \Pi_n'' dM_n'' \\ \ldots\ldots\ldots\ldots\ldots\ldots\ldots\ldots \end{cases}$$

und nennt die Funktionen Π, welche hiernach als partielle Differentialquotienten von Eigenenergien nach den Massen erscheinen, die inneren (chemischen) Potentiale, die Eigenpotentiale der betreffenden Stoffe in den einzelnen Phasen. Gibbs denkt sich also für jede Phase einen umkehrbaren Vorgang verwirklicht, ohne den es ja sinnlos wäre, von Entropieänderung zu reden, und versteht unter θ, p, Π die für einen solchen umkehrbaren Vorgang bestimmenden Koeffizienten der Differentiale dS, dV, dM, also unter θ die in der Phase herrschende Temperatur, die ein Wärmespeicher haben muß, damit er umkehrbar Wärme an die Phase abzugeben vermag, ebenso unter p den Druck, der in der Phase herrscht, und der von außen ausgeübt werden muß, wenn umkehrbar Volumenergie an sie abgeliefert werden soll.

2. Um die Bedeutung der neuen Funktion Π gleich an einem Beispiel hervortreten zu lassen, bezeichnen wir[1] etwa Energie, Entropie und Volum der Masseneinheit eines homogenen Körpers

[1] Helm, Math. Chemie, Leipzig 1894, S. 73.

mit e, s und v, dagegen die entsprechenden Größen für die Gesamtmasse M des Körpers mit E, S und V. Dann folgt aus der auf S. 106 erörterten Gleichung 11), daß:

$$E = e M,$$

also

$$d E = M d e + e d M,$$

und wegen der Beziehung:

$$d e = \theta d s - p d v,$$

in der θ und p Temperatur und Druck bezeichnen, wird

$$d E = M \theta d s - M p d v + e d M.$$

Aus der ebenfalls nach S. 106 zulässigen Gleichung:

$$S = s \cdot M$$

und wegen

$$V = v \cdot M$$

erhalten wir wirklich, dem Ansatze 1) entsprechend:

$$d E = \theta d S - p d V + \Pi d M,$$

wenn wir unter Π folgenden Ausdruck verstehen:

$$\Pi = \frac{E}{M} - \frac{\theta S}{M} + \frac{p V}{M} = e - \theta s + p v.$$

Ist der Körper ein vollkommenes Gas, so würde man übrigens hieraus mittels der Gleichungen:

$$p V = R \theta M, \qquad E = c_v \theta M + E_0,$$

in denen R die Gaskonstante, c_v die spezifische Wärme bei konstantem Volum und E_0 eine Integrationskonstante darstellen, die Werte θ und p entfernen können, wie es Gibbs (z. B. zur Gewinnung seiner Formel 259) thut.

3. Auf das aus den einzelnen Phasen bestehende System wendet nun Gibbs die Formel 9) S. 152 an. Es ist:

2) $$\delta E' + \delta E'' + \ldots \geqq 0,$$

wenn

3) $$\delta S' + \delta S'' + \ldots = 0$$

und wenn gleichzeitig, um jede mögliche Arbeitszufuhr $d A$ auszuschließen,

4) $$\delta V' + \delta V'' + \ldots = 0,$$

sowie:

5) $$\begin{cases} \delta M_1' + \delta M_1'' + \ldots = 0, \\ \delta M_2' + \delta M_2'' + \ldots = 0, \\ \ldots\ \ldots \\ \delta M_n' + \delta M_n'' + \ldots = 0. \end{cases}$$

Sind im Systeme r verschiedene Phasen vorhanden, so wird durch jede der Bedingungen 3) bis 5) eine Größe von $r-1$ anderen abhängig gemacht, die ihrerseits völlig unabhängig voneinander bleiben. Z. B. wird:

$$\delta S' = -\delta S'' - \delta S''' - \ldots,$$

und demgemäß wird die mittelst der Gleichungen 1) umgestaltete Formel 2) die Glieder enthalten:

$$\begin{aligned} &\theta' \delta S' + \theta'' \delta S'' + \theta''' \delta S''' + \ldots \\ &\qquad = (\theta'' - \theta') \delta S'' + (\theta''' - \theta') \delta S''' + \ldots. \end{aligned}$$

Da nun die Werte $\delta S''$, $\delta S'''$ ... völlig willkürlich, z. B. positiv wie negativ gewählt werden dürfen, so wird die Änderung der Gesamtenergie $\delta E' + \delta E'' + \ldots$ nur dann vor einem negativen Werte geschützt sein, wenn

$$\theta' = \theta'' = \theta''' = \ldots.$$

Aus entsprechenden Gründen ist:

$$p' = p'' = p''' = \ldots.$$

Auch wird, und dies nachzuweisen, ist die Absicht unseres Gedankenganges:

$$\begin{aligned} \Pi_1' = \Pi_1'' = \Pi_1''' = \ldots, \\ \Pi_2' = \Pi_2'' = \Pi_2''' = \ldots, \\ \ldots\ \ldots \end{aligned}$$

in allen den Phasen, in denen positive wie negative Änderungen der Menge des betreffenden Stoffes möglich sind, und zwar wird dann:

$$\delta E' + \delta E'' + \delta E''' + \ldots = 0,$$

nicht aber positiv sein. Giebt es aber Phasen, in die einer der betrachteten Stoffe wohl eintreten kann, in denen er aber während des ins Auge gefaßten Zustandes noch nicht vorhanden ist, so wird sein chemisches Potential in solchen Phasen auch einen größeren Wert haben dürfen, als in den Phasen, in denen er schon vorhanden ist, da ja das entsprechende δM nur positiv sein kann, und es wird in solchen Fällen:

$$\delta E' + \delta E'' + \delta E''' + \ldots \geqq 0$$

sein. „Das Potential jedes der Bestandteile muß einen konstanten Wert für alle die Teile der gegebenen Masse haben, in denen dieser Stoff ein wirklicher Bestandteil ist, und einen Wert, der nicht kleiner ist, als dieser, für alle die Teile, in denen er ein möglicher Bestandteil ist." Das ist die von GIBBS entdeckte Bedingung für das chemische Gleichgewicht.

Für unsere Darstellung der energetischen Prinzipien ist es unnötig ins einzelne zu verfolgen, wie GIBBS die Fälle behandelt, die etwa zu Bedenken gegen den allgemeinen Satz Anlaß geben könnten, wie den Fall, daß die n Stoffe, die im System unterschieden werden, nicht unabhängig voneinander sind, oder den Fall, daß sich im Schoße des Systems neue, vorher nicht vorhandene Massen bilden, oder den Fall, daß ein Bestandteil sich im festen Aggregatzustande befindet. Aber das verdient allerdings als eine charakteristische Eigenschaft der GIBBS'schen Untersuchung hervorgehoben zu werden, daß er überall mit Vorsicht die besonderen Umstände ins Auge faßt, gegen die der Verdacht vorliegt, sie könnten Störungen seiner allgemeinen Aufstellungen herbeiführen.

4. Nur eine Anwendung seiner allgemeinen Theorie wollen wir hier noch geben, die Theorie der Osmose, mit der GIBBS den späteren Erfahrungen über halbdurchlässige Wände vorgreift. Besteht das betrachtete System aus zwei Phasen, die durch eine feste, für gewisse Stoffe durchlässige Scheidewand getrennt sind, so gilt wie im allgemeinen Falle die Bedingung 3):

3b) $$\delta S' + \delta S'' = 0.$$

Dagegen zerfällt 4) in die zwei Gleichungen:

4b) $$\delta V' = 0, \qquad \delta V'' = 0.$$

Ebenso ist für jeden Stoff, für den die Scheidewand undurchlässig ist,

5b) $$\delta M' = 0, \qquad \delta M'' = 0,$$

dagegen für jeden, für den sie durchlässig ist, nur

5c) $$\delta M' + \delta M'' = 0.$$

Daraus ergiebt sich nach der oben durchgeführten Schlußreihe $\theta' = \theta''$, aber nicht $p' = p''$ und nur für die Stoffe, für die die Scheidewand durchlässig ist, wird $\Pi' = \Pi''$.

Sehr bemerkenswert finde ich eine zweite Art, wie GIBBS dasselbe Problem behandelt, weil ich in ihr eine Bestätigung dafür erblicke, daß meine auf S. 149f. gegebene Interpretation der GIBBS'schen Fundamentalsätze die zutreffende ist, und weil sie von der Beschränkung frei ist, daß während der Osmose keine Arbeit nach außen abgegeben werden dürfe. Läßt man offen, daß während einer unendlich kleinen Veränderung des osmotischen Gleichgewichts, Wärme und Volumenergie von außen aufgenommen oder nach außen abgegeben werden, so ist:[1]

6) $$dE' + dE'' \leqq \theta' dS' + \theta'' dS'' - p' dV' - p'' dV'',$$

und hierin bedeuten $\theta'\ \theta''\ p'\ p''$ die inneren Temperaturen und Drucke, wenn jene äußeren Energieänderungen umkehrbar erfolgen, während für die im System an der osmotischen Scheidewand stattfindenden Änderungen diese Beschränkung nicht eingehalten werden soll, wie das Ungleichheitszeichen lehrt.

Mit Rücksicht auf 1) folgt

7) $$\Pi_1' dM_1' + \Pi_2' dM_2' + \cdots + \Pi_1'' dM_1'' + \Pi_2'' dM_2'' + \cdots \leqq 0,$$

also nach 5c)

8) $$(\Pi_1' - \Pi_1'') dM_1' + (\Pi_2' - \Pi_2'') dM_2' + \cdots \leqq 0.$$

In dieser Formel treten nach 5b) nur die Stoffe auf, für welche die Scheidewand durchlässig ist. Wird während der Osmose ein Stoff aus der mit $'$ bezeichneten Phase in die mit $''$ bezeichnete hingeführt, so ist für ihn dM' negativ und obige Formel fordert, daß für ihn $\Pi' > \Pi''$. Herrscht dagegen osmotisches Gleichgewicht, so müssen den Differentialen dM' positive wie negative Werte beigelegt werden können, also ist:

9) $$\Pi_1' = \Pi_1'', \qquad \Pi_2' = \Pi_2'', \qquad \ldots\ldots$$

Dies ist dasselbe Resultat, das oben aus der von GIBBS bevorzugten Methode der ausgeschlossenen Veränderungen abgeleitet wurde; hier ist es nach der Methode der zulässigen Veränderungen entwickelt worden.

5. Während die Begriffe des chemischen Potentials und der Phase GIBBS allein angehören, hat seine Einführung charakteristischer Funktionen einen Vorläufer und einen selbständigen Nachentdecker gefunden. MASSIEU hat 1869[2] die Thermodynamik

[1] Bei GIBBS Formel 83.

[2] C. r. 69, S. 858 u. 1057.

einer Flüssigkeit von der sogleich einzuführenden Funktion F abhängig gemacht, und daß HELMHOLTZ später auf den Nutzen dieser charakteristischen Funktionen hinwies, hat hauptsächlich die Aufmerksamkeit auf die Arbeiten von GIBBS hingelenkt. In der That übersieht GIBBS bereits in hohem Maße die große Tragweite dieser Funktionen. Aus der Gleichung

10) $$dE \leqq \theta\, dS - p\, dV + \Pi_1 dM_1 + \Pi_2 dM_2 + \cdots + \Pi_n dM_n$$

folgt:

11) $$dF = d(E - \theta S) \leqq - S d\theta - p dV + \Pi_1 dM_1 + \Pi_2 dM_2 + \cdots + \Pi_n dM_n,$$

12) $$dG = d(E + pV) \leqq \theta dS + V dp + \Pi_1 dM_1 + \Pi_2 dM_2 + \cdots + \Pi_n dM_n,$$

13) $$dH = d(E - \theta S + pV) \leqq - S d\theta + V dp + \Pi_1 dM_1 + \Pi_2 dM_2 + \cdots + \Pi_n dM_n.$$

Da im isolierten System V und alle M unveränderlich sind, so folgt, daß beim Gleichgewicht unter der Bedingung konstanter Temperatur $\delta F \geqq 0$, unter der Bedingung konstanten Druckes und konstanter Temperatur $\delta H \geqq 0$. Von der Funktion G bemerkt GIBBS, daß sie wegen

$$dG = d(E + pV) = dQ + V dp + \Pi_1 dM_1 + \Pi_2 dM_2 + \ldots + \Pi_n dM_n$$

die Wärme dQ bei konstantem Druck mißt, die einem isolierten Systeme zugeht, ebenso wie E den Wärmezugang bei konstantem Volum darstellt.

So beschäftigt sich die ganze kalorimetrische Chemie mit den Funktionen E oder G und versteht in einer thermochemischen Formel, wie

$$2\mathrm{H} + \mathrm{O} = \mathrm{H_2O} + \text{Reaktionswärme}$$

unter dem chemischen Zeichen eines Elements geradezu entweder die Eigenenergie E oder die Funktion G für ein Mol des Elements, d. h. für soviel Gramm, als das Molekulargewicht angiebt. Die Funktion E wird unter dem Zeichen des Elements verstanden, wenn die Reaktionswärme bei konstantem Volum, di Funktion G, wenn die Reaktionswärme bei konstantem Druck gemessen wurde.

Für die Funktionen F, G und H führt GIBBS keinen allgemeinen Namen ein; nennt man sie, wie es später geschehen, thermodynamische Potentiale, so wird es gelegentlich zweckmäßig die GIBBS'schen Funktionen Π nicht mit ihm als Potentiale zu bezeichnen. Ich habe die Größen Π deswegen chemische Intensitäten genannt.

Zu den eben angemerkten Eigenschaften der Funktionen F, G und H fügt Gibbs noch folgende hinzu. Wenn ein umkehrbarer Vorgang möglich ist, der die Gleichung:

14) $$dE = \theta\, dS - p\, dV + \Pi_1\, dM_1 + \Pi_2\, dM_2 + \ldots + \Pi_n\, dM_n$$

erfüllt, so kann man sich in vielen und jedenfalls in allen von Gibbs in Betracht gezogenen Fällen chemischen Umsatzes die sämtlichen Differentiale proportional gesteigert denken, ohne daß die Faktoren θ, p, Π sich dabei veränderten, also auch

15) $$E = \theta S - p V + \Pi_1 M_1 + \Pi_2 M_2 + \ldots + \Pi_n M_n$$

setzen und entsprechend:

16) $$F = -p V + \Pi_1 M_1 + \Pi_2 M_2 + \ldots + \Pi_n M_n,$$

17) $$G = \theta S + \Pi_1 M_1 + \Pi_2 M_2 + \ldots + \Pi_n M_n,$$

18) $$H = \Pi_1 M_1 + \Pi_2 M_2 + \ldots + \Pi_n M_n.$$

Differenziert man 15) und berücksichtigt 14), so folgt weiter:

19) $$0 = S\, d\theta - V\, dp + M_1\, d\Pi_1 + M_2\, d\Pi_2 + \ldots + M_n\, d\Pi_n.$$

6. Diese Betrachtungen führen Gibbs auf den Begriff der Fundamentalgleichung. Die Gleichung 14) lehrt, sobald E als Funktion der $(n+2)$ Veränderlichen S, V, M_1, $M_2 \ldots M_n$ bekannt ist, auch die $(n+2)$ Größen θ, p, Π_1, $\Pi_2 \ldots \Pi_n$ als Funktionen jener Veränderlichen kennen: man braucht nur E nach einer jeden Veränderlichen zu differenzieren. Es sind also $n+3$ Beziehungen zwischen den $2n+5$ Größen E, θ, S, p, V, Π_1, M_1, Π_2, $M_2 \ldots \Pi_n$, M_n bekannt, d. h. alle Beziehungen, welche überhaupt existieren, da offenbar $n+2$ Veränderliche voneinander unabhängig sind. Eine Gleichung zwischen den Größen

$$E \quad S \quad V \quad M_1 \quad M_2 \ldots M_n$$

nennt deshalb Gibbs eine Fundamentalgleichung und aus gleichem Grunde heißt jede Gleichung zwischen:

$$F \quad \theta \quad V \quad M_1 \quad M_2 \ldots M_n,$$

oder $$G \quad S \quad p \quad M_1 \quad M_2 \ldots M_n,$$

oder $$H \quad \theta \quad p \quad M_1 \quad M_2 \ldots M_n,$$

oder $$\theta \quad p \quad \Pi_1 \quad \Pi_2 \ldots \Pi_n$$

Fundamentalgleichung, da sie nach 11), bez. 12), 13) oder 19) ebenfalls die sämtlichen Beziehungen zwischen den $2n + 5$ Größen abzuleiten gestattet. Eine Gleichung zwischen $E\, \theta\, V\, M_1\, M_2 \ldots M_n$ wäre dagegen keine Fundamentalgleichung, weil sie wegen $\theta = \left(\frac{\partial E}{\partial S}\right)_{V, M}$ durch eine Gleichung zwischen $E \frac{\partial S}{\partial E} p\, M_1\, M_2 \ldots M_n$ ersetzbar ist, die ersichtlich nicht S als Funktion der übrigen Größen zu ermitteln gestattet.

7. Von den Gleichungen 15) und 19) macht GIBBS eine bemerkenswerte Anwendung, die ich hier wiedergebe, obschon die späteren Bearbeiter[1] desselben Gegenstandes auf andere Arten den zu beweisenden Satz begründet haben, also wohl GIBBS Behandlung für unzulänglich halten. Mir erscheint die GIBBS'sche Untersuchung sehr klar und jedenfalls für seine Methode bezeichnend.

Es handelt sich um die bereits S. 105 berührte Frage, wie man die Energie und Entropie einer aus anderen Substanzen durch Mischung entstandenen neuen Substanz aus den Energien und Entropien der Bestandteile findet. GIBBS betrachtet ein ohne chemische Reaktion entstandenes Gemenge vollkommener Gase und definiert ein solches durch das DALTON'sche Gesetz, das man wohl am besten so formuliert: Der Druck eines Gemenges verschiedener Gase ist gleich der Summe, welche die Drucke der verschiedenen Gase ergeben würden, wenn jedes derselben für sich allein bei derselben Temperatur und demselben Werte seiner chemischen Intensität dasselbe Volum erfüllte. Heißt P der Druck des Gemenges, p der Druck, der unter den angegebenen Bedingungen einem Bestandteil zukäme, so wird dieses DALTON'sche Gesetz durch die Gleichung:

20) $$P = \Sigma p$$

ausgedrückt. Außerdem gilt nach 19):

21) $$V d P = S d\theta + M_1 d\Pi_1 + M_2 d\Pi_2 + \ldots M_n d\Pi_n$$

für das Gemenge, aber es bestehen auch für die einzelnen Bestandteile die Gleichungen:

22) $$\begin{cases} V dp_1 = S_1 d\theta + M_1 d\Pi_1 \\ V dp_2 = S_2 d\theta \qquad\qquad + M_2 d\Pi_2 \\ \quad \cdots\cdots \\ V dp_n = S_n d\theta \qquad\qquad\qquad + M_n d\Pi_n, \end{cases}$$

[1] DUHEM, Potential thermodynamique. 1886; C. NEUMANN, Leipziger Ber. 1891, S. 109; POINCARÉ, Thermodynamik, Berlin 1893, S. 227; PLANCK, WIED. Ann. 32; Thermodynamik S. 197.

wenn $S_1\, S_2 \ldots S_n$ die Entropien sind, welche diese Bestandteile unter obigen Bedingungen besitzen würden.

Nun folgt aus dem DALTON'schen Gesetze:

$$23)\qquad \frac{\partial P}{\partial \Pi_1} = \frac{\partial p}{\partial \Pi_1}, \qquad \frac{\partial P}{\partial \Pi_2} = \frac{\partial p}{\partial \Pi_2}, \quad \ldots\ldots,$$

und es ist daher die Menge M jedes Bestandteils im Gemenge die gleiche wie im einzelnen Gas, was wir schon beim Ansetzen der obigen Gleichungen zum Ausdrucke gebracht haben. Außerdem ist aber:

$$24)\qquad V\frac{\partial P}{\partial \theta} = S = V\Sigma\frac{\partial p}{\partial \theta} = S_1 + S_2 + \ldots + S_n,$$

und es ist hiermit der Additionssatz für die Entropien bei Gemengen vollkommener Gase bewiesen, falls sie dem DALTON'schen Gesetze genügen und die Integralgleichung 15) giltig ist. Aus letzterer folgt dann sofort der Additionssatz für die Energien:

$$25)\qquad E = E_1 + E_2 + \ldots + E_n,$$

der gewöhnlich durch die Thatsache begründet wird, daß bei der Mischung vollkommener, chemisch indifferenter Gase weder Wärme entwickelt, noch äußere Arbeit geleistet wird.

Fünfter Abschnitt.

Die Phasenregel und die geometrischen Methoden.

1. Denken wir uns den Zustand einer Phase, die n unabhängige Bestandteile enthält, durch θ, p, Π_1, $\Pi_2 \ldots \Pi_n$ gegeben. Die Veränderungen, deren diese $n + 2$ unabhängigen Veränderlichen unterworfen werden können, sind durch eine Gleichung 19) S. 161 verknüpft; es sind also $n + 1$ Veränderungen unabhängig voneinander.

Besteht nun das System aus r Phasen, deren jede dieselben n Bestandteile wirklich enthält, so sind infolge des Umstandes, daß Temperatur, Druck und chemische Intensität jedes Bestandteils durch alle Phasen den gleichen Wert haben müssen, $n + 2$ Veränderliche vorhanden, deren Änderungen jedoch r Gleichungen 19) genügen müssen. Die Zahl der unabhängigen Veränderungen ist also $n - r + 2$. „Daher ist, wenn $r = n + 2$, keine Variation der (koexistent bleibenden) Phasen möglich. Ein Beispiel von $n = 1$ und $r = 3$ ist die Koexistenz von fester, flüssiger und gasförmiger Gestalt eines Stoffes von unveränderlicher Zusammensetzung. Ein Beispiel von $n = 2$ und $r = 4$ ist die Lösung eines Salzes in Wasser in Berührung mit Dampf und zwei Arten von Krystallen des Salzes."

2. Das Studium aller Möglichkeiten für Zustandsänderungen in einem System homogener Stoffe bildet einen sehr wesentlichen Teil der GIBBS'schen Forschungen. Außer der algebraischen Methode, die Veränderlichen abzuzählen, sowie die Bedingungsgleichungen, die zwischen ihnen bestehen, wovon wir eben die wichtigste Anwendung wiedergegeben haben, bedient sich GIBBS mit großem Vorteil geometrischer Methoden und spielt so die Frage nach der Mannigfaltigkeit der chemischen Veränderungen eines Systems von Stoffen hinüber in die Betrachtung des Zusammenhangs räumlicher Mannigfaltigkeiten.

Die Methode selbst ist ja so alt, wie die Thermodynamik. Wie die Methode der Differentialgleichungen, die von je auf geometrischem Wege am anschaulichsten behandelt worden sind, wurzelt sie in der Abhandlung von CLAPEYRON, und es hat sich vor allem die Thermotechnik der Vorteile bedient, welche die übersichtliche Darstellung thermodynamischer Größen in Diagrammen gewährt, ja die Technik wurde durch das Indikatordiagramm der Dampfmaschine geradezu auf diesem Wege festgehalten. So haben denn in dem Falle eines einzigen homogenen Stoffes, dem gewöhnlichen Falle der klassischen Thermodynamik, die Vertreter ihrer technischen Anwendungen, RANKINE[1], CAZIN[2], ZEUNER[3], das alte CLAPEYRON'sche Diagramm zur Lösung aller in Betracht kommenden Aufgaben verwertet. Beispielsweise wird die auf S. 96 und S. 103 wiedergegebene algebraische Methode THOMSON's zur Zurückführung eines beliebigen umkehrbaren Kreisprozesses auf eine Reihe CARNOT'scher Prozesse sehr übersichtlich und anschaulich durch das von ZEUNER entwickelte Verfahren, das thermodynamische Diagramm des Kreisprozesses mittels Adiabaten und Isothermen zu zerlegen, und die wenig übersichtliche THOMSON'sche Methode erscheint dann nur als Durchführung einer speziellen unter den möglichen Zerlegungsarten. Seit CLAUSIUS sich in seinen späteren Schriften des graphischen anschaulichen Verfahrens von ZEUNER bedient[4] hat, ist dasselbe wohl allgemein in alle Darstellungen der Thermodynamik übergegangen.

---

[1] RANKINE, A manual of the steam engine ... 1859.

[2] CAZIN, Théorie élémentaire des machines à air chaud. 1865.

[3] ZEUNER, Mechanische Wärmetheorie. 1866.

[4] Vergl. MACH, Wärmelehre. S. 294.

Auch versuchte man von der Darstellung in der Ebene zu räumlichen Überblicken fortzuschreiten, indem man den Verlauf einer Veränderlichen als Funktion zweier anderen durch eine Fläche zur Anschauung brachte.

GIBBS beschäftigt sich zunächst mit den ebenen Diagrammen der Thermodynamik[1]. Er zeigt, daß man, statt, wie bisher üblich, Druck und Volum als Koordinaten zu benutzen, mit gleichem Vorteil Temperatur und Entropie gebrauchen kann, ein Verfahren, das später von ZEUNER besonders für technische Zwecke durchgeführt worden ist.[2] Aber auch andere Koordinatensysteme zieht er in den Kreis der Betrachtung. Es kommt bei der Auswahl der Koordinaten einerseits darauf an, wie die thermodynamisch wichtigen Linien verlaufen, auf denen bez.

Volum, Druck, Temperatur, Entropie, Energie

konstant sind, und die bez. als

isometrische, isopiestische, isothermische, isentropische, isodynamische

Linien bezeichnet werden; andererseits handelt es sich bei der Wahl der Koordinaten und der Beurteilung ihrer Zweckmäßigkeit darum, ob die Flächen, welche von geschlossenen Linien berandet sind, unmittelbar die Arbeit und Wärme messen, welche bei dem durch die Randkurve dargestellten Kreisprozeß umgesetzt wird, oder ob das Verhältnis dieser Arbeit und Wärme zur Fläche abhängig ist von den Werten der Koordinaten, also verschieden ausfällt an verschiedenen Stellen der Ebene. Letzteres ist z. B. der Fall, wenn Volum und Entropie als Koordinaten benutzt werden, ein Verfahren, das in anderer Hinsicht gewisse Vorteile bietet, die GIBBS hervorhebt. Auch giebt GIBBS verschiedene Koordinatensysteme an, in denen sämtliche oben angeführte Linien als Gerade dargestellt

[1] Trans. Connecticut Academy II, 1873. Auch in den Thermodynamischen Studien übersetzt.

[2] In Vorlesungen hat ZEUNER schon weit früher diese Darstellung verwendet. Litterarisch tritt sie (nach ZEUNER, Thermodynamik I, S. 71) zuerst 1872 in einer Abhandlung von BELPAIRE auf, dann 1875 bei LINDE, 1883 bei SCHRÖTER, 1884 bei HERRMANN. Nach MOLLIER (Verh. zur Beförderung des Gewerbefleißes 1893, S. 160) wurde sie 1880 von GRAY, dann von WILLANS und COTTERILL verwendet. Auch MAXWELL bedient sich in seinem posthum von GARNETT herausgegebenen Buche: Die Elektrizität in elementarer Behandlung. Deutsch von GRÄTZ. Braunschweig 1883. S. 141 f. derselben Darstellung für thermoelektrische Zwecke.

werden, z. B. könnten die Logarithmen des Volums und des Druckes als Koordinaten benutzt werden, um bei einem vollkommenen Gase alle jene charakteristischen Linien als Gerade erscheinen zu lassen.[1]

3. Zur geometrischen Darstellung thermodynamischer Eigenschaften eines einzigen homogenen Stoffes mittels Flächen lehrt GIBBS zwei Methoden.[2] Es sind das, nebenbei bemerkt, diejenigen Methoden des GIBBS'schen Werkes, die sehr bald nach dessen Erscheinen in anerkennendster Weise von einem hervorragenden Forscher, von MAXWELL, hervorgehoben und in seinem verbreiteten Lehrbuch[3] weiteren Kreisen zugänglich wurden. Eine tiefere Aufmerksamkeit haben trotzdem die Zeitgenossen den GIBBS'schen Arbeiten nicht entgegengebracht, der Geist der Zeit war nicht so bald zu überwinden. Trägt man als x-, y- und z-Koordinaten auf Volum V, Entropie S und Energie E, so sind wegen:

$$1) \qquad dE = \theta\, dS - P\, dV$$

die Größen θ und P durch die Neigungswinkel gewisser Tangenten gemessen, die im Punkte V, S, E die Fläche berühren. Setzt man noch nach Gleichung 15) S. 161:

$$2) \qquad E = \theta S - P V + \Pi,$$

so daß Π das innere Potential für die Masseneinheit des betrachteten Stoffes und zugleich nach 13) S. 160 die Funktion H darstellt, so ist:

$$3) \qquad \Pi = E - \left(\frac{\partial E}{\partial S}\right) \cdot S + \left(\frac{\partial E}{\partial V}\right) \cdot V$$

der Abschnitt, den die Tangentialebene, die im Punkte V, S, E berührt, auf der Z-Achse bildet.

4. Die andere Methode, die GIBBS angiebt, entspricht dieser dual. Man wähle als Koordinaten:

$$x = \theta, \qquad y = P, \qquad z = \Pi = H,$$

---

[1] Vergl. auch v. OETTINGEN, POGG. Ann., Ergänzungsband 7, 1876, S. 96.

[2] Trans. Connecticut Academy Bd. II, 1878. Auch in den Thermodynamischen Studien. Durch die Koordinaten P, V, θ, also nicht energetisch, hat RITTER 1877 und 1878 in WIED. Ann. die thermodynamischen Zustände der Luft, des Wassers und der Kohlensäure in Flächen dargestellt.

[3] Theorie der Wärme. Braunschweig 1878. S. 223 f.

also wegen:

$$dH = -S d\theta + V dP, \qquad H = E - \theta S + PV,$$

$$\frac{\partial \varkappa}{\partial x} = -S, \qquad \frac{\partial \varkappa}{\partial y} = V, \qquad E = \varkappa - \frac{\partial \varkappa}{\partial x} x - \frac{\partial \varkappa}{\partial y} \cdot y.$$

Hier sind die Größen, die vorher durch den Punkt veranschaulicht wurden, durch die Tangentialebene dargestellt und umgekehrt.

Diese geometrischen Methoden sind zunächst schon deshalb energetisch so bedeutungsvoll, weil sich in ihnen die Analogie ausspricht, die zwischen den verschiedenen Energieformen besteht, ja diese Analogie offenbar Gibbs zu seinen Gegenüberstellungen entsprechender Methoden hingeführt hat. Es sind also auch diesem tiefen Forscher die merkwürdigen Beziehungen nicht entgangen — und in seinen Händen nach der geometrischen Seite hin fruchtbar geworden — auf die, wie wir sehen werden, vor und nach ihm so viele von verschiedenen Gesichtspunkten hingeführt wurden, jene Analogien, die trotz alledem noch 1895 den Lübecker Gegnern der Energetik nicht einleuchteten.

An dieser Stelle haben wir aber diesen Analogien noch nicht nachzugehen, sondern zu zeigen, wie Gibbs seine Flächen benutzt, um nun auch weiter die heterogenen Zustände eines Stoffes, die nebeneinander bestehen können, geometrisch zu überblicken.

5. Er denkt sich zunächst entweder die V-S-E- oder die θ-P-Π-Fläche für alle homogenen Zustände der Masse 1 des betrachteten Stoffes konstruiert: die so entstandene Fläche heißt die ursprüngliche. Wenn nun mehrere solche Zustände nebeneinander bestehen, koexistieren können, so entsteht die Aufgabe, über die derart möglichen heterogenen Zustände der gegebenen Masse 1 einen Überblick zu gewinnen. Diese Aufgabe löst Gibbs in überraschend einfacher Weise, indem er aus der ursprünglichen V-S-E-Fläche eine abgeleitete Fläche mittels Berührungsebenen der ursprünglichen Fläche herleitet. Er geht dabei von dem Prinzip aus, daß Volum, Energie und Entropie des ganzen Körpers gleich der Summe der Volume, bez. Energien und Entropien seiner Teile sind, während Temperatur, Druck und chemische Intensität des Ganzen dieselben sind, wie die der Teile. Die Lage des Punktes, welcher durch das Volum, die Entropie und die Energie solch eines Gemenges bestimmt wird, ist daher der Schwerpunkt zu so viel Punkten der ursprünglichen Fläche, als koexistente Zustände vorhanden sind. Man hat nur in jedem dieser Punkte der ursprünglichen Fläche, die übrigens gleichem

Druck und gleicher Temperatur angehören müssen, sich die Masse angebracht zu denken, die in dem betreffenden Zustande sich befindet und dann den Schwerpunkt dieser Massen zu bestimmen.

So werden z. B. alle bei gleichem Druck und gleicher Temperatur möglichen Mischungen festen, flüssigen und luftförmigen Stoffes durch die Punkte einer Ebene dargestellt, welche die ursprüngliche Fläche in drei Punkten berührt, nämlich einem Punkte desjenigen Teiles der ursprünglichen Fläche, der den homogenen festen Zuständen der betrachteten Masseneinheit entspricht, ferner einem Punkte, der den flüssigen und endlich einem, der den luftförmigen Zuständen angehört.

In gleicher Weise stellen die Punkte einer die ursprüngliche Fläche zweimal berührenden Tangente Zustände dar, bei denen die Masseneinheit in zwei Phasen zerfällt, und alle derartigen Zustände finden sich auf der Regelfläche, welche von einer Ebene umhüllt wird, die die ursprüngliche Fläche in zwei Punkten berührt.

Überhaupt wird hiernach die abgeleitete Fläche erhalten, indem man die ursprüngliche von einer sie in mindestens zwei Punkten berührenden Ebene umrollen läßt.

Noch einfacher werden die heterogenen Zustände von der θ-P-Π-Fläche veranschaulicht. Denn da die Phasen, die während heterogener Zustände koexistieren, in θ, P und Π übereinstimmen, so giebt jede Kurve, in der ein Teil der θ-P-Π-Fläche einen anderen schneidet, Paare koexistierender Phasen an, und jeder Punkt, durch den drei Teile der Fläche gehen, stellt einen Zustand vor, in dem drei Phasen nebeneinander bestehen können.

Wie diese Methoden von Gibbs erweitert werden, um auch für Systeme, die aus mehreren voneinander unabhängig veränderlichen Stoffen bestehen, geometrische Übersichtlichkeit zu erreichen, das soll hier ebensowenig ausgeführt werden, wie die Art, in der Gibbs die stabilen Zustände der Stoffe geometrisch von den unstabilen scheidet. Vom historischen Standpunkt aus beurteilt, bin ich ohnedies schon zu weit gegangen; denn die hier geschilderten Methoden sind noch keineswegs Gemeingut der Wissenschaft geworden; vielmehr begegnet man bis auf den heutigen Tag Arbeiten, deren Verfasser nicht zu wissen scheinen, daß Gibbs die theoretischen Fundamente für diese Dinge geschaffen, nicht etwa nur in großen Zügen entworfen, sondern auch mit vorsichtiger Beachtung des Einzelnen durchgearbeitet hat.

Sechster Abschnitt.

Die Messung der chemischen Intensität.

1. Wenn ich an dieser Stelle GIBBS' große Arbeiten über die Elastizität und Kapillarität außer Betracht lasse, so bleiben noch zwei hervorragende Ergebnisse seiner Theorie zu behandeln.

Er hat gezeigt, wie man die von ihm als innere Potentiale bezeichneten Zahlen Π, die chemischen Intensitäten der Stoffe, messen kann. Man kann sie erstens mit der Intensität der Schwere, zweitens mit dem elektrischen Potentiale vergleichen und gerade diese letztere Methode ist ja durch OSTWALD zu experimenteller Verwendung gelangt.

Die Messung durch die Schwere erreicht GIBBS[1], indem er die Gleichgewichtsbedingungen für eine aus verschiedenen Stoffen bestehende Masse aufsucht, die der Schwere unterliegt. Er denkt sie sich — was für eine bloße Gleichgewichtsuntersuchung keine Beschränkung ist — in eine unbewegliche, für Stoffe und für Wärme undurchdringliche Hülle eingeschlossen und in Massenelemente DM zerlegt. Indem er als Änderung der inneren Energie eines Massenelementes den Ausdruck nimmt:

$$1)\qquad \delta DE = \theta \cdot \delta DS - P \cdot \delta DV + \Pi_1 \delta DM_1 + \cdots + \Pi_n \delta DM_n,$$

stellt er als Änderung der Gesamtenergie dieses Massenelementes den Wert auf

$$\delta DE + \delta g h DM.$$

Dabei haben alle Zeichen die frühere Bedeutung, g ist die Intensität der Schwere, h die Höhe des Massenelementes über einer festen Horizontalebene,

$$2)\qquad DM = DM_1 + DM_2 + \cdots + DM_n,$$

und die kinetische Energie jedes Massenelementes ist gleich Null gesetzt. Nun muß, wenn die Integration über alle Massenelemente erstreckt wird, nach dem GIBBS'schen Fundamentalsatz 10 S. 153, die Gleichgewichtsbedingung eingehalten werden:

$$3)\qquad \delta \int DE + \delta \int g h DM \geqq 0,$$

die wegen der aus Gleichung 2) folgenden Beziehung

[1] GIBBS, a. a. O. Formel 219 ff.

4) $\delta(h \cdot DM) = \delta h \cdot DM + h\,\delta DM_1 + h\,\delta DM_2 + \cdots + h\,\delta DM_n$

und wegen Gleichung 1) übergeht in

5) $$\left\{\begin{aligned} &\int \theta\,\delta DS - \int P\,\delta DV + \int \Pi_1\,\delta DM_1 + \cdots + \int \Pi_n\,\delta DM_n \\ &\quad + \int g\,\delta h \cdot DM + \int g h\,\delta DM_1 + \cdots + \int g h\,\delta DM_n \geqq 0. \end{aligned}\right.$$

Die hier auftretenden Variationen sind aber nach GIBBS' Fundamentalsatz an Bedingungen gebunden. Sie dürfen erstens die Entropie nicht ändern:

6) $$\int \delta DS = 0.$$

Läßt man nun in Formel 5) alle Variationen verschwinden, außer denen der Entropie, was keiner der Bedingungen widerstreitet, die von den Variationen zu erfüllen sind, so geht 5) über in

7) $$\int \theta\,\delta DS \geqq 0,$$

woraus mit Rücksicht auf 6) folgt, daß die Temperatur θ in allen Teilen des Systems denselben Wert haben muß.

Zweitens darf sich das Volum des Systems nicht ändern und diese Bedingung beeinflußt nur zwei Glieder in 5), so daß bei unveränderlicher Grenzfläche des Systems

8) $$-\int P\,\delta DV + \int g\,\delta h\,DM \geqq 0$$

gelten muß; das ist die gewöhnliche Bedingung des mechanischen Gleichgewichts, die, wenn γ die Dichte der Substanz bezeichnet, in die übliche Form

9) $$dP = -g\gamma \cdot dh$$

gebracht werden kann. Infolge der Unbeweglichkeit der umschließenden Hülle ist nämlich

$$\int D(P\,\delta V) = \int DP \cdot \delta V + \int P \cdot \delta DV = 0,$$

und es darf

$$\delta h \cdot DV = \frac{Dh}{DV}\,\delta V \cdot DV = Dh \cdot \delta V$$

gesetzt werden, so daß man aus 8) erhält:

$$\int \delta V \cdot (DP + g\gamma\,Dh) \geqq 0.$$

Drittens darf sich die Menge keines der Stoffe $M_1 M_2 \ldots M_n$ ändern. Nun hat die durch

10) $$\int \delta DM_1 = 0$$

ausgesprochene Beschränkung der Variationen nur Einfluß auf die δDM_1 enthaltenden Glieder von 5), so daß aus dieser Formel auch

11) $$\int \Pi_1 \delta D M_1 + \int g h \delta D M_1 \geqq 0$$

folgt, was mit 10) nur vereinbar ist bei

12) $$\Pi_1 + g h = \text{Const.}$$

Aus dieser und den entsprechenden Gleichungen für die übrigen Stoffe folgt der Satz:

„Befindet sich eine flüssige oder gasförmige Masse unter dem Einflusse der Schwere im Gleichgewicht und enthält sie überall dieselben unabhängig veränderlichen Bestandteile, so ist das innere Potential für jeden dieser Bestandteile in jedem gegebenen Niveau konstant und nimmt gleichförmig mit steigender Höhe ab, indem der Unterschied der inneren Potentiale eines jeden Bestandteiles auf zwei verschiedenen Höhen gleich der Arbeit der Schwere bei dem Fall der Stoffeinheit vom höheren zum niederen Niveau ist."

2. Bei der Herleitung dieses Satzes ist in energetischer Hinsicht ein Umstand in hohem Maße auffällig: Die Zerfällung der Fundamentalformel 10) S. 160, bez. 3) oder 5) in drei Gleichgewichtsbedingungen, nämlich 7), 8) und 11), d. h. in die Bedingungen des thermischen, mechanischen und chemischen Gleichgewichts. Die Zerfällung erscheint ganz rein mathematisch begründet: die Forderung konstanten Volums z. B., für die 5) nur gilt, hat nichts zu thun mit den Gliedern der Formel, die Variationen der Entropie oder der Massen enthalten. In der Bedingung des Gibbs'schen Fundamentalsatzes, in den Worten „im isolierten System" steckt also die Unabhängigkeit der Energieformen verborgen, auf die später noch die Aufmerksamkeit zu richten sein wird. Um ein System zu isolieren, muß man es erstens gegen Volumänderungen schützen, zweitens gegen Veränderungen der verschiedenartigen Stoffmengen, die es enthält. Das giebt verschiedene getrennte Gleichungen, die unter Umständen — und recht packend in dem eben behandelten Falle — den Zerfall der Gleichgewichtsbedingung zur mathematischen Folge haben.

3. Auch für das unter 1 behandelte Problem giebt Gibbs eine vom Gesichtspunkte der energetischen Methodik sehr beachtenswerte zweite Lösung[1], die ich hier unter Beschränkung auf verschwindend

[1] A. a. O. Formel 237.

kleine Änderungen wiedergeben will, während GIBBS auch Unstetigkeiten berücksichtigt. Wir denken uns das System nicht wie vorhin in unveränderliche Massenelemente, sondern in Volumelemente zerlegt und diese unveränderlich. Die Gleichgewichtsbedingung ist

$$13)\qquad \int \delta D E + \int g h \delta D M \geqq 0,$$

wenn die Variationen den Bedingungen

$$14)\qquad \int \delta D S = 0,\quad \int \delta D M_1 = 0,\quad \int \delta D M_2 = 0, \ldots\ldots \int \delta D M_n = 0$$

unterworfen werden. Unter Einführung unbestimmter Koeffizienten ϑ, π_1, π_2, ... π_n bildet GIBBS die Bedingung des Gleichgewichts

$$15)\qquad \int \delta DE + \int gh\delta DM - \vartheta \int \delta DS - \pi_1 \int \delta DM_1 - \cdots - \pi_n \int \delta DM_n \geqq 0,$$

in der nun die Variationen keiner Bedingung unterworfen sind. Wegen der Gleichungen 1) und 2) schreibt sich diese Gleichgewichtsbedingung

$$16)\qquad \begin{cases} \int (\theta - \vartheta) \delta D S + \int (g h + \Pi_1 - \pi_1) \delta D M_1 + \cdots \\ \qquad + \int (g h + \Pi_n - \pi_n) \delta D M_n \geqq 0 \end{cases}$$

und ergiebt folgende einzelne Forderungen:

$$17)\qquad \theta = \vartheta,\qquad \Pi_1 + g h = \pi_1,\quad \ldots\ldots\quad \Pi_n + g h = \pi_n,$$

so daß diese Methode zu denselben Ergebnissen gelangt, wie die frühere.

Ich schließe hieran die Behandlung, welche die Aufgabe nach der Methode der zulässigen Veränderungen erfahren würde. Versteht man unter ϑ die Temperatur der Wärmequelle, aus der das System der Volumelemente DV Wärme empfängt, also die Temperatur benachbarter Volumelemente, während θ die Temperatur des Elements DV ist; versteht man ebenso unter π_1 die chemische Intensität des in das System eintretenden Stoffes DM_1, während Π_1 die im Volumelement herrschende Intensität ist, so gilt die Formel (vergl. Formel 5 S. 150 oder 10 S. 160):

$$18)\qquad \int dDE + \int ghdDM \leqq \vartheta \int dDS + \pi_1 \int dDM_1 + \cdots + \pi_n \int dDM_n$$

und zwar gilt sie für jede mögliche, mit d bezeichnete, Veränderung, die in dem System der Volumelemente DV eintreten kann und von einem Gleichgewichtszustand zu einem unendlich nahen anderen Gleichgewichtszustand hinführt. Würde man zwischen denselben Zuständen einen umkehrbaren Übergang ausführen, so würde für diesen in jedem Volumelemente gelten

19) $$dDE = \theta dDS + \Pi_1 dDM_1 + \cdots + \Pi_n dDM_n.$$

Die Vergleichung ergiebt, daß für jeden möglichen Übergang

20) $$\begin{cases} \int(\theta - \vartheta) dDS + \int(\Pi_1 + gh - \pi_1) dDM_1 + \cdots \\ \quad + \int(\Pi_n + gh - \pi_n) dDM_n \leqq 0 \end{cases}$$

sein muß. Unmöglich ist jedwede Änderung, wenn die sämtlichen Variationen, die Entropie und Massen erleiden können, die Bedingung erfüllen

$$\int(\theta - \vartheta)\delta DS + \int(\Pi_1 + gh - \pi_1)\delta DM_1 + \cdots$$
$$+ \int(\Pi_n + gh - \pi_n)\delta DM_n \geqq 0,$$

die mit 16) identisch ist. Die von Gibbs gewählte Bezeichnung der von ihm benutzten unbestimmten Koeffizienten weist so auffällig auf die Deutung derselben als Temperaturen und chemische Intensitäten hin, daß man auf die Annahme geführt wird, die der Formel 20) zu Grunde liegende Auffassung habe auch im Hintergrunde seiner Behandlung gestanden und die Prinzipien der Variationsrechnung seien nur äußerliche Einkleidung.

4. Die Bedingung 12) des chemischen Gleichgewichts bei Einfluß der Schwere entwickelt endlich Gibbs noch einmal auf eine sehr einfache Weise, indem er gleichzeitig den Einfluß elektrischer Potentialdifferenzen berücksichtigt und so die Messungen innerer oder chemischer Potentiale durch elektrische theoretisch begründet. „Sind,“ sagt er, „alle Gleichgewichtsbedingungen in einem gegebenen Zustande des Gebildes erfüllt, mit Ausnahme derer, die eine Änderung in der Strömung der Elektrizität hervorrufen, und nehmen wir an, daß der Zustand des Gebildes durch den Übergang der Elektrizitätsmenge $\delta\varepsilon$ zusammen mit der Menge δM_a des bezeichneten Bestandteiles geändert wird, ohne daß ein anderer Bestandteil wandert, oder die Gesamtentropie sich ändert, so wird die gesamte Änderung der Energie im Gebilde durch den Ausdruck dargestellt werden:

$$(V'' - V')\delta\varepsilon + (\Pi_a'' - \Pi_a')\delta M_a + (gh'' - gh')\delta M_a,$$

wo V', V'' die elektrischen Potentiale in Metallstücken gleicher Art, die mit den beiden Elektroden verbunden sind, gh', gh'' die Schwerepotentiale an den beiden Elektroden und Π_a', Π_a'' die inneren Potentiale des bezeichneten Stoffes darstellen. Das erste Glied stellt die Zunahme der potentiellen Energie der Elektrizität, das zweite die Zunahme der inneren Energie des wägbaren Stoffes und das dritte die Energiezunahme infolge der Schwere dar. Nun ist, wenn α_a eine dem betrachteten Stoffe eigentümliche Konstante bezeichnet, die bei einem Kation positiv, bei einem Anion negativ ist,

$$\delta M_a = \alpha_a \delta \varepsilon.$$

„Zum Gleichgewicht ist daher erforderlich, daß

$$V'' - V' + \alpha_a (\Pi_a'' - \Pi_a') + \alpha_a g (h'' - h') = 0.$$

„Um diese Beziehung auf alle Elektroden auszudehnen, können wir schreiben:

$$V' + \alpha_a (\Pi_a' + g h') = V'' + \alpha_a (\Pi_a'' + g h'') \\ = V''' + \alpha_a (\Pi_a''' + g h''') = \ldots\text{“}$$

Fällt die elektrische Potentialdifferenz weg, so erscheint wieder die oben entwickelte Bedingung 12). Kann umgekehrt der Einfluß der Schwere vernachlässigt werden, so folgt, wenn nur zwei Elektroden vorhanden sind:

$$V'' - V' = - \alpha_a (\Pi_a'' - \Pi_a').$$

„Wenn alle Bedingungen des Gleichgewichts einer galvanischen oder elektrolytischen Zelle erfüllt sind, so ist die elektromotorische Kraft gleich dem Unterschiede der Potentialwerte für jedes Ion oder scheinbare Ion an den Oberflächen der Elektroden, multipliziert mit dem elektrochemischen Äquivalent dieses Ions, wobei das größere Potential eines Anions an derselben Elektrode sich befindet, wo das größere elektrische Potential ist, während für das Kation das Umgekehrte gilt.“

In dieser knappen Entwickelung tritt recht deutlich der Kernpunkt hervor. Innere Potentiale kann man durch elektrische wie durch Schwerepotentiale messen, weil die Differentiale, in die diese verschiedenartigen Potentiale zu multiplizieren sind, um Energiewerte zu erhalten, gleiche oder proportionale Größen darstellen, daher die Bedingungen, welchen diese Differentiale unterliegen, bei allen dreien gleichzeitig erfüllt oder nicht erfüllt sind, während andere Energieformen von anderen Bedingungen beeinflußt sind und für jene drei nicht in Betracht kommen.

Wir verlassen hier Gibbs' geniale Arbeit, um erst bei späterem Anlaß, wenn auch nur vorübergehend, auf Gibbs' Untersuchungen über die Elastizität und Kapillarität zurückzugreifen. Dem geistvollen amerikanischen Theoretiker, der sich seit Veröffentlichung dieser anfangs so wenig beachteten Arbeit, wesentlich anderen mathematischen Studien gewidmet hat, ist es beschieden, daß er noch erlebt, wie ganz allmählich seine großen Entwürfe den Widerstand der stumpfen Welt besiegen.

Siebenter Abschnitt.

Helmholtz' thermochemische Arbeiten.

1. Das Jahrzehnt, in dem Gibbs' Arbeiten erschienen, verlief, ohne daß sie Beachtung fanden, und ebensowenig wurde in dieser Zeit der Entropiebegriff in der von Horstmann so glücklich vorgezeichneten Weise energetisch ausgebildet oder angewendet. Vielmehr müht man sich ab, den so fremdartig erscheinenden Entropiebegriff unter den alten Hut des Mechanismus der Atome unterzubringen, und ich werde an anderer Stelle auf diese Versuche noch zurückkommen.

Ganz anders wird das mit dem Beginne des neunten Jahrzehnts. Den Stillstand der Energetik löst jetzt eine lebhafte Bewegung ab; von ganz verschiedenen Ausgangspunkten aus beginnt die Erregung, und es fehlt ihr bald auch nicht an verfehlten Seitensprüngen.

Angeregt wurde diese Zeit rührigen Vorwärtsdrängens durch denselben Forscher, der einst der Energie überhaupt ihre fachwissenschaftliche Geltung erobert hatte, durch Hermann von Helmholtz. In den drei 1882 und 1883 erschienenen Abhandlungen, die den gemeinsamen Titel: „Die Thermodynamik chemischer Vorgänge" führen, behandelt er die im Entropiebegriffe liegenden Schwierigkeiten auf eine rein energetische Weise. Nicht wie andere vor ihm, versucht er die Entropie auf die Mechanik zurückzuführen, auch nicht durch mechanische Analogien verständlich zu machen, wie er dies später gethan — nein, einfach durch die vom Entropiegesetz beschriebenen Erfahrungen selbst läßt er sich einen Schritt vorwärts führen und zeigt, daß diesen Erfahrungen zufolge, nach denen die Wärme eine nicht unbeschränkt verwandelbare Form der Energie ist, die Eigenenergie jedes Systems geschieden werden kann in einen Anteil, der, so lange die Temperatur unverändert erhalten wird, nur als Wärme gewonnen werden kann und in einen bei konstanter Temperatur als frei verwandelbare Arbeit abführbaren Anteil. Bevor aber diese Trennung der Eigenenergie in zwei Bestandteile, in gebundene und in freie Energie, uns beschäftigt, muß aus der Thermodynamik chemischer Vorgänge eine Untersuchung wiedergegeben werden, die HELMHOLTZ unabhängig von seinem Begriffe der freien Energie und vor dessen Einführung vorträgt.

Diese Untersuchung betrifft die bei der Arbeit galvanischer Zellen entwickelte Wärme. Schon früher[1] hatte HELMHOLTZ die Thermodynamik angewendet, um in dem einfachen Falle der Konzentrationsketten die Beziehung zwischen der elektromotorischen Kraft und den stofflichen Veränderungen in der Zelle theoretisch festzustellen (vergl. S. 136). Auf diese Arbeit nimmt GIBBS Bezug, um mit ihr die Richtigkeit der von ihm entwickelten neuen Anschauungen über die Arbeit der galvanischen Zellen zu belegen. GIBBS hat die Sachlage, um die es sich handelt, bereits vortrefflich durchschaut, aber doch nicht die quantitative Beziehung festgestellt, die zwischen jener Wärme und Arbeit besteht; es ist das einer der wenigen theoretischen Punkte, in denen er nicht das letzte Wort gefunden hat. Er hebt aber auf das Entschiedenste hervor, daß man die Entropie der Salzlösungen in der Zelle nicht vernachlässigen dürfe. Die Energieänderung dE der Zelle muß die Bedingung:

$$dE = dQ - \Delta d\varepsilon$$

$$dE \leqq \theta dS - \Delta \cdot d\varepsilon$$

erfüllen, wenn Δ die elektromotorische Kraft, $d\varepsilon$ die entladene Elektrizitätsmenge, dQ die übergegangene Wärme darstellt, θ die Temperatur, S die Entropie. In der Formel

$$\Delta d\varepsilon \leqq -dE + \theta dS$$

die Entropie wegzulassen, ist ungerechtfertigt. Es wird, sagt GIBBS, „häufig angenommen, daß weder Wärme noch Kälte beim Durchgang eines Stromes durch einen vollkommenen elektrochemischen Apparat hervorgebracht wird (mit Ausnahme der Wärme, welche durch Vergrößerung der Zeit, während welcher eine gegebene Elektrizitätsmenge durchgeht, unbegrenzt vermindert werden kann) und daß in der Zelle Wärme nur durch Vorgänge von sekundärer Natur erzeugt werden kann, welche nicht notwendig und unmittelbar mit dem Vorgange der Elektrolyse verknüpft sind. Diese Annahme scheint durch keinen genügenden Grund gerechtfertigt zu werden."

[1] WIED. Ann. 3; Berl. Monatsber. 1877; Wiss. Abh. Bd. 1.

2. Diesen Standpunkt macht Helmholtz zu dem seinigen: in den Abhandlungen zur Thermodynamik chemischer Vorgänge sagt er: „Die Vorgänge in einem konstanten galvanischen Elemente, welche bei verschwindend kleiner Stromintensität vor sich gehen, wobei man die dem Widerstand und dem Quadrat dieser Intensität proportionale Wärmeentwickelung im Schließungsdrahte als verschwindende Größen zweiter Ordnung vernachlässigen kann, sind vollkommen reversible Prozesse und müssen den thermodynamischen Gesetzen der reversiblen Prozesse unterliegen. Wenn wir ein galvanisches Element von gleichmäßiger absoluter Temperatur θ haben, so wird dessen Zustand, wenn das elektrische Quantum $d\varepsilon$ hindurchgeht, dadurch verändert, daß eine dieser Größe $d\varepsilon$ proportionale chemische Veränderung eintritt, und wir können den Zustand des Elements betrachten als definiert durch die Menge von Elektrizität ε, die in einer bestimmten, als positiv angenommenen Richtung durch dasselbe hindurchgegangen ist. Wenn die Enden der konstanten Batterie mit den beiden Platten eines Kondensators von sehr großer Kapazität verbunden sind, der zur Potentialdifferenz Δ geladen ist, so würde der Übergang der Menge $d\varepsilon$ von der negativen zur positiven Platte des Kondensators der Zunahme $\Delta\, d\varepsilon$ im Vorrate vorhandener elektrostatischer Energie entsprechen." Nun besteht zwischen dieser Energie, ferner der Wärme dQ, die dem Elemente zugeführt werden muß, um bei der genannten Überleitung von $d\varepsilon$ seine Temperatur konstant zu halten, endlich der Eigenenergie E des Elementes, die als Funktion von θ und ε zu betrachten ist, folgende Gleichung:

$$1)\qquad dE = \frac{\partial E}{\partial \theta} d\theta + \frac{\partial E}{\partial \varepsilon} d\varepsilon = dQ - \Delta\, d\varepsilon.$$

Weiter ist nach dem Entropiegesetze:

$$2)\qquad dS = \frac{1}{\theta} dQ = \frac{1}{\theta}\frac{\partial E}{\partial \theta} d\theta + \frac{1}{\theta}\left(\frac{\partial E}{\partial \varepsilon} + \Delta\right) d\varepsilon.$$

Aus der Beziehung:

$$\frac{\partial}{\partial \varepsilon}\left(\frac{1}{\theta}\frac{\partial E}{\partial \theta}\right) = \frac{\partial}{\partial \theta}\left(\frac{1}{\theta}\left[\frac{\partial E}{\partial \varepsilon} + \Delta\right]\right)$$

folgt bei konstantem θ

$$3)\qquad \theta \frac{\partial \Delta}{\partial \theta} = \frac{\partial E}{\partial \varepsilon} + \Delta,$$

und demgemäß liefert 1) die Helmholtz'sche Formel:

4) $$dQ = \theta \frac{\partial \Delta}{\partial \theta} \cdot d\varepsilon$$

bei konstantem θ.

Diese Entwickelung läßt sich genau der Ableitung der Clapeyron'schen Formel nachbilden (vergl. S. 141); man braucht nur p für Δ und V für ε zu setzen, um diese zu erhalten. So bietet sie ein hervorragendes Beispiel für die Analogie der Energieformen.

Die bald durch Experimente bestätigte Formel 4) hat kräftig anregend gewirkt. Daß ganz mit den alten Methoden der Thermodynamik, bloß durch Einstellen von $\Delta\, d\varepsilon$ statt $p\, dV$, eine neue Wahrheit zu finden war, — noch mehr, daß Helmholtz' Autorität diese Formel deckte, — das mußte die Aufmerksamkeit auf derartige Gedankengänge hinlenken.

Die Helmholtz'sche erste Arbeit über die Thermodynamik chemischer Vorgänge bringt aber die obige Entwickelung nur in der Einleitung, gleichsam beiläufig. Der Hauptinhalt jener Arbeit ist ein ganz anderer, er eröffnet der Thermodynamik eine neue Methode.

3. Wie Helmholtz' Jugendarbeit über die Erhaltung der Kraft, so sind auch die großen Untersuchungen, mit denen er als Greis die Energieideen bereichert hat, im letzten Grunde von dem Standpunkte aus geschrieben, den Prinzipien der Mechanik ein weiteres Anwendungsgebiet zu erobern. Wie in der Arbeit von 1847 sind es daher auch jetzt zwei Bahnen, die er verfolgt. Einerseits unternimmt er es, den auf thermodynamischem Gebiete gewonnenen nicht-mechanischen Begriffen durch neue mathematische Wendungen dieselbe sichere Gebrauchsfähigkeit zu verleihen, die seit einem Jahrhundert die mechanischen Begriffe auszeichnet; andererseits versucht er, jene thermodynamischen Begriffe gänzlich auf das Gebiet der Mechanik hinüberzuspielen, sei es durch eine geeignete mechanische Hypothese der Wärmeerscheinungen, sei es durch bloße mechanische Analogie, die dann wenigstens die mathematische Arbeit bei der Behandlung eines nicht-mechanischen Problems identisch machen würde mit der Aufstellung der dynamischen Differentialgleichungen. Während aber in der Arbeit über die Erhaltung der Kraft die Ansätze zu diesen verschiedenen Richtungen sich durchdringen, scheidet Helmholtz in den Arbeiten der letzten Jahrzehnte seines Lebens die verschiedenen Wege und widmet ihnen gesonderte Abhandlungen.[1]

---

[1] Man vergl. Königsberger, H. v. Helmholtz' Untersuchungen über die Grundlagen der Mathematik und Mechanik. Heidelberg 1895; E. du Bois-Reymond, H. v. Helmholtz, Gedächtnisrede. Leipzig 1897.

Der rein energetischen Behandlungsweise, mit der wir es in diesem Abschnitte zu thun haben, sind die Arbeiten zur Thermodynamik chemischer Vorgänge gewidmet. „Die Dynamik hat", so beginnt HELMHOLTZ den § 1 dieser Arbeiten, „eine große Vereinfachung und Verallgemeinerung ihrer analytischen Entwickelungen dadurch erreicht, daß sie den Begriff der potentiellen Energie (negativ genommene Kräftefunktion nach C. G. J. JACOBI, Ergal nach CLAUSIUS, Quantität der Spannkräfte nach HELMHOLTZ) eingeführt hat. In den bisherigen Anwendungen dieses Begriffes sind aber Änderungen der Temperatur der Regel nach nicht berücksichtigt, entweder weil die Kräfte, deren Arbeitswert man berechnete, überhaupt nicht von der Temperatur abhängen, wie z. B. die Gravitation, oder weil die Temperatur während der untersuchten Vorgänge als konstant, beziehlich als Funktion bestimmter mechanischer Änderungen (z. B. bei der Schallbewegung als Funktion der Dichtigkeit des Gases) angesehen werden konnte. Allerdings konnten die im Werte des Ergals vorkommenden physikalischen Konstanten, wie die Dichtigkeit, die Elastizitätskoeffizienten u. a. m. mit der Temperatur variieren, und in diesem Sinne war jene Größe allerdings schon eine Funktion der Temperatur. Dabei blieb aber die im Werte jedes Ergals vorkommende Integrationskonstante vollkommen willkürlich für jede neue Temperatur zu bestimmen, und man konnte die Übergänge von einer zur anderen Temperatur nicht machen. Wie dies zu thun sei, ergiebt sich indessen leicht aus den von Hrn. CLAUSIUS aufgestellten beiden Grundgleichungen der Thermodynamik."

4. In diesen Grundgleichungen bringt nun HELMHOLTZ von vornherein eine sehr beachtenswerte Verallgemeinerung an, die bis dahin nur der damals noch unbeachtete GIBBS gewagt hatte. Neben der Temperatur θ führt er, nicht nur wie bis dahin die klassische Thermodynamik, einen weiteren Parameter ein, sondern eine beliebige Anzahl solcher und setzt demgemäß das Differential der Eigenenergie E eines Systems von Massen, welche gleiche Temperatur θ besitzen und gleiche Temperaturänderungen erleiden,

$$5)\qquad dE = dQ - \sum_{\mathfrak{a}} P_{\mathfrak{a}} dp_{\mathfrak{a}} = \frac{\partial E}{\partial \theta} d\theta + \sum_{\mathfrak{a}} \frac{\partial E}{\partial p_{\mathfrak{a}}} dp_{\mathfrak{a}},$$

indem er unter $P_{\mathfrak{a}} dp_{\mathfrak{a}}$ die ganze bei der Änderung $dp_{\mathfrak{a}}$ zu erzeugende, frei verwandelbare Arbeit versteht, welche teils auf die Körper der Umgebung übertragen, teils in lebendige Kraft der Massen des Systems verwandelt werden kann. Sind nun die Änderungen, die sich im System zutragen, reversibel, und dies verlangt, nachdem bereits die Gleichmäßigkeit der Temperatur gefordert worden ist, nur noch, daß keine neue Wärme auf Kosten anderer Energieformen erzeugt wird, so ist auch:

6) $$\frac{dQ}{\theta} = dS = \frac{\partial S}{\partial \theta} d\theta + \sum_{\mathfrak{a}} \frac{\partial S}{\partial p_{\mathfrak{a}}} dp_{\mathfrak{a}}.$$

Die Elimination von dQ aus den Gleichungen 1) und 2) giebt

7) $$\frac{\partial S}{\partial \theta} = \frac{1}{\theta} \cdot \frac{\partial E}{\partial \theta}, \qquad \frac{\partial S}{\partial p_{\mathfrak{a}}} = \frac{1}{\theta}\left(\frac{\partial E}{\partial p_{\mathfrak{a}}} + P_{\mathfrak{a}}\right).$$

Daraus folgt zunächst

8) $$P_{\mathfrak{a}} = \frac{\partial}{\partial p_{\mathfrak{a}}}(\theta \cdot S - E),$$

und wenn weiter der zweite Differentialquotient

$$\frac{\partial^2 S}{\partial \theta \cdot \partial p_{\mathfrak{a}}}$$

auf doppelte Weise aus den Gleichungen 7) gebildet wird, so kommt

9) $$\theta \frac{\partial P_{\mathfrak{a}}}{\partial \theta} = \frac{\partial E}{\partial p_{\mathfrak{a}}} + P_{\mathfrak{a}}.$$

Nun führt Helmholtz die Funktion

10) $$F = E - \theta \cdot S$$

ein, dieselbe, die Gibbs benutzte, eine eindeutige Funktion der Größen θ und $p_{\mathfrak{a}}$, ebenso wie E und S es sind. Sie enthält, da in E und S willkürlich wählbare Konstanten stecken, ein willkürliches Glied von der Form $E_0 - \theta \cdot S_0$. Mit Hilfe von F wird nach 8)

11) $$P_{\mathfrak{a}} = -\frac{\partial F}{\partial p_{\mathfrak{a}}},$$

d. h. F ist die potentielle Energie des Systems bei allen isothermen Änderungen, und zwar für alle unbeschränkt verwandelbaren Arbeitswerte. Außerdem folgt aus 10) mit Rücksicht auf 7)

12) $$\frac{\partial F}{\partial \theta} = -S,$$

also

13) $$E = F - \theta \cdot \frac{\partial F}{\partial \theta}.$$

Für die Funktion F schlägt Helmholtz den Namen **freie Energie** vor, weil sie für die frei verwandelbaren Energieformen Pdp die Rolle der potentiellen Energie spielt. Demgemäß erhält der Ausdruck

14) $$E - F = -\theta \frac{\partial F}{\partial \theta} = \theta S$$

den Namen gebundene Energie. $\frac{\partial F}{\partial \theta}$ kann sich nur ändern durch Zuleitung von neuer Wärme dQ, d. h. solcher Wärme, die entweder aus der Umgebung zugeleitet oder durch Überführung frei verwandelbarer Arbeitsäquivalente in Wärme neu erzeugt ist.

Achter Abschnitt.

Weitere Entwickelung der Lehre von der freien Energie.

1. Die in analytischer Beziehung große Tragweite der HELMHOLTZ'schen Methode, die Thermodynamik an die Funktion $F = E - \theta S$ zu knüpfen, wurde zuerst von DUHEM[1] erkannt und ausgebeutet, und seit dem Erscheinen seines Buches über das thermodynamische Potential hat dieser französische Forscher mit seltener Rührigkeit das ganze Gebiet theoretischer Naturforschung durchgearbeitet, um es mit immer gesteigerter analytischer Strenge diesem Begriffe unterzuordnen.

Nach CLAUSIUS' Gleichung für die unkompensierte Verwandlung während eines Kreisprozesses, der beliebig den Zustand 1 in 2 und dann umkehrbar 2 in 1 überführt (Formel 8 Seite 123):

1) $$\mathsf{N} = S_2 - S_1 - \int_1^2 \frac{dQ}{\theta}$$

folgt für isotherme Prozesse unter Rücksicht auf

2) $$dE = dQ + dA$$

die weitere Formel

3) $$\mathsf{N} = S_2 - S_1 - \frac{E_2 - E_1}{\theta} + \frac{1}{\theta}\int_1^2 a A.$$

Nun setzt DUHEM

4) $$\mathsf{N} = N : \theta$$

und nennt N die unkompensierte Arbeit. So kommt

5) $$N = \theta S_2 - \theta S_1 - E_2 + E_1 + \int_1^2 dA.$$

[1] DUHEM, Le potentiel thermodynamique. Paris 1886.

Weiter nimmt DUHEM an, daß für die äußere Arbeit ein Potential W bestehe, so daß

6) $$-\int_1^2 dA = W_2 - W_1$$

und erhält

7) $$-N = \Omega_2 - \Omega_1,$$

indem er setzt

8) $$\Omega = E - \theta S + W.$$

Diese Funktion Ω nennt DUHEM das thermodynamische Potential. In dem Falle, daß auf das betrachtete System ein konstanter gleichmäßiger Normaldruck P wirkt, ist

$$-dW = -PdV = -d(P \cdot V)$$

9) $$W = PV,$$

und Ω geht dann über in die Funktion

10) $$H = E - \theta S + PV,$$

auf die bereits GIBBS und MASSIEU geführt worden waren und die DUHEM thermodynamisches Potential bei konstantem Druck nennt.

Ist aber auch noch das Volum V konstant, so wird $dW = 0$ und Ω geht über in die von HELMHOLTZ, wie früher von GIBBS und MASSIEU eingeführte Funktion

11) $$F = E - \theta S,$$

die sich als thermodynamisches Potential bei konstantem Volum darstellt.

Für jeden Fall aber gilt nach 7) der Satz, daß die unkompensierte Arbeit, die bei einer isothermen Änderung erzeugt wird, entgegengesetzt gleich der Änderung des thermodynamischen Potentials ist.

Weil nun nach CLAUSIUS die unkompensierte Verwandlung N nie negativ sein kann, also nach 4) auch DUHEM's unkompensierte Arbeit nie negativ ist, folgt, daß das thermodynamische Potential nur abnehmen kann, bei umkehrbaren Vorgängen konstant, in stabilem Gleichgewicht ein Minimum ist.

Die Werte, welche die Funktionen H und F bei vollkommenen Gasen besitzen, hat GIBBS aufgestellt und benutzt, nachdem bereits MASSIEU sich mit ihnen beschäftigt hatte. Mit Hilfe der GIBBS'schen Formeln giebt nun DUHEM eine Zusammenstellung der wichtigsten Ergebnisse, welche der Thermodynamik chemischer Vorgänge bis 1886 gelungen waren. Einheitlich aus den Eigenschaften der thermodynamischen Potentiale leitet er die Erscheinungen bei Aggregatsänderungen und Dissoziationen her, z. B. auch die von MOUTIER ausgebildete Lehre von dem dreifachen Punkt, in dem sich die Spannungskurven der drei möglichen Aggregatsänderungen einer gegegebenen Substanz schneiden müssen, ferner die KIRCHHOFF'schen und HORSTMANN'schen Formeln, GIBBS' Untersuchungen über Gasgemische, die chemischen Reaktionen unterliegen, und HELMHOLTZ' Gleichungen für die Wärmeentwickelung in der galvanischen Zelle und für die elektromotorische Kraft der Konzentrationsketten.

2. Die durch HELMHOLTZ entwickelte Lehre von der freien Energie ist von seinem Sohne ROBERT in wenigen Sätzen zusammengefaßt worden[1], von denen die ersten sechs hier folgen sollen:

„1. Jedem (chemischen) Körper oder System von Körpern kommt ein bestimmtes Quantum von „freier Energie" zu, welches nur von der Temperatur und seinem augenblicklichen Zustand (z. B. Aggregatzustand) abhängt, nicht aber von dem Wege, auf welchem dieser Zustand erreicht wurde.

Davon zu unterscheiden ist die „Gesamtenergie", welche außer der „freien" Energie noch das Äquivalent der im Körper enthaltenen unverwandelbaren Wärme umfaßt.

2. Die Arbeit, welche durch irgend eine isotherme Zustandsänderung (z. B. chemischen Prozeß, Lösung, Aggregatsänderung, Änderung der Kapillarfläche) *in maximo* geleistet werden kann, ist zu messen durch die eintretende Abnahme der freien Energie, während die Differenz der Gesamtenergie das Maximum der möglichen Wärmeabgabe angiebt.

Die „freie" Energie spielt daher für chemische Systeme dieselbe Rolle, wie die „potentielle" Energie für mechanische.

3. Demgemäß ist ein chemisches System nur dann in stabilem Gleichgewicht, wenn seine freie Energie den kleinsten bei der herrschenden Temperatur möglichen Wert angenommen hat.

Von selbst eintretende Prozesse sind daher immer solche, welche das System von einem Zustand größerer zu dem der kleinsten „freien" Energie hinführen.

Beides gilt nicht von der Gesamtenergie (z. B. nimmt dieselbe bei Kältemischungen von selbst, d. h. durch Aufnahme äußerer Wärme zu).

[1] WIED. Ann. 30, 1887, S. 401.

4. Dennoch kommen labile Zustände vor (z. B. Übersättigung, Unterkühlung), bei welchen die freie Energie nicht ein Minimum ist. Dieselben können durch sehr kleine Kräfte dauernd aufrecht erhalten werden, nach deren Entfernung oder Überwindung sie erst „ausgelöst", d. h. zu selbstthätigem Übergang in den stabilen Zustand veranlaßt werden.

Bei diesem Übergange wird natürlich ganz ebenso wie bei anderen Übergängen eine dem Abfall der freien Energie entsprechende Arbeit geleistet oder eine der Differenz der Gesamtenergie äquivalente Wärme abgegeben. Es existiert daher auch kein Grund, dieselben Schlüsse nicht auch auf solche labilen Zustände ebenso anzuwenden, wie auf die stabilen.

5. Im allgemeinen kann man also sagen, daß, wenn zwei Zustände eines Körpers in gegenseitiger Berührung vorkommen, ohne sich zu stören, dieselben gleiche freie Energie besitzen müssen.

6. Unter den möglichen isothermen Zustandsänderungen sind speziell die reversibeln die günstigsten. Denn nur sie leisten wirklich das Maximum der Arbeit, welches die Abnahme der freien Energie mißt. Darum können aber auch, wenn zwei isotherm-reversible, jedoch sonst beliebige Wege zur Verfügung stehen, die gelieferten Arbeitsgrößen unmittelbar gleich gesetzt und auf diese Weise Beziehungen zwischen den beiderseitigen Kräften und Wegparametern gewonnen werden.

Auch die bei diesen Prozessen auftretenden Wärmemengen sind vom Wege unabhängig, nämlich gleich der Differenz der nicht-verwandelbaren Wärme. Dieselbe ist aber nicht identisch mit der sogenannten „Wärmetönung" chemischer Prozesse, welche vielmehr nur durch einen vollständig irreversiblen, d. h. arbeitslosen Prozeß mit wenigstens gleichen Endtemperaturen geliefert wird und der Änderung der Gesamtenergie entspricht." —

Schon in dieser Darlegung, welche die analytische Bedeutung der freien Energie treffend hervortreten läßt, zeigt sich das Streben, die freie Energie als eine der Eigenenergie auch physikalisch mindestens gleichberechtigte Funktion erscheinen zu lassen, während sie doch, wie wir seit Gibbs wissen, nur eine unter vielen aus der Eigenenergie ableitbaren Funktionen ist, die je nach den Bedingungen, unter denen der betrachtete Prozeß verläuft, auszuwählen sind. Ihr Wert liegt allein in dem analytischen Vorteil, den sie gewähren; ist θ neben den p_a unabhängige Veränderliche, so ergeben sich aus der Funktion F dieser Größen zufolge der Gleichung

$$dF = d(E - \theta S) = -S d\theta - \Sigma P_a dp_a$$

sofort die Größen S und P_a; dagegen würden aus der Funktion E derselben Veränderlichen die Faktoren P nicht folgen, weil

$$dE = \theta dS - \Sigma P_a dp_a$$

zu

$$\frac{\partial E}{\partial p_a} = \theta \frac{\partial S}{\partial p_a} - P_a$$

führt.

3. Noch entschiedener als seine Vorgänger sucht NERNST die freie Energie neben die Eigenenergie zu stellen. In seiner Theoretischen Chemie[1] versucht er alle analytischen Anwendungen der Thermodynamik auf die eine Gleichung zurückzuführen:

$$F - E = \theta \frac{\partial F}{\partial \theta}.$$

In Lübeck[2] führte er 1895 aus, daß zu dieser Gleichung noch die Gleichgewichtsbedingung:

$$\delta F = 0$$

und das Gesetz der Energieerhaltung hinzutreten müsse; und weil sich daraus alle bisherigen Errungenschaften ergeben, liege „zur Einführung von Begriffen wie Intensität u. dergl. eigentlich kein zwingender Grund vor". Daß eine nur für gewisse Bedingungen analytisch zweckmäßige Funktion auf dem alle Bedingungen umfassenden und vor allem die physikalische Natur der Dinge festhaltenden Gebiete der Energetik der Weisheit letzter Schluß sei, ist schon von vornherein so wenig einleuchtend, daß ein näheres Eingehen auf diese Behauptung hier unterbleiben kann.

4. Eine selbständige Stellung endlich wird der freien Energie durch LE CHATELIER[3] angewiesen. Er hält geradezu ROBERT MAYER's Kraft — obschon diese unzerstörbar ist! — für identisch mit HELMHOLTZ' freier Energie, auch mit CARNOT's *puissance motrice* und — was unter gewissen Einschränkungen richtig ist — mit THOMSON's *motivity*. Alle Vorgänge, so führt er aus, zerfallen in solche, die sich von selbst entwickeln (Fall des Wassers, Übergang der Wärme

---

[1] NERNST, Theoretische Chemie. Stuttgart 1893.

[2] Verhandlungen der Gesellschaft deutscher Naturforscher und Ärzte 1895, II, S. 31.

[3] Journ. de phys. (3) 3, 1894.

vom Kessel zum Kondensator, Verbrennung der Gase, Auflösung des Zinks in Säure) und in solche, die nicht unabhängig von einem Vorgang der ersten Art eintreten, einmal vorhanden aber von selbst den Sinn des Ablaufs umändern und dadurch in Vorgänge der ersten Art umschlagen können (Gewichtserhebung, Gaskompression, Ladung eines Akkumulators). Bei allen ähnlichen Vorgängen geht eine gewisse Eigenschaft von einem System auf ein anderes über, nämlich die Fähigkeit zu unmittelbarer Umwandlung, entweder bei isoliertem Zustande des Systems oder unter Hervorrufung einer umgekehrten Transformation in einem anderen Systeme. Diese Fähigkeit soll Triebenergie (*puissance motrice*) heißen, ein Begriff, „der Kausalität und Reziprozität umfaßt."

Zwischen den unmittelbar von selbst verlaufenden Umwandlungen, welche Triebenergie erzeugen, und den umgekehrten Umwandlungen, welche sie verbrauchen, existiert, wie man leicht erkennt, eine Art Umwandlungen, die nicht von selbst eintreten, also keine Triebenergie liefern, deren Verlauf in dem einen und anderen Sinne aber nur einen unendlich kleinen Aufwand von Triebenergie erfordert. Diese Vorgänge heißen umkehrbar und jeder ihnen angehörige Zustand ein Gleichgewichtszustand.

Für die Triebenergie gelten nun drei Erfahrungssätze.

Der erste kommt auf unseren Satz von der Erhaltung der Kapazitäten (vergl. Teil 7) hinaus und wird als Satz von der Erhaltung der Kapazität der Triebenergie bezeichnet, aber in einer weder unmittelbar einleuchtenden noch für weitere Schlüsse sehr geeigneten Form ausgesprochen.

Der zweite heißt Satz von der Erhaltung der Triebenergie und behauptet, daß diese nicht geschaffen werden kann.

Der dritte wird Satz von der Erhaltung der Energie genannt und lautet: „Es ist unmöglich, Triebenergie zu zerstören, ohne Wärme zu schaffen."

Die Arbeit Le Chatelier's ist von echt energetischem Geiste durchzogen, der den Blick auf das Naturganze richtet und die Mannigfaltigkeit der Erscheinungen zu umspannen bemüht ist, auch hat es Le Chatelier in hervorragender Weise verstanden, die Thermodynamik der mathematischen Chemie dienstbar zu machen.[1] Seine eigenartige Begründung der Energetik wird man aber nach obigen Andeutungen kaum als glücklich und zweckmäßig bezeichnen können.

[1] Ann. des mines 1888; auch besonders erschienen als: Recherches éxperimentales et théoriques sur les équilibres chimiques. Paris 1888.

5. Die großen Hoffnungen, welche Helmholtz und seine Schüler auf die freie Energie setzten, scheinen mir weit übertrieben zu sein. Der ganze Sachverhalt wird völlig übersichtlich bei einem Blick auf Gibbs' Gleichungen 10) bis 13) S. 160 oder 15) bis 18) S. 161. Sie lehren, daß Helmholtz' freie Energie F keineswegs eine selbständige Rolle spielt, daß ihr vielmehr bei verschiedenen Änderungsbedingungen des Systems verschiedene Funktionen als gleichberechtigt zur Seite gestellt werden können. Sie lassen vor allem als die Größen, welche in letzter Instanz für die chemischen Veränderungen maßgebend sind, die chemischen Potentiale Π oder allgemeiner Helmholtz's P_a hervortreten, während die Funktionen E, F, G und H nur die unter verschiedenen Bedingungen anwendbaren analytischen Hilfsmittel sind, welche es ermöglichen, die Größen Π bez. P_a im gegebenen Falle als Differentialquotienten einer einzigen eindeutigen Funktion darzustellen.

Wenn noch andere P_a als der äußere Druck konstant erhalten werden sollen, treten weitere derartige Funktionen auf, z. B. (vergl. S. 177) bei konstanter elektrischer Spannung die Funktion $E + \varDelta \cdot \varepsilon$. Läßt man aber die verschiedenen Bedingungen, denen die frei verwandelbare Arbeit unterworfen sein kann, außer acht, so bleibt doch E neben F gleichberechtigtes Potential, E nämlich für isentropische bez. adiabatische, wie F für isotherme Änderungen.

Es ist also auch Helmholtz nicht gelungen, die alte Rankine'sche Idee zum Ziele zu führen, von der S. 112 f. berichtet wurde. Die Eigenenergie läßt sich keineswegs schlechthin in zwei Arten scheiden, wie es die Namen freie und gebundene Energie doch wohl andeuten sollen, vielmehr ist unter anderen Änderungsbedingungen auch ein anderer Teil der gesamten Eigenenergie „frei“, d. h. Potentialfunktion für die äußere Arbeit. Es liegt auf der Hand, daß wie bei Rankine auch bei Helmholtz der alte Spuk der mechanischen Hypothese Schuld ist an der Meinung, die Eigenenergie ließe sich in zwei Teile absolut, ohne Rücksicht auf die jeweiligen Bedingungen der Änderung zerlegen. Rankine dachte sich die beiden Teile als aktuell und latent; auch Helmholtz schließt seine Herleitung der freien Energie mit einem Rückfall in die mechanische Hypothese, die er sonst, wie bereits hervorgehoben, in den Arbeiten zur Thermodynamik chemischer Vorgänge gänzlich meidet. „Wir bedürfen“, sagt er, „schließlich noch eines Ausdrucks, um das, was die theoretische Mechanik bisher als lebendige Kraft oder aktuelle Energie bezeichnet hat, deutlich zu unterscheiden von den Arbeitsäquivalenten der Wärme, die doch auch größtenteils als lebendige Kraft unsichtbarer Molekularbewegungen aufzufassen sind. Ich möchte vorschlagen, erstere als die lebendige Kraft geordneter Bewegung zu bezeichnen. Geordnete Bewegung nenne ich eine solche, bei welcher die Geschwindigkeitskomponenten der bewegten Massen als differenzierbare Funktionen der Raumkoordinaten angesehen werden können. Ungeordnete Bewegung dagegen wäre eine solche, bei welcher die Bewegung jedes einzelnen Teilchens keinerlei Art von Ähnlichkeit mit der seiner Nachbarn zu haben brauchte. Wir haben allen Grund zu glauben, daß die Wärmebewegung von letzterer Art ist, und man dürfte in diesem Sinne die Größe der Entropie als das Maß der Unordnung bezeichnen. Für unsere, dem Molekularbau gegenüber verhältnismäßig groben Hilfsmittel ist nur die geordnete Bewegung wieder in andere Arbeitsformen frei verwandelbar.“

Die Thatsache, daß beim Stoß und bei der Reibung die kinetische Energie sich auf kleinere Massen zerstreut und dabei gleichzeitig Wärme auftritt, hat freilich seit alter Zeit den Gedanken erweckt, die Wärme sei selbst nichts anderes als auf sehr kleine Teilchen zerstreute kinetische Energie. Aber wir können heute behaupten, daß dieser Gedanke unberechtigt ist. Von zwei Dingen eins: Entweder die kleinsten Teile, deren Bewegung mit Wärme identisch sein soll, sind noch endlich, Atome im gewöhnlichen Sinne; oder sie sind selbst unendlich klein, den Raum stetig erfüllend. Im ersten Falle wäre die Wärme ein absolut angebbarer Teil der Gesamtenergie, während zufolge der Untersuchungen von Gibbs es ganz und gar von den Bedingungen, denen das System unterliegt, abhängt, wieviel Energie im Helmholtz'schen Sinne frei verwandelbar ist, wieviel gebunden. Der erste Fall widerspricht also der Erfahrung. Denkt man sich aber die Wärme als die auf unendlich kleine Massenteile zerstreute kinetische Energie, so hat man einen Grenzübergang auf Unendlichkleines auszuführen, und es ist dann allerdings möglich, daß dieser je nach den Bedingungen, denen das System unterliegt, verschiedene Werte ergiebt. Aber wenn das so ist, wenn der Grenzübergang unter verschiedenen Bedingungen Verschiedenes ergiebt, so bleibt von der mechanischen Auffassung der Wärme nichts übrig, als ein analytischer Prozeß, keine anschauliche Vorstellung. So wenig wie eine unendliche Reihe eine rationale oder überhaupt eine bestimmte Zahl zu sein braucht, obschon sie aus rationalen Zahlen formell bestimmt aufgebaut ist, so wenig ist dann Wärme Bewegung. Es war ein einfaches klares Wort, das einst Robert Mayer gesprochen hatte (S. 22): Um Wärme zu werden, muß die Bewegung aufhören Bewegung zu sein. Selbstverständlich steht es frei, Wärme auch fernerhin als Molekularbewegung anzusehen, wenn man sie nicht mit gebundener Energie identifiziert, so daß dann nicht „die Größe der Entropie das Maß der Unordnung" ist. Nur bleibt dann die Frage: Welchen Nutzen gewährt eine solche Ansicht vom Wesen der Wärme?

Neunter Abschnitt.

Planck's Behandlung des Entropiebegriffes.

1. Als wissenschaftliche Durchführung der HORSTMANN'schen Gedanken erscheinen die Beiträge PLANCK's zur mathematischen Chemie. Schon ihr Titel „Über das Prinzip der Vermehrung der Entropie" bekundet den Anschluß an HORSTMANN's Idee. PLANCK hat sich in ganz selbständiger Weise in das Entropieprinzip vertieft (vergl. S. 97) und wendet dieses nun auf chemische Reaktionen an, indem er die thermodynamischen Potentiale nur als bei der Analyse auftretende Größenverbindungen einführt und ihnen nicht die selbständige Bedeutung beilegt wie HELMHOLTZ oder dessen andere Nachfolger.

Es erscheint daher notwendig, vor dem Besprechen der Arbeiten PLANCK's über chemische Reaktionen den Standpunkt kennen zu lernen, den er der Entropiefunktion gegenüber einnimmt, und deshalb auf eine ältere Arbeit von ihm zurückzugehen, in der die reine Theorie der Entropie ohne Beziehung auf chemische Verwendung aufgestellt wird. Es ist die Abhandlung „Über den zweiten Hauptsatz der mechanischen Wärmetheorie", die schon 1879 erschienen ist und auf die wir bereits S. 97 Bezug nahmen.

„Betrachten wir in der Natur irgend einen Prozeß, der eine Reihe von Körpern aus einem bestimmten Anfangszustand in einen bestimmten Endzustand überführt (wobei stets alle Körper, die durch den Prozeß irgend welche Veränderungen erleiden, mit in denselben einbegriffen gedacht werden). Wenn wir uns nun diesen Endzustand als den Anfangszustand eines anderen Prozesses gegeben denken, so sind zwei Fälle möglich: Entweder läßt sich dieser neue Prozeß auf irgend eine Weise so einrichten, daß er genau den ehemaligen Anfangszustand herbeiführt, oder es läßt sich dies nicht bewerkstelligen.

Das Eintreten des einen oder anderen Falles hängt offenbar lediglich ab von der Beschaffenheit des Anfangs- und des Endzustandes des erstbetrachteten Prozesses; daher können wir die beiden möglichen Fälle durch folgende anschauliche Bezeichnung unterscheiden: Im ersten Falle hat die Natur gleiche Vorliebe für den Anfangs- und Endzustand, im zweiten Falle hat die Natur mehr Vorliebe für den Endzustand als für den Anfangszustand; denn in jenem Falle ist in der Natur zwischen den beiden Zuständen nach beiden Richtungen hin ein Übergang möglich, in diesem jedoch nur in einer bestimmten Richtung."

„Nach dieser Unterscheidung lassen sich sämtliche Naturprozesse klassifizieren:

1. in solche, für deren Endzustand die Natur die gleiche Vorliebe hat wie für den Anfangszustand, und die wir neutrale Prozesse nennen möchten;

2. in solche, für deren Endzustand die Natur mehr Vorliebe hat, wie für den Anfangszustand — natürliche Prozesse."

Nun macht Planck, zunächst nur hypothetisch, die Annahme, daß für jeden Zustand eines Systems von Körpern eine bestimmte Funktion S existiert, abhängig von den Bestimmungsstücken dieses Zustandes, deren Wert das Maß der Vorliebe der Natur für diesen Zustand bildet, und bestimmt dann S für vollkommene Gase. Selbstverständlich müssen die Zustände, deren S-Werte verglichen werden sollen, überhaupt vergleichbar sein, d. h. der Übergang von einem zum anderen darf weder mit Verlust von Materie noch mit Verlust von Kraft verbunden sein; es müssen vielmehr beide Zustände 1. dieselben Substanzen umfassen in gleichen Quantitäten, 2. gleiche Mengen von Eigenenergie enthalten.

Wird durch umkehrbare Änderung der Temperatur θ und des Volums V eines Gases, das den Druck P ausübt, ein schwerer Körper gehoben, so wächst die Eigenenergie des Gases um $c\,d\theta$, während die mechanische Arbeit $P\,dV$ in potentieller Energie des schweren Körpers angesammelt wird. Der Energiebesitz des aus dem Gase und dem schweren Körper bestehenden Systems bleibt unverändert, wenn:

1) $$0 = c\,d\theta + P\,dV.$$

Zufolge der Gleichung:

2) $$PV = R\theta$$

geht diese Bedingung über in:

3) $$0 = c\,d\theta + \frac{R\theta}{V}\,dV$$

d. i.:

4) $$0 = c\frac{d\theta}{\theta} + R\frac{dV}{V},$$

und diese Bedingung kann man $dS = 0$ schreiben, wenn man setzt:

5) $$dS = c\frac{d\theta}{\theta} + R\frac{dV}{V},$$

6) $$S = cl\theta + RlV + \text{Const.}$$

Die hier eingeführte Funktion S hat nun nicht nur die eben bewiesene Eigenschaft, sich bei einem umkehrbaren Prozesse nicht zu ändern, sie wächst auch bei einem nicht-umkehrbaren. Indem nämlich Planck als ein dem Carnot-Clausius'schen Prinzip analoges neues Prinzip den Erfahrungssatz einführt: „Ein Körper kann nicht ohne Kompensation bei gleichbleibender Energie sein Volum verkleinern" stellt sich ihm die Volumzunahme eines Gases als ein natürlicher Prozeß dar, wenn sie ohne Überwindung eines äußeren Druckes und ohne Temperaturänderung erfolgt. In diesem Falle ist $d\theta = 0$ und dV positiv, daher

7) $$dS > 0.$$

In dem oben besprochenen Falle z. B., daß die Wärmemenge Q von einem Gase auf ein anderes übergeht, steigt die Entropie des zweiten Gases um:

$$c_2 l\frac{\theta_2'}{\theta_2} + R_2 l\frac{V_2'}{V_2},$$

während die des ersten abnimmt, nämlich um den negativen Betrag

$$c_1 l\frac{\theta_1'}{\theta_1} + R_1 l\frac{V_1'}{V_1}$$

zunimmt. Die gesamte Entropiezunahme ist daher, falls die Volume der Gase während des Wärmeüberganges konstant erhalten werden:

$$c_1 l\frac{\theta_1'}{\theta_1} + c_2 l\frac{\theta_2'}{\theta_2}.$$

Das ist aber mit Rücksicht darauf, daß bei konstantem Volum $Q = -c_1(\theta_1' - \theta_1) = c_2(\theta_2' - \theta_2)$ ist, gleichwertig mit:

8) $$c_1 l\left(1 - \frac{Q}{c_1\theta_1}\right) + c_2 l\left(1 + \frac{Q}{c_2\theta_2}\right).$$

Daher bedingt ein Übergang des Wärmedifferentials dQ die Entropiezunahme:

9) $$dQ\left(\frac{1}{\theta_2} - \frac{1}{\theta_1}\right),$$

die in der That, identisch mit dem Verwandlungswert der Wärmemenge dQ, stets positiv ist.

2. Um nun den Wert der Entropie für einen beliebigen Körper zu ermitteln, führt PLANCK den Kreisprozeß in seinen Gedankengang ein. Er läßt den Körper, für den die Entropiefunktion ermittelt werden soll, einen Kreisprozeß durchlaufen und denkt sich als Wärmespeicher Gase, die bei konstantem Volum Wärme abgeben oder aufnehmen. Giebt ein solches Gas bei der Temperatur θ die Wärme dQ ab, und erwärmt sich dadurch um $-d\theta$, so erhöht sich seine Entropie nach 5) um $-c\,d\theta:\theta = -dQ:\theta$.

Der den Kreisprozeß ausführende Körper bildet zusammen mit den Wärmespeichern, aus denen er Wärme nimmt oder an die er Wärme giebt und mit einem beliebigen Mechanismus, an den er Arbeit abliefert oder aus dem er Arbeit empfängt, ein System, das keine Stoff- und keine Energieänderung erleidet. Da letzteres auch für den arbeitenden Körper für sich allein zutrifft, wenn man nur seine Zustände bei Beginn und am Schlusse des Kreisprozesses ins Auge faßt, so sind nur die Entropieänderungen in den Wärmespeichern zu berücksichtigen und, da diese Gase sind, so ist der gesamte Entropiewert des Kreisprozesses:

10) $$-\int\frac{dQ}{\theta}\geqq 0.$$

11) $$\int\frac{dQ}{\theta}\leqq 0,$$

wobei die Summierung über alle Wärmespeicher zu erstrecken ist. Bei umkehrbaren Kreisprozessen ist aber θ auch die Temperatur des arbeitenden Körpers, und andererseits ist:

12) $$dQ = dE + P\,dV$$

durch Zustände dieses arbeitenden Körpers allein darstellbar. Daher ist:

13) $$\int\frac{dQ}{\theta} = \int\frac{dE + P\,dV}{\theta} = 0,$$

wenn das Integral über alle Zustände erstreckt wird, die der betrachtete Körper während eines umkehrbaren Kreisprozesses durchläuft. Mithin ist $(dE + P\,dV):\theta$ ein vollständiges Differential. Setzt man es gleich dS,

14) $$dS = \frac{dE + P\,dV}{\theta},$$

so genügt die Funktion S nicht nur der Bedingung, sich bei neutralen Prozessen nicht zu ändern, sondern auch der bei natürlichen Prozessen zu wachsen. Um das zu beweisen, zieht PLANCK wieder sein Prinzip heran, demzufolge ein natürlicher Prozeß ausgeführt wird, wenn ein Körper sich bei $dE = 0$, also z. B. adiabatisch ohne Überwindung eines äußeren Druckes ausdehnt. Denn für $dV > 0$, $dE = 0$ wird dS positiv. Für vollkommene Gase geht selbstverständlich die Gleichung 14) in 5) über.

3. Ich habe diese Behandlungsweise des Entropiebegriffs durch Planck hier ziemlich ausführlich wiedergegeben, obschon sie bisher keine Anregung zu weiteren Arbeiten in dieser Richtung gegeben hat. Aber die Schwierigkeiten des Entropiebegriffs sind so erheblich, daß jeder Versuch, sie zu bewältigen, besondere Beachtung verdient. Zu einer Zeit, wo man diese Schwierigkeiten durch mechanische Deutung des Entropiebegriffs glaubte beseitigen zu können, hat Planck die Selbständigkeit besessen, in rein energetischer Weise sie zu überwinden. Denn welche Behandlungsweise verdiente mehr diesen Namen, als der Plan, die Entropie unmittelbar aus unseren allgemeinsten Erfahrungen über die Naturvorgänge herzuleiten oder der Versuch, an die Seite oder sogar an die Stelle des Carnot-Clausius'schen Satzes der klassischen Thermodynamik ein neues Prinzip zu stellen und damit die Analogie zum Ausdruck zu bringen, die zwischen den Energieformen besteht? Eine eigentümliche Ironie der geschichtlichen Entwickelung hat es freilich gefügt, daß der Mann, der einst mit einem so rein energetischen Programm in die Schranken trat, 16 Jahre später mit recht unnötigem Pathos die Energetik in der Stunde der Gefahr verleugnete. Vielleicht bleibt sie ihm treuer, als er ihr.

Daß die Aufgabe, die sich Planck gestellt hatte, von ihm gelöst worden wäre, will ich übrigens keineswegs behaupten. Es leuchtet durchaus nicht ein, daß S die einzige Funktion ist, welche die Vorliebe der Natur für den einen oder anderen unter gegebenen thermisch verschiedenen Zuständen mißt; auch ist das Prinzip, das er einführen will, bei weitem nicht dem Carnot-Clausius'schen Prinzip an Überzeugungskraft vergleichbar. Dies wird von Planck selbst dadurch zugegeben, daß er in seiner jüngst erschienenen Thermodynamik[1] sein Prinzip durch ein anderes ersetzt, das dem Carnot-Clausius'schen oder vielmehr dem diesem äquivalenten Thomson'schen Prinzipe (S. 82 und 102) entspricht. Dieses Prinzip faßt er in die Worte: „Es ist unmöglich, eine periodisch funktionierende Maschine zu konstruieren, die weiter nichts bewirkt, als Hebung einer Last und Abkühlung eines Wärmereservoirs.“

[1] Planck, Thermodynamik. Leipzig 1897. S. 80 ff.

Das ältere PLANCK'sche Prinzip dürfte sich vielleicht durch das dem CARNOT'schen Prinzip genau äquivalente Erfahrungsergebnis ersetzen lassen, daß Volumenergie von selbst nur aus höherem Druck auf niederen übergehen kann, und auch in anderer Hinsicht wären die älteren PLANCK'schen Gedanken wert, vor der Vergessenheit bewahrt zu werden, sei es auch nur, um nach pädagogischer Seite sich für das Erfassen des Entropieprinzips förderlich zu erweisen.

Die zur Veranschaulichung der Entropie erdichtete anthropomorphe „Vorliebe der Natur" erinnert übrigens an die nicht lange vor dem Erscheinen der PLANCK'schen Arbeit veröffentlichten Ideen ZÖLLNER's[1] über die Lustempfindung, die mit dem Übergang potentieller in kinetische Energie verbunden sei und die mit dem entgegengesetzten Übergang verknüpfte Unlust.

4. Nicht als Fortschritt kann man die PLANCK'sche Definition der umkehrbaren und nicht-umkehrbaren Prozesse bezeichnen. „Ein Prozeß", sagt er,[2] „der auf keine einzige Weise vollständig rückgängig gemacht werden kann, heißt irreversibel, alle anderen Prozesse reversibel. Damit ein Prozeß irreversibel ist, genügt es also nicht, daß er sich nicht direkt umkehren läßt — das ist auch bei vielen mechanischen Prozessen der Fall, die nicht irreversibel sind — sondern es wird erfordert, daß es selbst mit Anwendung sämtlicher in der Natur vorhandenen Reagentien kein Mittel giebt, um, wenn der Prozeß abgelaufen ist, allenthalben genau den Anfangszustand wieder herzustellen." Es muß davor gewarnt werden, dieser Auffassung Beweiskraft aus dem Satze zu borgen, daß auf den Zustand A der Welt der Zustand B und nicht umgekehrt auf B auch A folgt. Mit diesem Satze von der Weltordnung hat der in Rede stehende nichts zu thun, obschon es nach der früher von PLANCK den nicht-umkehrbaren Prozessen verliehenen Bezeichnung als natürliche Prozesse, die er allerdings aufgegeben hat, so scheinen könnte. Denn PLANCK muß selbstverständlich den Fall ins Auge fassen, daß ein Körper oder ein Körpersystem aus dem Zustande A nach unserer Willkür in den Zustand B oder in den Zustand B' versetzt werden kann; wir müssen, um den einen Zweck zu erreichen, anders verfahren, andere Reagentien anwenden, als um den anderen Zweck zu erreichen; aber möglich ist es uns, beide Absichten nach Wahl durchzuführen. In der Weltordnung ist dagegen eine solche Wahl

[1] ZÖLLNER, Natur der Kometen. Leipzig 1872. S. 326.

[2] PLANCK, Thermodynamik. Leipzig 1897. S. 77.

ausgeschlossen, weil wir mit unserem Wollen selbst ein Teil des aus dem Zustand A in den Zustand B übergehenden Systems sind. Giebt man aber die Beziehung auf die Weltordnung preis, so erscheint der PLANCK'sche Satz äußerst zweifelhaft und unpraktisch. Es ist offenbar kein einleuchtender logischer Grund vorhanden, warum es nicht möglich sein soll, durch geeignete Einrichtungen den Zustand B oder B' in den Zustand A zurückzuführen. Das giebt PLANCK selbst ausdrücklich an: „rein logisch genommen ist es sehr wohl denkbar, daß eines Tages ein Mittel aufgefunden würde, durch dessen Anwendung es gelänge, einen bisher als irreversibel angenommenen Prozeß vollständig rückgängig zu machen". Wie aber soll man dann erfahrungsmäßig ermitteln, ob „allenthalben" der Anfangszustand wieder hergestellt sei oder nicht? Selbst bei verhältnismäßig einfachen Vorgängen kommen fernliegende Dinge in Mitleidenschaft, z. B. bei allen Vorgängen, die unter dem Einfluß der Schwere stehen, der Erdkörper. Und wozu die Weitläufigkeit, die alle elementare Einfachheit und Klarheit preisgiebt? Was in aller Welt erreicht PLANCK, indem er die klassische Definition der Umkehrbarkeit aufgiebt?

Zehnter Abschnitt.

Planck's Thermochemie.

1. PLANCK wendet nun das Prinzip von der Vermehrung der Entropie auf ein System von Körpern an, in welchem die gemeinsame Temperatur θ und der gemeinsame Druck P herrscht.[1] Das System besteht aus beliebig vielen homogenen, sich berührenden Körpern, nach GIBBS'scher Bezeichnung Phasen. Der erste dieser Körper sei aus einer Anzahl chemisch einfacher oder zusammengesetzter Stoffe gebildet, denen die Molekulargewichte $m, m_1, m_2 \ldots$ zukommen. Er enthalte $n \cdot m$ Gramm (oder n Molen) des ersten dieser Stoffe, $n_1 \cdot m_1$ Gramm des zweiten u. s. f. In dem zweiten Körper seien $n' \cdot m'$, $n_1' \cdot m_1'$, ... die Mengen derselben Bestandteile u. s. w.

Sind nun S, S', S'' ... die Entropien der einzelnen Phasen, σ die Entropie des umgebenden Mediums, so erfordert das Prinzip

[1] WIED. Ann. 30, 31, 32, 44, 1887 bis 1891. — Vorlesungen über Thermodynamik. Leipzig 1897.

der Entropievermehrung, daß jede mögliche Änderung des Systems die Bedingung erfüllt:

15) $$\delta S + \delta S' + \delta S'' + \ldots + \delta \sigma > 0,$$

da ja, wie es die Anwendbarkeit des Prinzips fordert, das System, zusammen mit seiner Umgebung keine Änderung der Eigenenergie oder der Stoffmengen erleidet. Ist nun die aus dem umgebenden Medium an das System abgegebene Wärme δQ, so ist:

16) $$\frac{-\delta Q}{\theta} = \delta \sigma,$$

und nach dem Energiegesetze 12) ist, wenn ΣV das Volum des Systems, ΣE seine Eigenenergie darstellt.

17) $$\Sigma \delta E = \delta Q - \Sigma P \delta V,$$

also:

18) $$\delta \sigma = -\sum \frac{\delta E + P \delta V}{\theta}.$$

Stellt man nun die Summe $S + S' + \ldots$ durch ΣS dar, so hat man:

19) $$\sum \left[\delta S - \frac{\delta E + P \delta V}{\theta}\right] > 0,$$

oder ausführlicher:

19b) $$\sum \left\{ \left(\frac{\partial S}{\partial \theta} - \frac{1}{\theta}\frac{\partial E}{\partial \theta} - \frac{P}{\theta}\frac{\partial V}{\partial \theta}\right) \delta \theta + \left(\frac{\partial S}{\partial P} - \frac{1}{\theta}\frac{\partial E}{\partial P} - \frac{P}{\theta}\frac{\partial V}{\partial P}\right) \delta P \right.$$
$$\left. + \left(\frac{\partial S}{\partial n} - \frac{1}{\theta}\frac{\partial E}{\partial n} - \frac{P}{\theta}\frac{\partial V}{\partial n}\right) \delta n + \ldots \right\} > 0.$$

Die Faktoren von $\delta \theta$ und δP verschwinden; denn bei solchen Änderungen eines Körpers, bei denen er seine stoffliche Zusammensetzung nicht ändert, also bei Änderungen der Temperatur und des Druckes allein, ist nach Gleichung 14):

20) $$d S = \frac{d E + P d V}{\theta}.$$

Nun führt Planck die Hilfsfunktion:

21) $$S - \frac{E + P V}{\theta} = \Phi$$

ein, die in innigster Beziehung steht zum thermodynamischen Potential H bei konstantem Druck und konstanter Temperatur (Formel 13 S. 160); Φ ist $-H:\theta$. Auch mit der unkompensierten Verwandlung N ist zufolge von DUHEM's Formeln 7), 10) und 4) (S. 182) die Funktion Φ eng verknüpft. Mit Hilfe von Φ geht die Gleichung 19b) über in:

22) $$\sum\left\{\frac{\partial \Phi}{\partial n}\delta n + \frac{\partial \Phi}{\partial n_1}\delta n_1 + \ldots\right\} > 0.$$

Die Funktion $\Sigma\,\Phi$ wächst also bei allen stofflichen Änderungen im Systeme. Gleichgewicht gegen stoffliche Änderungen besteht daher, wenn bei allen möglichen, allen virtuellen Änderungen δn:

23) $$\sum\left\{\frac{\partial \Phi}{\partial n}\delta n + \frac{\partial \Phi}{\partial n_1}\delta n_1 + \ldots\right\} = 0.$$

Bei allen chemischen Umsätzen stehen die Änderungen δn der Molenzahlen im Verhältnis kleiner ganzer Zahlen ν, die stöchiometrisch bekannt sind und Umsatzzahlen heißen mögen. Die Gleichgewichtsbedingung wird mit ihrer Hilfe:

24) $$\sum\left\{\frac{\partial \Phi}{\partial n}\nu + \frac{\partial \Phi}{\partial n_1}\nu_1 + \ldots\right\} = 0.$$

Bemerkenswert ist noch, daß für jede einzelne Phase:

$$\frac{\partial \Phi}{\partial \theta}d\theta + \frac{\partial \Phi}{\partial P}dP = \left(\frac{\partial S}{\partial \theta} - \frac{1}{\theta}\frac{\partial E}{\partial \theta} - \frac{P}{\theta}\frac{\partial V}{\partial \theta}\right)d\theta + \frac{E+PV}{\theta^2}d\theta$$
$$+ \left(\frac{\partial S}{\partial P} - \frac{1}{\theta}\frac{\partial E}{\partial P} - \frac{P}{\theta}\frac{\partial V}{\partial P}\right)dP - \frac{V}{\theta}dP$$

und daher wieder mit Rücksicht auf Gleichung 14):

25) $$\frac{\partial \Phi}{\partial \theta} = \frac{E+PV}{\theta^2} = \frac{G}{\theta^2}, \qquad \frac{\partial \Phi}{\partial P} = -\frac{V}{\theta},$$

wobei G wie früher S. 160 für das thermodynamische Potential bei konstantem Druck eingeführt wurde.

In dieser Herleitung der Gleichung 24) aus dem Entropieprinzip kann man freilich keinen Fortschritt gegen DUHEM oder gar gegen GIBBS erkennen. Daß sich die Differentialquotienten nach θ und P anders verhalten, wie die nach n, macht schon die Entwickelung unerquicklich gespreizt; vor allem aber erscheint mir die Entropie σ des umgebenden Mediums äußerst bedenklich. Ist das umgebende Medium vor oder gar nach der Änderung des Systems in einem Gleichgewichtszustand? In welchem Sinne sollte man also von seiner Entropie reden? Nun mag es ja sein, daß die Größe $\delta\sigma$, die allein in Frage kommt, auf den Zustand des umgebenden Mediums einen verschwindend kleinen Einfluß hat, aber das ändert nichts an den Bedenken gegen die Rechnung mit einer nicht streng definierbaren Größe.

2. Wir halten uns also an Stelle von Gleichung 24) an die ganz einwandfreie Formel 13) von GIBBS auf S. 160. Wenn θ und P die Temperatur und den Druck bezeichnen, der im System herrscht, und wenn jeder der Stoffe, der in einer Phase zunehmen kann, auch in ihr abnehmen kann, also ein wirklicher Bestandteil ist, wie es PLANCK offenbar stillschweigend voraussetzt, so geht diese Formel über in die Gleichung:

26) $$d\Sigma H = d\Sigma(E - \theta S + PV) = \Sigma\{-S d\theta + V dP + \Pi m dn + \Pi_1 m_1 dn_1 + \ldots\}.$$

Dieser Gleichung entnimmt man zunächst, daß die auf das Mol als Masseneinheit bezogenen chemischen Intensitäten gesetzt werden dürfen:

27) $$m\Pi = \frac{\partial H}{\partial n}, \qquad m_1 \Pi_1 = \frac{\partial H}{\partial n_1}, \qquad \ldots.$$

Weil ferner bei konstanter Temperatur und konstantem Druck in einem gegen Stoffaustausch isolierten System $d\Sigma H = 0$ ist, ferner auch in jeder einzelnen Phase des Systems $d\theta = 0$ und $dP = 0$ sein soll, so folgt:

28) $$\Sigma(\Pi m dn + \Pi_1 m_1 dn_1 + \cdots) = 0,$$

29) $$\sum\left(\frac{\partial H}{\partial n} dn + \frac{\partial H}{\partial n_1} dn_1 + \cdots\right) = 0,$$

30) $$\sum\left(\frac{\partial H}{\partial n} \nu + \frac{\partial H}{\partial n_1} \nu_1 + \cdots\right) = 0.$$

Es wird daher sachgemäß sein, bei der weiteren Darlegung der PLANCK'schen Untersuchungen nicht wie er von der Funktion Φ und der Formel 24) auszugehen, sondern von der hier, aus wesentlich GIBBS'schen Prämissen entwickelten Gleichung 30).

Diese weiteren Untersuchungen PLANCK's aber, seine Herleitungen chemischer Erfahrungsthatsachen aus der Theorie, sind ein sehr bedeutsamer Schritt gewesen. PLANCK hat zum ersten Male alle durch die damaligen Leistungen der physikalischen Chemie experimentell festgestellten Sätze über Gasgemische und verdünnte Lösungen aus dem Entropieprinzip nach einer einheitlichen Methode hergeleitet und sich dabei eines neuen wertvollen Begriffes, der Konzentration, bedient. Wo seine Formeln mit denen von GIBBS sich decken, haben sie doch eine einfachere und durchsichtigere Gestalt angenommen, wobei freilich zu bedenken, daß GIBBS' Theorie den meisten erfahrungsmäßigen Feststellungen vorausgeht und deshalb die allgemeinste Fassung der Resultate festhält, während nach dem vorzüglich durch RAOULT erreichten Abschluß der Experimente die Vereinfachungen gestattet waren, die zur Beschreibung des Thatsächlichen genügten.

Bezeichnen wir, um nun PLANCK's Gedankengang — nur auf der Grundlage der Gleichung 30) statt 24) — durchzuführen, für 1 Mol Energie, Entropie, Volum und thermodynamisches Potential bei konstantem θ und P beziehungsweise mit e, s, v, h. Wir betrachten zunächst den einfachsten Fall, daß keine der Phasen stoffliche Änderungen erleidet, also für jede nur ein einziges n gilt. Dann ist für jede

31) $$H = n \cdot h = n(e - \theta s + Pv), \qquad \frac{\partial H}{\partial n} = h = e - \theta s + Pv.$$

und Gleichung 30) wird:

32) $$\nu h + \nu' h' + \cdots = 0.$$

Ändert sich die Temperatur, so ändert sich der durch diese Gleichung charakterisierte Gleichgewichtszustand, und zwar so, daß

$$\nu\left(\frac{\partial h}{\partial \theta} + \frac{\partial h}{\partial P}\frac{\partial P}{\partial \theta}\right) + \nu'\left(\frac{\partial h'}{\partial \theta} + \frac{\partial h'}{\partial P}\frac{\partial P}{\partial \theta}\right) + \cdots = 0.$$

Nun ist aber nach 31)

33) $$\frac{\partial h}{\partial \theta} = -s, \qquad \frac{\partial h}{\partial P} = +v.$$

Daher erfüllt die Gleichgewichtsverschiebung die Bedingung

34) $$\nu s + \nu' s' + \cdots = \frac{\partial P}{\partial \theta}(\nu v + \nu' v' + \cdots)$$

oder mit Berücksichtigung von 32) die Gleichung

35) $$\nu e + \nu' e' + \cdots + P(\nu v + \nu' v' + \cdots) = \theta \frac{\partial P}{\partial \theta}(\nu v + \nu' v' + \cdots),$$

und das ist die Verallgemeinerung der alten CLAPEYRON'schen Formel, wie sie für chemische Vorgänge schon HORSTMANN angewendet hatte. Links steht die bei der Reaktion stattfindende Wärmeentwickelung bei konstantem Druck, $e + Pv$ könnte man mit Bezug auf GIBBS' Formel 12) (S. 160) als g bezeichnen; die linke Seite der Formel 35) oder $\Sigma \nu g$ ist die Energiedifferenz bei konstantem Druck, die das System während der durch die Umsatzzahlen ν gegebenen Reaktion erfährt.

3. Weiter behandeln wir nach PLANCK den zuerst von GIBBS durchgerechneten Fall, daß das System aus einer einzigen Phase besteht, die ein Gasgemenge ist. Sind $c, c_1, c_2 \ldots$ die spezifischen Wärmen je eines Mols der Bestandteile bei konstantem Volum, so ist

36) $$E = n(c\theta + q) + n_1(c_1\theta + q_1) + \cdots,$$

wobei $q, q_1 \ldots$ Konstanten darstellen. Weiter ist

37) $$S = ns + n_1 s_1 + \cdots$$

und nach Gleichung 6) S. 191 haben wir

38) $$s = c\,l\theta + R_0\, l v + k,$$

wenn k eine Konstante, v das Volum eines Mols, R_0 eine Gaskonstante bezeichnen. Hier ist es nun, wo PLANCK seinen Begriff der Konzentration einführt.

Heißen $p, p_1 \ldots$ die Teildrucke der gasförmigen Bestandteile des Gemenges, das beim Drucke P das Volum V erfüllt, so ist

39) $$pV = nR_0\theta, \quad p_1V = n_1R_0\theta, \quad p_2V = n_2R_0\theta, \quad \ldots.,$$

wobei R_0 nach dem AVOGADRO'schen Gesetze für alle Gase denselben Wert besitzt

40) $$R_0 = 832 \cdot 10^5 \frac{\text{Erg}}{{}^0\text{C.}} = 1{,}96 \frac{\text{cal}}{{}^0\text{C.}}.$$

Durch Addition folgt

41) $$PV = (n + n_1 + \cdots)R_0\theta,$$

daher

42) $$\frac{p}{P} = \frac{n}{n + n_1 + \cdots} = C, \quad \frac{p_1}{P} = \frac{n_1}{n + n_1 + \cdots} = C_1, \quad \ldots\ldots,$$

und jeden solchen Quotienten, das Verhältnis des Teildruckes zum Gesamtdruck oder das Verhältnis der Molenzahl eines Bestandteiles zur Gesamtmolenzahl des Gemenges, nennt PLANCK Konzentration des Bestandteiles im Gemenge. Da

43) $$V = nv = n_1v_1 = \cdots,$$

so folgt

44a) $$s = c\,l\theta + R_0\, l\frac{R_0\theta}{PC} + k, \quad s_1 = c_1\, l\theta + R_0\, l\frac{R_0\theta}{PC_1} + k_1, \quad \ldots,$$

44b) $$\begin{cases} S = n\{(c + R_0)l\theta - R_0\, lP - R_0\, lC + k'\} \\ \quad + n_1\{(c_1 + R_0)l\theta - R_0\, lP - R_0\, lC + k_1'\} \\ \quad + \cdots \end{cases}$$

Hierdurch wird endlich

$$45)\quad \begin{cases} H = n(e - \theta s + p v) + n_1(e - \theta s_1 + p_1 v_1) + \cdots \\ \quad = E - \theta S + P V = E - \theta S + R_0 \theta (n + n_1 + \cdots) \end{cases}$$

bekannt, nämlich

$$46)\begin{cases} H = n\{(c + R_0)\theta - (c + R_0)\theta l \theta + R_0 \theta l P + R_0 \theta l C + q - \theta k'\} \\ \quad + n_1\{(c_1 + R_0)\theta - (c_1 + R_0)\theta l \theta + R_0 \theta l P + R_0 \theta l C_1 + q_1 - \theta k_1'\} \\ \quad + \cdots \end{cases}$$

Nach Vorschrift der Formel 30) berechnen wir hieraus $\frac{\partial H}{\partial n}$, und haben, wenn wir

$$47)\quad \begin{cases} \nu + \nu_1 + \cdots = \mathsf{N}, \\ \nu q + \nu_1 q_1 + \cdots = \mathsf{A}, \\ \nu k + \nu_1 k_1' + \cdots = \mathsf{K}, \\ \nu c + \nu_1 c_1 + \cdots = \Gamma \end{cases}$$

setzen, das Ergebnis

$$(\Gamma + R_0 \mathsf{N})\theta - (\Gamma + R_0 \mathsf{N})\theta l \theta + R_0 \mathsf{N} \theta l P + R_0 \theta l\{C^\nu \cdot C_1^{\nu_1} \cdots\} + \mathsf{A} - \theta \mathsf{K} = 0,$$

$$48)\begin{cases} l\{C^\nu C_1^{\nu_1} C_2^{\nu_2} \cdots\} = -\left(\frac{\Gamma}{R_0} + \mathsf{N}\right) + \left(\frac{\Gamma}{R_0} + \mathsf{N}\right) l\theta - \mathsf{N} l P - \frac{\mathsf{A}}{R_0}\frac{1}{\theta} + \frac{\mathsf{K}}{R_0} \\ \qquad = -\frac{\alpha}{\theta} + \beta l \theta - \mathsf{N} l P + \gamma. \end{cases}$$

Die Formel erfährt eine geringfügige Vereinfachung, wenn infolge bekannter Gaseigenschaften Γ vernachlässigt werden kann.

4. Den Übergang von Gasgemengen zu v e r d ü n n t e n L ö s u n g e n gewinnt PLANCK in folgender Weise. In einer hochverdünnten Lösung ist die Konzentration jedes gelösten Bestandteiles sehr klein, daher unter Vernachlässigung höherer Potenzen

$$49)\quad E = n e + n_1 e_1 + n_2 e_2 + \cdots, \qquad V = n v + n_1 v_1 + n_2 v_2 + \cdots$$

gesetzt werden dürfen und nun die Größen $e, e_1, \ldots$ und $v, v_1, \ldots$ nur noch von Temperatur und Druck abhängen. Dabei stellen e und v Energie und Volum für 1 Mol des Lösungsmittels dar, während $e_1 v_1 \ldots$ außer von den gelösten Stoffen auch vom Lösungsmittel abhängen könnten. Nennt man ferner s^* die Entropie eines Mols, wenn es allein, also in der Konzentration 1 vorhanden ist, so ist nach 44a)

$$50)\quad s = s^* - R_0 l C, \qquad s_1 = s_1^* - R_0 l C_1, \qquad \ldots,$$

daher für Gase:

$$51)\quad H = n\{h^* + R_0 \theta l C\} + n_1\{h_1^* + R_0 \theta l C_1\} + \ldots,$$

wobei h^*, h_1^*, ... die freien Energien bei konstantem Druck und konstanter Temperatur darstellen, die ein Mol besitzen würde, wenn es in der Konzentration 1 vorhanden wäre, so daß also h^*, h_1^*, ... Funktionen des Druckes und der Temperatur sind.

Die Formel 51) läßt sich nun als allgemein, nicht nur für Gase, giltig nachweisen. PLANCK denkt sich zu diesem Zweck Druck und Temperatur der Phase geändert, wodurch sich nicht die C, sondern nur die Größen h^*, h_1^*, ... und θ ändern. Seine Schlußweise ist nicht ganz einwandfrei. Doch läßt sich zeigen[1], daß wenn die aufs Mol bezogene chemische Intensität Π jedes Bestandteils — und die Klammerinhalte der Gleichung 51) stellen nichts anderes dar, als die aufs Mol bezogenen chemischen Intensitäten, vergl. Formel 18) auf S. 161 oder obige Formel 27) — außer vom Druck und der Temperatur nur von der Konzentration dieses selben Bestandteils abhängig ist, dann für alle Bestandteile der Ausdruck

$$C \frac{\partial \Pi}{\partial C}$$

denselben Wert haben muß. Für einen gasförmigen Bestandteil ist dieser Ausdruck $R_0 \theta$, er ist also für alle Bestandteile einer Phase so groß, wenn irgend einer als gasförmig angesehen werden darf.

Nach dieser Auffassung würde Gleichung 51) nicht allgemein gelten, sondern eine geeignete Annahme über die in der Phase unterschiedenen Bestandteile zur Voraussetzung haben. In der That sind ja die aus ihr gezogenen Folgerungen nur bei hochverdünnten Lösungen und soweit die Ionisierungshypothese reicht, in weiterem Umfange experimentell bestätigt. Nach Gleichung 51) muß auf Grund derselben Schlüsse, wie sie von 46) zu 48) führten, das Konzentrationenprodukt

$$C^{\nu} \cdot C_1^{\nu_1} \cdot C_2^{\nu_2} \ldots$$

eine Funktion von Temperatur und Druck sein und die Wahl der Bestandteile ist durch die oben vorgetragenen Rechnungsgrundlagen in keiner Weise beschränkt. Man könnte in einem Gemisch, das Wasser enthält, ebensowohl dieses als seine elementaren Bestandteile, in einer Kochsalzlösung ebensowohl NaCl als Na und Cl für Bestandteile nehmen. Wird aber gefordert, daß jeder der Bestandteile so gewählt sein muß, daß sein durch seine chemische Intensität Π gegebener chemischer Einfluß außer von θ und P nur noch von der Konzentration, in der er auftritt, nicht von der Konzentration der Neben-

[1] HELM, Mathematische Chemie. Leipzig 1894. S. 77.

bestandteile abhängen darf, so ist die Freiheit in der Wahl der Bestandteile so beschränkt, wie es der Erfahrung gemäß zu sein scheint. Entkleidet man die Ionisierungshypothese ihres atomistischen Gewandes, so bleibt ja doch nichts übrig, als eine eigenartige Wahl der Bestandteile, die wesentlich den Gesichtspunkt verfolgt, die Gasgesetze auch für nicht gasförmige Phasen anwendbar zu machen. Es ergiebt sich nun auf dem bereits für Gase durchgeführten Wege das Gesetz, das GULDBERG und WAAGE experimentell festgestellt haben:

52) $$l(C^{\nu} C_1^{\nu_1} C_2^{\nu_2} \ldots) = -(\nu h^* + \nu_1 h_1^* + \ldots) : R_0 \theta.$$

Auch hat die rechts stehende Temperatur-Druck-Funktion die von VAN'T HOFF[1] entdeckten Eigenschaften. Es ist nämlich nach 33):

53) $$\frac{\partial}{\partial \theta} l(C^{\nu} C_1^{\nu_1} C_2^{\nu_2} \ldots) = + \frac{\nu h^* + \nu_1 h_1^* + \ldots}{R_0 \theta^2} + \frac{\nu s + \nu_1 s_1 + \ldots}{R_0 \theta}$$
$$= + \frac{\nu(e + Pv) + \nu_1(e_1 + Pv_1) + \ldots}{R_0 \theta^2}$$
$$= + \frac{\nu g + \nu_1 g_1 + \ldots}{R_0 \theta^2} = + \frac{G}{R_0 \theta^2},$$

wobei g für einen Bestandteil die freie Energie bei konstantem Druck, G aber die während der Reaktion eintretende Änderung dieser freien Energie im ganzen Systeme darstellt.

5. Zum Schluß gebe ich noch PLANCK's Behandlung der Aggregatsänderungen hochverdünnter Lösungen. Es seien $n_1, n_2 \ldots$ Molen Salze verschiedener Natur in n Molen Wasser gelöst und die daraus zusammengesetzte flüssige Phase in Berührung mit n' Molen Dampf oder Eis. Die Konzentration:

$$C = n : (n + n_1 + n_2 + \ldots)$$

ist nahe 1, die Konzentrationen $C_1\, C_2 \ldots$ der Salze sind sehr klein, die Konzentration des festen bez. luftförmigen Wassers

$$C' = 1.$$

Für die Aggregatsänderung eines Mols Wasser, die einzige chemische Änderung, die im Systeme möglich ist, haben wir die Umsatzzahlen:

$$\nu = -1, \qquad \nu_1 = \nu_2 = \ldots = 0, \qquad \nu' = +1.$$

Daher wird die Gleichgewichtsbedingung nach 30) und 51):

$$-(h^* + R_0 \theta\, l\, C) + h'^* = 0, \qquad R_0 \theta\, l\, C = h'^* - h^*.$$

[1] VAN'T HOFF, Lois de l'équilibre chimique. Stockholm 1886.

Weil C nahe 1 ist, ist hinreichend genau:

54) $$\frac{h^* - h'^*}{R_0 \theta} = C - 1 = \frac{n_1 + n_2 + \ldots}{n + n_1 + n_2 + \ldots} = \frac{n_1 + n_2 + \ldots}{n}.$$

Nun gilt nach dem TAYLOR'schen Satz:

55) $$h^* = h_0 + \left(\frac{\partial h}{\partial P}\right)_0 (P - P_0), \qquad h'^* = h_0' + \left(\frac{\partial h'}{\partial P}\right)_0 (P - P_0),$$

wo h_0 und h_0' die Werte bezeichnen, die h^* bez. h'^* für $P = P_0$ annehmen, also $h_0 = h'_0$ ist, und unter P_0 der Dampfdruck reinen Wassers bei der im System herrschenden Temperatur verstanden werden soll. Mit Rücksicht auf 33) wird:

56) $$\frac{n_1 + n_2 + \ldots}{n} = \frac{v - v'}{R_0 \theta} (P - P_0).$$

Mit bekannten Vernachlässigungen folgt für den Fall der Verdampfung:

56b) $$\frac{n_1 + n_2 + \ldots}{n} = \frac{P_0 - P}{P_0}.$$

In dieser Formel ist der Fall mitenthalten, daß zwar nur ein Salz in die Lösung gebracht wurde, dieses aber molekular zerfallen ist und so mit einer größeren Anzahl von Molen einwirkt, als es ohne Dissoziation der Fall sein würde. PLANCK betonte zuerst in diesem Zusammenhange, daß die Hypothese von ARRHENIUS die Abweichungen der Beobachtungen von der erwarteten relativen Dampfdruckerniedrigung befriedigend erklärt.

Sechster Teil.

Die energetische Begründung der Mechanik.

Erster Abschnitt.

Die Entwickelung der Energetik in ihren verschiedenen Anwendungsgebieten.

1. Wenn es die eigentliche Aufgabe dieses Buches wäre, die Verbreitung der Energie-Ideen zu schildern, so müßte ich in der eingehendsten Weise die Entfaltung jenes großen Gebietes der Wissenschaft und Technik schildern, durch das sich die Kultur unserer Tage von der vor 30 Jahren so auffällig unterscheidet. In der Elektrik und Elektrotechnik hat das energetische Denken sein breitestes Wirkungsgebiet gefunden. Nicht nur, daß die Unzerstörbarkeit der Energie sich als der ruhende Pol in der reichen Flucht von Erscheinungen erwiesen hat, die uns die Elektrik erschließt, daß sie allein feste Maßbeziehungen zwischen den ineinander umwandelbaren ponderomotorischen, elektromotorischen und magnetischen Vorgängen begründet hat; — die Wärmeentwickelung durch elektrische Ströme, sowohl die reversiblen Beziehungen der Thermoströme und des Peltier-Phänomens, als die nicht-umkehrbare Joule'sche Wärme, haben nicht minder von je als glänzende Beispiele der in der Thermodynamik behandelten allgemeinen energetischen Gesetze gegolten. Vor allem aber — und darauf muß vom Standpunkte Robert Mayer's der allergrößte Nachdruck gelegt werden — hat die Elektrik mit der Seite des alten Kraftbegriffes gründlich aufgeräumt, die in der Kraft das Primäre, eine vor und neben der Wirkung selbständig dastehende Ursache sieht, und die Elektrotechnik impft weiten Kreisen die neue monistische Anschauung ein. An die Veränderung in der gegenseitigen Lage zweier Ströme ist die Änderung der Intensität dieser Ströme gebunden; was ist da Ursache, was ist Wirkung?

Die Gegenseitigkeit der Beziehung ist so auffällig und wichtig, daß es ganz unbequem erscheint, hier Ursache und Wirkung zu sagen; eine Beziehung besteht, derzufolge die eine Erscheinung sich zu Gunsten der anderen mindert oder sich auf deren Kosten steigert. Es sind diese, durch das LENZ'sche Gesetz nahe gelegten energetischen Gesichtspunkte, die F. E. NEUMANN schon 1845 bei seiner Behandlung der Induktionserscheinungen verfolgt.[1]

Trotz dieses erheblichen Nachdruckes, den gerade die Elektrik den Energie-Ideen in weiten Kreisen verliehen hat, haben wir uns doch in unserer geschichtlichen Entwickelung der Lehre von der Energie nicht eingehend mit ihren elektrischen Anwendungen zu beschäftigen. Denn die Energetik hat sich auf diesem Gebiete wohl ins Breite entfaltet, aber nicht vertieft; sie hat da nicht, wie bei ihren chemischen Anwendungen, neue Sprossen angesetzt, fundamental neue Gesichtspunkte gewonnen, sondern nur die Macht ihres Könnens gezeigt. Ja, sie hat sich sogar auf den ersten Hauptsatz, auf die Energieerhaltung im wesentlichen beschränken können und nur selten Gelegenheit gehabt, ihre schwierigeren und eigenartigeren Züge hervorzukehren. Soweit dies doch geschah, wird natürlich auch unsere Übersicht darauf eingehen, aber eine zusammenfassende Darlegung der energetischen Elektrik in der Weise, wie wir die energetische Chemie im Zusammenhange dargestellt haben, erscheint nicht geboten.

2. Auch auf physiologischem Gebiete, auf dem sie ja nachweislich in ROBERT MAYER's Genius entsprungen ist, hat die Energetik sich nachhaltig wirksam gezeigt. Wie die Physiologie der Muskelthätigkeit ihre Ergebnisse energetisch ausdrückt, kann man aus FICK's[2] trefflicher Darstellung ersehen und neuerdings bürgert sich in der Biologie der sonst wohl noch etwas anrüchige Name Energetik selbst ein, offenbar um eine exakte, mathematisch-physikalische Auffassung zu bezeichnen, und doch zugleich die Einschränkung auf eine rein mechanische Behandlung der Lebensvorgänge ausdrücklich abzulehnen. Es wird also auch hier Energetik in bewußtem Gegensatz zu Mechanik gebraucht.[3]

---

[1] MACH, Wärmelehre. S. 318.

[2] FICK, Mechanische Arbeit und Wärmeentwickelung bei der Muskelthätigkeit. Leipzig 1882. — Neuerdings vertreten auf diesem Gebiete die energetische Auffassung: HENRY, C. R. 122, S. 1360, 1896. — CHAUVEAU, C. R. 122, 123, 125 an verschiedenen Stellen.

[3] PFEFFER, Studien zur Energetik der Pflanze. Leipzig, Abh. 18, 1892. — HUEPPE, Über die Ursachen der Gärungen und Infektionskrankheiten. Berl.

Die energetische Methode dürfte gerade für physiologische Erörterungen von immer steigender Bedeutung sein. Denn sie gestattet, die quantitativen Beziehungen ohne alle Rücksicht auf angedichtete Ursachen oder Zwecke festzustellen.[1]

Wie auf diesem Gebiete, so beschränke ich mich auch hinsichtlich der mehr philosophischen Versuche[2], die Energetik auszubauen und hinsichtlich einer vereinzelten volkswirtschaftlichen[3] Verwendung energetischer Gedanken darauf, auf die betreffenden Arbeiten hinzuweisen. Ausführlich auf sie einzugehen, würde den Zweck dieses Buches überschreiten, das nur die entscheidenden Hauptlehren der Energetik entwickeln will.

An dieser Stelle möge OSTWALD's Vorschlag[4] gedacht werden, im Systeme der Grundeinheiten für unsere physikalischen Messungen die Masseneinheit durch die Einheit der Energie zu ersetzen und so auch in dieser äußeren Form die innere Wandlung der Anschauungen zum Ausdrucke zu bringen.

3. Die stärkste Seite der energetischen Anwendungen ist aber selbstverständlich bis heute die Thermodynamik geblieben. Den kosmischen Problemen, wie sie ROBERT MAYER so lebhaft beschäftigten, und die später in RITTER einen scharfsinnigen Vertreter gefunden haben, gesellten sich meteorologische Anwendungen. Die Zustandsänderungen, die in einer feuchten Luftmasse bei Änderung ihrer vertikalen Erhebung eintreten, überhaupt die Veränderungen, deren eine Mischung der atmosphärischen Luft mit Wasser in seinen verschiedenen Aggregatzuständen fähig ist, waren nur auf thermodynamischer Basis einer theoretischen Bearbeitung zugänglich. Vor allem aber ist die Thermotechnik das unbestrittene Gebiet energetischer Behandlungsweise geblieben, seit CLAUSIUS und RANKINE an der Dampfmaschine ihre Methode durchführten, und seit 1860 haben sich hauptsächlich unter ZEUNER's

---

klin. Wochenschr. 1893. — GRIESBACH, Energetik und Hygiene des Nervensystems in der Schule. München und Leipzig 1895.

[1] RODEWALD, Untersuchungen über die Quellung der Stärke. Kiel und Leipzig 1896.

[2] LASSWITZ, Die moderne Energetik in ihrer Bedeutung für die Erkenntniskritik. Philos. Monatshefte 29, 1893; Über psychophysische Energie und ihre Faktoren. Arch. f. syst. Philos. 1, S. 46. — CARRIÈRE, Abh. Münch. Akad. Philos. Kl. 19, 1892. — OSTWALD, Chemische Theorie der Willensfreiheit. Leipziger Ber. 1894.

[3] HELM, Lehre von der Energie. Leipzig 1887. S. 72.

[4] OSTWALD, Leipziger Ber. 1891.

Führung die Fortschritte der Technik im Bau der Wärmemotoren und der Kältemaschinen der Beurteilung nach den Prinzipien der Thermodynamik ganz naturgemäß unterordnen lassen.

Um das Güteverhältnis einer Dampfmaschine zu bemessen[1], ist es nicht rationell, die von der Maschine geleistete Arbeit mit der ihr zugeführten Wärme zu vergleichen; der Vergleich der Dampfmaschinen untereinander und mit Motoren anderer Natur wird zweckmäßiger und lehrreicher, wenn man beachtet, daß auch das theoretische Ideal eines Wärmemotors nur einen durch die Temperaturen des Wärmezu- und -abgangs bestimmten Bruchteil der zugeführten Wärme in Arbeit umzusetzen vermag. Vergleicht man die zu beurteilende Maschine mit einer, die zwischen den erreichbaren Kessel- und Kondensatortemperaturen einen Carnot'schen Prozeß ausführt, so erhält man einen Maßstab, der dem bei anderen Motoren, z. B. bei einer Wasserkraftanlage, angewendeten vollkommen analog ist. Ja gerade aus dieser Analogie ist der allgemeine Zeuner'sche Vergleich der Schwere- und Wärmewirkungen hervorgegangen, den wir als einen der Ausgangspunkte für das Intensitätsgesetz, für die neuere Gestaltung der Energetik werden kennen lernen. Bei Anwendung überhitzter Dämpfe tritt allerdings der Fall ein, daß zwischen den angewendeten Temperaturen ein Carnot'scher Prozeß ausgeschlossen ist, weil er die Einhaltung von Bedingungen erfordern würde, die sich technisch überhaupt nicht realisieren lassen; wie sich auch dann das Prinzip durchführen läßt, den Wirkungsgrad einer Maschine durch ihren Vergleich mit dem unter den vorgelegten Bedingungen überhaupt Erreichbaren zu beurteilen, hat Zeuner in einer neueren Veröffentlichung dargelegt.[2]

Auch der neuen Richtung in der Vervollkommnung der Wärmemotoren, den Verbrennungsvorgang und den Arbeitsprozeß zu vereinigen, konnte die Thermodynamik folgen und diese Versuche unter Heranziehung thermochemischer Daten fördern, ja geradezu eine allgemeine Theorie der Verbrennung mit Berücksichtigung der dabei auftretenden Arbeitsleistungen entwickeln.[3]

Vielleicht gewährt es denen, welche die Wertlosigkeit der Energetik gepredigt haben, einige Anregung zum Nachdenken, daß die

---

[1] Zeuner, Mechanische Wärmetheorie. 2. Aufl. Leipzig 1866. S. 225. — Zeuner, Techn. Thermodynamik. Leipzig 1887/90, I, S. 283 und II, S. 382.

[2] Civilingenieur 1896, S. 665. — Vergl. auch Lorentz, Die Grenzwerte der thermodynamischen Energieumwandlung. Diss. München 1895.

[3] Diesel, Theorie und Konstruktion eines rationellen Wärmemotors zum Ersatz der Dampfmaschinen. Berlin 1893.

Frage, ob galvanische Elemente oder Dampfmaschinen oder Dynamomaschinen oder ein Muskel vorteilhafter arbeiten und wie ihr Güteverhältnis zu bemessen sei, nur vom Boden der Energetik aus präzis formuliert und der Beantwortung zugeführt werden kann.

Zweiter Abschnitt.

Energiegesetz und Energieprinzip.

1. Während die theoretischen Begründer der Energetik, Robert Mayer und Helmholtz, von wesentlich mechanischen Gesichtspunkten ausgingen, ja geradezu die Auffassungsweise der technischen Mechanik Poncelet's weiter ausbildeten, hat sich vom Jahre 1850 ab die Energetik im Anschluß an ihren experimentellen Begründer, Joule, der Wärmelehre zugewendet; so wenig wurde der Zusammenhang mit der Mechanik, in dem doch historisch die stärksten Wurzeln der Energetik sitzen, bei ihrem weiteren Ausbau verwertet, daß als ich vor einem Jahrzehnt aus diesem Zusammenhang eine neue Wendung zu gewinnen suchte, dieser Schritt anfangs mit Schweigen beantwortet wurde und dann in Lübeck jene Erregung hervorrief, die der Unwille über die Störung angewöhnter Gedankengänge auch sonst, wie wir sahen, in der Geschichte der Energetik so oft erzeugte.

Auf dem Gebiete der Mechanik selbst aber hatten sich in derselben Zeit, in der die Energetik begründet wurde, Entwickelungen vollzogen, die eigentlich recht nachdrücklich die Beziehungen zwischen Mechanik und Energetik aufs neue hervortreten, in neuem Lichte erscheinen ließen.

Bis zu Poncelet's Arbeitsprinzip waren es doch nur drei Sätze der Mechanik gewesen, aus denen die Energetik bei Mayer und Helmholtz herausgewachsen war: erstens das Prinzip der virtuellen Arbeiten oder Verschiebungen, die alte goldene Regel der Mechanik, zweitens der Satz von der Erhaltung der kinetischen Energie beim elastischen Stoße, drittens der Satz, daß der Zuwachs der kinetischen Energie gleich der mechanischen Arbeit ist. Aber um das Jahr 1840 wächst aus diesen Quellen nicht allein eine neue naturwissenschaftliche Ansicht über das Wesen der Kraft hervor, die Energetik, sondern es entfaltet sich auch eine reiche formale mathematische Entwickelung auf diesem Boden. Die Einführung der Potentialfunktion durch Green und Gauss, sowie Hamilton's Arbeiten über die dynamischen Differentialgleichungen und ihre Zusammenfassung nach den Methoden der Variationsrechnung stimmen in einem sehr auffälligen Punkte mit der ersten Entwickelung der Energetik überein: sie zeigen die fundamentale Bedeutung der beiden Funktionen, die dann von THOMSON und RANKINE als potentielle und als kinetische Energie bezeichnet wurden. In der Energetik bei THOMSON und RANKINE tritt die physikalische, in der theoretischen Mechanik bei GREEN, GAUSS und HAMILTON die mathematische Seite dieser fundamentalen Funktionen hervor.

Aber damit schien die Beziehung auch erschöpft zu sein, jede innigere Verknüpfung wurde durch den Umstand verhindert, daß die potentielle und die kinetische Energie in dem Satze von der Energieerhaltung und den dadurch bedingten Anschauungen der Energetik nur zur Summe verknüpft auftreten, während die Variationsrechnung von der Differenz derselben Funktionen die mechanischen Vorgänge abhängig erscheinen läßt.

Seien nämlich die Differentialgleichungen für die Bewegung eines Massenpunktes, dessen Masse m ist und der zur Zeit t im Punkte $x y z$ eines rechtwinkligen absolut festen Systems einer Kraft mit den Komponenten $X Y Z$, dagegen aber keinen geometrischen Beschränkungen seiner Beweglichkeit unterliegt:

$$1)\qquad m x'' = X, \qquad m y'' = Y, \qquad m z'' = Z.$$

Um von diesen Gleichungen zur Energieerhaltung zu gelangen, hat man sie mit x' bez. y' und z' zu multiplizieren und dann zu addieren. Es folgt

$$m(x''\,dx + y''\,dy + z''\,dz) = X\,dx + Y\,dy + Z\,dz$$

$$(m x'' - X)\,dx + (m y'' - Y)\,dy + (m z'' - Z)\,dz = 0,$$

$$2)\qquad \frac{d}{dt}\left[\frac{1}{2} m (x'^2 + y'^2 + z'^2)\right] = X x' + Y y' + Z z',$$

oder wenn man die kinetische Energie

$$3)\qquad T = \frac{1}{2} m (x'^2 + y'^2 + z'^2)$$

einführt,

$$4)\qquad dT = X\,dx + Y\,dy + Z\,dz.$$

Wenn man aber dieselben Gleichungen 1) mit beliebigen unendlich kleinen Beträgen δx, δy, δz multipliziert und addiert, so ergiebt sich zunächst das D'ALEMBERT'sche Prinzip

$$5)\qquad (m x'' - X)\,\delta x + (m y'' - Y)\,\delta y + (m z'' - Z)\,\delta z = 0.$$

Weiter kann man setzen

6) $$x''\,\delta x = \frac{d}{dt}(x'\,\delta x) - \delta\left(\frac{1}{2}x'^2\right).$$

Daher folgt jetzt

7) $$\frac{d}{dt}\{m(x'\,\delta x + y'\,\delta y + z'\,\delta z)\} - \delta T = X\delta x + Y\delta y + Z\delta z.$$

Integriert man nun nach Multiplikation mit dt und versteht unter der Variation des Integrals eine sogenannte innere, d. h. die Grenzen des Integrals nicht ändernde Variation, so folgt

8) $$-\delta\int_{t_0}^{t_1} T\,dt = \int_{t_0}^{t_1}(X\delta x + Y\delta y + Z\delta z).$$

Es kommt im Augenblicke nichts darauf an, daß sich die rechten Seiten der Gleichungen 4) und 8) vereinfachen, wenn die Kraftkomponenten X, Y, Z als Differentialquotienten einer potentiellen Energiefunktion dargestellt werden können:

9) $$X = -\frac{\partial V}{\partial x}, \quad Y = -\frac{\partial V}{\partial y}, \quad Z = -\frac{\partial V}{\partial z},$$

auch darauf nicht, daß die Arbeiten $X\delta x + Y\delta y + Z\delta z$ solcher Kräfte verschwinden, welche zu den Verschiebungen normal stehen, insonderheit also etwaige geometrische (zeitfreie) Bedingungen zum mechanischen Ausdruck bringen — worauf es ankommt, ist nur die Vorzeichendifferenz. Nun kann man von Gleichung 8) zu 5) zurückgelangen und 5) zerfällt, da δx, δy, δz beliebig gewählt werden dürfen in die Gleichungen 1). Aber von 4) giebt es im allgemeinen keinen Rückweg zu 1), weil dx, dy, dz nicht völlig beliebig, sondern gleich $x'\,dt$, $y'\,dt$, $z'\,dt$ sind, also nur noch dt beliebig gewählt werden kann. Nur in dem Falle einer einzigen Veränderlichen genügt natürlich Gleichung 4), um 1) herzuleiten, so daß bekanntlich bei allen Problemen, die Bewegungsfreiheiten erster Stufe betreffen, das Gesetz der Energieerhaltung zur Lösung genügt.

2. Auf die letzte Bemerkung läßt sich durch einen von Thomson und Tait[1] vorgetragenen Gedankengang eine energetische Begründung der Mechanik stützen. Man bediene sich eines auch sonst bei Grundlegung der Mechanik viel benutzten Axioms, nämlich des Satzes: D a s G l e i c h g e w i c h t e i n e s S y s t e m s, d e s s e n P u n k t e

---

[1] Thomson und Tait, Treatise on natural philosophy. I. Cambridge 1890. S. 266.

beliebigen Bewegungsbeschränkungen unterworfen sind, wird dadurch nicht gestört, daß der Bewegungsfreiheit der Punkte weitere Beschränkungen auferlegt werden. Da man nun durch Zufügung derartiger Bedingungen jede Bewegungsfreiheit auf eine erster Stufe zurückführen kann, so besteht überhaupt Gleichgewicht, wenn es für jede mögliche Bewegungsfreiheit erster Stufe besteht. So geht denn aus dem für eine einzige Bewegungsfreiheit giltigen Energiegesetz mittels des angeführten Axioms das Prinzip der virtuellen Geschwindigkeiten hervor, an welches dann D'ALEMBERT's Prinzip und damit die Differentialgleichungen der Dynamik auf verschiedenen, weiter unten zu erörternden Wegen angeschlossen werden könnten.

Hiernach leistet das benutzte Axiom im wesentlichen dasselbe, wie das Prinzip der Wechselwirkung, mit dem einst HELMHOLTZ den Einwand von LIPSCHITZ beseitigt hatte (S. 39). In der That kann man ja jede der Bewegung auferlegte Bedingung, die einen Punkt des Systems unbeschränkt in seiner Bewegungsfreiheit beläßt, aber andere Punkte ihm gegenüber festlegt, durch starre Verbindungen hervorbringen. Die aus der Bedingung konstanten Abstandes sich ergebenden Kräfte genügen aber, wie leicht zu sehen, dem Wechselwirkungsprinzip.

Die Schlußweise, die zum Prinzip der virtuellen Bewegungen führt, würde also etwa folgende sein: Befindet sich ein beliebiges System in Ruhe, so sorge man durch geeignete geometrische Beschränkungen seiner Beweglichkeit dafür, daß es nur eine Freiheit erster Stufe besitzt; dann ist Gleichgewicht, wenn für die noch mögliche Bewegung

$$\Sigma(X dx + Y dy + Z dz) = 0.$$

Dagegen tritt Bewegung ein, wenn das Differential dT der Gleichung 4) sich positiv ergiebt, also wenn

$$\Sigma(X dx + Y dy + Z dz) > 0.$$

Sollte übrigens die einzige noch mögliche Bewegung nur in einem Sinne, nicht auch im entgegengesetzten, dem System offen stehen, so wäre die Gleichgewichtsbedingung

$$\Sigma(X dx + Y dy + Z dz) \leqq 0.$$

Wir wollen nun unter $d_\sigma x$, $d_\sigma y$, $d_\sigma z$ die Projektionen eines nach den Bedingungen der Aufgabe dem Punkte xyz freistehenden Bahnelements $d\sigma$ verstehen, das also durch Zufügung weiterer Bedingungen zu dem ihm allein freistehenden Bahnelement gemacht werden kann. Dann gilt als Gleichgewichtsbedingung, daß für jede mögliche Änderung σ

$$\Sigma(X d_\sigma x + Y d_\sigma y + Z d_\sigma z) \leqq 0$$

und als Bewegungsbedingung[1], daß

$$\Sigma(X d_\sigma x + Y d_\sigma y + Z d_\sigma z) > 0.$$

Somit liegt die Sache verhältnismäßig einfach. Die eigentlichen Schwierigkeiten zeigen sich erst in der Dynamik und liegen in der Hauptsache darin begründet, daß die kinetische Energie außer von den Parametern des Systems auch von deren Ableitungen nach der Zeit abhängig ist. So entsteht die Frage, wie in dem Falle, daß allein die Bewegung σ freisteht, die Änderung $d_\sigma T$ der kinetischen Energie zu bestimmen ist.

3. Wenn keine Kraft auf den frei beweglichen Punkt wirkt, so folgt aus dem D'ALEMBERT'schen Prinzip 5) für diesen Fall

$$x'' \delta x + y'' \delta y + z'' \delta z = 0$$

und das trifft für alle beliebigen δx, δy, δz nur zu, wenn das Trägheitsgesetz gilt

$$x'' = 0, \qquad y'' = 0, \qquad z'' = 0.$$

Dagegen folgt aus 2) oder 4) in diesem Falle

$$x'' dx + y'' dy + z'' dz = 0$$

oder

$$x'' x' + y'' y' + z'' z' = 0,$$

d. h. die Beschleunigung steht senkrecht auf der Geschwindigkeit. Dem Gesetze von der Erhaltung der Energie würde eben genügt, wenn jede beliebige einem Punkte erteilte oder im Laufe der eintretenden Bewegung zukommende Geschwindigkeit eine Beschleunigung hervorrufen würde, die zu ihr normal gerichtet wäre. Das ist nun zwar ein physikalisch unsinniges und daher in der Geschichte der Energetik wiederholt übersehenes Ergebnis, denn durch die Forderung, auf der Geschwindigkeit senkrecht zu stehen, ist die Beschleunigung gar nicht bestimmt, aber jedenfalls zeigt es, daß nicht aus dem Satze von der Energieerhaltung allein die dynamischen Differentialgleichungen oder auch die Gleichungen 5) oder 8) hergeleitet werden können.

[1] Vergl. C. NEUMANN, Leipziger Berichte 1879, S. 53.

Allgemein folgt aus 2), daß

10) $$m x'' = X + L, \quad m y'' = Y + M, \quad m z'' = Z + N,$$

wobei

11) $$L = Q z' - R y', \quad M = R x' - P z', \quad N = P y' - Q x'$$

und P, Q, R beliebige Größen sind. L, M, N sind Komponenten eines Vektors, der zum Vektor P, Q, R, sowie zur Geschwindigkeit x', y', z' senkrecht steht, da ja

12) $$L P + M Q + N R = 0, \quad L x' + M y' + N z' = 0.$$

Daß $P = Q = R = 0$ und daher $L = M = N = 0$, kann wiederum aus dem Satze von der Energieerhaltung nicht geschlossen werden.

4. Aus diesen einfachen Betrachtungen geht nun vor allem das Eine hervor, daß die Energetik nicht identisch ist mit dem Satze der Mechanik von der Erhaltung der Energie. ROBERT MAYER hat eine neue Weltanschauung, oder wenn man diesen Ausdruck zu anspruchsvoll findet, eine neue Anschauung vom Naturlaufe, vom Wesen der Kraft, der Kausalität begründet[1] und war so überzeugt davon, daß diese Anschauung eine erschöpfende sei, daß er geradezu das Wort Kraft im alten Sinne beseitigt sehen wollte. Ihm und der Energetik ist die Erhaltung der Energie nicht ein Aperçu, eine Eigenschaft, in der die an sich ganz ungleichartigen Vorgänge gleichsam zufällig übereinstimmen, sondern der Begriff, von dem aus man die Naturerscheinungen, also auch die Bewegungen einheitlich zu beschreiben, aus dem Fundament zu begreifen vermag. Die Energetik muß also über den alten Satz der Mechanik, daß die kinetische Energie jederzeit um den Betrag der geleisteten Arbeit wächst, hinausgehen — oder verzichten, eine das Naturganze umfassende Anschauung zu sein. Auch auf dem Gebiete der Wärmeerscheinungen kommt man ja mit dem der mechanischen Energieerhaltung entsprechenden Satze vom Wärmeäquivalent nicht weit, der zweite Hauptsatz muß hinzutreten, um unser Wissen von der Wärme zu einem theoretischen System zusammenzufügen, aber dieser zweite Hauptsatz läßt sich, wie CLAUSIUS gezeigt hat, ganz dem MAYER-HELMHOLTZ'schen Gedankenkreise einfügen und erscheint schließlich nur als die Wiedergabe unserer Kenntnisse über das in der Formel des ersten Hauptsatzes auftretende Wärmedifferential. So erwächst denn der Energetik die Aufgabe, ihre Begriffe so zu gestalten, daß

---

[1] Vergl. RIEHL, Der philosophische Kritizismus und seine Bedeutung für die positive Wissenschaft. Bd. 2, Teil 2. Leipzig 1879. S. 259 f.

sie über den Satz von der Erhaltung der Energie hinausführen, den Kraftbegriff mit umfassen und dadurch die Bewegungsgleichungen überhaupt herzuleiten gestatten. Diese Aufgabe hat in gewissem Sinne schon PONCELET sich vorgelegt, MAXWELL hat sich mit ihr beschäftigt und vor 10 Jahren haben PLANCK und ich die Frage aufgegriffen.

5. Bevor ich aber von diesen Versuchen berichte, ist es nötig, einen grundsätzlichen Einwand zurückzuweisen, der gegen ihre Berechtigung erhoben worden ist. BOLTZMANN[1] hat behauptet, diese Versuche verstießen gegen den sonst von der Energetik in erste Linie gestellten Gesichtspunkt, das Hypothetische zu vermeiden, die Erscheinungen unmittelbar zu beschreiben. Die Auffassung der Körper als Punktsysteme mit all dem Gewirr innerer Kräfte, zu dem sie nötigt, sei doch ganz hypothetischer Natur; von einer zielbewußten Energetik müßten doch die dynamischen Differentialgleichungen des materiellen Punktes überhaupt umgangen werden.

Dieser Einwand ist aber ganz hinfällig, da er auf einer Verwechselung des Atoms mit dem materiellen Punkte beruht. Der materielle Punkt, dieser Grundbegriff der Mechanik, geht nicht dadurch aus dem Körper hervor, daß von der Ausdehnung thunlichst oder selbst gänzlich[2] abgesehen, sondern dadurch, daß von der drehenden Bewegung abgesehen wird. Wenn eine Kugel auf der schiefen Ebene rollend herabfällt, sinkt sie mit $^5/_7$ der Beschleunigung, die sie herabgleitend besäße; ganz gleichgiltig, ob sie ein Atom ist oder eine Kegelkugel, sie darf nicht als materieller Punkt angesehen werden. Und umgekehrt kann ein Weltkörper als materieller Punkt angesehen werden, wenn seine drehende Bewegung nicht in Frage kommt. Haben wir aber andere als rein fortschreitende Bewegungen zu berücksichtigen, so zerlegen wir die Körper in Teile, die wiederum mit Atomen gar nichts zu thun haben, in Volumelemente, mit denen wir uns dem nur fortschreitend bewegten materiellen Punkte in beliebiger Annäherung zu nähern vermögen.

Es ist also eine arge Verkennung der Grundzüge der Mechanik, wenn BOLTZMANN meint, die Bewegungsgleichungen des starren oder des elastischen oder des flüssigen Körpers würden von ihr auf dem „Umweg über die atomistische Hypothese“ abgeleitet; nein, daß „die Körper aus materiellen Punkten bestehen“, braucht weder die Energetik zu behaupten, wie BOLTZMANN meint, noch darf irgend

[1] WIED. Ann. 57, 1896, S. 45.

[2] BOLTZMANN, Vorlesungen über die Prinzipe der Mechanik. Leipzig 1897. S. 7 f.

eine vorsichtige Begründung der Dynamik den Zusammenhang so oberflächlich darstellen.

6. Etwas bedenklicher erscheint in anderer Hinsicht die für die Mechanik notwendige Auffassung des Körpers als ein Integral über fortschreitend bewegte Volumelemente, aus denen ja schließlich auch die bei Behandlung der elastischen und flüssigen Körper benutzten affin veränderlichen Volumelemente aufgebaut sind. Es könnte bedenklich unenergetisch erscheinen, daß man Kräfte zum Ersatz der geometrischen Verbindungen einführen muß. Aber auch dies Bedenken ist längst und vor aller Energetik von der Mechanik selbst behoben worden und kann nur auftreten, weil sich immer wieder Unklarheiten in die Fundamente der Mechanik einschleichen. Die geometrischen Verbindungen bedingen in den dynamischen Differentialgleichungen das Auftreten von Größen, die sich analytisch in gewisser Beziehung wie die physikalischen Kräfte verhalten. In der elementaren, besonders in der technischen Mechanik mit ihren Stabkräften, ihren Spannungen und Drucken werden diese Größen ganz und gar als Kräfte von besonderer Natur behandelt, während umgekehrt Hertz eine Mechanik entworfen hat, die den physikalischen Kräften ganz und gar den Charakter jener, die geometrischen Verbindungen zum Ausdruck bringenden Größen verleiht. Aber die analytische Mechanik, wie sie Lagrange gestaltet hat, hält beide Auffassungen offen; sie kennt solche Methoden, welche die Gleichartigkeit jener Größen mit den physikalischen Kräften betonen, aber auch, und sogar vorzüglich, solche Methoden, welche die besondere Natur jener Größen benutzen, um sie zu eliminieren, und schließlich nur die physikalischen Kräfte in den Gleichungen der Dynamik belassen.

Auch ist es vielleicht nicht überflüssig, an dieser Stelle darauf hinzuweisen, daß die absolut festen Koordinatenachsen, die man bei Grundlegung der Mechanik nicht entbehren kann, keinen Rückfall in die Traumgebilde vom Absoluten darstellen. Ihr Gebrauch verletzt nicht das reine Beziehungstum, das sich mittels der Energetik durchführen läßt. Am Verlaufe der auf ein vorgelegtes Koordinatensystem bezogenen Bewegungen läßt sich ja feststellen, ob es ein absolutes ist[1], oder mit anderen Worten, als absolut werden gewisse denkbare Koordinatensysteme bezeichnet, wenn die auf sie bezogenen Bewegungen gewisse einfache Eigenschaften zeigen.

---

[1] C. Neumann, Über die Prinzipien der Galilei-Newton'schen Theorie. Leipzig 1870. — Streintz, Die physikalischen Grundlagen der Mechanik. Leipzig 1883. S. 15.

7. Um nun eine Übersicht der bisherigen Versuche zu energetischer Auffassung der dynamischen Differentialgleichungen zu erhalten, muß man davon ausgehen, daß für den Fall des **Gleichgewichts** von Kräften, die von der Bewegungsrichtung **unabhängig** sind, das Gesetz von der Energieerhaltung im wesentlichen dasselbe besagt, wie die dynamischen Differentialgleichungen oder das mit ihnen identische D'ALEMBERT'sche Prinzip. Nach den Gleichungen 1) oder 5) treten bei einem einzigen frei beweglichen Punkte keine Beschleunigungen auf, wenn:

13) $$X\delta x + Y\delta y + Z\delta z = 0$$

oder wenn:

13b) $$X = 0, \quad Y = 0, \quad Z = 0.$$

Und die kinetische Energie ändert sich in keiner möglichen Bewegungsrichtung, wenn für jede mögliche Wahl von dx, dy, dz:

14) $$X dx + Y dy + Z dz = 0,$$

14b) $$X \cdot x' + Y \cdot y' + Z \cdot z' = 0,$$

d. h. wenn die Kraft zur Geschwindigkeitsrichtung senkrecht steht. Sind nun X, Y, Z Funktionen von x, y, z allein, nicht auch von x', y', z', so ist 14) wie 13) nur durch 13b) zu befriedigen. Im allgemeinen aber genügt Gleichung 14) nicht, um zu 13b) zu gelangen; das wird nur erreichbar, wenn man fordert, daß nicht nur die nach der wirklich eingeschlagenen Richtung geleistete Arbeit $X dx + Y dy + Z dz$, sondern auch die nach allen möglichen verschiedenen Richtungen von ein und derselben Kraft XYZ geleistete Arbeit verschwinde; die Faktoren dx, dy, dz von XYZ dürfen nicht von den $x' y' z'$ abhängen, die in X, Y, Z auftreten.

Verschiebt sich also ein in xyz befindlicher Punkt um die Strecke ds, deren Komponenten dx, dy, dz seien und erfährt dabei die Krafteinwirkungen R mit den Komponenten XYZ, so hat man sich ihm eine zweite und zwar beliebige Verschiebung $d\sigma$ erteilt zu denken, deren Komponenten $d_\sigma x$, $d_\sigma y$, $d_\sigma z$ sein mögen, und hat nun nicht

$$X dx + Y dy + Z dz = 0,$$

sondern vielmehr für jedes beliebige σ:

15) $$X d_\sigma x + Y d_\sigma y + Z d_\sigma z = 0$$

zu fordern. Oder mit anderen Worten nicht nur die Arbeit:

16) $$R \cos(R, s) \cdot ds = 0,$$

die bei derjenigen Verschiebung wirklich geleistet wird, bei der die Krafteinwirkung R stattfindet, sondern auch die Arbeit:

17) $$R \cos(R, \sigma) \cdot d\sigma = 0,$$

die von der Kraft R geleistet würde, wenn irgend eine Verschiebung $d\sigma$ einträte, also im allgemeinen eine Verschiebung, die nicht R, sondern eine andere Kraft bedingt, da ja R nur durch die einzige Verschiebung ds bedingt ist. Z. B. müßte, wenn man $d\sigma$ in Richtung der x oder y oder z wählt, jede der Gleichungen:

17b) $$R \cos(R, x) = 0, \quad R \cos(R, y) = 0, \quad R \cos(R, z) = 0$$

oder:

$$X = 0, \quad Y = 0, \quad Z = 0$$

erfüllt sein, obschon vielleicht, wenn x wirkliche Bewegungsrichtung wäre, gar nicht die Kraft $R \cos(Rx)$, sondern irgend eine neue Kraft einwirken würde.

Als wirkliche Verschiebung darf man σ nur auffassen oder mit x', y', z' proportional darf man $d_\sigma x$, $d_\sigma y$, $d_\sigma z$ nur ansehen, wenn von dieser Auffassung R nicht betroffen wird, also nur, wenn X, Y, Z von x', y', z' unabhängig sind.

Es handelt sich hierbei gar nicht um etwas spezifisch Energetisches, vielmehr nur darum, die neueren Begriffe der Energetik dem alten Kraftbegriffe anzupassen. Was wir Kraft nennen, hat eben die oben bezeichneten Eigenschaften von R und wenn die Energetik mit dem alten Kraftbegriffe operieren will, was sie freilich in vielen Fällen nicht nötig hat, muß sie ihn eben annehmen.

In der That, so lange der Begriff der Arbeit bekannt ist, vorzüglich aber seit Poncelet, hat man die Gleichgewichtsbedingung 13) als Arbeit nach einer möglichen Verschiebung, also im Sinne der Gleichung 15), oder δx identisch mit obigem $d_\sigma x$ aufgefaßt, immer vorausgesetzt, daß die Beweglichkeit des betrachteten Punktes keiner geometrischen Beschränkung unterliegt.

8. Die mechanische Grundlage der Energetik ist — das hat man in neuerer Zeit oft verkannt — das Prinzip der virtuellen Verschiebungen in weit höherem Maße als das Gesetz von der Erhaltung der Energie. Es ist richtig, das letztere Gesetz hat das rechte Maß der kinetischen Energie, hat das wahre Maß der Kräfte an die Hand gegeben und vor allem sich als die auf alle physikalischen Vorgänge übertragbare Formel erwiesen, aber der energetische Grundgedanke der Unzerstörbarkeit tritt in der goldenen Regel der Mechanik viel früher und klarer hervor. Vor allem aber war diese goldene Regel, war das Prinzip der virtuellen Verschiebungen von alters her der Hort der monistischen Auffassung des Naturgeschehens, entschieden feindlich der sonst so beliebten Unterscheidung von Ursache und Wirkung. Es ist nicht das Wesentliche am Hebel, ob die Hand oder die bewegte Last links oder rechts angreift, wesentlich für die quantitative Beziehung ist nur eine Gleichung, die ihren einfachsten Ausdruck erst spät durch den Arbeitsbegriff gefunden hat: die Summe der Arbeiten muß Null sein.

Und hat in einem Punktsystem einer der Punkte Freiheit verschiedene Bewegungen auszuführen, so folgt aus demselben Grundgedanken, daß für jede mögliche Bewegung dieses Punktes und die aus geometrischen Gründen mit ihr verknüpften Bewegungen der anderen Punkte die Summe der Arbeiten verschwinden muß. Dühring und besonders Mach haben sich Mühe genug gegeben, zu zeigen, wie hieraus auch verwickeltere Gleichgewichtsbeziehungen, z. B. die Kettenlinie, die Grundlagen der Hydrostatik folgen, daß es weiterer Ausführungen an dieser Stelle nicht bedarf. Historisch betrachtet ist es also keineswegs eine Erweiterung des Gesetzes von der Erhaltung der Energie, wenn man es nicht allein für die wirkliche, sondern für jede mögliche Bewegung beansprucht, vielmehr ist es eine ganz unberechtigte Einengung des ursprünglichen energetischen Grundgedankens gewesen, daß man ihn nur für die wirklich stattfindende Bewegung beansprucht hat. Helmholtz in seiner Arbeit über die Erhaltung der Kraft hat meines Wissens diese Einschränkung des bei Poncelet und Robert Mayer unbeengten Prinzips herbeigeführt und es ist dann bis vor zehn Jahren stillschweigend daran festgehalten worden.

Jetzt aber ist es nötig, die beiden Sätze streng auseinanderzuhalten. Ich werde den Satz der Mechanik von der Erhaltung der Energie als Energiegesetz bezeichnen, den energetischen Grundgedanken aber, daß bei keiner möglichen Verschiebung die Energie sich ändern könne, als das Energieprinzip, eine Unterscheidung, die ich in früheren Veröffentlichungen schon festgehalten habe. Dann ist klar, daß nicht aus dem Energiegesetz die dynamischen Differentialgleichungen hergeleitet werden können, von denen es eine Folgerung ist; wohl aber bleibt die Möglichkeit offen, das Energieprinzip so zu gestalten, daß es in mechanischer Verwendung mit den dynamischen Differentialgleichungen gleichwertig ist, ohne sich aus anderen als den auch sonst für die Energetik erforderlichen Grundgedanken aufzubauen.

Dritter Abschnitt.

Die energetischen Begründungen der Mechanik durch Poncelet, Maxwell, Planck, Helm.

1. Poncelet's Arbeitsprinzip, das auf S. 14 behandelt wurde, erscheint von dem jetzt entwickelten Standpunkte aus als ein einfaches Verfahren, das d'Alembert'sche Prinzip energetisch, nämlich mit Hilfe des Arbeitsbegriffes zu deuten. Gleichgewicht besteht, wenn für jede mögliche Verschiebung die Summe aller Arbeiten verschwindet. Tritt Bewegung ein, so verschwindet diese Summe ebenfalls, wenn man nur die Arbeiten miteinrechnet, die nötig sind, die thatsächlich auftretende Bewegung zu vernichten. Um aber einer ruhenden Masse m in der Richtung x die Geschwindigkeit x' zu erteilen, also um die Bewegungsgröße $m x'$ zu erzeugen, bedarf es eines Antriebs:

18) $$\int \Xi \cdot dt = m x'$$

oder zur Änderung der Bewegungsgröße in der Zeit dt des Antriebs:

19) $$\Xi dt = d(m x').$$

Um daher die vorhandene Beschleunigung $m x''$ zu vernichten, ist die Kraft:

20) $$-\Xi = -m x''$$

erforderlich, und so ergiebt sich, daß im Falle der Bewegung, deren Beschleunigungskomponenten x'', y'', z'' sind und unter Einwirkung der Kraftkomponenten $X Y Z$ zu stande kommen, Gleichgewicht bestehen muß zwischen den Kräften $X - m x''$, $Y - m y''$, $Z - m z''$. Denkt man sich also die Masse m statt in der wirklichen Richtung dx, dy, dz in irgend einer ihr offenstehenden Richtung $d_\sigma x = \delta x$, $d_\sigma y = \delta y$, $d_\sigma z = \delta z$ geführt, so muß für jede derartige Richtung σ die Arbeit verschwinden:

21) $$(X - m x'') d_\sigma x + (Y - m y'') d_\sigma y + (Z - m z'') d_\sigma z = 0.$$

2. Ganz anders ist das Verfahren, mit dem Maxwell[1] auf energetische Weise zu den Differentialgleichungen gelangt. Ihm

[1] James Clerk Maxwell, A treatise on electricity and magnetism. Oxford 1873. Band 2, S. 184.

handelt es sich dabei allerdings um die LAGRANGE'schen Differentialgleichungen der zweiten Form und außerdem sucht er die Formeln für die kinetische Energie und die Impulse aus den energetischen Grundvorstellungen herzuleiten.

Ich habe hier keinen Anlaß, die darauf zielenden Betrachtungen MAXWELL's, die etwas zweifelhafter und bedènklicher Natur sind, ausführlich wiederzugeben, sondern nur die Absicht, den Zusammenhang des Energieprinzips mit den dynamischen Differentialgleichungen nach MAXWELL's Theorie darzulegen.

Recht beachtenswert sind zunächst die Worte, mit denen MAXWELL an dieser Stelle seinen Plan der Ableitung der dynamischen Differentialgleichungen entwickelt: „LAGRANGE's Bestreben war es, die Dynamik dem Kalkul zu unterwerfen. ... Der Geist wird in der Rechnung geübt und möchte deshalb unbelästigt bleiben von dynamischen Vorstellungen. Auf der anderen Seite ist es unser Bestreben, unsere dynamischen Vorstellungen zu kultivieren. Deshalb bedienen wir uns der Arbeiten der Mathematiker und übersetzen ihre Ergebnisse aus der Sprache des Kalkuls zurück in die Sprache der Dynamik, so daß unsere Worte nicht das Gedankenbild gewisser algebraischer Prozesse, sondern gewisser Eigenschaften bewegter Körper erwecken sollen."

„Die Sprache der Dynamik ist durch diejenigen erheblich erweitert worden, die in populären Ausdrücken die Lehre von der Erhaltung der Energie auseinandergesetzt haben" — und MAXWELL betont, daß seine Darlegungen durch THOMSON und TAIT's Dynamik, besonders durch deren Art mit der Theorie der Impulse zu beginnen, beeinflußt seien.

MAXWELL denkt sich nun jedes mechanische System mittels geeigneter Mechanismen mit einer Anzahl Führungsstücke verbunden, deren jedes nur längs einer Geraden und völlig unabhängig von jedem anderen beweglich ist, und zwar könnten wir uns jetzt vorstellen, daß diese Führungsstücke sich nur längs der x- oder der y- oder der z-Achse bewegen, während MAXWELL sich mit allgemeinen Koordinaten beschäftigt. Auch nehmen wir hier an, was MAXWELL aus elementaren Betrachtungen herzuleiten sucht, daß die kinetische Energie eines Punktes:

$$T = \frac{1}{2} m (x'^2 + y'^2 + z'^2) \tag{22}$$

ist, und daß sie sich nur um den Betrag der geleisteten Arbeit zu ändern vermag, also für alle möglichen Änderungen:

$$\delta T = X \delta x + Y \delta y + Z \delta z. \tag{23}$$

Die hier auftretenden Größen sind Funktionen der Zeit und es ist daher:

24) $$\delta T = m(x'x'' + y'y'' + z'z'')\delta t.$$

Ich habe hier die bei MAXWELL auftretenden Impulse vermieden, indem ich z. B. den längs x wirkenden Impuls durch $m x'$ und seine Änderung durch $m x'' \delta t$ ersetzt habe. Nun schreibt MAXWELL:

25) $$\delta x = x' \delta t, \qquad \delta y = y' \delta t, \qquad \delta z = z' \delta t.$$

Demgemäß ist 23) in der Form darstellbar:

26) $$m x'' \delta x + m y'' \delta y + m z'' \delta z = X \delta x + Y \delta y + Z \delta z$$

und ergiebt, da δx, δy und δz unabhängig voneinander sein sollen, die dynamischen Differentialgleichungen. Diesem Schlusse MAXWELL's würde mit Recht der Vorwurf gemacht werden können, den BOLTZMANN gegen meine Arbeiten erhoben hat, der Vorwurf, daß Variationen und Differentiale verwechselt seien, wenn man MAXWELL's Voraussetzung vergißt, daß jedes der Führungsstücke unabhängig vom anderen bewegt werden kann. Ich halte es deshalb für MAXWELL's Meinung, daß man $\delta y = 0$, $\delta z = 0$ wählen, und gleichzeitig das nicht gleich 0 gewählte $\delta x = x' \cdot \delta t$ setzen soll, eine Meinung, die man freilich in die Gleichungen 25) hineininterpretieren muß, um diese Gleichungen mit der Unabhängigkeit der δx, δy, δz vereinbar zu halten.

Hiernach erscheint es allerdings nötig, den MAXWELL'schen Gedanken in einer sorgfältigeren Weise auszuführen, und das ist 1887 von PLANCK und von mir geschehen.

3. PLANCK[1] gelangt zu seiner energetischen Ableitung der dynamischen Differentialgleichungen, indem er einfach die Erhaltung der Energie eines einzelnen materiellen Punktes für jede der drei zu einander senkrechten, absolut festen Richtungen x, y, z beansprucht. Es ist dann:

27) $$d\left(\frac{1}{2} m x'^2\right) = X dx, \quad d\left(\frac{1}{2} m y'^2\right) = Y dy, \quad d\left(\frac{1}{2} m z'^2\right) = Z dz$$

oder:

28) $$m x'' = X, \qquad m y'' = Y, \qquad m z'' = Z.$$

Die Bewegung verläuft hiernach so, als wären in jedem Zeitelement dt drei Maschinen thätig, eine x-, eine y- und eine z-Maschine,

---

[1] MAX PLANCK, Das Prinzip der Erhaltung der Energie. Leipzig 1887. S. 148.

deren jede nur in einer bestimmten Richtung Arbeit aufzunehmen und als kinetische Energie an den bewegten Punkt abzugeben vermag. Diese drei Maschinen arbeiten völlig unabhängig voneinander nach drei zu einander senkrechten Richtungen.

Diese Zerfällung behauptet PLANCK nicht etwa als eine besondere Eigenschaft mechanischer Energie, sondern begründet sie — so schmerzlich ihm das heute sein mag — energetisch, nämlich als eine für das Verhalten der Energie überhaupt charakteristische Eigenschaft. Er stellt ein Prinzip der Superposition der Energieen auf mit folgenden Worten[1]: „Die Energie eines materiellen Systems stellt sich erfahrungsgemäß dar als die Summe aus den einzelnen Energiearten, die untereinander vollständig unabhängig sind, und daher zerfällt der Gesamtwert von Energie auch dem Begriffe nach in eine Reihe von Einzelenergien, die jede für sich bestimmt werden können. Wenn nun auf das System Wirkungen von außen ausgeübt werden, durch welche Energie in dasselbe transferiert wird, so kann man im allgemeinen auch diese Wirkungen zerlegen in verschiedene Arten. Jede dieser Wirkungsarten bringt eine bestimmte Veränderung der ihr entsprechenden Energieart im System hervor, so daß die Gleichung, welche den Zusammenhang der Änderung der Gesamtenergie mit den äußeren Wirkungen ausspricht, in eine Reihe von Einzelgleichungen zerfällt, deren jede die Veränderung einer bestimmten Energieart in ihrer Abhängigkeit von einer besonderen äußeren Wirkung regelt."

Hierzu ist zu bemerken, daß allein die Zerlegung der Gleichung der Energie, die rein mathematische Gründe hat (vergl. S. 171), das wesentliche an der Sache ist, nicht die Unterscheidung von einzelnen Energiearten als selbständigen, unabhängig voneinander veränderlichen Bestandteilen der Eigenenergie. Gegen die Unterscheidung von Energiearten in diesem Sinne, die, wie der Überblick über die geschichtliche Entwickelung gezeigt hat, wiederholt ohne Erfolg versucht wurde, hat sich niemand schroffer ausgedrückt, als — PLANCK selbst, der sich geradezu von der Energetik lossagte[2], weil einzelne Vertreter derselben — zuerst wohl, wie wir soeben sahen, PLANCK — mit Energiearten als physikalischen Größen gerechnet haben. Er richtet zwar seine Kritik nur gegen die Volumenergie, aber diese stellt er nur als Stichprobe der energetischen Versündigungen hin, und was an seiner Kritik zutreffend ist, trifft jede Energieart so gut wie die Volumenergie. Ich werde an einer anderen Stelle auseinander zu setzen haben, welche

[1] A. a. O. S. 127.
[2] WIED. Ann. 57, 1896, S. 72.

Bewandtnis es eigentlich mit der Zerfällung der Energiegleichung hat, hier kommt es nur auf die unbestreitbare Thatsache an, daß in sehr vielen Fällen sich das Differential der Eigenenergie so in Teile zerfällen läßt, daß jeder dieser Teile nur gewissen von außen zugeführten Änderungen gleich ist, oder daß sich die äußeren Änderungen einteilen lassen in solche, die nur den einen oder den anderen Teil des Differentials der Eigenenergie betreffen. Planck weist ganz richtig auf die Fälle hin, wo ein bewegter Körper Fernkräften und Wärmestrahlen ausgesetzt ist und jene nur die Geschwindigkeit, diese die Temperatur ändern. Aus der Erfahrung, die allein entscheiden könne, ob im gegebenen Falle eine solche Zerfällung zulässig sei, entnehme man, daß die kinetische Energie eines bewegten Punktes in drei Energiearten zerfalle.

Boltzmann's Einwand, das Superpositionsprinzip werde „zur reinen Abstraktion, da ja die Koordinatenaxen doch nur in unserer Phantasie existieren", verstehe ich dahin, daß es physikalisch unbegründet erscheine, drei zu einander senkrechte absolut feste Richtungen zur Zerlegung der kinetischen Energie und der Arbeit zu wählen. Um diese Willkür kommt man freilich auch nicht bei der gewöhnlichen Aufstellung der dynamischen Differentialgleichungen und muß hinterher zeigen, daß man statt der ursprünglich gewählten auch andere Zerlegungsrichtungen anwenden kann. Immerhin erscheint es mir zweckmäßiger, die Zerlegung der Energiegleichung sogleich in der Form einzuführen, in der sie physikalisch allein verständlich ist, nämlich als Forderung der Energieerhaltung nach jeder möglichen Richtung. Bevor ich die sich hierdurch ergebende Behandlung des Problems vortrage, habe ich noch kurz zu berichten, wie Planck von den Differentialgleichungen des einzelnen Punktes zu den allgemeinen dynamischen Differentialgleichungen gelangt.

Nachdem er zunächst bemerkt hat, daß geometrische Bedingungen, wie Führung auf festen Kurven und Flächen, keine Arbeit erfordern oder erzeugen, ergiebt sich, daß die Arbeit $X dx + Y dy + Z dz$ der äußeren Kräfte, die auf einen beweglichen Punkt wirken, positiv sein muß, wenn er aus der Ruhe in Bewegung geraten soll. Sind also nur solche Änderungen δx, δy, δz möglich, für die

$$29) \qquad X\delta x + Y\delta y + Z\delta z \leqq 0$$

ist, so bleibt der ruhende Punkt in Ruhe. Aus dieser Gleichgewichtsbedingung folgt dann das d'Alembert'sche Prinzip in d'Alembert's Weise, wie wir sie bei Poncelet kennen gelernt haben, und es liegt also Planck's Fortschritt darin, daß er die beschleunigenden Kräfte und damit auch die Größen $-mx''$, $-my''$, $-mz''$ der D'ALEMBERT'schen Formel aus dem Energiegedanken, nicht mittels der Impulsvorstellungen, begründet, das D'ALEMBERT'sche Prinzip aus energetischen Grundanschauungen konstruiert hat. Freilich erscheint es als eine Schwäche des PLANCK'schen Prinzips, wenigstens in seiner vorliegenden Gestalt, daß es mit dem sehr allgemeinen Begriffe der Superposition operiert und ihn doch nur für die rechtwinkligen Koordinaten eines einzelnen Punktes anwendet. Nur die Erfahrung soll entscheiden, wenn er sonst noch anwendbar ist; da aber die Zerfällung der D'ALEMBERT'schen Gleichung in jedem Falle möglich ist, so scheint es, daß nicht die Superposition der rechtwinkligen Koordinaten das entscheidende ist.

4. Gleichzeitig fand, auch mathematisch in derselben Form, aber in anderer physikalischer Anschauungsweise, das D'ALEMBERT'sche Prinzip eine energetische Behandlung durch HELM. Der Besprechung des bei CARNOT hervortretenden, von PONCELET weiter durchgeführten Gedankens, mechanische Vorgänge als Energieumwandlungen anzusehen, habe ich damals die Worte beigefügt:[1] „Mit diesem Gedanken wird eine Verwendung der Energievorstellungen vorbereitet, die für ihren späteren selbständigen Gebrauch wesentlich ist und besonders seit MAXWELL deutlicher hervortritt. Das Gesetz der lebendigen Kraft ist in der alten Mechanik ein Gesetz der aktuellen, nicht der virtuellen Bewegung, es lehrt eine Eigenschaft der wirklich stattfindenden Bewegung kennen, nicht eine Beziehung, die jeder möglichen Bewegung anhaftet. Nur für Probleme, die von einer unabhängigen Variabeln abhängen, liefert es also die Lösung durch Zurückführung auf eine Quadratur. Wenn es dadurch auch den technisch wichtigsten Fall der zwangläufigen Bewegung beherrscht, so ist es doch für die allgemeinen Probleme ungenügend. Allgemein verwendbar ist es nur in Begleitung der dynamischen Differentialgleichungen; mit PONCELET's Arbeitsprinzip aber, welches ja formal auf das Prinzip der virtuellen Geschwindigkeiten hinausläuft, kann man jene umfassen, indem man sie als Gleichungen zwischen der elementaren Arbeit und dem elementaren Zuwachs der lebendigen Kraft deutet. Für einen frei beweglichen Punkt z. B. mit der Masse m und den rechtwinkligen Koordinaten x, y, z, auf welchen eine Kraft mit den Komponenten X, Y, Z wirkt, ergiebt das Gesetz der lebendigen Kraft nur die eine Gleichung

[1] HELM, Die Lehre von der Energie. Leipzig 1887. S. 21.

$$d\left\{\frac{1}{2}m(x'^2+y'^2+z'^2)\right\}=(X\,dx+Y\,dy+Z\,dz).$$

Gilt aber für jede virtuelle Bewegung die Erhaltung der Arbeit, so erhält man u. a.

$$d\left(\frac{1}{2}m\,x'^2\right)=X\,dx,$$

folglich die dynamische Differentialgleichung

$$m\,x''=X.\text{“}$$

Wie verkannt und mißverstanden mußte sich der Verfasser solcher Worte fühlen, als ihm in Lübeck vorgeworfen wurde, er selbst habe aus dem Gesetz der lebendigen Kraft die dynamischen Differentialgleichungen herzuleiten unternommen! —

Und wie auffällig erscheint nun gar der auf Lübeck folgende litterarische Angriff Boltzmann's, der Planck's energetische Begründung der Mechanik für einwurfsfrei erklärt, und es nicht für nötig hält zu bemerken, daß gleichzeitig mit Planck von mir eine Ableitung der dynamischen Differentialgleichungen veröffentlicht worden ist, die in der mathematischen Formulierung buchstäblich mit der Planck's übereinstimmt! —

5. Die Veranlassung zu Boltzmann's Angriff gegen mich bot eine Arbeit, die ich nach dem soeben erwähnten, 1887 erschienenen Buche im Jahre 1890 veröffentlicht habe, und zwar der Umstand, daß ich darin die Bezeichnungen dx, dy, dz statt der oben eingeführten $d_\sigma x$, $d_\sigma y$, $d_\sigma z$ benutzt habe. Die Arbeit steht allerdings unter dem Einflusse des Gedankens, daß man jedes mögliche Bahnelement zu einem wirklichen machen kann, nämlich durch geeignete Wahl der willkürlichen Anfangsgeschwindigkeit. Durch diesen Gedanken ist der Irrtum veranlaßt worden, in der Gleichung für den frei beweglichen Punkt,

$$(m\,x''-X)\,dx+(m\,y''-Y)\,dy+(m\,z''-Z)\,dz=0, \tag{30}$$

sei die Gleichung

$$(m\,x''-X)\,dx=0 \tag{31}$$

als besonderer Fall mit enthalten; man brauche nur die Geschwindigkeit, mit der der Ort $x\,y\,z$ durchlaufen wird, parallel zur Richtung der x zu wählen, um diese Spezialisierung zu erhalten. Das wäre nur zutreffend, wenn die auf den frei beweglichen Punkt wirkenden Kraftkomponenten und Beschleunigungen nur Funktionen von xyz, also unabhängig von der Richtung wären, in der der Punkt xyz durchschritten wird.

Wenn man nun gar, wie ich es a. a. O. gethan habe, mittels der LAGRANGE'schen Transformation auf beliebige Koordinaten q die Gleichung 30) umformt zu

32) $$\sum\left(\frac{d}{dt}\frac{\partial T}{\partial q'} - \frac{\partial T}{\partial q} - Q\right) dq = 0,$$

wobei

33) $$Q = X\frac{\partial x}{\partial q} + Y\frac{\partial y}{\partial q} + Z\frac{\partial z}{\partial q}$$

die Aktion nach dem Parameter q darstellt, so ist der Schluß, daß einzeln jedes

34) $$\left(\frac{d}{dt}\frac{\partial T}{\partial q'} - \frac{\partial T}{\partial q} - Q\right) dq = 0$$

sei, da man ja alle q' bis auf eins gleich Null wählen dürfe, schon deswegen nicht gerechtfertigt, weil die Differentialquotienten der kinetischen Energie T von den q' abhängen.

Aber daraus, daß der Schluß von 32) auf 34) und der von 30) auf 31) falsch oder doch nicht unbeschränkt richtig ist, folgt nichts, absolut nichts gegen die Energetik; der Fehler in der mathematischen Formulierung ist so einfach zu verbessern, daß es eitel Klopffechterei wäre, seinetwegen die Energetik in Mißkredit setzen zu wollen. Denn wenn man den Sinn der Worte: „Bei jeder möglichen Veränderung bleibt die Energie unverändert" formell richtig einkleidet in die Gleichung

35) $$(mx'' - X)\,d_\sigma x + (my'' - Y)\,d_\sigma y + (mz'' - Z)\,d_\sigma z = 0$$

oder in die Gleichung

36) $$\sum\left(\frac{d}{dt}\frac{\partial T}{\partial q'} - \frac{\partial T}{\partial q} - Q\right) d_\sigma q = 0,$$

mit anderen Worten, wenn man unter dx, dy, dz, dq versteht bez. $d_\sigma x$, $d_\sigma y$, $d_\sigma z$, $d_\sigma q$ und entsprechend unter x_σ', y_σ', z_σ' die Geschwindigkeitskomponenten einer nach der willkürlichen Richtung σ verlaufenden, also im allgemeinen von den wirklichen Geschwindigkeitskomponenten x', y', z' verschiedene Größen versteht, wie ich das auf BOLTZMANN's Angriff hin klargestellt habe[1], so ist die Schlußweise unanfechtbar.

Damit ist natürlich nicht der mathematische Fehler gerechtfertigt und kann nicht gerechtfertigt werden; ob eine äußerlich

[1] WIED. Ann. 57, 1896, S. 648.

kleine oder umfangreiche Korrektur nötig ist, giebt im allgemeinen kein Maß des mathematischen Verstoßes. Aber die Grundlagen der Energetik, über die doch in Lübeck zu diskutieren war, werden nicht von der Korrektur betroffen. Daß es meine Meinung war, nicht die Formel des Gesetzes von der Erhaltung der Energie, sondern die eines umfassenderen Prinzips zerfalle in die dynamischen Differentialgleichungen, geht aus meinen Darlegungen von 1887 deutlich genug hervor. In der Formel dieses Prinzips darf eine der willkürlichen Verschiebungen, z. B. $d_\sigma x$, nicht mit der Kraft und der Beschleunigung verknüpft werden, die auftreten würden, wenn jene Verschiebung $d_\sigma x$ wirkliche Verschiebung wäre, sondern alle wählbaren $d_\sigma x$ sind mit ein und derselben Kraft X und ein und derselben Beschleunigung x'' zu verknüpfen. Was wird dabei an der Tragweite und Brauchbarkeit der Energetik als Methode geändert, an ihren Ansprüchen gegenüber der älteren theoretischen Physik?

6. Im Hinblick auf eine kürzlich erschienene energetische Untersuchung[1], die sich auf meinen Satz beruft, sei hier noch ausgeführt, wie sich die Umsetzung potentieller Energie E in kinetische Energie

$$T = \frac{1}{2} m (x'^2 + y'^2 + z'^2)$$

eines frei beweglichen materiellen Punktes vollzieht. Nach jeder möglichen Bewegungsrichtung $d_\sigma x$, $d_\sigma y$, $d_\sigma z$ muß die Gleichung

37) $$d_\sigma T + d_\sigma E = 0$$

bestehen. Nun ist

38) $$d_\sigma T = m (x'' \cdot d_\sigma x + y'' \cdot d_\sigma y + z'' \cdot d_\sigma z),$$

39) $$d_\sigma E = \frac{\partial E}{\partial x} \cdot d_\sigma x + \frac{\partial E}{\partial y} \cdot d_\sigma y + \frac{\partial E}{\partial z} \cdot d_\sigma z,$$

folglich

$$\left(m x'' + \frac{\partial E}{\partial x}\right) d_\sigma x + \left(m y'' + \frac{\partial E}{\partial y}\right) d_\sigma y + \left(m z'' + \frac{\partial E}{\partial z}\right) d_\sigma z = 0,$$

und diese Gleichung zerfällt in die drei dynamischen Differentialgleichungen. Es würde also zu beachten sein, daß die in der angeführten Arbeit mit dT und dE bezeichneten Differentiale nicht gewöhnliche Veränderungen nach einem wirklichen Bahnelement

[1] P. Gruner, Die neueren Ansichten über Materie und Energie. Separat-Abdruck aus den Mitteilungen der Naturforschenden Gesellschaft in Bern. Bern 1897.

darstellen, sondern Veränderungen, genommen nach einer dem beweglichen Punkte offenstehenden (möglichen) Bewegungsrichtung. Hält man an dieser näheren Bestimmung über den Sinn jener Differentiale fest, so ist gegen die Schlußweise nichts mehr einzuwenden.

Das Beispiel zeigt auch gelegentlich, daß das Gravitationsproblem vollständig befriedigend mit den Prinzipien der Energetik behandelt werden kann, was vielleicht nach BOLTZMANN's Einwänden[1] gegen OSTWALD's Behandlung[2] angezweifelt werden könnte, während es ja freilich nach der Herleitung der allgemeinen dynamischen Differentialgleichungen nicht der Ausführung bedarf. Denn Kräfte, die ein Potential besitzen, gestatten eben, die von ihnen geleistete Arbeit als Änderung einer vom Zustande des Systems allein abhängigen Funktion darzustellen, die man als potentielle Energie des Systems ansehen darf.

7. Wie ich die von CLAUSIUS und THOMSON geschaffenen Grundlagen der Thermodynamik in der Darlegung CARL NEUMANN's zusammengefaßt habe (S. 101), so bin ich auch jetzt in der günstigen Lage, die Auffassung wiederzugeben, die dieser bewährteste Vertreter kritischer Klärung der physikalischen Prinzipien sich von der Streitsache gebildet hat. Er schreibt:

„Ein Massenpunkt m sei in Bewegung begriffen unter dem Einfluß einer gegebenen Kraft. Die Koordinaten des Punktes und die Komponenten der Kraft mögen unter Zugrundelegung eines absolut unbeweglichen rechtwinkligen Achsensystems mit x, y, z und X, Y, Z bezeichnet sein. Alsdann hat die kinetische Energie des Punktes den Wert

$$\frac{m}{2}(x'^2 + y'^2 + z'^2).$$

Der Zuwachs dieser Energie während des Zeitelementes dt lautet daher

$$m(x'x'' + y'y'' + z'z'')\,dt,$$

d. i.

1*) $$m(x''\,dx + y''\,dy + z''\,dz).$$

Andererseits wird die von der Kraft X, Y, Z während der Zeit dt verrichtete Arbeit den Wert haben

2*) $$X\,dx + Y\,dy + Z\,dz.$$

[1] WIED. Ann. 57, 1896, S. 39.

[2] OSTWALD, Allg. Chemie 1893, 2. Bd., 1. Teil, S. 26.

Definitionen: Den Formeln 1) und 2) entsprechend, bezeichne man nun den Ausdruck

3*) $$m x'' d x$$

als den der Richtung x entsprechenden Zuwachs der kinetischen Energie, und andererseits den Ausdruck

4*) $$X d x$$

als die in der Richtung x geleistete Arbeit.

Dabei soll das zu Grunde gelegte Achsensystem (x, y, z) absolut unbeweglich, sonst aber ganz beliebig gedacht werden. Demgemäß werden also die soeben festgesetzten Definitionen auch giltig sein für jedwedes andere absolut unbewegliche Achsensystem (ξ, η, ζ).

Dies vorausgesetzt, mag nun folgendes neue Prinzip in die Mechanik eingeführt werden:

Neues Prinzip: Für jede absolut unbewegliche Richtung gilt die Formel

5*) $$d T = d A.$$

wo $d T$ den dieser Richtung entsprechenden Zuwachs der kinetischen Energie und $d A$ die in dieser Richtung geleistete Arbeit sein soll.

Führt man also ein neues, absolut unbewegliches Achsensystem (ξ, η, ζ) ein, dessen ξ-Achse mit jener absolut unbeweglichen Richtung parallel ist, so werden $d T$ und $d A$ zufolge der Definitionen 3), 4) die Werte haben

$$d T = m \xi'' d \xi,$$
$$d A = \Xi d \xi,$$

wo ξ, η, ζ und Ξ, H, Z für das System (ξ, η, ζ) dieselben Bedeutungen haben sollen, welche x, y, z und X, Y, Z für das System (x, y, z) besitzen. Somit folgt aus dem neuen Prinzip 5):

6*) $$m \xi'' d \xi = \Xi d \xi.$$

Nun ist aber

$$\xi = c + \alpha x + \beta y + \gamma z,$$
$$\Xi = \alpha X + \beta Y + \gamma Z,$$

wo α, β, γ die Richtungskosinus der Achse ξ im Koordinatensystem (x, y, z) vorstellen. Da nun beide Koordinatensysteme (x, y, z) und (ξ, η, ζ) absolut unbeweglich sein sollen, so sind α, β, γ Konstanten, mithin

$$\xi'' = \alpha x'' + \beta y'' + \gamma z'',$$
$$\Xi = \alpha X + \beta Y + \gamma Z.$$

Demgemäß ergiebt sich aus 6)

7*) $$m(\alpha x'' + \beta y'' + \gamma z'')\,d\xi = (\alpha X + \beta Y + \gamma Z)\,d\xi.$$

Das Prinzip soll aber Giltigkeit haben für jedwede (absolut feste) Richtung. Folglich sind α, β, γ willkürliche Konstanten (abgesehen von der Relation $\alpha^2 + \beta^2 + \gamma^2 = 1$). Und demgemäß ergiebt sich aus 7) sofort

8*) $$m x'' = X, \qquad m y'' = Y, \qquad m z'' = Z.$$

Das Prinzip 5) führt also zu den bekannten dynamischen Differentialgleichungen. Und hierdurch ist die Richtigkeit des Prinzips außer Zweifel gestellt."

In einem späteren Briefe fügt C. Neumann noch die Bemerkung hinzu: „Es macht (also) keinen Unterschied, ob wir das Prinzip 5) auf ξ, η, ζ oder aber auf x, y, z anwenden. Im letzteren Falle aber liefert das Prinzip 5) mit Rücksicht auf die vorangeschickten Definitionen, sofort die Formeln

$$m x''\,dx = X\,dx, \qquad m y''\,dy = Y\,dy, \qquad m z''\,dz = Z\,dz;$$

und hieraus scheint mir zu folgen, daß das Prinzip im wesentlichen nichts anderes ist, als der Ausdruck der drei Fundamentalgleichungen:

$$m x'' = X, \qquad m y'' = Y, \qquad m z'' = Z."$$

In diesen Briefen Neumann's tritt vortrefflich hervor, was der eigentliche Gehalt der Arbeiten von 1887 und 1890 war. Die früher von mir mit σ bezeichnete Richtung ist in Neumann's Darstellung mit ξ benannt, das Energieprinzip stellt er als neues Prinzip hin. Besonders sieht man, wie einfach und klar eigentlich die Sache liegt, ja wie dynamisch belanglos und energetisch selbstverständlich die von mir hervorgehobene Wendung ist, die man in Lübeck benutzen wollte, um die Energetik zu beseitigen.

8. In dem Falle, daß statt der rechtwinkligen Koordinaten x, y, z beliebige andere Koordinaten $p_1, p_2 \ldots p_n$ eingeführt werden sollen und jene als Funktionen dieser bekannt sind, ist nach Lagrange's bekannten Umformungen

$$x' = \Sigma \frac{\partial x}{\partial p} \cdot p', \qquad \frac{\partial x}{\partial p} = \frac{\partial x'}{\partial p'}, \qquad \frac{\partial x'}{\partial p} = \frac{d}{dt}\left(\frac{\partial x}{\partial p}\right),$$

und der Ausdruck 3*)

$$m x''\,dx = m x''\left(\frac{\partial x}{\partial p_1}\,dp_1 + \cdots\right)$$

wird umgestaltet durch die Transformation

$$m x'' \frac{\partial x}{\partial p} = \frac{d}{dt}\left(m x' \frac{\partial x}{\partial p}\right) - m x' \frac{d}{dt}\left(\frac{\partial x}{\partial p}\right) = \frac{d}{dt}\left(m x' \frac{\partial x'}{\partial p'}\right) - m x' \cdot \frac{\partial x'}{\partial p}.$$

Demgemäß geht die Gleichung, die für die Richtung dp gilt, wie die Gleichung 7*) für $d\xi$

$$\left\{m x'' \frac{\partial x}{\partial p} + m y'' \frac{\partial y}{\partial p} + m z'' \frac{\partial z}{\partial p}\right\} dp = \left\{X \frac{\partial x}{\partial p} + Y \frac{\partial y}{\partial p} + Z \frac{\partial z}{\partial p}\right\} dp$$

über in

40) $$\frac{d}{dt}\left(\frac{\partial T}{\partial p'}\right) - \frac{\partial T}{\partial p} = P,$$

wenn mit

41) $$P = X \frac{\partial x}{\partial p} + Y \frac{\partial y}{\partial p} + Z \frac{\partial z}{\partial p}$$

die nach der Richtung dp wirkende Aktion, mit $P\,dp$ die nach derselben Richtung geleistete Arbeit bezeichnet wird.

Man kann hieraus schließen, daß die mit $d_\sigma T$ und $d_\sigma A$ bezeichneten Änderungen, wenn σ einer der Parameter des Systems ist, durch folgende Operationen ausgeführt werden

42) $$d_\sigma T = \left\{\frac{d}{dt}\left(\frac{\partial T}{\partial \sigma'}\right) - \frac{\partial T}{\partial \sigma}\right\} d\sigma, \quad d_\sigma A = \left\{X \frac{\partial x}{\partial \sigma} + Y \frac{\partial y}{\partial \sigma} + Z \frac{\partial z}{\partial \sigma}\right\} d\sigma$$

und daß allgemein

43) $$\frac{d_\sigma}{d\sigma} = \frac{d_x}{dx} \cdot \frac{\partial x}{\partial \sigma} + \frac{d_y}{dy} \cdot \frac{\partial y}{\partial \sigma} + \frac{d_z}{dz} \cdot \frac{\partial z}{\partial \sigma}.$$

Vierter Abschnitt.

Energetische Behandlung des Kraftbegriffes.

1. Jedenfalls ist es nach alledem nicht die Formel von der lebendigen Kraft, mit der man die Mechanik begründen kann; es bedarf eines sie umfassenden Prinzips 5*). Entweder faßt man dieses als eine Zerfällung des Erhaltungsgesetzes nach drei Komponenten, oder man drückt es als eine Eigenschaft der mechanischen Energien so aus: die mechanische Energie, genommen nach jeder möglichen Bewegungsrichtung, ist unveränderlich.

Ich erblicke in diesem Prinzip den zusammenfassenden Ausdruck der wesentlichsten Eigenschaften des Kraftbegriffs.

Man denke sich beispielsweise einen Punkt in der Geraden x, einen anderen in der dazu senkrechten Geraden y derselben Ebene geführt. Bemerkt man nun, daß zwischen den gleichzeitig erreichten Stellungen x und y eine Beziehung besteht, so bietet sich erstens die Möglichkeit einer rein geometrischen Beschreibung dieses Zusammenhangs, die z. B. sehr einfach ausfiele, wenn man $x^2 + y^2$ konstant fände. Zweitens könnte man die Beziehung dynamisch wiederzugeben suchen durch Kräfte, das sind Eigenschaften, die man den Punkten als ihnen eigentümlich beilegt. Dieses zweite Verfahren scheint mir nur verständig und vorteilhaft gegenüber dem ersten, wenn der Fall eintreten kann, daß uns jene Punkte genau wieder erkennbar ohne die Führungen längs x und y entgegentreten können, in anderen Führungen oder frei. Jedenfalls aber ist es das wesentliche dieses zweiten Verfahrens, daß der x-Punkt ideell losgemacht wird von dem y-Punkte und die Bewegung des x-Punktes nur als spezieller Fall jeder längs der x-Führung möglichen Bewegung erscheint. Es wird sofort ersichtlich, was dem x-Punkte geschähe, wenn er nach anderer Richtung als x geführt würde oder frei beweglich wäre.

Sehr deutlich zeigt sich diese Seite des Kraftbegriffs, wenn die elementare oder auch die technische Mechanik einen Fall einfachen geometrischen Zusammenhanges, z. B. den Fall starrer Verbindung beider Punkte auf dynamischen Zusammenhang zurückführt, indem sie die starre Verbindung aufhebt und durch Kräfte ersetzt, die miteinander in der Beziehung der Wechselwirkung stehen. Sofort ist jeder Punkt für sich da, wird zunächst als allein vorhanden betrachtet und erst nachträglich wieder durch die Wechselwirkungsbeziehung mit dem anderen verknüpft.

Freimachen der einzelnen Teile des Systems, der einzelnen möglichen Richtungen eines Punktes voneinander, Zerfällung der in Wirklichkeit einen Beziehung, — das ist das wesentliche des Kraftbegriffs.

Ja noch mehr: die Kraft benutzen wir auch, um eine Energieform von der anderen loszuketten, mit der sie verbunden auftritt. Bewegt sich ein Punkt unter dem Einflusse der Kraft XYZ im widerstehenden Mittel oder auf rauher Bahn, so wird außer kinetischer Energie dT auch Wärme dQ entwickelt und es ist:

$$44)\qquad dT + dQ = X dx + Y dy + Z dz.$$

Um die Wärme von der kinetischen Energie abzutrennen, führt man die Widerstandskraft X_1, Y_1, Z_1 dergestalt ein, daß

$$45)\quad \begin{cases} dT = (X - X_1)\,dx + (Y - Y_1)\,dy + (Z - Z_1)\,dz \\ dQ = \quad X_1\,dx + \quad Y_1\,y + \quad Z_1\,dz. \end{cases}$$

Ist z. B. der Punkt in Ruhe, $x' = y' = z' = 0$, so ist $dQ = 0$ und der Punkt bleibt in Ruhe, wenn alle möglichen dx, dy, dz den Wert von dT Null oder negativ machen, also bei:

$$46)\quad X \leqq X_1, \quad Y \leqq Y_1, \quad Z \leqq Z_1.$$

Es ist also wiederum der Kraftbegriff, der die Analyse des zu beschreibenden Vorgangs in einen mechanischen und einen thermischen Vorgang überhaupt erst ermöglicht.

2. Daß man die Kraft, die in der Richtung s wirkt, nach dem Parallelogramm der Kräfte zerlegen darf in die Richtung σ und eine dazu senkrechte Richtung, — das ist doch der Grund, aus dem der Begriff einer Arbeit nach der Richtung σ überhaupt möglich wird. Und wenn das Prinzip festsetzt, daß die Kraft R auf einen in der Richtung σ geführten Punkt die Arbeit $R \cos(R, \sigma) \cdot d\sigma$ ausübt, so ist dadurch zugleich das Parallelogramm der Kräfte festgesetzt. Sehr naturgemäß kann man es auf dem folgenden Wege gewinnen.

Man führe einen Massenpunkt m von einem Raumpunkte zu einem benachbarten einmal auf den Wegen $d\xi$, $d\eta$, $d\zeta$, das andere Mal auf den Wegen dx, dy, dz. In beiden Fällen muß unter dem Einflusse derselben Kraft dieselbe Arbeit geleistet werden, da ja die gesamte Energieänderung nicht von der Wahl des Koordinatensystems abhängt, wenn es nur ein absolut festes ist. Wir haben also:

$$47)\quad \Xi\,d\xi + H\,d\eta + Z\,d\zeta = X\,dx + Y\,dy + Z\,dz.$$

Andererseits ist:

$$48)\quad d\xi = \alpha\,dx + \beta\,dy + \gamma\,dz, \qquad d\eta = \alpha'\,dx + \beta'\,dy + \gamma'\,dz,$$
$$d\zeta = \alpha''\,dx + \beta''\,dy + \gamma''\,dz.$$

Daher:

$$49)\quad Xdx + Ydy + Zdz = (\Xi\alpha + H\alpha' + Z\alpha'')dx + (\Xi\beta + H\beta' + Z\beta'')dy + (\Xi\gamma + H\gamma' + Z\gamma'')\,dz.$$

Diese Gleichung gilt aber für die Überführung des Massenpunktes m nach jedem beliebigen Nachbarorte, also sind dx, dy, dz unabhängig voneinander willkürlich wählbar. Somit folgt u. a.:

$$50)\quad X = \Xi\alpha + H\alpha' + Z\alpha'',$$

d. h. die Zerlegbarkeit der Kraft X nach der Parallelogrammregel.

3. Dasselbe Verfahren der Änderung des Koordinatensystems kann auch noch dazu dienen, den Zusammenhang des Energieprinzips mit dem Wechselwirkungsprinzip darzulegen. Wenn es zulässig ist, die Kräfte der Natur in solche zu zerlegen, die zwischen je zwei Massenpunkten wirken, dergestalt, daß etwa das Paar der Massenpunkte m_1 und m_2, abgesehen von äußeren Kräften, nur zweien von der gegenseitigen Lage dieser Punkte abhängigen Kräften unterliegt, nämlich m_1 einer Kraft mit den Komponenten $X_1\ Y_1\ Z_1$ und m_2 einer Kraft mit den Komponenten $X_2\ Y_2\ Z_2$, — dann muß die Arbeit dieser Kräfte bei einer Parallelverschiebung des Punktepaares verschwinden, da diese ja auf eine Parallelverschiebung des Bezugssystems x, y, z hinausläuft.

Verschieben wir um $d_\sigma x$, $d_\sigma y$, $d_\sigma z$, so erhalten wir:

51) $$0 = X_1\, d_\sigma x + Y_1\, d_\sigma y + Z_1\, d_\sigma z + X_2\, d_\sigma x + Y_2\, d_\sigma y + Z_2\, d_\sigma z.$$

Da $d_\sigma x$, $d_\sigma y$, $d_\sigma z$ beliebig gewählt werden dürfen, folgt:

52) $$X_1 + X_2 = 0\,, \qquad Y_1 + Y_2 = 0\,, \qquad Z_1 + Z_2 = 0\,,$$

d. i. das Gesetz der Aktion und Reaktion. Die Annahme der Auflösbarkeit aller Kräfte in solche, die durch Wechselwirkung je zweier Punkte entstehen, ist also mit dem Energieprinzip nur vereinbar, wenn die Aktion stets der Reaktion entgegengesetzt gleich ist.

Weiter muß aber auch bei einer Drehung des Punktepaares die Arbeit der Kräfte verschwinden, die von den Massen m_1 und m_2 aufeinander ausgeübt werden. Nachdem die Parallelverschiebung erledigt ist, genügt es, eine Drehung um den einen Punkt m_1 ins Auge zu fassen, vorausgesetzt, daß die Kräfte nur von der Lage, nicht von der Geschwindigkeit der Punkte abhängen. Da bei einer solchen die Verschiebung des Punktes m_2 zur Verbindungsstrecke der Punkte $m_1\, m_2$ senkrecht steht, so verschwindet die Arbeit, wenn die Verbindungsstrecke Kraftlinie ist. Die Annahme der Auflösbarkeit aller Kräfte in solche, die durch Wechselwirkung je zweier Punkte entstehen und nur von der gegenseitigen Lage der Punkte abhängen, ist also mit dem Energieprinzip nur vereinbar, wenn die Kräfte Zentralkräfte sind.

4. Der Zweck meiner Arbeit von 1890, die von Boltzmann einer so einseitigen Kritik unterzogen wurde, war, auf Grund des eben entwickelten Standpunktes weiterzubauen, den ich damals für gesichert ansah, weil ihn niemand beanstandet hatte und der nun nach dem heftigen Angriff gesicherter ist als je, vor allem durch die Erörterungen C. NEUMANN's. Der Weiterbau wäre gänzlich erledigt gewesen, wenn die Veränderungen $d_\sigma x$, $d_\sigma y$, $d_\sigma z$ mit den Variationen LAGRANGE's identisch wären; denn dann wäre eben die gewöhnliche analytische Mechanik dieser Weiterbau. Aber im Falle der Bewegung eines Punktes Bedingungen auferlegt werden, die die Zeit explizit enthalten, kann man $d_\sigma x$ nicht gleichbedeutend mit δx ansehen, da ja $d_\sigma x$ eine Strecke ist, die von der Bewegung wirklich durchlaufen werden kann, so daß $d_\sigma x$, $d_\sigma y$ und $d_\sigma z$ zusammengesetzt unter anderem auch die wirkliche Verschiebung des Punktes liefern, während die virtuellen Verschiebungen im allgemeinen nicht die Komponenten der wirklichen Verschiebung, im allgemeinen nicht mögliche Verschiebungen sind.

Es möge einem bewegten Punkte die Bedingung

53) $$\varphi_1 \cdot dx + \varphi_2 \, dy + \varphi_3 \, dz + \varphi_0 \, dt = 0$$

auferlegt sein, d. h. alle Änderungen, die seine Lage in der Zeit dt erleiden kann, haben Koordinaten dx, dy, dz, die durch obige Bedingung miteinander und mit dt verknüpft sind. Dabei bedeuten $\varphi_1 \varphi_2 \varphi_3$ beliebige Funktionen von x, y, z, t. Beispielsweise könnte vorgeschrieben sein, daß der Punkt während seiner Bewegung die Fläche $\varphi(x, y, z, t) = 0$ nicht verlassen darf. Dann würden $\varphi_0 \varphi_1 \varphi_2 \varphi_3$ die partiellen Differentialquotienten der Funktion φ nach t, x, y, z sein.

Nun wird das D'ALEMBERT'sche Prinzip:

54) $$(m x'' - X) \delta x + (m y'' - Y) \delta y + (m z'' - Z) \delta z = 0$$

befriedigt durch die dynamischen Differentialgleichungen:

55) $$m x'' = X + \lambda \varphi_1, \quad m y'' = Y + \lambda \varphi_2, \quad m z'' = Z + \lambda \varphi_3,$$

falls λ eine beliebige Größe und falls:

56) $$\varphi_1 \, \delta x + \varphi_2 \, \delta y + \varphi_3 \, \delta z = 0.$$

Das D'ALEMBERT'sche Prinzip ergiebt also die dynamischen Differentialgleichungen 55) des der Bedingung 53) unterworfenen Punktes, wenn man es auf Verschiebungen δx, δy, δz anwendet, die der Bedingung 56) genügen. Diese virtuellen Verschiebungen sind daher der Bewegungsfreiheit nach nicht mögliche Verschiebungen.

Das Energieprinzip andererseits:

57) $$(m x'' - X) d_\sigma x + (m y'' - Y) d_\sigma y + (m z'' - Z) d_\sigma z - dA = 0,$$

in dem dA die zur Aufrechterhaltung der Bedingung 53) nötige Arbeit darstellt, führt auf die dynamischen Differentialgleichungen 55), wenn:

58) $$dA = -\lambda \varphi_0 dt,$$

also insbesondere bei zeitfreien Bedingungen (für die φ_0 verschwindet), wenn $dA = 0$ ist.

Daß die zur Aufrechterhaltung vorgelegter Bedingungen erforderliche Arbeit, den in 58) gegebenen Wert besitzt, muß als eine Beschreibung der Erfahrungen über reibungslose Führungen oder als Definition derselben hingenommen, oder kann auch aus anderen Ausdrücken unserer Erfahrungen über derartige Vorgänge hergeleitet werden.

Diese Erörterungen lassen noch einmal recht deutlich hervortreten, daß man durchaus genötigt ist, die Differentiale d_σ von den Variationen δ zu unterscheiden. Freilich darf man sie im allgemeinen auch nicht mit den Komponenten des Elements der wirklichen Bahn für identisch halten.

Fünfter Abschnitt.

Die energetische Behandlung der Mechanik.

1. Am Schlusse dieses Teiles der Schrift erscheint es angemessen, ein Wort darüber zu sagen, wie sich denn nun eigentlich der Aufbau der Mechanik nach Ansicht der Energetiker gestalten würde. Im Laufe der letzten 30 Jahre haben vor allen die vielen Physiker, Mathematiker, Techniker, die Mechanik zu lehren haben, sich um die Frage gemüht, wie denn wohl im Lichte der energetischen Vorstellungen die Mechanik erscheinen müsse, ob denn die Energetik zur Klärung der schwierigen Fundamentalprobleme dieser Wissenschaft beizutragen befähigt sei.

Der Verständige wird nicht erwarten, daß an der mathematischen Formulierung der Probleme wesentliches zu ändern sei; die Mechanik ist in den Händen der hervorragendsten Forscher zu einer Reihe von Methoden durchgedrungen, die den wirklichen Problemen gegenüber kaum zu wünschen übrig lassen. Es kann sich also nur um die Systematisierung dieser Methoden, um den Aufbau des Lehrgebäudes handeln, und da eben ist die Stelle, wo jeder Lehrer der Mechanik immer wieder Schwierigkeiten bemerkt.

Wie weit man nun die Energetik in die Fundamente der Mechanik eindringen läßt, hängt offenbar von dem Geschmack des Vortragenden und der Vorbildung seiner Hörer ab. MAXWELL hat, wie erwähnt wurde, von einfachen Bewegungsvorstellungen ausgehend, in wesentlicher Betonung des Energieprinzips die GALILEI-NEWTON'sche Fundamentierung gänzlich zu vermeiden gesucht. Seitdem haben wir eine ganze Reihe von Arbeiten, die, hauptsächlich in pädagogischer Absicht, in dieser Weise die einfachsten Sätze der Meehanik zu gewinnen suchen, um so die Physik in ihrer ganzen Ausdehnung von dem einheitlichen Gesichtspunkte ROBERT MAYER's überblicken zu können. Vor allen würden da DRESSEL[1], HEGER[2] und JANUSCHKE[3] zu nennen sein. Aber auch OSTWALD, DUHEM u. a. verwenden gelegentlich die von PONCELET, PLANCK oder mir vertretenen Behandlungsweisen; da sie außerdem andere energetische Prinzipien verwenden, werden ihre Arbeiten an anderen Stellen noch in den Kreis unserer Darlegungen zu ziehen sein.

Was mich selbst betrifft, so lege ich so hohen Wert auf die Einführung in das geschichtliche Werden der Wissenschaft, daß ich es im allgemeinen vorziehen möchte, bei der Grundlegung der Mechanik zunächst die Grundbegriffe des GALILEI-NEWTON'schen Standpunktes an den einfachen historischen Problemen des Falles, Wurfes und der schiefen Ebene zu entwickeln, die Begriffe der Geschwindigkeit, Beschleunigung, Masse, Kraft. Ist man von diesem Standpunkte aus zu den Begriffen der Arbeit, der kinetischen und potentiellen Energie gelangt, so ist es an der Zeit, die Mechanik als speziellen Fall der Energetik hinzustellen und als Axiom das Energieprinzip einzuführen Ja, man könnte sogar das GALILEI-NEWTON'sche Lehrgebäude noch weiter führen und das Energieprinzip dort eintreten lassen, wo man gemeinhin das D'ALEMBERT'sche Prinzip oder einen Ersatz desselben einführt. Nachdem man dann gezeigt hat, daß die GALILEI-NEWTON'schen Prinzipien der Trägheit, des Parallelogramms und der Wechselwirkung alle im Energieprinzip eingeschlossen sind, kann man die Mechanik auf dem eingeführten Axiom aufbauen und es hat mit der Energetik nichts zu thun, ob man das Prinzip in seiner ursprünglichen Form oder die aus ihm folgenden Differentialgleichungen der ersten oder der zweiten Form LAGRANGE's oder etwa HAMILTON's Prinzip bei der weiteren Behandlung der Probleme bevorzugt.

---

[1] DRESSEL, Elementares Lehrbuch der Physik. Freiburg i. B. 1895.

[2] HEGER, Die Erhaltung der Arbeit. Hannover 1896.

[3] JANUSCHKE, Das Prinzip der Erhaltung der Energie. Leipzig 1897.

Naturgemäß bekommt aber die Mechanik von dem Augenblicke an, wo das Energieprinzip eingeführt wird, eine weit mehr physikalische Fassung, als sie bisher gezeigt hat. Erfahrungsmäßig erleidet ein ruhendes System nur dann Änderungen seiner Eigenenergie, wenn sich seine Teile gegeneinander verschieben. So lange dies nicht der Fall, ändert daher das System seine Eigenenergie nur nach Maßgabe seines Bewegungszustandes, seine kinetische Energie ist seine Eigenenergie. Aus geometrischen Gründen verschieben sich nun die Teile des Systems nicht gegeneinander, wenn es nur fortschreitende und drehende Bewegungen ausführt. Nun bildet man die Abstraktion, es gäbe Körper, die andere, innere, Bewegungen überhaupt nicht auszuführen vermöchten und zeigt die technische Berechtigung, diese Abstraktion auf wirkliche Körper innerhalb gewisser Grenzen anzuwenden. Andererseits muß man Systemen, deren Bestandteile Verschiebungen gegeneinander erfahren, außer der kinetischen Energie ihrer Bestandteile noch weitere Eigenenergie zuschreiben, die man ihre potentielle Eigenenergie nennt. Kennt man die äußeren Kräfte, welche auf einzelne Körper ausgeübt werden, und vereinigt dann diese Körper zu einem System, so ergiebt sich die potentielle Eigenenergie dieses Systems in einfacher Weise, sobald jene Kräfte nur von der Lage der zum Systeme vereinigten Körper abhängig sind.

2. An dieser Stelle erscheint es angebracht, darzulegen, wie sich vom Standpunkte der Energetik aus die Behandlung des elastischen und des flüssigen Körpers gestaltet. Es sind vorzüglich die Arbeiten von ZEUNER[1], GIBBS[2], PLANCK[3] und C. NEUMANN[4], die zu dieser Behandlungsweise hinleiten.

Wir führen ein absolut festes, rechtwinkliges Koordinatensystem ein, in Bezug auf welches ein beliebiger Punkt der Substanz des betrachteten Körpers die Koordination x, y, z und die Geschwindigkeitskomponenten x' y' z' besitzen möge. Die von außen auf den Körper übertragenen mechanischen Arbeiten werden teils den Massenelementen DM proportional sein, wie die Wirkung der Gravitation, teils dem Oberflächenelement $D\omega$, durch das sie auf die Substanz übertragen werden. Wir erteilen nun allen Punkten des Körpers beliebige mögliche, also den stetigen Zusammenhang nicht aufhebende

[1] ZEUNER, Technische Thermodynamik. I. S. 212.
[2] GIBBS, Thermodynamische Studien. S. 219.
[3] PLANCK, Erhaltung der Energie. S. 171.
[4] C. NEUMANN, Leipziger Berichte. 1894, S. 1.

Verschiebungen nach Richtungen σ; sind $d_\sigma x$, $d_\sigma y$, $d_\sigma z$ die Komponenten dieser Verschiebungen, so wird die dem Körper zugehende mechanische Arbeit in der Form darstellbar sein:

$$1)\quad \int (X d_\sigma x + Y d_\sigma y + Z d_\sigma z) DM + \int (X_n d_\sigma x + Y_n d_\sigma y + Z_n d_\sigma z) D\omega.$$

Die Komponenten des auf das Oberflächenelement $D\omega$, dessen Normalenrichtung mit n bezeichnet wird, ausgeübten Druckes stellen wir unter Einführung von 9 Hilfsgrößen $X_x\, Y_y \ldots Z_z$, die offenbar wieder als Komponenten gewisser Oberflächendrucke aufgefaßt werden können, in folgender Weise dar:

$$2)\quad \left\{\begin{aligned} X_n &= X_x \cos(nx) + X_y \cos(ny) + X_z \cos(nz) \\ Y_n &= Y_x \cos(nx) + Y_y \cos(ny) + Y_z \cos(nz) \\ Z_n &= Z_x \cos(nx) + Z_y \cos(ny) + Z_z \cos(nz). \end{aligned}\right.$$

Dadurch wird eine Umformung des Oberflächenintegrals in ein Integral über die Volumelemente DV des Körpers ermöglicht, denn:

$$\begin{aligned} 3)\quad \int X_n dx \cdot D\omega &= \int [X_x dx \cos(nx) + X_y dx \cos(ny) + X_z dx \cos(nz)]\, D\omega \\ &= -\int \left\{ \frac{\partial (X_x dx)}{\partial x} + \frac{\partial (X_y dx)}{\partial y} + \frac{\partial (X_z dx)}{dz} \right\} DV \\ &= -\int \left\{ \frac{\partial X_x}{\partial x} + \frac{\partial X_y}{\partial y} + \frac{\partial X_z}{\partial z} \right\} dx \cdot DV \\ &\quad -\int \left\{ X_x \frac{\partial dx}{\partial x} + X_y \frac{\partial dx}{\partial y} + X_z \frac{\partial dx}{\partial z} \right\} DV. \end{aligned}$$

Führt man jetzt noch die Dichtigkeit μ ein, so daß:

$$4)\quad DM = \mu \cdot DV,$$

und bedenkt, daß die angestellten Betrachtungen für jeden beliebig kleinen Teil der Masse zulässig sind, so ergiebt sich, daß die dem Massenelement DM von außen zugehende Energie gesetzt werden darf:

$$5)\quad \left\{\begin{aligned} & DV \cdot \left\{ \mu X - \frac{\partial X_x}{\partial x} - \frac{\partial X_y}{\partial y} - \frac{\partial X_z}{\partial z} \right\} d_\sigma x \\ & + DV \cdot \left\{ \mu Y - \frac{\partial Y_x}{\partial x} - \frac{\partial Y_y}{\partial y} - \frac{\partial Y_z}{\partial z} \right\} d_\sigma y \\ & + DV \cdot \left\{ \mu Z - \frac{\partial Z_x}{\partial x} - \frac{\partial Z_y}{\partial y} - \frac{\partial Z_z}{\partial z} \right\} d_\sigma z \\ & - \left\{ X_x \frac{\partial d_\sigma x}{\partial x} + X_y \frac{\partial d_\sigma x}{\partial y} + \ldots\ldots + Z_z \frac{\partial d_\sigma z}{\partial z} \right\} DV + dQ \cdot \mu \cdot DV, \end{aligned}\right.$$

indem noch mit dQ die der Masseneinheit zugehende Wärme bezeichnet wird.

Das Energieprinzip fordert nun, daß dieser Ausdruck bei jeder möglichen Wahl der Richtungen σ ein vollständiges Differential sei, also, wenn man mit dE die Energieänderung der Masseneinheit bezeichnet, in der Form:

$$dE \cdot DM = \mu \cdot DV \cdot dE$$

dargestellt werden könne. Weiter ist es fundamentale Voraussetzung jeder rein mechanischen Erklärung der Erscheinungen des elastischen und flüssigen Körpers, daß:

$$6) \quad \begin{cases} d_\sigma E = d_\sigma T + d_\sigma E_0 = x_\sigma' \cdot dx' + y_\sigma' \cdot dy' + z_\sigma' dz' + d_\sigma E_0 \\ \qquad = x'' d_\sigma x + y'' d_\sigma y + z'' d_\sigma z + d_\sigma E_0 \end{cases}$$

gesetzt werden darf. D. h. es wird vorausgesetzt, daß der Unterschied der Eigenenergie E_0 der ruhenden und der der bewegten Masseneinheit, oder die kinetische Energie der Masseneinheit nur von deren Gesamtbewegung und nicht etwa von ihrem Spannungs- und Schwingungszustande oder von thermischen Größen abhängig sei. Die Vergleichung des Ausdrucks:

$$7) \quad \begin{cases} \mu d_\sigma E \cdot DV = \mu x'' \cdot d_\sigma x \cdot DV + \mu y'' \cdot d_\sigma y \cdot DV + \mu z'' d_\sigma z \cdot DV \\ \qquad + \mu d_\sigma E_0 \cdot DV \end{cases}$$

mit dem Ausdrucke 5) ergiebt sogleich die dynamischen Differentialgleichungen:

$$8) \quad \begin{cases} \mu \dfrac{d^2 x}{dt^2} = \mu X - \dfrac{\partial X_x}{\partial x} - \dfrac{\partial X_y}{\partial y} - \dfrac{\partial X_z}{\partial z} \\ \mu \dfrac{d^2 y}{dt^2} = \mu Y - \dfrac{\partial Y_x}{\partial x} - \dfrac{\partial Y_y}{\partial y} - \dfrac{\partial Y_z}{\partial z} \\ \mu \dfrac{d^2 z}{dt^2} = \mu Z - \dfrac{\partial Z_x}{\partial x} - \dfrac{\partial Z_y}{\partial y} - \dfrac{\partial Z_z}{\partial z}. \end{cases}$$

Berechnet man aus diesen drei Gleichungen durch Multiplikation mit x_σ' bez. y_σ' und z_σ' und darauf folgende Addition die Änderung der kinetischen Energie, so findet man, wie ein Rückblick auf die vorgetragene Entwickelung zeigt, daß die Änderung der kinetischen Energie keineswegs gleich den Arbeiten der von außen übertragenen Kräfte ist, sondern:

$$9) \quad \begin{cases} \int \mu (x'' d_\sigma x + y'' d_\sigma y + z'' d_\sigma z) DV \\ \qquad = \int \mu (X d_\sigma x + Y d_\sigma y + Z d_\sigma z) DV \\ \qquad + \int (X_n d_\sigma x + Y_n d_\sigma y + Z_n d_\sigma z) D\omega \\ \qquad + \int \left\{ X_x \dfrac{\partial x_\sigma'}{\partial x} + X_y \dfrac{\partial x_\sigma'}{\partial y} + \ldots + Z_z \dfrac{\partial z_\sigma'}{\partial z} \right\} dt DV. \end{cases}$$

Der Ausdruck:

$$-\int\left\{X_x\frac{\partial x'}{\partial x}+X_y\frac{\partial x'}{\partial y}+\cdots+Z_z\frac{\partial z'}{\partial z}\right\}dt\,D\,V$$

wird als die Änderung der potentiellen Energie des Systems bezeichnet und hängt von den Verschiebungen der einzelnen Teile des Systems gegeneinander ab.

Die nicht-kinetische Änderung der Eigenenergie, die C. Neumann als Änderung der syntaktischen Energie bezeichnet hat, würde nun, wie die weitere Vergleichung der Ausdrücke 7) und 5) ergiebt, darstellbar sein als:

10) $$\int d_\sigma E_0\cdot dM=-\int\left\{X_x\frac{\partial x_\sigma'}{\partial x}+X_y\frac{\partial x_\sigma'}{\partial y}+\cdots\cdots+Z_z\frac{\partial z_\sigma'}{\partial z}\right\}dt\cdot D\,V + \int dQ\cdot dM.$$

Ihre weitere Zerlegung fällt verschieden aus, je nachdem der betrachtete Körper elastisch oder flüssig ist.

3. Ist er elastisch, so bezeichne man mit u, v, w die Komponenten der elastischen Verschiebung des Punktes x, y, z, so daß, wenn $x-u$, $y-v$, $z-w$ die Koordinaten der thatsächlich im Punkte x, y, z vorhandenen Masse wären, keine elastischen Kräfte auf sie ausgeübt würden. Dann hängt die Eigenenergie, die dem Körper vermöge seiner Elastizität innewohnt, ab von den Änderungen der Größen

11) $$\frac{\partial u}{\partial x}=x_x,\qquad \frac{\partial u}{\partial y}=x_y,\qquad \cdots\cdots\qquad \frac{\partial w}{\partial z}=z_z,$$

und da außerdem seine Eigenenergie durch thermische Änderungen beeinflußt werden kann, wird man ansetzen dürfen

12) $$DM\cdot dE_0=-\{\Xi_x\,dx_x+\Xi_x\,dx_y+\cdots+\mathrm{Z}_z\,dz_z\}DV+\theta\,d\,S_0\cdot DM,$$

wo θ die Temperatur des Massenelements und $d\,S_0$ seine Entropieänderung darstellt, soweit diese nur von den thermischen und nicht von den Deformationsänderungen dx_x, dx_y … dz_z abhängt.

Vergleichen wir jetzt die Ausdrücke 10) und 12).

Unter den möglichen Änderungen σ des Systems sind offenbar auch die begriffen, bei denen $d_\sigma x$, $d_\sigma y$, $d_\sigma z$ proportional u, v, w sind. Dann folgt

13) $$\Xi_x=X_x;\quad \Xi_y=X_y,\quad \ldots\ldots\quad \mathrm{Z}_z=Z_z,\quad dQ=\theta\,d\,S_0,$$

d. h. wenn die negativen Differentialquotienten Ξ_x, Ξ_y, … Z_z der Energie E_0 nach den Deformationen x_x, x_y, … z_z übereinstimmen mit den Druckkräften X_x, X_y, ... X_z, die von außen im elastischen Körper hervorgerufen werden, so wird ein umkehrbarer Prozeß stattfinden, falls die von außen zugeführte Wärme die thermischen Änderungen der Entropie allein deckt. Wenn jedoch jene Gleichheit der Differentialquotienten und der von außen hervorgerufenen Drucke nicht besteht, erfordert ein umkehrbarer Prozeß Wärmezugänge, die außer von den thermischen Änderungen auch noch von den Deformationsänderungen abhängen. Der Zugang anderer Wärmemengen als der hierdurch bestimmten macht den Vorgang irreversibel.

Zu den möglichen Veränderungen gehören auch die, bei denen der elastische Körper sich als ein starrer Körper verhält, also nach der Gleichung 12) $dE_0 = 0$ ist. Solche Veränderungen sind die Drehungen um die Koordinatenachsen, wenn Wärme nicht zugeführt wird. Setzt man also z. B. $d_\sigma y$ proportional z und $d_\sigma z$ proportional $-y$, dagegen $d_\sigma x$ und dQ gleich 0, so folgt aus 10), daß $Y_z = Z_y$ ist. Durch diese und die entsprechenden Erwägungen für Rotationen um die x- und y-Achse reduziert sich der neungliedrige Ausdruck in Gleichung 10) bez. 12) auf sechs Glieder.

4. Die Energie **flüssiger** Körper denkt man sich außer von der Bewegung ihrer Teile nur von ihren Volumänderungen abhängig; doch wird die Entropie S eine Funktion der die innere Reibung bedingenden Verschiebungen der Flüssigkeitsteile gegeneinander sein. Wir setzen

$$14)\qquad dE_0 \cdot DM = -P \cdot dDV + \theta\, dS \cdot DM,$$

und da infolge der sogenannten Kontinuitätsgleichung, welche

$$15)\qquad \frac{d\mu}{dt} = -\mu\left(\frac{\partial x'}{\partial x} + \frac{\partial y'}{\partial y} + \frac{\partial z'}{\partial z}\right)$$

lautet, die Gleichung

$$16)\quad dDV = -DM \cdot \frac{d\mu}{\mu^2} = -DV \cdot \frac{d\mu}{\mu} = DV\left(\frac{\partial x'}{\partial x} + \frac{\partial y'}{\partial y} + \frac{\partial z'}{\partial z}\right)dt$$

besteht, so haben wir

$$17)\quad \begin{cases} dE_0 \cdot DM = P\dfrac{d\mu}{\mu^2} \cdot DM + \theta\, dS \cdot DM \\ \qquad = -P\left(\dfrac{\partial x'}{\partial x} + \dfrac{\partial y'}{\partial y} + \dfrac{\partial z'}{\partial z}\right)DV dt + \theta\, dS \cdot DM. \end{cases}$$

Die Vergleichung dieser Formel mit 10) läßt erkennen, daß

18) $$\begin{cases} X_x = Y_y = Z_z = P, \quad X_y = Y_x = X_z = Z_x = Y_z = Z_y = 0, \\ d\,Q = \theta\, d\,S \end{cases}$$

sein muß, wenn die zugeführte Wärme einen umkehrbaren Prozeß bedingen soll, bei welchem ja stets $d\,Q$ gleich $\theta\,d\,S$ ist. Die Theorie der reibungslosen Flüssigkeit macht die Annahme 18) und vereinfacht dadurch die Gleichungen 8).

Unzusammendrückbare Flüssigkeiten heißen solche, für welche die Annahme, daß $d\,D\,V$ verschwindend klein ist, zur Wiedergabe der Erscheinungen genügt. Bei ihnen ist nach 14) die Eigenenergie identisch mit der kinetischen Energie, wie bei starren Körpern, weil für sie $d\,E_0 = 0$ wird, wenn man Wärmeänderungen von der Betrachtung ausschließt, also $d\,Q = 0$ setzt. Dagegen tritt bei allen Flüssigkeiten zufolge der Gleichungen 8) und 18) die von der Oberfläche her übertragene äußere Energie der Volumeinheit im Betrage P auf. Das Energieprinzip 9) nimmt die Gestalt an

$$\mu(x''\,d_\sigma x + y''\,d_\sigma y + z''\,d_\sigma z)$$
$$= \mu(X d_\sigma x + Y d_\sigma y + Z d_\sigma z) - \left(\frac{\partial P}{\partial x} d_\sigma x + \frac{\partial P}{\partial y} d_\sigma y + \frac{\partial P}{\partial z} d_\sigma z\right),$$

und das Energiegesetz lautet

$$d\left[\frac{1}{2}\mu(x'^2 + y'^2 + z'^2)\right] = \mu(X\,d\,x + Y\,d\,y + Z\,d\,z) - d\,P.$$

Übertragen die äußeren Kräfte die potentielle Energie W auf die Masseneinheit, d. h. ist

$$X = -\frac{\partial W}{\partial x}, \qquad Y = -\frac{\partial W}{\partial y}, \qquad Z = -\frac{\partial W}{\partial z},$$

und ist $T = \frac{1}{2}(x'^2 + y'^2 + z'^2)$ die kinetische und zugleich Eigenenergie der Masseneinheit, so wird das Energieintegral

$$T + W + \int \frac{d\,P}{\mu} = \text{Const.}$$

Bei vollkommenen Gasen endlich ist $E_0 = c_v\,\theta$, wo c_v die spezifische Wärme bei konstantem Volum darstellt, und 14) geht in die Grundgleichung der Thermodynamik über.

Sechster Abschnitt.

Ostwald's energetische Prinzipien.

1. Ostwald[1] hat beim Suchen nach unmittelbar klaren Grundsätzen, aus denen theoretische Aufklärungen zu gewinnen wären, auf einen Satz hingewiesen, der über das Energiegesetz hinaus zu führen verspreche: Der wirkliche Vorgang ist immer ein ausgezeichneter Fall unter allen möglichen Vorgängen. Er betont, daß aus diesem Grunde irgend eine Funktion für den wirklichen Vorgang sich als ein Maximum erweisen, für ihn einen größeren Wert, als für alle nur möglichen Fälle annehmen müsse.

Dagegen hatte Petzoldt[2] schon früher betont, daß weniger die Maximumeigenschaft als die Singularität und Eindeutigkeit charakteristisch sei für den wirklichen Vorgang. „Die thatsächlich eingeschlagene Bahn zeichnet sich vor den übrigen denkbaren dadurch aus, daß sie ihnen gegenüber singulär, einzigartig ist.“ Denkbar ist ja auch ein anderer Überführungsweg von A nach B als der unter den vorhandenen Bedingungen wirklich eintretende Weg „Ebenso berechtigt wie dieser andere wären dann aber unendlich viele noch andere gewesen.“

Betrachten wir von diesem Standpunkt aus noch einmal die energetische Begründung der Mechanik. Jedenfalls kann nicht durch eine einzige Differentialgleichung zwischen den möglichen Veränderlichen die thatsächliche Veränderung dargestellt werden. Eine Gleichung zwischen n Beschleunigungen drückt ja bei gegebenen Geschwindigkeiten eine Eigenschaft aus, die allen Wertegruppen von $(n - 1)$ in ihr vorkommenden Beschleunigungen, also allen möglichen Änderungen von $(n - 1)$ Dimensionen zukommt und beschränkt nur die Wahl der $n$ten Beschleunigung.

Bei n Veränderlichen müssen daher entweder n Gleichungen gegeben sein, um singuläre Werte der Veränderlichen, wenn auch nicht gerade eine einzige Lösung, wie Petzoldt annimmt, zu bestimmen, oder die thatsächliche Veränderung wird überhaupt nicht mittels Differentialgleichungen mathematisch bestimmt.

Das Energiegesetz als eine Differentialgleichung genügt also nur im Falle zwangläufiger Systeme, im Falle einer einzigen Veränder-

[1] Leipziger Berichte. 1893.

[2] Vierteljahrsschrift f. wiss. Philosophie. 1890.

lichen neben der Zeit, um die thatsächliche Bewegung zu ermitteln. Sind mehr Veränderliche vorhanden, so kann man entweder — das ist PLANCK's Verfahren — durch Zerfällung der Gleichung in mehrere nach dem Superpositionsprinzip die nötige Anzahl von Differentialgleichungen erlangen, oder man bedient sich einer anderen mathematischen Ausdrucksweise als der Differentialgleichung, einer Ausdrucksweise, die schon an und für sich hervortreten läßt, daß die gesuchte Änderung ein ausgezeichneter Fall ist.

Das geschieht nun in dem von mir aufgestellten Energieprinzip auf die vom Prinzip der virtuellen Geschwindigkeiten her bekannte Weise.

2. Das Prinzip:

$$(m x'' - X) d_\sigma x + (m y'' - Y) d_\sigma y + (m z'' - Z) d_\sigma z = 0$$

verlangt z. B. für die freie Bewegung eines einzelnen Punktes, daß ein Vektor V bestimmt werde, der zunächst auf einer einzelnen, nämlich der thatsächlich eingeschlagenen und durch den Anfangszustand bestimmten Richtung senkrecht steht und fordert weiter, daß dies für jede mögliche Richtung σ so sei, deren Projektionen $d_\sigma x$, $d_\sigma y$, $d_\sigma z$ heißen. Die Komponenten dieses Vektors V sind dann die Größen $m x'' - X$, $m y'' - Y$, $m z'' - Z$. Nun genügt man der ersteren Forderung durch unendlich viele Vektoren V, nämlich durch alle, die in der zum Bahnelement senkrechten Ebene liegen. Es lassen sich daher unendlich viele gleichberechtigte Werte der Beschleunigung finden, mit der sich unter dem Einfluß der Kraft XYZ der bewegliche Punkt längs des Bahnelementes bewegen würde. Die thatsächlich eintretende Beschleunigung und der thatsächlich auftretende Vektor V hat aber die auszeichnende Eigenschaft — so fordert das Energieprinzip —, daß er auf jeder Richtung σ, nicht nur auf der wirklich eingeschlagenen senkrecht steht und daraus folgt, daß dieser thatsächliche Vektor $V = 0$ ist, also daß $m x'' = X$, $m y'' = Y$, $m z'' = Z$. Das Energieprinzip drückt also wirklich eine Eigenschaft der thatsächlichen Bewegung aus, die sie vor jeder nur möglichen auszeichnet.

In der ursprünglichen Fassung des Energieprinzips S. 227: „Bei jeder möglichen Veränderung bleibt die Energie unverändert“ kommt das freilich nicht zum deutlichen Ausdruck, vielmehr verleitet diese Fassung zu der Meinung, daß im Energieprinzip die wirkliche Veränderung durch nichts vor der bloß möglichen ausgezeichnet sei. Die S. 232 gegebene neue Fassung des Energieprinzips: „Die mechanische Energie genommen nach jeder möglichen Bewegungsrichtung ist unveränderlich" ist aber frei von diesem Vorwurf, ebenso wie die NEUMANN'sche Fassung S. 230; sie zeichnet die thatsächlich auftretende mechanische Energie vor jeder möglichen aus.

3. LIE hat heftigen Einspruch gegen die unbestimmte, mathematisch nicht faßbare Form des OSTWALD'schen Maximumprinzips erhoben[1] und in der That bleibt es bei diesem Prinzip ebenso wie bei den in gleicher Richtung zielenden Gedanken von ZÖLLNER, FECHNER, MACH, AVENARIUS, wie sie PETZOLDT kritisch zusammengestellt hat[2], entweder einfach dahingestellt oder wird doch nicht scharf mathematisch formuliert, welche Funktion es sei, deren Werte für alle möglichen Vorgänge definiert sind, für den wirklichen Vorgang aber ein ausgezeichnetes Verhalten zeigen.

Wenn also LIE auch darin gewiß Recht hat, daß mit so allgemeinen Wahrheiten analytisch nicht vorwärts zu kommen ist, so ist doch deren Erkenntnis keineswegs überhaupt wertlos. Wenn ich z. B. unter einer „möglichen Bewegung" in meinem Energieprinzip eine Bewegung verstanden hätte, die bei geeigneter Wahl der Anfangsbedingungen wirkliche Bewegung werden kann, so hätte ich gegen das Prinzip des ausgezeichneten Falles verstoßen; ich hätte durch eine Aussage über alle nur möglichen Vorgänge etwas über den wirklichen auszusagen versucht, während dieser doch eine ihn als singulär auszeichnende Eigenschaft besitzen muß. Es ist also klar, daß der Ausdruck „mögliche Veränderung" in der ursprünglichen Fassung meines Energieprinzips nur nach Analogie des Ausdrucks „virtuell", den z. B. C. NEUMANN durch „fakultativ" zu ersetzen vorschlug, verstanden werden darf, also mit Bezug auf die wirkliche Bewegung. Jede Bewegung, die als Komponente der wirklichen Bewegung gedacht werden kann, ist eine mögliche Bewegung im Sinne des Energieprinzips, und es erscheint zweckmäßig, dies ganz bestimmt in der Wortfassung des Prinzips auszusprechen, wie es eben geschehen ist. Die Bewegungen σ, die man zu Hilfe nehmen muß, um die wirklich stattfindende Bewegung zu beschreiben, müssen zwei Eigenschaften vereinigen: sie müssen erstens durch geeignete Wahl des Anfangszustandes wirkliche Bewegungen werden können,

---

[1] LIE, Leipziger Berichte. 1894. S. 135. Darauf OSTWALD, ebenda S. 276.

[2] J. PETZOLDT, Maxima, Minima und Ökonomie. Altenburg 1891. Auch: Vierteljahrsschrift f. wiss. Philos. 14, 1890. — Dieselbe Ztschr., 19, 1895.

sonst hätte man keinen Grund, die Energieerhaltung für sie zu beanspruchen; zweitens aber müssen sie Komponenten der wirklichen Bewegungen sein, sonst folgt aus einer Behauptung über sie nichts für diese.

4. OSTWALD war es bereits vor der Aufstellung seines Prinzips des ausgezeichneten Falles gelungen, durch Angabe einer Maximaleigenschaft die thatsächliche Bewegung auszuzeichnen[1], also auf eine seit MAUPERTUIS in der Mechanik, nämlich in den verschiedenen Formen der Prinzipien der kleinsten Wirkung und des kleinsten Zwanges, wohlgepflegten Weise. Er hat sein Prinzip in folgende Worte gefaßt: „Von allen möglichen Energieumwandlungen wird diejenige eintreten, welche in gegebener Zeit den größtmöglichen Umsatz ergiebt."

Diesem OSTWALD'schen Prinzip ist es besser ergangen, als dem von mir aufgestellten Energieprinzip. Es hat nicht wie mein Prinzip einen nur zerstörenden Kritiker gefunden, sondern einen Beurteiler, der den mathematisch berechtigten Kern des Prinzips hervorgehoben hat. CARL NEUMANN[2] gelangt zu folgendem Satze: „Ein beliebigen Bedingungen unterworfenes materielles System bewege sich unter dem Einfluß gegebener Kräfte, die ein Potential besitzen. Befindet sich dieses System zu Anfang eines beliebig kleinen Zeitelements τ in Ruhe, so wird unter allen mit jenen Bedingungen und mit der Formel des Prinzips der lebendigen Kraft verträglichen virtuellen Bewegungen eine vorhanden sein, deren lebendige Kraft zu Ende der gegebenen Zeit τ am größten ist. Diese letztere wird alsdann diejenige sein, welche unter dem Einfluß der gegebenen Kräfte während der Zeit τ in Wirklichkeit eintritt."

5. NEUMANN beweist diesen Satz in folgender Weise. Zu Anfang der Zeit τ seien x, y, z die Koordinaten eines Systempunktes. Sie erleiden während der Zeit τ die Zunahmen ξ, η, ζ, während gleichzeitig die Geschwindigkeitskomponenten von 0, 0, 0 auf u, v, w wachsen, so daß

$$1)\qquad \xi = \frac{u\tau}{2}, \qquad \eta = \frac{v\tau}{2}, \qquad \zeta = \frac{w\tau}{2}.$$

Die gesamte kinetische Energie des Systems zu Ende der Zeit τ, also

[1] OSTWALD, Lehrb. d. allg. Chem. 1892, Bd. 2, S. 37.

[2] C. NEUMANN, Leipziger Berichte 1892, S. 184.

2) $$\sum \frac{m}{2}(u^2 + v^2 + w^2),$$

soll nun dem OSTWALD'schen Prinzipe gemäß ein Maximum sein, unter der Bedingung, daß erstens die Energie erhalten bleibt,

3) $$\sum \frac{m}{2}(u^2 + v^2 + w^2) + \frac{\tau}{2}\sum\left(\frac{\partial V}{\partial x}u + \frac{\partial V}{\partial y}v + \frac{\partial V}{\partial z}w\right) = 0,$$

und daß zweitens die der Bewegung vorgeschriebenen geometrischen Bedingungen eingehalten werden, z. B.

4) $$\Sigma(\varphi_1 \cdot u + \varphi_2 \cdot v + \varphi_3 \cdot w) = 0,$$

wo $\varphi_1 \varphi_2 \varphi_3$ Funktionen von $x y z$ seien, etwa die Ableitungen einer Funktion φ nach x, y, z. Hierbei ist mit V das Potential der auf das System wirkenden Kräfte bezeichnet worden und die Summen sind über alle Massenpunkte des Systems zu erstrecken. Nun ist nach bekannten Regeln die Funktion 2) unter Einhaltung der Bedingungen 3) und 4) ein Maximum, wenn für jeden einzelnen Punkt

5) $$m u = \lambda\left(m u + \frac{\tau}{2}\frac{\partial V}{\partial x}\right) + \lambda_1 \cdot \varphi_1$$

und wenn analoge Gleichungen für v und w bestehen. λ und λ_1 bedeuten unbekannte Faktoren. Es folgt

6) $$(1 - \lambda) m u = \frac{\tau}{2}\lambda\frac{\partial V}{\partial x} + \lambda_1 \cdot \varphi_1.$$

Wenn man diese Gleichung und die für v und w giltigen mit u bez. v und w multipliziert und addiert, endlich über alle Punkte m summiert, so ergiebt sich mit Rücksicht auf 3) und 4), daß $\lambda = 2$ zu wählen ist, und damit geht 6) über in die eine der dynamischen Differentialgleichungen

7) $$-m \cdot u' = \frac{\partial V}{\partial x} + \varkappa_1 \varphi_1,$$

wobei $\varkappa_1 = \lambda_1 : \tau$ ein unbestimmter Koeffizient ist und $u' = u : \tau$ die Beschleunigungskomponente darstellt.

Der NEUMANN'sche Beweis bleibt übrigens, wie man sofort übersieht, auch giltig, wenn die Kräfte kein Potential besitzen, jedoch müssen sie ebenso wie die in den Bedingungsgleichungen auftretenden Größen φ Funktionen von x, y, z allein sein. Dann wäre aber auch hervorzuheben, daß die Bedingungsgleichungen die Zeit nicht explizit enthalten dürfen, was in der NEUMANN'schen Fassung schon durch die Forderung ausgesprochen wird, daß „das Prinzip der lebendigen Kraft", d. h. hier das Energieintegral, besteht.

6. THOMSON und TAIT machen auf ein von EULER entdecktes, von LAGRANGE, DELAUNAY und BERTRAND bearbeitetes Gesetz aufmerksam[1], welches mit dem von OSTWALD gefundenen übereinstimmt und gewöhnlich als BERTRAND'sches Gesetz citiert wird. Im Anschluß an das Energieprinzip oder an D'ALEMBERT's Prinzip läßt sich dieses Gesetz so entwickeln:

Vorausgesetzt, daß alle Punkte m eines Systems nur zeitfreien Bedingungen unterworfen sind, lauten die beiden letzteren Prinzipe übereinstimmend:

$$8)\qquad \Sigma\{(X - m x'')\delta x + (Y - m y'')\delta y + (Z - m z'')\delta z\} = 0,$$

wenn die Summation über alle Massenpunkte m ausgedehnt wird. Wir denken uns alle Punkte anfangs in Ruhe, und nach Ablauf der kleinen Zeit τ mögen sie die Geschwindigkeiten $u v w$ bei der wirklich eintretenden Bewegung erlangt haben. Durch Multiplikation mit τ folgt für die Impulse

$$9)\qquad \Sigma\{(X\tau - m u)\delta x + (Y\tau - m v)\delta y + (Z\tau - m w)\delta z\} = 0.$$

Mögliche Verschiebungen sind nun erstens die bei der wirklich stattfindenden Bewegung eintretenden $\frac{1}{2}u\tau$, $\frac{1}{2}v\tau$, $\frac{1}{2}w\tau$, also ist

$$10)\qquad \Sigma(X\tau\cdot u + Y\tau\cdot v + Z\tau\cdot w) = \Sigma m(u^2 + v^2 + w^2) = 2T$$

übereinstimmend mit obiger Formel 3). Mögliche Verschiebungen sind aber zweitens auch solche, wie sie durch gewisse andere Geschwindigkeiten $\bar{u}$, $\bar{v}$, $\bar{w}$ veranlaßt sind, also ist auch

$$11)\qquad \Sigma\{(X\tau - m u)\bar{u} + (Y\tau - m v)\bar{v} + (Z\tau - m w)\bar{w}\} = 0.$$

Träte nun statt der Bewegung mit den Geschwindigkeitskomponenten $u v w$ eine Bewegung mit den Geschwindigkeitskomponenten

$$12)\qquad U = u + \bar{u},\qquad V = v + \bar{v},\qquad W = w + \bar{w}$$

ein, so würde, wie Gleichung 10), auch

$$13)\qquad \Sigma(X\tau\cdot U + Y\tau\cdot V + Z\tau\cdot W) = \Sigma m(U^2 + V^2 + W^2) = 2\mathrm{T}$$

bestehen, vorausgesetzt, daß die Kräfte $X Y Z$ nur von der Lage, nicht von der Geschwindigkeit der Punkte abhängen.

[1] THOMSON und TAIT, Treatise on natural philosophy. Cambridge 1890. Bd. 1, S. 285.

Aus 10) und 13) folgt unter Rücksicht auf 12) sowohl

14) $2(T-\mathrm{T}) = -\Sigma m(\bar{u}^2 + \bar{v}^2 + \bar{w}^2) - 2\Sigma m(u\bar{u} + v\bar{v} + w\bar{w}),$

als auch

15) $$2(T-\mathrm{T}) = -\Sigma(X\tau\cdot\bar{u} + Y\tau\cdot\bar{v} + Z\tau\cdot\bar{w}).$$

Zufolge Gleichung 11) ergiebt sich aus 15) und 14)

$$2(T-\mathrm{T}) = +\frac{1}{2}\Sigma m(\bar{u}^2 + \bar{v}^2 + \bar{w}^2) + (T-\mathrm{T}),$$

16) $$T-\mathrm{T} = \frac{1}{2}\Sigma m(\bar{u}^2 + \bar{v}^2 + \bar{w}^2),$$

d. h. die kinetische Energie T der thatsächlich eintretenden Bewegung ist stets größer als die kinetische Energie T einer anderen Bewegung, die das vom Ruhezustand ausgehende Punktsystem unter dem Einflusse derselben Kräfte und durchgehends zeitfreier Bedingungen in derselben verschwindend kleinen Zeit τ erlangen würde. Und zwar übertrifft die thatsächlich erlangte kinetische Energie T jene fingierte T um den Betrag der kinetischen Energie derjenigen Bewegung, die nötig wäre, um die thatsächliche in die fingierte Bewegung überzuführen.

Setzt man die Werte, die T und T nach 10) und 13) besitzen, in 16) ein und berücksichtigt 12), so ergiebt sich

17) $$\Sigma m(U\bar{u} + V\bar{v} + W\bar{w}) = 0.$$

Nun ist nach 12) die Geschwindigkeit (U, V, W) Resultante aus (u, v, w) und $(\bar{u}, \bar{v}, \bar{w})$. Wendet man aber Gleichung 17) auf einen einzelnen materiellen Punkt an, so besagt sie, daß (U, V, W) senkrecht liegt zu $(\bar{u}, \bar{v}, \bar{w})$.

Es steht also 16) im einfachsten Zusammenhange mit dem Satze, daß unter den angegebenen Bedingungen die Geschwindigkeit (U, V, W), die ein einzelner materieller Punkt in der Zeit τ in einer möglichen Richtung erlangt, die rechtwinklige Projektion der thatsächlich erlangten Geschwindigkeit (u, v, w) ist.

Ist übrigens das System zu Anfang der Zeit τ nicht in Ruhe, sondern besitzt die Geschwindigkeitskomponenten u_0, v_0, w_0, so gelten doch alle die Gleichungen 10) bis 16), wenn man $u - u_0$, $v - v_0$, $w - w_0$ statt u, v, w und ebenso $U - u_0$, $V - v_0$, $W - w_0$ für U, V, W setzt. Versteht man dann unter T_e und T_e die am Ende, unter T_0 die am Anfange der betrachteten Bewegungen vorhandene kinetische Energie, so ist

für T zu setzen $T_e + T_0 - (u u_0 + v v_0 + w w_0)$
und für T zu setzen $\mathsf{T}_e + T_0 - (U u_0 + V v_0 + W w_0)$.

Damit wird 16) zu

$$T_e - \mathsf{T}_e + \sum m(\bar{u} u_0 + \bar{v} v_0 + \bar{w} w_0) = \frac{1}{2} \sum m(\bar{u}^2 + \bar{v}^2 + \bar{w}^2),$$

$$T_e - \mathsf{T}_e = \frac{1}{2} \sum m\{(u_0 - \bar{u})^2 + (v_0 - \bar{v})^2 + (w_0 - \bar{w})^2\} - T_0,$$

und man kann nun weder behaupten, daß die kinetische Energie zu Ende der thatsächlichen Bewegung, noch die Energiezunahme während dieser Bewegung ein Maximum wäre.

Dies schädigt den Wert des Maximumprinzips.

„Wenn sich die materiellen Punkte schon anfangs bewegten, so superponiert sich die Geschwindigkeit, welche sie schon haben, während jedes Zeitmomentes mit der, welche sie dem Prinzipe gemäß erhalten würden, wenn sie sich zu Anfang des betreffenden Zeitmomentes in gleicher relativer Lage in Ruhe befänden.“[1]

Da hiernach zum Maximumprinzip die Superposition und, wie wir früher S. 224 sahen, zum Superpositionsprinzip das D'ALEMBERT'sche hinzutreten muß, um eine vollständige Mechanik der Punktsysteme aufzubauen, dürfte das von mir aufgestellte Energieprinzip die zweckmäßigste Form sein, um die Mechanik auf energetische Grundlage zu stellen.

[1] BOLTZMANN, WIED. Ann. 57, 1896, S. 45.

Siebenter Teil.

Die Energiefaktoren.

Erster Abschnitt.

Zeuner's Analogie zwischen Wärme und Arbeit der Schwere.

1. So alt die Energetik selbst ist, so alt ist das Bestreben, verschiedene Arten, Formen, Geschlechter, Gattungen der Energie zu unterscheiden. Denn die Angabe, daß sich bei jeder Naturerscheinung der Gesamtbetrag der Energie unverändert erhalte, ist keine vollständige Beschreibung des Verlaufs der Erscheinung; derselbe Gesamtbetrag der Energie kann unsere Sinnesempfindungen in sehr verschiedener Weise beeinflussen. ROBERT MAYER bereits giebt eine Tafel der Energieformen, „der Hauptformen der Kräfte" (vergl. S. 26), und RANKINE macht, um den Unterschied zwischen Energie und Tendenz klarzulegen, ausdrücklich darauf aufmerksam, daß in den gewöhnlichen einfachen Fällen ihres Auftretens sich immer die Energie als Produkt aus zwei Faktoren darstellen läßt, deren einer das Bestreben zur Änderung mißt (vergl. S. 115). Aber die Idee RANKINE's geriet in Vergessenheit und erst im vorigen Jahrzehnt ist man darauf zurückgekommen, nach diesen Tendenzfaktoren die Energieformen zu unterscheiden.

Inzwischen wurde, allerdings auch nur in vereinzelten Äußerungen, ein anderer Gedanke verfolgt, der zu demselben Ziele führte.

Eine Energieform gab es, die eine ganz auffällige Besonderheit zeigte, die Wärme; und ihre Besonderheit fand sich in dem CARNOT-CLAUSIUS'schen Satze ausgesprochen. Die Wärme hat das Bestreben von höherer zu niederer Temperatur überzugehen; oder, ausführlicher gesprochen: Es giebt wohl Vorgänge in der Natur, in denen nichts geschieht, als daß ein wärmerer Körper Wärme an einen kälteren abgiebt, aber es ist kein Vorgang in der Natur möglich, bei dem nichts weiter geschieht, als daß ein kälterer Körper Wärme abgiebt und ein wärmerer sie aufnimmt.

Einem völlig neuen Erfahrungssatze, wie diesem gegenüber bleiben dem menschlichen Geiste nur zwei Wege offen, wenn er ihn nicht — was zunächst versucht wird — als falsch zu beseitigen vermag. Entweder er versucht zu erkennen, daß der Satz nur scheinbar neu ist und bei näherem Zusehen doch aus bekannten und angewöhnten Erfahrungssätzen folgt, — d. h. im vorliegenden Falle, man sucht ein mechanisches System zu ersinnen, das in bestimmter Hinsicht Nichtumkehrbarkeit zeigt, oder für das sich Funktionen angeben lassen, welche wie bei thermischen Vorgängen die Temperaturen bez. die Entropie, über die Richtung entscheiden, in der sich die Energieveränderung von selbst vollzieht. Die vielfachen Versuche, die in dieser Absicht durchgeführt wurden, werden an einer anderen Stelle (Teil 8) Berücksichtigung finden, soweit sie überhaupt in die Energetik gehören und ihr nicht vielmehr feindlich gegenüberstehen.

Der andere Weg, den wir neuen Erfahrungssätzen gegenüber einschlagen, ist der, daß wir uns ihnen fügen, unsere älteren angewöhnten Erfahrungen ihnen unterordnen, das bisherige Wissen als beschränkt anerkennen und es im Lichte der neuen Erfahrung verstehen lernen.

2. Zeuner hat zuerst, und zwar in vorwiegend pädagogischer Absicht, gezeigt, wie man sich die der Mechanik geläufigen Begriffe zurechtzulegen hat, um sie dem Carnot'schen Gedanken untergeordnet erscheinen zu lassen. In der zweiten Auflage der mechanischen Wärmetheorie[1] sagt er 1866:

„Man denke sich drei Horizontalebenen A, B, C übereinander liegend. Die Ebene B liegt um h und die Ebene C um h_1 über der untersten Ebene A, in welcher also der Nullpunkt liegt, von dem aus wir die Abstände h und h_1 messen.“

„Auf der Ebene B liege ein Körper vom Gewichte G; würde man dieses Gewicht langsam, gleichförmig herab ins unterste Niveau A sinken lassen, so würde eine Arbeit gewonnen werden, die bekanntlich:

$$G \cdot h$$

[1] Zeuner, Grundzüge der mechanischen Wärmetheorie, Leipzig 1. Aufl. 1859, 2. Aufl. 1866, neuer Abdruck 1877, später 1887 als Technische Thermodynamik neu aufgelegt.

beträgt; es mag diese Arbeit mit W bezeichnet werden, also sei:

1) $$W = G \cdot h.$$

Man kann hiernach sagen, im Gewichte G stehe uns auf der Höhe h eine Arbeit W zur Disposition; und wenn das Gewicht G im Niveau B herbeigeschoben wurde, es sei uns eine Arbeit W geliefert, zugeführt worden."

„Heben wir jetzt das Gewicht G langsam und gleichförmig in das Niveau C, so ist eine gewisse Arbeit aufzuwenden, die mit F bezeichnet werden mag, und die sich leicht bestimmt; sie ist:

2) $$F = G(h_1 - h).$$

Die Arbeit, die uns jetzt im Gewichte G auf der Höhe h_1 zu Gebote steht und die W_1 heißen mag, ist einfach:

3) $$W_1 = G \cdot h_1.$$

Bestimmt man G aus Gleichung 1) und 3), so findet sich:

$$G = \frac{W}{h} = \frac{W_1}{h_1},$$

und die Substitution in Gleichung 2) giebt:

4) $$\left\{\begin{aligned} F &= W_1 - W \\ F &= \frac{W}{h}(h_1 - h) \\ \text{oder}\quad F &= \frac{W_1}{h_1}(h_1 - h). \end{aligned}\right.$$

Wird sonach im Niveau B in dem Gewichte G eine Arbeit W geliefert, dann das Gewicht ins Niveau C gehoben und dort die Arbeit W_1, die jetzt im Gewichte enthalten ist, abgeliefert, so ist damit ein Arbeitsaufwand verbunden, der durch die Gleichungen 4) bestimmt wird. Wir haben also Arbeit aus einem tieferen in ein höheres Niveau übertragen, übergeführt, und diese Überführung entspricht einer zu verrichtenden Arbeit, die nach den letzten Gleichungen bei gleichen Höhen der Differenz $W_1 - W$, sowie den einzelnen Werten W und W_1 selbst, sowie der Höhendifferenz proportional ist. Der ganze Versuch kann aber auch umgekehrt werden. Wird im Niveau C ein Gewicht G, also mit ihm die Arbeit W_1 geliefert, sinkt dann das Gewicht langsam arbeitsverrichtend ins untere Niveau B und wird es dort mit der jetzt in ihm enthaltenen Arbeit W wieder abgeliefert, so ist mit dieser Arbeitsübertragung aus einem höheren in ein tieferes Niveau ein Arbeitsgewinn verbunden, der sich aber gleichfalls nach den Gleichungen 4) bestimmt."

Die so zurecht gelegten Formeln der Mechanik erweisen sich nun von ganz gleichem Bau wie die für den einfachen Kreisprozeß. Ist nämlich Q die bei der absoluten Temperatur θ abgegebene, Q_1 die bei der absoluten Temperatur θ_1 aufgenommene Wärme, so ist nach Gleichungen 17b) S. 89 oder 2) S. 102:

5)
$$\frac{Q}{\theta} = \frac{Q_1}{\theta_1}$$

und die gewonnene oder aufgewandte Arbeit:

6)
$$F = Q_1 - Q$$

oder:

7)
$$\begin{cases} F = \dfrac{Q}{\theta}(\theta_1 - \theta) \\ \text{oder} \\ F = \dfrac{Q_1}{\theta_1}(\theta_1 - \theta). \end{cases}$$

Dabei stellen die Werte Q, Q_1 Wärmemengen, gemessen nach Arbeitseinheiten, dar und erweisen sich als identisch mit den soeben als W und W_1 bezeichneten Arbeitsmengen. Faßt man weiter θ und θ_1 als entsprechend den oben eingeführten Höhen h und h_1 auf, so kann der Ausdruck:

$$\frac{Q}{\theta}$$

als ein Gewicht angesehen werden, und Zeuner bezeichnet geradezu diesen Quotienten, den Namen Entropie vermeidend, als Wärmegewicht.

Hiernach wird nun der Carnot'sche Prozeß in folgender Weise aufgefaßt.

Die Wärmezuleitung auf dem Wege KG (vergl. S. 59 Fig. 2) bei konstanter Temperatur θ läßt sich auffassen wie ein Herbeischieben eines Gewichtes $Q:\theta$ im Niveau θ, und die Wärmeableitung auf dem Wege EC wie ein Wegnehmen, ein Abliefern des gleichen Gewichtes im Niveau θ_1; und endlich stellt F die Arbeit dar, die notwendig ist, das Gewicht $Q:\theta = Q_1:\theta_1$ aus einem Niveau θ in das höher gelegene Niveau θ_1 langsam und gleichförmig zu heben. Wird der Kreisprozeß umgekehrt ausgeführt, so sinkt dieses Gewicht arbeitsverrichtend langsam herab.

Ebenso einfach läßt sich nun auch der zusammengesetzte Kreisprozeß deuten, bei dem in beliebig vielen Temperaturniveaus Wärmemengen zu- und abgeführt werden. Rechnet man dabei die ersteren positiv, die letzteren negativ, und verfährt entsprechend mit den in beliebigen Höhen gelieferten und abgelieferten Gewichten, so erhält man für den mit Gewichten ausgeführten Kreisprozeß:

8) $$F = \Sigma W, \qquad 0 = \Sigma \frac{W}{h}$$

und für den mit Wärmemengen durchgeführten:

9) $$F = \Sigma Q, \qquad 0 = \Sigma \frac{Q}{\theta}.$$

Die aufgenommene oder gewonnene Arbeit ist die algebraische Summe der zugeführten und abgeleiteten Wärmemengen, letztere in Arbeitseinheiten gemessen. Und die Summe der gelieferten ist gleich der Summe der abgegebenen Wärmegewichte.

3. Ihre eigentliche Bedeutung gewinnt diese Betrachtungsweise aber erst dann, wenn man, wie es Zeuner ebenfalls durchgeführt hat, noch den Fall ins Auge faßt, daß sich die arbeitenden Gewichte nicht langsam und gleichmäßig, sondern unter merklicher Änderung ihrer kinetischen Energie heben und senken.

„Wir denken uns, auf den Höhen $h_1\, h_2\, h_3 \ldots$ stehen uns die Gewichte $G_1\, G_2\, G_3 \ldots$, also die Arbeiten

10) $$W_1 = G_1 h_1, \quad W_2 = G_2 h_2, \quad W_3 = G_3 h_3 \quad \ldots\ldots$$

zu Gebote; lassen wir nun diese Gewichte arbeitsverrichtend in die tiefer gelegenen Horizontalebenen $h_1'\, h_2'\, h_3' \ldots$ herabsinken; setzen wir aber dabei voraus, daß der von den sinkenden Gewichten zu überwindende Widerstand kleiner als die Gewichte sei, so werden dieselben in den Horizontalebenen $h_1'\, h_2'\, h_3' \ldots$ mit den Geschwindigkeiten $w_1\, w_2\, w_3 \ldots$ anlangen, und die Arbeiten, die nun daselbst abzuliefern wären, werden sein:

11) $$\begin{cases} W_1' = G_1\left(h_1' + \dfrac{w_1^2}{2g}\right), \\ W_2' = G_2\left(h_2' + \dfrac{w_2^2}{2g}\right), \\ W_3' = G_3\left(h_3' + \dfrac{w_3^2}{2g}\right), \\ \ldots\ldots\ldots \end{cases}$$

oder, wenn wir die einzelnen Geschwindigkeitshöhen mit $x_1\, x_2\, x_3 \ldots$ bezeichnen,

11b) $$W_1' = G_1(h_1' + x_1), \quad W_2' = G_2(h_2' + x_2), \quad W_3' = G_3(h_3' + x_3), \quad \ldots.$$

Hiernach folgt zunächst die gewonnene Arbeit

$$F = W_1 + W_2 + W_3 + \cdots - W_1' - W_2' - W_3' - \cdots$$

oder

$$F = \Sigma(W) \tag{12}$$

identisch mit Gleichung 5).

Was hingegen den Summenausdruck

$$\sum\left(\frac{W}{h}\right) = \frac{W_1}{h_1} + \frac{W_2}{h_2} + \frac{W_3}{h_3} + \cdots - \frac{W_1'}{h_1'} - \frac{W_2'}{h_2'} - \frac{W_3'}{h_3'} - \cdots \tag{13}$$

betrifft, so bestimmt sich dieser mit Hilfe der Gleichungen 10) und 11) in folgender Art. Aus 11) folgt

$$\frac{W_1'}{h_1'} = G_1\left(1 + \frac{x_1}{h_1'}\right), \quad \frac{W_2'}{h_2'} = G_2\left(1 + \frac{x_2}{h_2'}\right), \quad \frac{W_3'}{h_3'} = G_3\left(1 + \frac{x_3}{h_3'}\right), \quad \cdots$$

Substituiert man hier die Werte von $G_1\ G_2\ G_3 \ldots$, wie sie sich aus Gl. 10) ergeben, so folgt im weiteren

$$\frac{W_1}{h_1} - \frac{W_1'}{h_1'} = -\,G_1\frac{x_1}{h_1'}, \quad \frac{W_2}{h_2} - \frac{W_2'}{h_2'} = -\,G_2\frac{x_2}{h_2'}, \quad \cdots$$

und hieraus durch Addition und unter Benutzung der bisher angewandten Bezeichnung

$$\sum\left(\frac{W}{h}\right) = -\sum\left(\frac{G\,x}{h'}\right).\text{“} \tag{14}$$

Nachdem ZEUNER diese Gleichung als identisch mit CLAUSIUS' Formel 10) auf S. 97 bezeichnet hat, — wenn die auf der rechten Seite stehende Summe gleich N gesetzt wird, — fährt er fort: „Diese Darstellung gewährt sonach einen recht klaren Einblick in die Vorgänge bei den Kreisprozessen; bei den nicht umkehrbaren Kreisprozessen gewinnen wir, wenn dabei Wärme aus einer Wärmequelle von höherer Temperatur zu einer von niederer Temperatur übergeht, nicht den vollen Wert, nicht das Maximum der Arbeit; man läßt vergleichungsweise ein Gewicht nicht um die ganze gegebene Fallhöhe herabsinken, sondern liefert es in einem höher gelegenen Niveau ab.“

„Ähnlich verhält es sich mit dem umgekehrten Falle. Wenn bei einem nicht umkehrbaren Kreisprozesse Wärme von einem Körper von niederer zu einem von höherer Temperatur übergeführt wird, wird nicht das Minimum der Arbeit aufgewandt. Wir heben gewissermaßen ein Gewicht aus einem tiefer gelegenen in ein höher gelegenes Niveau, aber nicht gleichförmig, sondern mit zunehmender Geschwindigkeit.“

Die sonst in der Mechanik festgehaltene Äquivalenz von potentieller und kinetischer Energie wird also hier zunächst der Analogie zu Liebe bis zu einem gewissen Grade unbeachtet gelassen, dadurch aber eine Beschreibung des Vorganges erreicht, die auch für die Mechanik nicht belanglos ist. Bei Arbeitsleistungen durch niedersinkende Gewichte sind in der That die Einrichtungen zumeist derart, daß die in kinetische Form umgewandelte, in Erschütterungen der Arbeitskörper oder als Wärme sich äußernde Energie für den beabsichtigten Arbeitsvorgang wertlos ist und thunlichst gering gehalten wird. Würde man also nicht den bequemen Anhaltspunkt zur Beurteilung des Vorganges haben, den die Gewichte durch ihre Körperlichkeit darbieten, sondern müßte ihre Leistungsfähigkeit zum Maßstabe der Beurteilung nehmen, so würde sich bei solchen maschinellen Einrichtungen, bei denen Erschütterungen nutzlos sind, der Unterschied der gesamten und der nützlichen Leistungsfähigkeit ganz zweckmäßig in obiger Weise darstellen und N als ein Maß der Vergeudung erscheinen. In der That ist auch ZEUNER bei der Ermittelung des Wirkungsgrades thermodynamischer Vorgänge (vergl. S. 208) auf seine Analogie zurückgekommen und hat ihr dadurch mehr als den pädagogischen Vorteil abgewonnen. Der physikalisch tief gehende Unterschied bleibt freilich, daß wir bei thermodynamischen Vorgängen die Energie physisch vergeuden, während bei den besprochenen mechanischen Arbeitsprozessen sie nur mit Bezug auf diese vergeudet erscheint, und andere mechanische Arbeitsprozesse die als Verlust gerechnete kinetische Energie ausnutzen.

Zweiter Abschnitt.

Andere Analogien zwischen den Energieformen.

1. In der Prager Zeitschrift Lotos veröffentlichte MACH 1871 eine Bemerkung, welche sich mit genau demselben Gegenstande beschäftigt, wie ZEUNER. „Der zweite Hauptsatz der mechanischen Wärmetheorie läßt sich bekanntlich für einen einfachen Fall durch die Gleichung ausdrücken[1]

$$-\frac{Q}{T} + Q'\left(\frac{1}{T_1} - \frac{1}{T}\right) = 0,$$

in welcher Q die bei der absoluten Temperatur T in Arbeit übergegangene Wärmemenge, Q' die gleichzeitig von der höheren Temperatur T auf die Temperatur T_1 gesunkene Wärmemenge bedeutet.

[1] Vergl. Gleichungen 7) S. 95 oder 2) und 3) S. 102.

Es liegt nun die Bemerkung nahe, daß sich dieser Satz nicht auf die Wärmeerscheinungen beschränkt, sondern auch auf andere Naturerscheinungen übertragen läßt, wenn man an die Stelle der Wärmemenge das Potential des bei der Erscheinung wirksamen Agens, an die Stelle der absoluten Temperatur aber die Potentialfunktion setzt.

Der Satz läßt sich dann so aussprechen:

Wenn ein gewisser Potentialwert P eines Agens auf dem Potentialniveau V in eine andere Form übergeht (z. B. wenn das Potential einer elektrischen Entladung sich in Wärme verwandelt), so sinkt gleichzeitig ein anderer Potentialwert P' desselben Agens von dem höheren Potentialniveau V auf das niedere V_1. Die besagten Werte sind aber miteinander durch die Gleichung verbunden

$$-\frac{P}{V} + P'\left(\frac{1}{V_1} - \frac{1}{V}\right) = 0.$$

Es handelt sich bei der Anwendung des Satzes nur darum, was man als Potential (als Äquivalent der mechanischen Arbeit), was als die Potentialfunktion aufzufassen habe. In vielen Fällen ist dies selbstverständlich und längst festgestellt, in anderen läßt es sich leicht ermitteln. Will man z. B. den Satz auf den Stoß träger Massen anwenden, so ist offenbar die lebendige Kraft dieser Massen als das Potential, ihre Geschwindigkeit aber als die Potentialfunktion aufzufassen. Massen von gleicher Geschwindigkeit können sich keine lebendige Kraft mitteilen, sie stehen im gleichen Potentialniveau."

Mach hat später seine Gedanken sehr ausführlich entwickelt[1] und im Zusammenhange mit seiner ganzen Auffassung der Energie, der Wärme, ja der Naturvorgänge überhaupt dargelegt. Diese Schriften sind auch an vielen Stellen für die im vorliegenden Buche entwickelten Anschauungen grundlegend gewesen, im Augenblicke aber haben wir es allein mit der knappen Veröffentlichung von 1871 zu thun.

Die darin enthaltenen Gedanken unterscheiden sich von denen Zeuner's nur in der Bezeichnungsweise, gehen aber nicht auf die Nichtumkehrbarkeit ein, während Zeuner gerade die ganze Betrachtung ersonnen hat, um den Unterschied zwischen Umkehrbarkeit und Nichtumkehrbarkeit verständlich zu machen. Gemeinsam aber ist beiden Darlegungen der Kernpunkt: Neben dem Betrag einer

[1] Hauptsächlich kommen hier in Betracht der Aufsatz: „Zur Geschichte und Kritik des Carnot'schen Wärmegesetzes." Wiener Sitzungsber. 101, IIa, S. 1589, 1892; ferner das Buch: „Die Prinzipien der Wärmelehre." Leipzig 1896.

Energieform kommt bei jedem Übergang dieser Energieform noch eine andere Größe als wesentlich bestimmend für den Naturvorgang in Betracht, bei der Energieform der Wärme die Temperatur, bei der kinetischen Energie die Geschwindigkeit, bei der potentiellen die Potentialfunktion oder im speziellen Falle der irdischen Schwere die Fallhöhe. Wenn man für diese Größe als allgemeine Bezeichnung den Namen Intensität einführt, wie ich das später 1887 vorgeschlagen habe, so kann man sagen, daß der Quotient, der durch Division der Intensität in die Zunahme der Energieform entsteht, eine dritte Funktion bestimmt, mit Hilfe deren sich die beim Übergang der Energieform eingehaltene Gleichung besonders einfach darstellt; diese Funktion ist bei der Energieform der Wärme die Entropie, bei der irdischen Schwere das Gewicht. Ich habe sie 1887 allgemein als Quantitätsfunktion bezeichnet, doch hat OSTWALD empfohlen, sie lieber die Kapazität des Systems für die Energieform zu nennen.

2. Die Eigenschaften dieser Funktionen, die uns weiter unten ausführlicher zu beschäftigen haben, sind nach ZEUNER und MACH noch in anderen besonderen Fällen deutlich durchschaut worden. Auf ganz ähnliche Ideen wie MACH kam LIPPMANN 1876.[1] Er erkennt, daß bei der elektrischen Energie die Potentialfunktion und die elektrische Ladung genau die Rollen spielen, die bei Wärmevorgängen der Temperatur und der Entropie zukommen, daß man eine dem Entropiesatz für umkehrbare Veränderungen analoge Formel auch für elektrische Kreisprozesse aufstellen kann und daß, wie bei jedem umkehrbaren thermischen, so auch bei jedem elektrischen Kreisprozesse das Verhältnis der übergegangenen zur umgeformten Energie, der Nutzeffekt des Kreisprozesses, nur von den Intensitätswerten abhängt, zwischen denen er sich abspielt.

MAXWELL[2] hat ferner die Formel, die das Wärmedifferential dQ einer umkehrbaren Veränderung durch Temperatur θ und Entropie S ausdrückt, in Parallele gestellt mit der Formel, durch welche die Änderung der Volumenergie dA vom Drucke P und vom Volum V abhängig gemacht wird, und v. OETTINGEN[3] hat 1885 die Gegenüberstellung noch weiter ausgeführt. Zu diesen analogen Formeln

---

[1] LIPPMANN, C. R. 82, S. 1425, 1876.

[2] MAXWELL, Theorie der Wärme. Braunschweig 1878. S. 222.

[3] v. OETTINGEN, Die thermodynamischen Beziehungen antithetisch entwickelt. Mém. de l'académie de Pétersbourg (7) 32, 1885.

$$d\,Q = \theta \cdot d\,S \qquad\qquad d\,A = -\,P\,d\,V$$

bemerkt v. Oettingen unter anderem folgendes:

„Die Wärme kann als solche nur von einem wärmeren zu einem kälteren Körper übergehen."

Nur mit Änderung der Entropie kann Wärme zugeführt werden.

„Mit der Hand kann ein heißer Körper zusammengedrückt werden, während Wärme aus dem Körper in die Hand strömt."

„Beim Anfassen eines Körpers fühlt man seine Temperatur. Ist dieselbe niedriger, so wird die Adiabate (Entropie) des Körpers vermehrt und in diesem Sinne fühlt man die Änderung des Wärmevolums. Mit anderen Worten: Das Dasein der Adiabate empfinden wir bei Wärmeabgabe, und jeder Körper behauptet sein Dasein gegenüber der Außenwelt durch seine Temperatur, aber nach Maßgabe seiner Adiabaten- oder Entropieänderung."

„Arbeit kann nur von dem Körper ausgeübt werden, dessen Druck den höheren Wert hat."

Nur mit Änderung des Volums kann Volumenergie zugeführt werden.

„Der Druck der Hand kann durch den elastischen Gegendruck eines Körpers überwunden werden, während Wärme aus der Hand in den Körper strömt."

„Beim Anfassen eines Körpers fühlt man seinen Druck. Bei stärker ausgeübtem Druck wird das Volum des Körpers vermindert, und in diesem Sinne fühlt man die Änderung des Arbeitsvolums. Mit anderen Worten: Das Dasein des Volums empfinden wir bei Arbeitsleistung, und jeder Körper behauptet sein Dasein gegenüber der Außenwelt durch seinen Druck, nach Maßgabe seiner Volumänderung."

Auch analytisch führt dann v. Oettingen die Analogie der Parameter

	Temperatur θ	und	Druck P,
sowie	Entropie S	und	negatives Volum $-V$

in der Weise durch, daß er die durch diese Größen und ihre Differentialquotienten darstellbaren Funktionen einander gegenüberstellt.

Seiner Ablehnung der von Zeuner stammenden Analogie kann ich nicht beipflichten. Nach Zeuner entsprechen sich (vergl. S. 256)

	Temperatur θ	und	Fallhöhe H
sowie	Entropie S	und	Gewicht G.

Nun meint v. Oettingen, daß, weil die Formel $G(H_1 - H_0)$ mit $P(V_1 - V_0)$ in Analogie stehe, durch Zeuner θ und V, sowie S und

P als entsprechende Funktionen aufgefaßt würden, was den oben angegebenen Gegenüberstellungen widerspreche. Allerdings stehen die Arbeitswerte $G(H_1 - H_0)$ und $P(V_1 - V_0)$ in Analogie, man braucht nur, um den ersten in den zweiten überzuführen, seinen ersten Faktor G mit einer Fläche zu dividieren und den zweiten $H_1 - H_0$ damit zu multiplizieren. Aber es ist nicht zutreffend, daß Zeuner die Arbeiten, die dem von ihm ersonnenen Hebezeuge zugeführt werden, als $G(H_1 - H_0)$ aufgefaßt habe. Er sagt ausdrücklich, daß er sich im Niveau H seinem Apparate Gewichte zugeschoben denke, und damit gewinnt der Apparat Arbeitsfähigkeit vom Betrage $H(G_1 - G_0)$. Auch diese Formel steht mit v. Oettingen's $P(V_1 - V_0)$ in Analogie; sie geht in diese über, wenn man den ersten Faktor H mit dem Gewichte der Volumeinheit multipliziert, den zweiten $(G_1 - G_0)$ damit dividiert. Somit steht Zeuner's Analogie keineswegs im Widerspruche mit der Gegenüberstellung von

Temperatur	und	Druck,
Entropie	und	negativem Volum;

sie vermittelt jene durch die Fallhöhe, diese durch das Gewicht. Die Zuführung von Gewichten zu einem System schwerer Körper steht mit der Zuführung von Entropie und der Entziehung von Volum in genauer Analogie und macht gerade die v. Oettingen bemerkte Beziehung zwischen Entropievermehrung und Volumverminderung recht anschaulich.

In dem entscheidenden Punkte stimmen die Ausführungen v. Oettingen's mit denen Zeuner's und Mach's überein: die Änderung einer Energieform ist in jedem der betrachteten Fälle als ein Produkt darstellbar. Bezeichnet man den einen Faktor als Intensität, den anderen als Änderung der Kapazität, so kann man behaupten, daß die Intensitäten verschiedener Energieformen — bei v. Oettingen's Analogie die Temperatur und der Druck — gemeinsame Eigenschaften zeigen, ebenso wie ihre Kapazitäten — in dem v. Oettingen'schen Vergleiche die Entropie und das negative Volum.

Am selbstverständlichsten tritt in geometrischer Anschaulichkeit diese Produktdarstellung der Energieformen in den thermodynamischen Diagrammen und Abbildungen hervor, die seit Rankine und Zeuner ein entscheidendes Hilfsmittel der Thermotechnik geworden sind (vergl. S. 164).

3. Bevor ich 1887 die Allgemeingiltigkeit dieser Bemerkungen hervorgehoben habe, erschien noch eine Abhandlung, die mir erst nach dem Erscheinen meines Buches bekannt wurde und bereits die in Rede stehenden Beziehungen von einem recht allgemeinen Standpunkte aus erfaßt.[1]

Schon der Ausgangspunkt dieser Abhandlung ist für das originelle Denken ihres Verfassers sehr bezeichnend. Die Nichtigkeit mechanischer Hypothesen hebt er vom Standpunkt des Technikers aus ganz treffend hervor. Wir kennen, sagt er, das Wesen der Elektrizität nicht, wie die Physiker behaupten; und doch wird auf dem Gebiet der Elektrizität gerechnet und gemessen, und dies nicht nur in kleinem Stil, sondern, z. B. bei der elektrischen Kraftübertragung, in den großen Dimensionen industrieller Unternehmungen. Das Wunderliche hieran schwindet, sobald man bedenkt, daß es sich in den der Rechnung und Messung unterworfenen Fragen der elektrischen Kraftübertragung gar nicht um Dinge handelt, die auf das elektrische Gebiet beschränkt sind, sondern um Arbeitstransport überhaupt. Und von diesem echt energetischen Standpunkte aus betrachtet er nun, ganz an ZEUNER's Analogie heranstreifend, eine von der Schwere betriebene Kugelmaschine: „An einem Orte werden schwere Kugeln auf eine gewisse Höhe gehoben; daselbst angekommen, rollen sie auf einer geneigten Bahn zu einem zweiten Orte, wo sie z. B. in ein oberschlächtiges, in ein Zellenrad, fast ohne Geschwindigkeit hineinfallen und beim Niedersinken das Rad zur Verrichtung einer mechanischen Arbeit treiben.“ Die Kugeln sollen auf das Zellenrad nur mit ihrem Gewichte, nicht durch Stoß wirken, die kinetische Energie wird, wie bei ZEUNER, als nutzlos betrachtet und durch Reibung in der Bahn völlig aufgebraucht. Dann ergiebt sich sofort für das Güteverhältnis der Maschine folgendes: „Die aufgewendete Arbeit verhält sich zur Nutzarbeit (im Zellenrade) wie die Hubhöhe zur Fallhöhe, und letztere ist genau um soviel kleiner als die erstere, als die Bahn zur Beförderung der Kugeln Gefälle besitzt.“

Während mit Verminderung des Gefälles das von der Zeit ganz unabhängige Güteverhältnis zunimmt, führt die Frage nach der in gegebener Zeit zu gewinnenden Arbeit, die Frage nach dem Nutzeffekt, zu einem ganz anderen Ergebnis. Da fragt es sich, inwieweit wir die Zahl der Kugeln vergrößern können, die während jeder Sekunde gehoben und ins Rad geliefert werden. Unter gewissen

[1] JOSEF POPPER, Die physikalischen Grundsätze der elektrischen Kraftübertragung. Eine Einleitung in das Studium der Elektrotechnik. Wien, Pest, Leipzig 1884.

Voraussetzungen, z. B. der, daß die Bahn so rauh ist, um die kinetische Energie aufzubrauchen, so daß die Kugeln in langsam gleichförmigem Strome die Bahn durchziehen, wird die Stromintensität durch die Bahnsenkung gemessen. Das Produkt aus Stromintensität und Fallhöhe, das den Nutzeffekt mißt, wird nun, da die Summe dieser beiden Faktoren die Hubhöhe ergiebt, ein Maximum sein, wenn die Fallhöhe gleich der halben Hubhöhe ist. Diese Betrachtung führt POPPER zu folgender allgemeinen Formulierung:

„Beim Heben wird einer sonst unveränderlichen Masse eine gewisse Arbeitsfähigkeit eingeimpft; diese ist das Produkt aus dieser Menge von ponderabler (schwerer) Masse in einen Arbeitszustand, der von Beschleunigung und Hubhöhe abhängt, also an jeder Stelle der Hubhöhe ein anderer ist.“

„Also sind es folgende zwei Faktoren, die maßgebend sind:“

„Der eine, den wir als Träger der verschiedenen Arbeitszustände ansehen können, und der sonst keine Veränderung während des Hebungs- (oder Fall-) Vorgangs erleidet; wir nennen ihn Menge (der ponderablen Materie) und der andere Faktor ist eben der jeweilige Arbeitszustand dieser Menge, der von der Höhe und Erdbeschleunigung abhängt; beide müssen wir eben durch Beobachtung und Untersuchungen quantitativ richtig auszudrücken lernen; und ihr Produkt muß dann unter allen Umständen, in allen Fällen, die Arbeit der Größe nach richtig wiedergeben.“ . . .

„Wir müssen daher im stande sein, jeden Energiezustand so zu charakterisieren, daß er betreffs der Arbeitsgröße im Vorhinein bestimmt werden kann; und da wir gewiß bereits vorhandene nützliche Methoden gerne verallgemeinern, um am schnellsten zum Ziele zu gelangen, so werden wir vor allem versuchen, ob wir in jedem physikalischen Gebiete, sowie in der Mechanik eben mit bloß zwei charakteristischen Elementen als Alphabet der Arbeit auskommen können, diese zwei Elemente hervorheben und dann quantitativ ausdrücken.“

4. Die Ausführung dieser vortrefflichen Grundgedanken erscheint mir nun allerdings weniger glücklich. Unter sein allgemeines Schema für die Arbeit:

$$M \cdot (V_1 - V_2),$$

in dem M eine unveränderliche Menge, V einen veränderlichen Arbeitszustand bedeuten soll, bringt POPPER die verschiedenen Energieformen in folgender Weise:

Schwere:	*M* ponderable Materie,	*V* Fallhöhe × Schwerebeschleunigung.
Kinet. Energie:	*M* ponderable Materie,	*V* halbes Geschwindigkeitsquadrat.
Wärme:	*M* Masse × spez. Wärme,	*V* Temperatur.
Chem. Energie:	*M* ponderable Materie,	*V* erzeugte Wärmemenge.
Elektr. Energie:	*M* Stromintensität,	*V* Spannung.

Diese wohl zu sehr von der alleinigen Rücksicht auf die Leitungsvorgänge bestimmte Wahl der Faktoren M und V, verfehlt offenbar in mehrfacher Hinsicht das Ziel, das sich Popper gesteckt hat; am auffälligsten ist es, daß bei der Wärme die energetische Beurteilung verunglückt ist und daß die chemische Energie irrtümlich aufgefaßt wurde.

Der Forscher, dem wir die tiefere Einsicht in letztere verdanken, hätte auch für die allgemeine Lösung der Aufgabe, energetisch gleichberechtigte M und V zu finden, erfolgreiche Winke geben können: Gibbs. Er hat das Differential der chemischen Energie so dargestellt, daß damit auch der Weg für die anderen Energieformen angezeigt war.

So glaube ich denn, im Jahre 1887 die so vielfach behandelte Frage zu einem gewissen Zusammenschluß gebracht zu haben.

Dritter Abschnitt.

Intensität und Extensität.

1. Die Änderung der Eigenenergie E eines Systems ist immer gleich der in der betrachteten Zeit dem System von außen zugeführten Wärme dQ und sonstigen Arbeit dA (vergl. S. 149):

$$dE = dQ + dA. \tag{1}$$

In dieser den ersten Hauptsatz der Thermodynamik aussprechenden Gleichung ist E eine vom augenblicklichen Zustande des Systems bestimmte Funktion, während dQ und dA zwar unendlich kleine Größen, aber nicht Differentiale von solchen, durch den jeweiligen Zustand des Systems bestimmten Funktionen sind. Um auch auf der rechten Seite der Energiegleichungen solche Funktionen erscheinen zu lassen, muß man hinsichtlich dQ den zweiten Hauptsatz der Thermodynamik, hinsichtlich dA die speziellen Eigenschaften der verschiedenen Energieformen in Betracht ziehen. Versteht man unter θ die Temperatur des Wärmespeichers, aus dem dQ stammt, so ist:

2) $$d\,Q \leqq \theta \cdot d\,S,$$

wobei nun S eine nur vom augenblicklichen Zustande des Systems abhängige Funktion ist. Entsprechend läßt sich $d\,A$ als Summe von Produkten der Form $J \cdot d\,M$ darstellen,

3) $$d\,A = \Sigma J \cdot d\,M,$$

und dabei stellen die J wie θ Zustände der Energiespeicher dar, aus denen Anteile von $d\,E$ stammen, oder an die solche abgeliefert werden, die M aber sind Funktionen, welche nur vom jeweiligen Zustande des betrachteten Systems abhängen.

Eine der Größen J könnte z. B. der äußere Druck sein, der auf den Oberflächenteilen des Systems ruht, keineswegs der sogenannte innere Druck, den man in vielen Fällen gar nicht würde angeben können. Die Größen J messen also keineswegs die Fähigkeiten des Systems, bestimmte Energieformen zu erzeugen; erst nach Eintritt eines vollkommenen Gleichgewichtszustandes sind sie in Werte J_i übergegangen, die man als Maß solcher Fähigkeiten des Systems ansehen, dem Systeme als Eigenschaften zuschreiben kann. Die Gibbs'sche Gleichung:

$$d\,E = \theta_i\,d\,S + \Sigma J_i \cdot d\,M$$

ist daher nur ein besonderer Fall der allgemeinen Beziehung:

$$d\,E \leqq \theta\,d\,S + \Sigma J\,d\,M,$$

wie das bei Besprechung der Gibbs'schen Arbeiten (S. 155) hervorgehoben worden ist.

In der Formel:

4) $$d\,E \leqq \theta\,d\,S + \Sigma J \cdot d\,M$$

kommen also nur Differentiale von Funktionen der Parameter vor, die den Zustand des Systems bestimmen, außerdem aber, als Faktoren θ, J dieser Differentiale, Größen, welche von den Zuständen der Energiespeicher, also von den Zuständen außerhalb des Systems stehender Körper abhängig sind.

Auch diese Faktoren θ, J werden durch die Parameter des betrachteten Systems selbst dargestellt, wenn man die Untersuchung auf umkehrbare Veränderungen beschränkt. Denn umkehrbar verläuft offenbar die Veränderung nur dann, wenn jeder dieser Faktoren außerhalb des Systems denselben Wert hat wie innerhalb, so daß ohne weiteres auch das System selbst auf seine Umgebung als Energiespeicher wirken kann. In diesem Falle geht die Ungleichung 4) über in die Gleichung:

5) $$dE = \theta \cdot dS + \Sigma J \cdot dM,$$

in welcher nun überhaupt nur Funktionen der Parameter des untersuchten Systems auftreten.

Die Funktionen θ und J habe ich, wie bereits gesagt wurde, als Intensitäten bezeichnet, und die Funktionen S und M sind, nachdem ich sie anfangs[1] als Quantitätsfunktionen bezeichnet hatte, von OSTWALD Kapazitäten[2] genannt worden. Den auch gegen diesen Namen erhobenen Bedenken gegenüber habe ich später[3] den Namen Extensität vorgeschlagen, während WIEDEBURG neuerdings wieder auf die Bezeichnung Quantitätsgrößen zurückgekommen ist. Für das Wort Intensität ist JANUSCHKE's Wirkungsgrad eine treffende deutsche Wiedergabe.

OSTWALD's Kapazität schließt sich einem auch sonst oft vorkommenden Sprachgebrauche an, den z. B. R. MAYER anwendet, wenn er in einem Briefe an GRIESINGER (16. Dezember 1842) das Bewegungskapazität nennt, was sonst spezifische Schwere genannt werde: wenn 1 Kubikzoll Eisen dieselbe Geschwindigkeit erhält, wie durch denselben Kraftaufwand 10 Kubikzoll Holz, so verhalten sich, meint er, die Bewegungskapazitäten wie 10:1.

Aber auch Intensität und Extensität sind ehrwürdige Ausdrücke alter Schule. R. MAYER spricht in seinem ersten, ungedruckt gebliebenen Versuche (vergl. S. 16) von „In- und Extensität“ der Bewegung als Dingen, die für die Energie der Bewegung bestimmend sind[4], und in seinem Aufsatze von 1845 sagt er: „Zahlreiche Apparate sind im lebenden Tiere unausgesetzt beschäftigt, zu filtrieren, zu aspirieren, die chemischen Prozesse, zum Teil unter Aufwand von mechanischer Kraft, zu regeln, die Intensität dieser Prozesse zu erhöhen, ihre Extensität zu vermindern ......“[5]

2. BOLTZMANN hat einmal[6] von der Entwickelung des Differentials der Eigenenergie in die Form $\theta\, dS + \Sigma J dM$ behauptet, daß sie „natürlich aus mathematischen Gründen immer möglich ist“. Diese Ausdrucksweise scheint mir eine Verkennung meiner Absichten zu

---

[1] Lehre von der Energie. 1887. S. 61.

[2] Allg. Chemie 2. Band, 1. Teil, S. 44.

[3] Verhandlungen der deutschen Gesellschaft der Naturforscher und Ärzte 1895, II, S. 29.

[4] WEYRAUCH, Kleinere Schriften und Briefe von R. MAYER. Stuttgart 1893. S. 102.

[5] R. MAYER, Mechanik der Wärme. 3. Aufl. 1893. S. 92.

[6] Verhandlungen der deutschen Gesellschaft der Naturforscher und Ärzte 1895, II, S. 30.

enthalten. Aus mathematischen Gründen sind natürlich sehr mannigfaltige Darstellungen von dE in der obigen Form möglich. Die Änderung der Eigenenergie der Masseneinheit eines vollkommenen Gases kann man nach mathematischem Belieben als:

$$c_v d\theta$$

darstellen, oder als

$$\theta dS + v dp - (c_p - c_v) d\theta,$$

wenn p und v Druck und Volum, c_p und c_v die spezifischen Wärmen bei konstantem Druck und konstantem Volum bezeichnen, man könnte beliebig viele weitere Darstellungen beifügen. Aber nur eine:

$$\theta dS - p dv$$

entspricht, soweit die in der gewöhnlichen Thermodynamik betrachteten Vorgänge in Frage kommen, den von mir verfolgten Absichten, nur eine giebt die physikalischen Beziehungen wieder. Die Namen Intensität und Kapazität wären ja zwecklos, wenn sie nicht physikalisch Gleichartiges herausheben könnten. Es ist das Wesentliche bei der Sache, dE so in die Form $\theta \cdot dS + \Sigma J \cdot dM$ zu entwickeln, daß den Größen θ und J einerseits, den Intensitäten, gewisse physikalische Eigenschaften gemeinsam sind, sowie andererseits den Funktionen S und M, den Kapazitäten.

3. Anders liegt die Sache bei Duhem's[1] Begründung der Energetik. Er setzt allerdings, indem er mit $\alpha, \beta \ldots \lambda$ beliebig gewählte Parameter des Systems, mit θ die Temperatur bezeichnet, das Arbeitsdifferential für alle virtuellen Änderungen des Systems:

6) $$dA = \mathsf{A} d\alpha + \mathsf{B} d\beta + \ldots\ldots + \Lambda d\lambda + \Theta d\theta.$$

Dabei sind $\mathsf{A}, \mathsf{B}, \ldots \Lambda, \Theta$ Koeffizienten, deren Größe durch die äußere Umgebung des Systems bestimmt wird; nur wenn die Umgebung mit dem System im Gleichgewicht steht, werden diese Koeffizienten — und hier benutzt Duhem doch eine Seite des Intensitätsgesetzes — zu Funktionen der Parameter $\alpha, \beta, \ldots \lambda, \theta$. Gleichgewicht kann ja nur bestehen, wenn die Eigenintensitäten des Systems denen der Umgebung gleichen. Im Gleichgewichtsfalle wird also:

7) $$dA = f_\theta d\alpha + f_\beta d\beta + \ldots + f_\lambda d\lambda + f_\theta d\theta.$$

Daß die hier eingeführten $f_\alpha, f_\beta, \ldots f_\lambda, f_\theta$ Funktionen der Parameter

[1] Duhem, Mécanique chimique, Paris 1897, S. 32 und 96. — Journ. de math. (4) 9, 1893, S. 339 und (4) 10, 1894, S. 207.

darstellen, wird in der klassischen Thermodynamik angenommen, kann aber nach DUHEM's weiter unten zu besprechender Lehre nicht allgemein zugegeben werden. Halten wir uns aber hier zunächst an die gewöhnliche Annahme. Dann folgt aus dem Energiegesetze:

$$dE = dQ + dA,$$

da E eine Funktion der Parameter ist, daß sich auch das Wärmedifferential in der Form:

$$8)\qquad dQ = R_\alpha\, d\alpha + R_\beta\, d\beta + \ldots + R_\lambda\, d\lambda + c\, d\theta$$

darstellen läßt, in der $R_\alpha\ R_\beta \ldots R_\lambda$ und c Funktionen der Parameter bezeichnen, nämlich:

$$9)\qquad R_\alpha = \frac{\partial E}{\partial \alpha} - f_\alpha,\quad R_\beta = \frac{\partial E}{\partial \beta} - f_\beta, \ldots,\quad R_\lambda = \frac{\partial E}{\partial \lambda} - f_\lambda,\quad c = \frac{\partial E}{\partial \theta} - f_\vartheta.$$

Außerdem lehrt das Energiegesetz, daß:

$$10)\qquad dE = (R_\alpha + f_\alpha)\, d\alpha + (R_\beta + f_\beta)\, d\beta + \ldots\ldots + (R_\lambda + f_\lambda)\, d\lambda + (c + f_\theta)\, d\theta$$

ein vollständiges Differential ist.

Um nun weiter auch das Entropiegesetz zu verwenden, beschränkt DUHEM die Veränderlichkeit der Parameter dahin, daß mit $d\alpha,\ d\beta, \ldots d\lambda,\ d\theta$ nur umkehrbare Änderungen bezeichnet werden sollen. Dann ist:

$$11)\qquad \frac{dQ}{\theta} = dS = \frac{R_\alpha}{\theta}\, d\alpha + \frac{R_\beta}{\theta}\, d\beta + \ldots + \frac{R_\lambda}{\theta}\, d\lambda + \frac{c}{\theta}\, d\theta$$

ein vollständiges Differential.

Nach 10) und 11) gelten Gleichungen von der Form:

$$12)\qquad \begin{cases} \dfrac{\partial R_\alpha}{\partial \beta} - \dfrac{\partial R_\beta}{\partial \alpha} = -\left(\dfrac{\partial f_\alpha}{\partial \beta} - \dfrac{\partial f_\beta}{\partial \alpha}\right), & \dfrac{\partial R_\sigma}{\partial \theta} - \dfrac{\partial c}{\partial \alpha} = -\left(\dfrac{\partial f_\alpha}{\partial \theta} - \dfrac{\partial f_\theta}{\partial \alpha}\right) \\[2ex] \dfrac{\partial R_\alpha}{\partial \beta} - \dfrac{\partial R_\beta}{\partial \alpha} = 0, & \dfrac{1}{\theta}\dfrac{\partial R_\alpha}{\partial \theta} - \dfrac{R_\alpha}{\theta^2} - \dfrac{1}{\theta}\dfrac{\partial c}{\partial \alpha} = 0. \end{cases}$$

Die hieraus zunächst folgenden Beziehungen von der Form:

$$13)\qquad \frac{\partial f_\alpha}{\partial \beta} - \frac{\partial f_\beta}{\partial \alpha} = 0$$

zeigen, daß eine Funktion F existiert, deren Differentialquotienten die Koeffizienten $f_\alpha, f_\beta \ldots f_\lambda$ sind. Außerdem erkennt man, daß

$$14)\qquad R_\alpha = -\theta\left(\frac{\partial f_\alpha}{\partial \theta} - \frac{\partial f_\theta}{\partial \alpha}\right),\qquad \frac{\partial c}{\partial \alpha} = -\theta\,\frac{\partial}{\partial \theta}\left(\frac{\partial f_\alpha}{\partial \theta} - \frac{\partial f_\theta}{\partial \alpha}\right),$$

und daß analoge Gleichungen für die Differentiale nach den anderen Parametern bestehen.

An dieser Stelle[1] führt DUHEM eine Beschränkung ein, die wiederum zeigt, daß die Entwickelung von dE in eine Form $\Sigma K dk$ aus bloß mathematischen Gründen nicht ausreicht, um die Naturerscheinungen wiederzugeben. DUHEM nimmt an, daß es stets möglich sei, die Parameter so zu wählen, daß für alle äußeren Einflüsse $\Theta = 0$ ist, und nennt die so gewählten Parameter Normalveränderliche des Systems. Es wird für diese:

15) $$dF = dA,$$

und endlich wird die Bedeutung von F als thermodynamisches Potential ersichtlich, wenn man bedenkt, daß bei konstanter Temperatur $d\theta = 0$

$$dF = d(E - \theta S)$$

wird. So erreicht denn DUHEM in seinen neueren Arbeiten die Grundlage der Energetik, auf die er von je den Hauptwert gelegt hat, das thermodynamische Potential, durch eine Untersuchung, in der wenigstens einige jener Eigenschaften unserer Naturerscheinungen Verwertung finden, die in den Intensitäts- und Extensitätsgesetzen zum Ausdruck gebracht werden.

4. Welche Funktionen man nun zu wählen hat, um unter allen mathematisch möglichen Darstellungen von dE in der Form $\Sigma K dk$ die physikalisch vorteilhaftesten, unsere Kenntnisse über die Energieformen am vollkommensten wiedergebenden, zu erhalten, das ist durch die Vorteile, welche die gesuchten Funktionen schon längst bei der Behandlung der verschiedenen Energieformen darboten, längst festgelegt. Die klassische Thermodynamik hatte für die Wärmeenergie als Intensität die Temperatur, als Kapazität die Entropie gefunden, für die Volumenergie aber den Druck als Intensität, das negative Volum als Kapazität benutzt. Gelegentlich der energetischen Behandlung elektrischer Energieformen war namentlich von HELMHOLTZ und GIBBS als Intensität das elektrische Potential, als Kapazität die Elektrizitätsmenge benutzt worden, und GIBBS fügte für die chemische Energie hinzu, daß eine neue Funktion als chemische Intensität eingeführt werden müsse, die er als chemisches Potential bezeichnete, und daß als Kapazität die Masse zu benutzen sei.

[1] DUHEM, Mécanique chimique, Paris 1897, S. 30. — Journ. de math. (4) 10, 1894, S. 219.

5. Diese gesicherten Darstellungen einzelner Energieformen als Produkte $J \cdot dM$ lassen erkennen, daß **Energie einer bestimmten Form nur dann von einem Körper auf den anderen übergeht, wenn beide Körper verschiedene Intensität haben und daß sie dann von der höheren zur niederen Intensität übergeht.** So geht bei Gleichheit der Temperaturen zweier Körper keine Energie als Wärme, bei Gleichheit des Druckes keine als Volumenergie zwischen ihnen über, und wo ein Übergang von Wärme stattfindet, geschieht er so, daß der höher temperierte Körper an Energie abnimmt, der niedriger temperierte gewinnt; wo ein Energieübergang durch Volumänderung stattfindet, verliert der Körper Energie, der den höheren Druck ausübt und der minder drückende gewinnt sie.

Die hier betonte Thatsache ist sehr allgemein, wenn auch von einer besonderen Seite her, durch MACH[1] hervorgehoben worden. Im Prinzip der virtuellen Verschiebungen erblickt er die Anerkennung einer Thatsache, „die uns längst instinktiv geläufig war, nur daß wir sie nicht so scharf und klar erfaßten. Die Thatsache besteht darin, daß schwere Körper sich von selbst nur abwärts bewegen. Wenn mehrere untereinander verbunden sind, so daß sie sich nicht unabhängig voneinander verschieben können, so bewegen sie sich nur, wenn hierbei im ganzen schwere Masse sinken kann, oder wie dies das Prinzip, nach vollkommnerer Anpassung der Gedanken an die Thatsachen, eben schärfer ausdrückt, wenn hierbei Arbeit geleistet werden kann. Übertragen wir nach Erweiterung des Kraftbegriffs das Prinzip auch auf andere als Schwerkräfte, so liegt darin wieder die Anerkennung der Thatsache, daß die betreffenden Naturvorgänge nur in einem bestimmten Sinne und nicht im entgegengesetzten von selbst ablaufen. So wie die schweren Körper abwärts sinken, können sich die elektrischen und Temperaturdifferenzen von selbst nicht vergrößern, sondern nur verkleinern u. s. w. . . . . . . Die Gleichgewichtsgleichung des Prinzips läßt sich immer auf den trivialen Ausdruck bringen. Es geschieht nichts, wenn nichts geschehen kann.“ Das Intensitätsgesetz ist es, das die von MACH bezeichnete Thatsache zum allgemeinsten Ausdruck bringt.

6. Während eines Kreisprozesses wird die Änderung dM der Parameter des betrachteten Systems wieder rückgängig; geschieht dies so, daß das System die Kapazität dM aus einem Speicher von

[1] MACH, Mechanik. Leipzig 1883. S. 71.

der Intensität J_1 aufnimmt und dann dM an einen anderen Speicher von der Intensität J_2 abgiebt, so hat es im ganzen

$$(J_1 - J_2) \cdot dM$$

an Energie dieser Form gewonnen. Unter gleichen äußeren Bedingungen, d. h. gleichen J_1 und J_2, wird daher um so mehr von der Energieform aufgenommen (und natürlich während des Kreisprozesses in anderer Form wieder abgegeben), je größer die übergegangene Kapazität dM ist. Das ist der von POPPER verfolgte Gedanke, J ist an Stelle des POPPER'schen V getreten.

7. Die Kapazitätsfunktionen M ferner besitzen die Eigenschaft, daß bei jedem Energieübergang der eine Körper, der Energiespeicher, soviel Kapazität verliert, als der andere, das arbeitende System, gewinnt, so daß die Summe der ein und derselben Energieform entsprechenden Funktionswerte M unveränderlich ist. So vermindert sich das Volum des einen Körpers um so viel, als das andere wächst, die Summe aller Volume in einem gegen Energieänderungen aller Art geschützten Systeme ist konstant, nämlich das Volum dieses Systems. So ändert sich auch die Elektrizitätsmenge nicht, nicht die chemisch wirksame Masse. Die Entropie nimmt insofern eine Sonderstellung ein, als man nur unter Beschränkung auf umkehrbare Übergänge der Wärme behaupten kann, daß die Entropiesumme konstant bleibt. Im allgemeinen steigt sie. Das ist der Grund, weshalb in den oben entwickelten Gleichungen der Wärme eine Sonderstellung gewahrt bleiben mußte.

8. Für alle Energieformen mit Ausnahme der Wärme gilt, daß ohne Änderung der Kapazitätsfunktion kein Übergang der Energieform möglich ist. Nur Volumänderung bedingt Aufnahme oder Abgabe von Volumenergie; ohne Veränderung der chemisch wirksamen Massen ist keine chemische, ohne Änderung der Elektrizitätsmenge keine elektrische Energieänderung möglich. Die Wärme ist in dieser Weise nur bei umkehrbaren Änderungen von der Entropie abhängig.

Sieht man genauer zu, so erkennt man, daß die letztere Eigenschaft eigentlich eine Definition ist; wir nennen Volumenergie die bei alleiniger Änderung des Volums, chemische Energie die bei alleiniger Änderung der chemisch wirksamen Massen eintretende Energieänderung; in gleicher Weise ist die Änderung der Elektrizitätsmenge unser Kennzeichen der elektrischen Energie, die Änderung der Entropie Kennzeichen des umkehrbaren Wärmeein- oder -austritts.

9. Besonders bemerkenswert ist endlich, daß die wichtigsten Eigenschaften der Intensitäts- und der Kapazitätsfunktionen mittels des zweiten Hauptsatzes voneinander abhängig sind. Gibbs hat bewiesen, daß, wenn der Entropie die Eigenschaft zukommt, nie abzunehmen und die Kapazitätsfunktionen jeder Energieform eine unveränderliche Summe liefern, — dann nur ein Energieübergang von höherer zu niederer Intensität möglich ist. Dieser Beweis ist im wesentlichen schon auf S. 157 vorgetragen worden. Um dem dort Gesagten die allgemeine Wendung zu geben, auf die es jetzt ankommt, denke man sich ein im Gibbs'schen Sinne isoliertes, d. h. ein nur zu Wärmeaufnahme und -abgabe fähiges, sonst gegen jede Energieänderung nach außen geschütztes Körpersystem. Für die einzelnen Körper des Systems gelten die Gleichungen

$$\text{16)}\quad \left\{\begin{aligned} \delta E' &= \theta' \,\delta S' + \Sigma J' \cdot \delta M', \\ \delta E'' &= \theta'' \,\delta S'' + \Sigma J'' \cdot \delta M'', \\ &\ldots\ldots\ldots, \end{aligned}\right.$$

wenn man die auf die verschiedenen Körper bezüglichen gleichartigen Funktionen durch Striche unterscheidet. Hierbei würde z. B. die Temperatur θ' diejenige sein, die dem ersten der Körper, sowie dem Wärmespeicher, aus dem er Wärme aufnimmt, zukäme, falls der Körper die thatsächlich eingetretene Zustandsänderung auf umkehrbarem Wege ausführen würde. Wäre die thatsächlich eingetretene Zustandsänderung nicht auch umkehrbar zu erreichen, so könnte von der Entropie S' nicht geredet werden. Nun hat Gibbs (S. 153) aus dem Entropiegesetze den Satz abgeleitet, daß Gleichgewicht besteht, wenn bei jeder beliebigen, umkehrbaren oder nicht-umkehrbaren Anderung des isolierten Systems bei konstanter Entropie

$$\text{17)}\quad \delta E' + \delta E'' + \cdots \geqq 0$$

ist. Es folgt demgemäß, wenn mit δ jede beliebige Änderung bezeichnet wird,

$$\text{18)}\quad \left\{\begin{aligned} &\theta' \,\delta S' \;\, + \theta'' \,\delta S'' \;\, + \cdots \\ &+ J_1' \,\delta M_1' + J_1'' \,\delta M_1'' + \cdots \\ &+ J_2' \,\delta M_2' + J_2'' \,\delta M_2'' + \cdots \\ &+ \cdots\cdots\cdots \end{aligned}\right\} \geqq 0.$$

Setzen wir jetzt voraus, daß für die Kapazitäten das Erhaltungsgesetz gilt, so daß bei jeder beliebigen Änderung

$$19)\quad \begin{cases} dS' + dS'' + \cdots = 0, \\ dM_1' + dM_1'' + \cdots = 0, \\ dM_2' + dM_2'' + \cdots = 0, \\ \ldots\ldots\ldots, \end{cases}$$

also eine, etwa die erste jeder Reihe gleichartiger Kapazitäten von den anderen derselben Art abhängig ist:

$$20)\quad \begin{cases} dS' = -dS'' - dS''' - \cdots, \\ dM_1' = -dM_1'' - dM_1''' - \cdots, \\ dM_2' = -dM_2'' - dM_2''' - \cdots, \\ \ldots\ldots\ldots \end{cases}$$

Unter dieser Voraussetzung geht die Formel 18) über in

$$21)\quad \left\{ \begin{array}{l} (\theta'' - \theta')\,\delta S'' + (\theta''' - \theta')\,\delta S''' + \cdots \\ + (J_1'' - J_1')\,\delta M_1'' + (J_1''' - J_1')\,\delta M_1''' + \cdots \\ + (J_2'' - J_2')\,\delta M_2'' + (J_2''' - J_2')\,\delta M_2''' + \cdots \\ + \ldots\ldots\ldots \end{array} \right\} \geqq 0,$$

und hier sind die Differentiale keiner Beschränkung unterworfen, jedes einzelne kann unabhängig von den anderen Null, positiv oder negativ gewählt werden. Die Ungleichung kann bei allen möglichen Werten der Differentiale nur bestehen, wenn die sämtlichen Intensitätsdifferenzen Null sind, also

$$22)\quad \begin{cases} \theta' = \theta'' = \theta''' = \cdots, \\ J_1' = J_1'' = J_1''' = \cdots, \\ J_2' = J_2'' = J_2''' = \cdots, \\ \ldots\ldots\ldots \end{cases}$$

Gleichgewicht besteht also nur, wenn die gleichartigen Intensitäten in allen Körpern des Systems gleichwertig sind. Intensitätsdifferenz ist Gleichgewichtsstörung.

Jede positive Veränderung $\delta M_1''$, d. h. jeder Übergang von einem anderen Körper auf den mit zwei Strichen indizierten ist ausgeschlossen, wenn die Differenzen

$$J_1'' - J_1', \qquad J_1'' - J_1''', \qquad \ldots\ldots$$

positiv sind, wie man erkennt, wenn man statt der Gleichungen 20) auch die verfolgt, die andere Kapazitätsänderungen, als die des ersten Körpers durch die der übrigen darstellen. Umgekehrt findet also Übergang statt, wenn eine der Ungleichungen besteht

$$J_1' > J_1'', \quad J_1''' > J_1'', \quad \ldots\ldots$$

es findet Übergang nur von der höheren zur niederen Intensität statt.

Andererseits folgt auch aus der Voraussetzung, daß Intensitätsgleichheit Gleichgewichtsbedingung ist, die Erhaltung der Kapazitäten. Denn mittels 22) geht 18) über in 19), da der gemeinsame Wert der gleichartigen Intensitäten beliebig gewählt werden darf.

10. Statt nach der hier eingehaltenen GIBBS'schen Methode der ausgeschlossenen Veränderungen (vergl. S. 148 u. 172) kann man den Beweis auch nach der Methode der möglichen Veränderungen führen. Versteht man unter ϑ' die Temperatur des Wärmespeichers, aus dem der erste der betrachteten Körper seine Entropieänderung dS' bezieht, und ersetzt nötigenfalls $\vartheta' dS'$ durch eine Summe derartiger Produkte — wenn nämlich der erste Körper aus verschieden temperierten Quellen seine Wärmeänderung empfängt — und verfährt man mit allen Intensitäten in entsprechender Weise, so wird

23) $$dE' \leqq \vartheta' dS' + \Sigma i' dM',$$

daher mit Rücksicht auf Gleichung 16)

24) $$0 \leqq (\vartheta' - \theta') dS' + \Sigma (i' - J') dM'.$$

Während jede Anderung der Größen $S' M'$, die unter dem Einflusse der äußeren Intensitäten $\vartheta' i'$ möglich ist, dieser Ungleichung genügen muß, werden alle diejenigen Änderungen $\delta S'$, $\delta M'$ unmöglich sein, welche die Bedingung erfüllen

25) $$0 > (\vartheta' - \theta') \delta S' + \Sigma (i' - J') \delta M'.$$

So ist, wenn alle $\delta S' = 0$, ferner $\delta M_2' = \delta M_3' = \cdots = 0$, aber $\delta M_1' \gtreqless 0$ ist, eine jede Änderung ausgeschlossen, falls $i_1' \lesseqgtr J_1'$, daher umgekehrt $i_1' \gtreqless J_1'$ die Bedingung für $dM_1' \gtreqless 0$ ist. Es ist also unmöglich, daß eine einzelne Extensität der Phase bei Konstanthaltung der anderen steigt, wenn die zugehörige Intensität J in der Phase größer ist als in der Umgebung; vielmehr kann sie dann nur abnehmen. Und es ist unmöglich, daß eine Extensität abnimmt, wenn die übrigen unverändert bleiben und die zu ihr gehörige Intensität in der Phase kleiner ist, als in der Umgebung; vielmehr kann sie in dem Falle nur steigen. Diese Thatsache kann offenbar kurz in die Worte gekleidet werden: **Jede Energieform hat das Bestreben von höherer zu niederer Intensität überzugehen.**

Vierter Abschnitt.

Die mechanischen Energieformen.

1. Angesichts der Existenz solcher weittragenden Beziehungen und der auffälligen Analogien im Verhalten der bisher besprochenen Energieformen erscheint es nicht wertlos, auch andere Formen der Energie darauf hin zu untersuchen, ob sie eine Intensitäts- und eine Kapazitätsfunktion besitzen.

In allen Fällen, wo es gelungen ist, eine Potentialfunktion zu finden, ist die gesuchte Analogie offenbar und durch das Verhalten der elektrischen Energie an die Hand gegeben. Die Potentialfunktion ist die Intensität, und Kapazität ist die Menge der Materie, welche als Träger und Empfänger der Potentialfunktion angesehen wird, sei es, daß diese Materie ponderabler Natur und noch durch andere Eigenschaften sinnenfällig ist, sei es, daß sie nur durch die energetische Beziehung definierbar ist.

So fällt Zeuner's Analogie ohne weiteres unter diese Auffassung, denn die Potentialfunktion der irdischen Schwere ist durch das Produkt aus Fallhöhe h und Schwerebeschleunigung g gegeben und die Kapazität ist dabei die schwere Masse m; im technischen Maßsystem wird geradezu h die Potentialfunktion und gm die Kapazität, wie dies Zeuner durchführt. Allgemein aber würde sich die Intensität der Gravitationsenergie als

$$\sum \frac{M}{r}$$

darstellen, wenn M die anziehenden Massen, r ihre Abstände vom Bezugspunkte bezeichnen, und die Kapazität würde die gravitierende Masse m sein.

2. Hinsichtlich der elektrischen und magnetischen Energien liegt historisch der merkwürdige Fall vor, daß man zunächst, durch eine jetzt fast aufgegebene Stoffhypothese geleitet, die Kapazitäten als unmittelbar gegeben betrachtete und durch sie die Intensitäten so ausdrücken lernte, daß man die erfahrungsmäßigen Energien und Kräfte fand. Die zunehmende Aufmerksamkeit auf die quantitative Seite der Erscheinungen führte zu der Erkenntnis, daß gerade die Intensitäten der Messung unmittelbar zugänglich sind, die Zustände der verschiedenen Orte des Kraftfeldes, und daß die

Kapazitäten als Zahlen einzuführen sind, um durch ihr Produkt in die Potentialfunktionen jene erfahrungsmäßigen Energien und Kräfte zu liefern. An diesen drei Begriffen, an Energie, Intensität und Extensität, rankt sich die historische Entwickelung empor.

LODGE wirft einmal[1] die Frage auf, was Elektrizität sei. „Vielleicht ist die Elektrizität ein Stoff; Energie ist sie nicht. ... Elektrisierung ist das Resultat einer geleisteten Arbeit und ist sicherlich eine Energieform; sie wird erzeugt und vernichtet durch eine Arbeitsleistung. Elektrizität aber wird weder geschaffen, noch zerstört; sie wird einfach bewegt oder in Spannung versetzt, wie Materie.“ Wie einfach lautet die energetische Antwort auf diese Frage. Elektrizität ist die Extensität der Energieform, deren Intensität die elektrische Spannung ist. Und diese Antwort ist keineswegs ein Spiel mit leeren Namen; durch die Bezeichnung Extensität werden vielmehr der Elektrizität ebenso bestimmte, nämlich die oben von LODGE bezeichneten Eigenschaften beigelegt, wie durch den Namen Energie der Elektrisierung ganz bestimmte Eigenschaften zugesprochen werden.

3. Um die kinetische Energie eines Punktes den Begriffen der Intensität und Kapazität zu unterwerfen, ist es zunächst nötig, die Bewegung nach drei zu einander senkrechten, absolut festen Richtungen zu zerlegen. Die kinetische Energie der x-Komponente, $\frac{1}{2} m x'^2$, ändert sich im Zeitelement um $m x' \cdot d x'$. Schreibt man dieses Produkt

$$x' \cdot d(m x')$$

und faßt x', die Geschwindigkeit der x-Komponente, als Intensität, $m x'$ aber, die Bewegungsgröße der x-Komponente, als Kapazität, so bestehen, wie man leicht sieht, auch hier die für Intensität und Kapazität im allgemeinen charakteristischen Eigenschaften. Können sich zwei Punkte nur längs einer Geraden bewegen, die wir als x-Achse betrachten wollen, so kann kinetische Energie der x-Komponente nur dann von dem einen Punkte auf den anderen übergehen, wenn beide verschiedene Geschwindigkeit besitzen, und geht dann immer von dem geschwinderen auf den langsameren über. Von zwei verschiedenen materiellen Punkten, die beide bei der Geschwindigkeit x_1' kinetische Energie aufnehmen und bei der Geschwindigkeit x_2' wieder abgeben, nimmt derjenige mehr Energie auf, auf den eine größere Bewegungsgröße übergegangen ist, der also die größere

[1] LODGE, Neueste Anschauungen über Elektrizität. Leipzig 1896. S. 7.

Masse hat. Ferner verliert bei jedem Übergang kinetischer Energie der eine Körper so viel Bewegungsgröße, als der andere gewinnt, die Summe aller Bewegungsgrößen der x-Komponente ist konstant; und ohne Änderung der Bewegungsgröße ist Änderung der kinetischen Energie unmöglich.

4. Es ist wohl manchem sonderbar erschienen, daß an einem so einfachen Ding wie die Komponente kinetischer Energie die Zerfällung in Intensität und Extensität vorgenommen wird, und man hat gelegentlich die Offenheit gehabt, zu sagen, die Energetiker wollten nur durchaus etwas Neues und Absonderliches aufbringen; ob man damit etwas leisten könne, scheine ihnen Nebensache. Nun, solchen Ansichten gegenüber ist es lehrreich, zu sehen, daß die Intensitätseigenschaft der Geschwindigkeit bereits bekannt und nützlich verwendet wurde, als die heute anerkannte Mechanik erst im Werden war. Kein Geringerer als Galilei ist es, der als Axiom anerkennt, daß die Geschwindigkeit eine Intensität ist. Um nämlich die Ansicht *ad absurdum* zu führen, daß beim freien Falle der Körper, der größere Masse hat, eine größere Geschwindigkeit erlangt, gebraucht er folgende Schlußweise. Angenommen, diese Ansicht wäre richtig und die Masse $M > m$ erlangte in gegebener Zeit eine größere Geschwindigkeit V als die von m erlangte Geschwindigkeit v ist, so würde die noch größere Masse $M + m$ eine noch größere Geschwindigkeit, als V ist, erlangen. Verbindet man aber die mit den Geschwindigkeiten V und v dahin schreitenden Massen M und m miteinander, so gleichen sich die Geschwindigkeiten aus, d. h. es erhält die Gesamtmasse $M + m$ eine zwischen V und v liegende und keineswegs eine V übertreffende Geschwindigkeit.[1] Hier ist gerade der durchschlagende Unterschied intensiver und extensiver Eigenschaften zum Beweisgrund verwertet, intensive Eigenschaften gleichen sich aus, extensive addieren sich bei der Vereinigung der Körper, denen sie zugehören. Die Geschwindigkeit ist intensiver, die Masse extensiver Natur.

5. Sobald die Intensität und Extensität einer Energieform festgestellt ist, kann man für sie den Carnot'schen Kreisprozeß angeben. Er setzt sich aus zwei Änderungen bei konstanter Intensität und zwei Änderungen bei konstanter Extensität zusammen. Es verlohnt sich vielleicht, das für einen Fall durchzuführen, in dem

---

[1] Galilei, Unterredungen. Ostwald's Ausgabe. S. 58.

man auf flüchtigen Blick hin die Existenz eines umkehrbaren Prozesses überhaupt zu leugnen versucht sein könnte, das ist der Fall des Verlustes kinetischer Energie durch Reibung. Offenbar geht die Reibungsarbeit von höherer zu niederer Geschwindigkeit über; reibt sich ein Körper auf einer Unterlage, die sich langsamer bewegt, als er selbst, so verliert er und die Unterlage gewinnt durch die Reibung kinetische Energie. Bewegt er sich aber ebenso geschwind, wie die Unterlage, so kann durch Reibung Energie nicht übergehen.

Nun denke man sich einen Arbeitskörper K etwa geradlinig geführt und so eingerichtet, daß er während seiner Bewegung Arbeit leistet oder empfängt, etwa ein Gewicht hebt, oder durch ein sinkendes Gewicht beschleunigt wird. Während er die Geschwindigkeit v_1 besitzt, bringt man einen sehr großen Körper U_1, dessen Geschwindigkeit ebenfalls v_1 sei, mit ihm in Berührung und Reibungsübertragung; und zwar sei die Reibung so stark, daß die Geschwindigkeit v_1 erhalten bleibt, trotzdem Arbeit A_1 von K geleistet wird. Es ist der Unterlagskörper U_1, aus dem diese Arbeit stammt; als Reibungsarbeit R_1 ist sie an K abgegeben worden.

Nach Lösung der Verbindung zwischen U_1 und K möge K die Arbeit A' leisten und dadurch auf die Geschwindigkeit $v_2 < v_1$ kommen.

Drittens bringe man K in Reibungsübertragung mit einem großen Körper U_2, dessen Geschwindigkeit v_2 sei, und lasse an diesen durch Reibungsarbeit R_2 an K die Arbeit A_2 übertragen werden, die ein sinkendes Gewicht auf K überträgt, so daß die Geschwindigkeit v_2 konstant bleibt.

Endlich löse man die Berührung zwischen U_2 und K und erhöhe die Geschwindigkeit v_2 auf v_1 durch Zufuhr der vorhin entzogenen Arbeit A'.

K hat einen Kreisprozeß ausgeführt, der umkehrbar ist, und dabei ist von K die Arbeit $A_1 - A_2$ geleistet worden. Die als Reibungsarbeit an K übertragene und in Gewichtserhebung umgewandelte Energie ist $R_1 - R_2 = A_1 - A_2$, während die Reibungsarbeit R_2 von U_1 durch K an U_2 als Reibungsarbeit übertragen worden ist.

Man erkennt an diesem Prozeß alle Züge des Carnot'schen wieder. An Stelle der Wärme tritt hier die Reibungsarbeit R, an Stelle der Temperatur die Geschwindigkeit, die isothermen und die adiabatischen Stadien des Prozesses sind deutlich wiedergegeben.

6. Bei der Behandlung der kinetischen Energie beliebiger Systeme braucht man nun nicht etwa zur Zerlegung in materielle Punkte zu verschreiten, was vielleicht mit Rücksicht auf die bereits S. 215 besprochene BOLTZMANN'sche Bemerkung erwähnenswert ist. Vielmehr ist durch die Behandlung der kinetischen Energie des materiellen Punktes jeder andere Fall auf bekannte Operationen zurückgeführt. So zerfällt die Änderung der kinetischen Energie des starren Körpers in sechs Glieder, deren drei die translatorische, drei die rotatorische Änderung darstellen. In jenen treten die Geschwindigkeitskomponenten des Schwerpunktes, in diesen die Komponenten der momentanen Winkelgeschwindigkeit als Intensitäten auf, und die Kapazitätsfunktion jener sind die Komponenten der Bewegungsgröße, die Kapazitätsfunktionen dieser die Komponenten der Flächenbewegungsgröße.

7. Auch die durch beschleunigende Kräfte hervorgerufenen Energieformen kann man, wie ich das 1887 a. a. O. gethan habe, den Intensitäts- und Kapazitätsbegriffen unterwerfen, wenn man sie nach drei zu einander senkrechten Richtungen zerlegt und ihnen die Wechselwirkung als wesentliche Eigenschaft beilegt, also in dem Ausdrucke der mechanischen Arbeit $X dx$ unter X eine Komponente der zwischen zwei Massenpunkten wirksamen anziehenden Kraft und unter x die Komponente oder Projektion des Abstandes dieser Massenpunkte versteht. Nach dieser Auffassung gehört $X dx$ nicht, wie man es gewöhnlich vorstellt, einem Punkte, sondern vielmehr stets einem Punktpaare an. Nun gelten sogleich für diese Wechselwirkungsenergie die in Rede stehenden Eigenschaften. Können sich nämlich drei Punkte in der Richtung der x verschieben, so geht Wechselwirkungsenergie nur dann von dem einen Punktpaar aufs andere über, wenn diesen Punktpaaren verschiedene X-Komponenten zugehören, und geht dann vom Paare größerer Kraft auf das Paar geringerer Kraft über. Von zwei Punktpaaren, die beide bei der Kraft X_1 Energie der Wechselwirkung aufnehmen, bei der Kraft X_2 abgeben, nimmt dasjenige mehr Energie auf — und vermag sie in andere Form umzusetzen —, das eine größere Abstandsänderung dx erfahren hat. Ferner verliert bei jedem Übergang das eine Punktpaar soviel an Abstandsprojection x, als das andere gewinnt; die Summe der Abstandsprojektionen aller Punktpaare ist konstant. Endlich ist Änderung der Wechselwirkungsenergie nach beliebiger Richtung unmöglich ohne Änderung der Abstandsprojektion auf diese Richtung.

8. Bei der Wechselwirkungs- wie bei der kinetischen Energie ist die Zerlegung nach drei zu einander senkrechten Richtungen notwendige Voraussetzung der Anwendbarkeit des Intensitäts- und Extensitätsbegriffs. Es ist nun für beide Energieformen hinzuzufügen, daß die Wahl der Richtungen beliebig ist, nur absolut fest müssen sie im allgemeinen sein. Erleidet also ein Punktpaar $P_1 P_2$ keine andere Änderung seiner Energie als die seiner Wechselwirkungsenergie und die der kinetischen Energien seiner Punkte P_1 und P_2, so wird das Energieprinzip durch die Gleichung ausgedrückt:

$$\begin{aligned} 0 = {} & x_1' d_\sigma (m_1 x_1') + y_1' d_\sigma (m_1 y_1') + z_1' d_\sigma (m_1 z_1') \\ & + x_2' d_\tau (m_2 x_2') + y_2' d_\tau (m_2 y_2') + z_2' d_\tau (m_2 z_2') \\ & + X(d_\tau x_2 - d_\sigma x_1) + Y(d_\tau y_2 - d_\sigma y_1) + Z(d_\tau z_2 - d_\sigma z_1), \end{aligned}$$

wobei σ und τ beliebige Richtungen bezeichnen, $x_1 y_1 z_1 m_1$ die Koordinaten und die Masse für den Punkt P_1, $x_2 y_2 z_2 m_2$ die entsprechenden Größen für den Punkt P_2 darstellen und:

$$X = X_1^{\,2} = -X_2^{\,1}, \quad Y = Y_1^{\,2} = -Y_2^{\,1}, \quad Z = Z_1^{\,2} = -Z_2^{\,1}$$

die Komponenten der zwischen P_1 und P_2 wirkenden anziehenden Kraft, so daß abstoßende Kräfte durch negative Werte von XYZ wiedergegeben werden. $X_1^{\,2}$ soll die vom Punkte P_2 auf P_1 ausgeübte, $X_2^{\,1}$ die von P_1 auf P_2 ausgeübte X-Komponente bezeichnen.

Wählt man die x-Richtung als Richtung σ bez. τ, so folgt:

$$\begin{aligned} x_1' d(m_1 x_1') - X dx_1 &= 0, & x_2' d(m_2 x_2') + X dx_2 &= 0, \\ x_1' d(m_1 x_1') &= X_1^{\,2} dx_1, & x_2' d(m_2 x_2') &= X_2^{\,1} dx_2, \\ m_1 x_1'' &= X_1^{\,2}, & m_2 x_2'' &= X_2^{\,1} \end{aligned}$$

und analoge Gleichungen ergeben sich für die y- und z-Komponenten.

Es ist hier der Ort, noch einmal auf die Benutzung des Energieprinzips in der Mechanik zurückzukommen. Es hat sich im sechsten Teile dieses Buches ergeben, daß es nicht genügt, die Differentialgleichung des Energiegesetzes hinzuschreiben, um damit die dynamischen Differentialgleichungen zu begründen; man muß vielmehr noch für die nach jeder beliebigen möglichen Bewegungsrichtung genommenen Komponenten die Erhaltung der Energie behaupten, um die Mechanik aus der Energetik begründen zu können. Das könnte vielleicht als ein erkünstelter Behelf erscheinen; man könnte fragen, warum denn bei den Energieformen der Wärme, Volum- oder chemischen Energie derartige Hilfsmittel unnötig seien und dort die einfache Differentialgleichung der Energieerhaltung genüge. Jetzt haben wir die Antwort auf diese Frage in den Händen. Soviel Richtungen von einem Punkte ausgehen, so vieler Formen kinetischer Energie ist er fähig. Die kinetische Energie ist nicht eine Form der Energie wie die Volumenergie es ist, nicht wie diese nur einer Änderung ihrer Extensität fähig. Auch nicht etwa durch nur drei Änderungen nach drei zu einander senkrechten Richtungen wird ihre Mannigfaltigkeit erschöpft, sondern durch Änderungen nach beliebigen Richtungen; und wie man diese Änderungsfähigkeit mittels dreier Richtungen beschreiben kann, das wird eben durch das Energieprinzip der Mechanik festgestellt, wie wir dasselbe S. 226 f. aufgestellt haben.

9. In den Fällen, wo Richtungsverschiedenheiten ausgeschlossen sind, ist nach alledem eine andere und für diese Fälle einfachere Darstellung der kinetischen Energie zu erwarten. In der That hat POPPER die kinetische Energie des Punktes in Masse und halbes Geschwindigkeitsquadrat zerlegt und auch OSTWALD gebraucht neben der von mir angegebenen Zerlegung diese POPPER'sche. Es ist aber zunächst zu bemerken, daß diese Zerlegung aus der oben behandelten folgt. Wenn nämlich das Massenteilchen Dm aus der Ruhe in die Geschwindigkeit X' versetzt wird, indem es z. B. von einem mit dieser Geschwindigkeit in der Richtung x dahinstreichenden Strome fortgerissen wird, so steigt seine Geschwindigkeit allmählich aus dem Betrage 0 zu dem X' an, und die ihm zukommende Steigerung an kinetischer Energie ist daher das über $x' \cdot d(Dm \cdot x')$ gebildete Integral $\frac{1}{2} X'^2 \cdot Dm$, und das ist der von POPPER benutzte Ausdruck für die Änderung der kinetischen Energie.

Wie wir zwei Darstellungsweisen der von außen auf ein System übertragenen Arbeit besitzen, die Wechselwirkungsenergie $X dx$ und die potentielle Energie $V dm$, so stehen uns also auch zwei Formen für die kinetische Energie zu Gebote $x' d(m x')$ und $\frac{1}{2} x'^2 \cdot dm$. Nur ist die letztere nicht der allgemeinen Anwendbarkeit fähig wie die erstere. So lange die kinetische Energie T sich als homogene Funktion zweiten Grades der Koordinatengeschwindigkeiten p' darstellen läßt, ist:

$$T = \frac{1}{2} \Sigma p' \frac{\partial T}{\partial p'} = \frac{1}{2} \Sigma p' d q,$$

wobei:

$$q = \frac{\partial T}{\partial p'} = m x' \cdot \frac{\partial x}{\partial p} + m y' \cdot \frac{\partial y}{\partial p} + m z' \cdot \frac{\partial z}{\partial p}$$

die Bewegungsgröße nach der Koordinate p darstellt. Die Darstellung in der POPPER'schen Form $\frac{1}{2} v^2 \cdot dm$ ist dem gegenüber von sehr eingeschränkter Anwendbarkeit und eignet sich demnach nicht zur energetischen Begründung der Mechanik.

10. Jedoch giebt es einen sehr wichtigen und immerhin recht umfassenden Fall, in dem die Rücksicht auf Richtungsverschiedenheiten wegfällt und die POPPER'sche Darstellung brauchbar ist, das sind die von HELMHOLTZ eingeführten monocyklischen Systeme.[1] Der jeweilige Zustand eines monocyklischen (bez. eines „gefesselten" polycyklischen) Systems ist nämlich zwar durch beliebig viele Koordinaten p, seine Parameter, aber nur durch eine einzige Geschwindigkeit $\mathfrak{p}'$ bestimmt. Ist V die potentielle, T die kinetische Energie eines beliebigen Systems, jene eine Funktion der p, diese gleich $\mathfrak{p}'^2$ multipliziert mit einer Funktion der p, so liefern die LAGRANGE'schen Bewegungsgleichungen:

1) $$\frac{d}{dt}\left(\frac{\partial T}{\partial p'}\right) + \frac{\partial (V-T)}{\partial p} = P$$

die Aktion P nach dem Parameter p, so daß $P dp$ die nach diesem Parameter geleistete Arbeit darstellt.

Hängt nun, wie es für ein monocyklisches System charakteristisch ist, der Zustand des Systems nicht von der Koordinate $\mathfrak{p}$ ab, sondern nur von deren Änderungsgeschwindigkeit $\mathfrak{p}' = d\mathfrak{p} : dt$, so ist:

2) $$\frac{d}{dt}\left(\frac{\partial T}{\partial \mathfrak{p}'}\right) = \mathfrak{P}$$

die nach dieser cyklischen Koordinate stattfindende Aktion und die Arbeit nach ihr ist:

3) $$d\mathfrak{Q} = \mathfrak{P}\, d\mathfrak{p} = \mathfrak{P}\,\mathfrak{p}'\, dt = \mathfrak{p}'\, d\mathfrak{q},$$

wenn das Bewegungsmoment nach der cyklischen Koordinate:

4) $$\mathfrak{q} = \frac{\partial T}{\partial \mathfrak{p}'}$$

gesetzt wird.

Für alle nichtcyklischen Koordinaten aber wird der Voraussetzung gemäß:

5) $$\frac{\partial (V-T)}{\partial p} = P$$

Nun ist die kinetische Energie:

---

[1] In fünf Veröffentlichungen aus dem Jahre 1884 behandelt HELMHOLTZ den Gegenstand. Wiss. Abh. Bd. 3, S. 119 ff. Die Bezeichnungsweise des obigen Textes lehnt sich an HERTZ' Darstellung an: HERTZ, Mechanik 1894. S. 235.

6) $$T = \frac{1}{2}\frac{\partial T}{\partial \mathfrak{p}'}\mathfrak{p}' = \frac{1}{2}\mathfrak{q}\,\mathfrak{p}'$$

und man erhält:

7) $$d\mathfrak{Q} = 2T \cdot \frac{d\mathfrak{q}}{\mathfrak{q}} = 2T \cdot d\log\mathfrak{q}.$$

Hiernach ist also die nach der cyklischen Koordinate dem System zugehende Arbeit in der Form $J\,d\,M$ darstellbar und $2T$ könnte als Intensität wählbar erscheinen, wenn nicht unendlich viele Funktionen mit $2T$ die Eigenschaft teilten, integrierender Nenner für $d\mathfrak{Q}$ zu sein. Helmholtz zieht nun eine zweite Eigenschaft der Intensität in die Betrachtung herein, indem er den Fall allein behandelt, „wo zwischen zwei Systemen, welche gleiche Werte eines ihrer integrierenden Nenner haben, eine mechanische Verbindung so hergestellt wird, daß, während diese Verbindung besteht, die Gleichheit der genannten Nenner erhalten bleiben muß“. Eine solche Art der Verbindung nennt Helmholtz isomore Koppelung und bezeichnet den Kontakt zweier gleichtemperierter Körper, die Verbindung der Achsen zweier Kreisel von gleicher Umlaufszahl und die Vereinigung zweier geschlossener Ströme von gleicher Strömungsintensität zu einem einzigen Ring als Beispiele dieser Koppelung.

Ist nun η der gemeinsame Wert des integrierenden Nenners in den beiden gekoppelten Monocykeln, so sind:

8) $$d\mathfrak{Q}_1 = \eta\,d\sigma_1 \qquad d\mathfrak{Q}_2 = \eta\,d\sigma_2$$

die in jedem der Systeme nach der cyklischen Koordinate geleisteten Arbeiten, die zusammen:

9) $$d\mathfrak{Q} = \eta\,d(\sigma_1 + \sigma_2)$$

ergeben. Setzt man die entsprechenden kinetischen Energien:

10) $$\begin{cases} T_1 = \eta\,\Phi(\sigma_1) \qquad T_2 = \eta\,\Psi(\sigma_2) \\ T = T_1 + T_2 = \eta\,X(\sigma_1 + \sigma_2), \end{cases}$$

so folgt:

11) $$X(\sigma_1 + \sigma_2) = \Phi(\sigma_1) + \Psi(\sigma_2).$$

Danach sind Φ, Ψ und X lineare Funktionen ihrer Argumente:

12) $$\begin{cases} \Phi = a + c\,\sigma_1 \qquad \Psi = b + c\,\sigma_2 \\ X = a + b + c(\sigma_1 + \sigma_2). \end{cases}$$

Weiter schließt nun Helmholtz aus:

13) $$d\mathfrak{Q}_1 = \eta\,d\sigma_1 = 2T_1 \cdot d\log\mathfrak{q}_1, \quad d\mathfrak{Q}_2 = \eta\,d\sigma_2 = 2T_2 \cdot d\log\mathfrak{q}_2,$$

daß:

14) $$\frac{d\sigma_1}{a + c\sigma_1} = 2\frac{d\mathfrak{q}_1}{\mathfrak{q}_1}, \qquad \frac{d\sigma_2}{b + c\sigma_2} = 2\frac{d\mathfrak{q}_2}{\mathfrak{q}_2}$$

oder, integriert unter Einführung der Integrationskonstanten α und β,

15) $$\left(\frac{\mathfrak{q}_1}{\alpha}\right)^{2c} = a + c\sigma_1, \qquad \left(\frac{\mathfrak{q}_2}{\beta}\right)^{2c} = b + c\sigma_2.$$

Hiermit findet sich der gesuchte integrierende Nenner:

16) $$\eta = T_1\left(\frac{\alpha}{\mathfrak{q}_1}\right)^{2c} = T_2\left(\frac{\beta}{\mathfrak{q}_2}\right)^{2c};$$

es kann also auf ein Vielfaches aus der kinetischen Energie T und aus einer Potenz der Bewegungsgröße $\mathfrak{q}$ als integrierenden Nenner gekoppelt werden, wobei jedoch der Potenzexponent für beide gekoppelten Systeme derselbe sein muß.

Es dürfte gewiß von hervorragendem Interesse sein, daß inmitten des vorigen Jahrzehnts zu derselben Zeit, da auf so verschiedene Anregungen hin, durch rein physikalische Analogiebetrachtungen sich das Intensitätsgesetz entwickelte, Helmholtz in tief angelegten mathematischen Untersuchungen zu denselben Ideen gelangte. Denn die Erkenntnis der Funktion, die in zwei Systemen den gleichen Betrag haben muß, wenn sie sich, ohne sich gegenseitig zu stören, sollen koppeln lassen, ist eben die Erkenntnis des wichtigsten Bestandteils unseres Intensitätsbegriffs. Daß die Intensitätsdifferenz auch den Sinn bestimmt, in welchem die Störung verläuft, die bei Ungleichheit der Intensitäten eintritt, entgeht Helmholtz' mathematischer Behandlungsweise. Doch läßt sich durch Gibbs' Beweis, wie wir ihn auf S. 274 wiedergegeben haben, auch diese Lücke ausfüllen und die bezeichnete zweite Eigenschaft der Intensität als eine mathematische Folge des Entropiegesetzes darstellen.

Ebenso erscheinen auch der mathematischen Behandlungsweise gewisse Eigenschaften der Kapazitätsfunktionen naheliegend. Jedes Energiedifferential, das einem Systeme zugeht, ist im allgemeinen ein unvollständiges Differential; fügt man ihm einen integrierenden Nenner bei, so wird es vollständiges Differential einer Funktion, die als Kapazität angesprochen werden darf, wenn ihr gewisse weitere Eigenschaften zukommen, die wiederum der Helmholtz'schen Behandlung fern liegen.

Am vollständigsten hat bis jetzt Hertz[1] die Helmholtz'schen Ideen über cyklische Systeme durchgearbeitet, d. h. ihre Intensitäts-

[1] Hertz, Mechanik. S. 235.

und Extensitätseigenschaften studiert. Je nachdem die Intensität $\mathfrak{p}'$ oder die Extensität d. i. das Moment $\mathfrak{q}$ konstant erhalten werden, wird die Bewegung als isocyklisch oder als adiabatisch bezeichnet und so bereits in der Bezeichnungsweise die enge Beziehung zu den thermischen Änderungen und denen von anderer energetischer Natur hervorgehoben.

Fünfter Abschnitt.

Abschluß des Überblickes über die Energieformen.

1. Unter den übrigen Energieformen, die eine Intensitäts- und eine Kapazitätsfunktion zeigen, würden nun weiter die zur Beschreibung der Bewegungserscheinungen in elastischen und flüssigen Körpern nötigen zu erwähnen sein, wenn sie nicht durch bekannte Prinzipien auf die allgemeinen mechanischen Energieformen der kinetischen und potentiellen Energie, bez. der Wechselwirkung zurückführbar wären.

Dagegen verdient die Oberflächenenergie noch besondere Beachtung, die schon Maxwell und Gibbs in der Form $J\,d\,M$ dargestellt haben, und die von Ostwald als eine zweidimensionale Raumenergie zwischen die eindimensionale Wechselwirkungs- und die dreidimensionale Volumenergie eingereiht worden ist. Stellt Ω ein Stück der Oberfläche einer homogenen Phase in einer homogenen Flüssigkeit dar, so erfordert die Vergrößerung dieses Oberflächenstückes um $d\,\Omega$ eine Arbeit:

$$S\,d\Omega.$$

Die Intensität S läßt sich dabei als eine Art Kraft auffassen, indem man sich vorstellt, die Oberfläche Ω habe ein Bestreben, sich zu verkleinern. Grenzen zwei Oberflächenstücke Ω_1 und Ω_2 längs einer Linie aneinander, so wird sich die Grenze nur dann verschieben, wenn die beiderseitigen Oberflächenspannungen S_1 und S_2 verschieden sind und wird sich dann nach der Seite der höheren Spannung verschieben, so daß die höher gespannte Oberfläche sich verkleinert und an Eigenenergie verliert. Es geht also Energie von der höheren Intensität auf die andere über, dem Intensitätsgesetze gemäß.

Auch wird eine Oberfläche, die sich unter der Spannung S_1 um $d\,\Omega$ vergrößert und sich dann unter der Spannung S_2 um $d\,\Omega$ in ihren früheren Zustand zusammenzieht, die Energie $(S_1 - S_2)\,d\,\Omega$ aufgenommen und am Ende des Kreisprozesses aus der Form der Oberflächenenergie in eine andere Energieform umgewandelt haben.

Weiter besitzt die Oberfläche Ω die Eigenschaft der Kapazität, daß bei jedem Übergange von Oberflächenenergie sich die eine der Oberflächen um soviel vermindert, als sich die andere vermehrt, und daß kein Übergang von Oberflächenenergie möglich ist, ohne Änderung der Oberflächengröße. Man verwechsele hier nicht den Energieübergang mit der Umformung. Wenn ein Tropfen in einer Flüssigkeit schwebt und seine Form ändert, bis die Größe seiner Oberfläche das erreichbare Minimum angenommen hat, so bleibt freilich die Oberfläche nicht konstant, aber hier liegt auch kein Fall eines Überganges der Oberflächenenergie von einem Körper auf einen anderen vor, vielmehr formt sich hier Oberflächenenergie in andere Form, zunächst in Volumenergie und kinetische Energie um.

2. Auch an dieser Stelle (vergl. 269) ist es vielleicht zweckmäßig, zu bemerken, daß die Änderung der Oberflächenenergie allerdings noch in anderer Weise auf einen Ausdruck von der Form $A\,d\,B$ gebracht werden kann, aber es haben A und B nicht die Intensitäts- und Extensitätseigenschaften hinsichtlich dieser Energieform. Errichtet man z. B. in den Randpunkten des Oberflächenelements $D\omega$ Normalen und trägt auf ihnen allen nach der Außenseite der Fläche dieselbe Strecke $D\,n$ auf, so umgrenzen die Endpunkte ein Flächenelement $D\omega'$ und man erkennt leicht, daß:

$$D\omega' - D\omega = \left(\frac{1}{r_1} + \frac{1}{r_2}\right) D\omega \cdot D\,n = \left(\frac{1}{r_1} + \frac{1}{r_2}\right) D\,v,$$

wenn r_1 und r_2 die Hauptkrümmungsradien des Flächenelements $D\omega$ und $D\,v$ das über $D\omega$ entstandene Volumelement darstellen. Dehnt sich also ein Flüssigkeitstropfen an einer Stelle um das Volumelement $d\,v$ aus, indem sich seine Oberflächenpunkte auf ihren Normalen gleichweit verschieben, so erleidet die Oberfläche einen Zuwachs

$$d\,\Omega = \left(\frac{1}{r_1} + \frac{1}{r_2}\right) \cdot d\,V$$

und die Oberflächenenergie wächst um $P\,d\,V$, wenn mit P der Ausdruck:

$$P = S\left(\frac{1}{r_1} + \frac{1}{r_2}\right)$$

bezeichnet wird, der als Kapillar- oder Oberflächendruck gedeutet werden kann. Diese Umgestaltung der Formel für die Oberflächenenergie ist oft recht nützlich, nämlich bei allen Untersuchungen über Umformung von Oberflächen- in Volumenergie, aber sie ist doch nur eine mathematische Umformung wie die Einführung geeigneter Koordinaten in mechanische Probleme. Nur wenn es gelänge, alle Oberflächenerscheinungen als Druckerscheinungen aufzufassen, wäre sie als energetische Fundamentaldarstellung berechtigt. Mit anderen Worten: In der Wahl der Intensitäten und Kapazitäten, mit denen wir eine Energieform darstellen, drückt sich unser physikalisches Wissen über sie, unsere Auffassung über ihre Wirkungsweise aus. Mathematisch tritt dies am vollkommensten bei den mechanischen Energien hervor, die je nach der Wahl der Koordinaten sich verschieden darstellen.

3. Man darf sich daher nicht wundern, daß die letzte Form der Energie, von der noch zu reden übrig bleibt, die strahlende Energie, einschließlich der elektromagnetischen, noch keine endgiltige energetische Darstellung gefunden hat. Natürlich rede ich hier nicht von den Darstellungen, welche einzelne Seiten und Erscheinungsgebiete der Strahlung und der elektromagnetischen Vorgänge erfassen, indem sie die Analogien mit mechanischen Vorgängen hypothetisch ausnutzen. Die Elastizitätshypothese des Lichtes liefert selbstverständlich eine energetische Darstellung, ebenso wie die hydrodynamischen Analogien für die elektrische Strömung; der Mangel einer umfassenderen Theorie trifft nicht die Energetik allein. Denn natürlich, soweit mechanische Naturbetrachtung reicht, sind uns Intensität und Kapazität als die für die untergeschobenen Bewegungsvorgänge charakteristischen Funktionen bekannt.

Vom Boden der Molekularhypothese aus machte E. Wiedemann[1] einen Versuch, zu energetischer Aufklärung zu gelangen, insofern er die Lumineszenzerscheinungen mit dem zweiten Hauptsatze vergleicht.

Die strahlende Energie ist auf ihre Temperatur und ihre Entropie von W. Wien[2] untersucht worden. Die Arbeit geht von dem Kirchhoff'schen Satze aus, daß in einem allseitig von beliebigen Substanzen begrenzten leeren Raume nach Herstellung des Gleichgewichtes eine solche Strahlung vorhanden ist, als ob die umgeben-

[1] Wied. Ann. 38, S. 485, 1889.
[2] Wied. Ann. 52, 1894.

den Körper vollkommen schwarz wären; daß also die Strahlung im Gleichgewichtszustande nur von der Temperatur, nicht von der Beschaffenheit der Körper abhängt. „Die Strahlung eines schwarzen Körpers ist hiernach," schließt nun WIEN, „der Zustand des stabilen Wärmegleichgewichtes, jede Strahlung von anderer Beschaffenheit wird bei einer solchen Anordnung von selbst in die eines schwarzen Körpers verwandelt." Da bei der weiteren Verfolgung dieses so unmittelbar auf die Prinzipien der Energetik hinweisenden Ausgangspunktes der Verfasser vom Intensitätsgesetze keinen Gebrauch macht, so gehört seine Arbeit im übrigen nicht in unseren Zusammenhang.

Selbständig aber, rein energetisch, ist bisher die elektromagnetische Energie nur ganz vereinzelt auf ihre Intensitäts- und ihre Kapazitätsfunktion untersucht worden. EBERT[1] stellt für „die elektromagnetische Eigenenergie eines stationären geschlossenen linearen Stromes" den Ausdruck $J\,dN$ als energetische Normalform auf — und betrachtet die Stromintensität J als Intensitätsfaktor, die Kraftlinienzahl N als Kapazitätsfaktor der elektromagnetischen Energie. „Sind zwei Stromkreise mit den Stromstärken J_1 und J_2 und den Selbstinduktionskoeffizienten L_1 und L_2 gegeben, so ist die Anzahl der durch jeden Kreis hindurchgehenden Kraftlinien

$$N_1 = L_1 J_1 + M_{12} J_2, \qquad N_2 = L_2 J_2 + M_{12} J_1,\text{“}$$

(wobei M_{12} den Koeffizienten der wechselseitigen Induktion bezeichnet), „die in den einen und den anderen eintretende magnetische Energie bei irgend einer Änderung dieser Kraftlinienzahlen also

$$J_1\, d(L_1 J_1 + M_{12} J_2), \qquad J_2\, d(L_2 J_2 + M_{12} J_1).$$

Die gesamte Energie, welche im Felde beider Stromkreise vorhanden ist, wenn die Stromstärken von 0 bis J_1 bez. J_2 angewachsen sind, beträgt demnach

$$\frac{1}{2} J_1^2 L_1 + \frac{1}{2} J_2^2 L_2 + J_1 J_2 M_{12}.\text{“}$$

Hiermit kann nun thatsächlich die Energie dargestellt werden, die von einem Stromkreis auf einen anderen übergeht. Das Gesetz der elektrischen Induktion ergiebt sich nämlich auf folgendem Wege. Sind Δ_1 und Δ_2 die induzierten elektromotorischen Kräfte beider Stromkreise, $d\varepsilon_1$ und $d\varepsilon_2$ die in ihnen während des Zeitelements entladenen Elektrizitätsmengen, so muß

[1] H. EBERT, Ableitung der Induktionsgesetze auf energetischem Wege. Zeitschr. f. phys. Chem. 18, S. 321, 1895.

$$\Delta_1 d e_1 = \Delta_1 J_1 dt = J_1 d(L_1 J_1 + M_{12} J_2) = J_1 d N_1,$$

$$\Delta_1 = \frac{d}{dt}(L_1 J_1 + M_{12} J_2) = \frac{d N_1}{dt}$$

und analog

$$\Delta_2 = \frac{d}{dt}(L_2 J_2 + M_{12} J_1) = \frac{d N_2}{dt}.$$

Ebenso wie die elektrische Induktion leitet Ebert auch die ponderomotorischen Wirkungen, in die sich die übertragene Energie umzuformen vermag, wenigstens unter einfachen Bedingungen, aus seiner Grundformel ab.

Selbstverständlich kann nach diesem ersten Versuche die weittragende Frage nicht als erledigt angesehen werden, so wichtig sich die Hervorkehrung vor allem der Kraftlinienzahl erweisen dürfte. Insbesondere scheidet sich nach der ganzen Anlage der Ebert'schen Untersuchung die Eigenenergie JN des gesamten elektromagnetischen Kraftfeldes eines stationären Stromes, deren Änderung ein vollständiges Differential sein muß, nicht von der Energieform, die von einem Strom auf einen anderen übertragbar ist und deren Änderung als JdN dargestellt wird. Will man die Übergänge der elektromagnetischen Energie verfolgen, so muß man die Volumelemente ins Auge fassen, die sie durchschreitet und würde dadurch offenbar zu Ergebnissen gelangen, die sich auf die strahlende Energie übertragen lassen.

4. Zum Abschlusse dieser Erörterungen über die einzelnen Formen der Energie füge ich hier eine Zusammenstellung der Ergebnisse an, wie ich sie zuerst in beschränkterem Umfange 1887 in der Lehre von der Energie gegeben habe.

Energieform	Intensität	Extensität
Wärme	Absolute Temperatur	Entropie
Komponente der kinetischen Energie	Geschwindigkeitskomponente	Komponente der Bewegungsgröße
Potentielle Energie (Fernwirkgn., Strömungen)	Potentialfunktion	Masse
Arbeit nach einer cyklischen Koordinate	Kinetische Energie oder ein Vielfaches derselben	Eine zugehörige Funktion (S. 285)
Arbeit der Wechselwirkungskomponente	Kraftkomponente	Wegkomponente
Oberflächenenergie	Oberflächenspannung	Oberfläche
Volumenergie	Druck	Negatives Volum
Chemische Energie	Chemische Intensität	Masse

5. So einfach nun diese Beziehungen erscheinen, und so klärend der Überblick über die mannigfachen analytischen Gleichartigkeiten, die sich in den verschiedenen Gebieten der theoretischen Physik kundgeben, von dem hier gewonnenen Standpunkte aus wirkt, — so hat doch das Mißfallen an der Energetik, das sich 1895 Geltung verschaffte, auch zu einer Art Nichtigkeitsbeschwerde gegen das Intensitätsgesetz geführt, die zwar nicht seine Richtigkeit, aber seinen Wert und Nutzen in Frage stellt. Schon in Lübeck hatte BOLTZMANN[1] den auf die Intensitäts- und Kapazitätseigenschaften der verschiedenen Energieformen bezüglichen Untersuchungen nur einen sehr beschränkten Wert zusprechen wollen. Es handele sich dabei nur um stationäre Erscheinungsformen der Energie, das Intensitätsgesetz folge zwar unter gewissen Einschränkungen aus dem zweiten Hauptsatze, sei aber nicht damit identisch und könne ihn nicht vertreten, immerhin seien die von ZEUNER und MACH bemerkten Analogien höchst interessant. PLANCK[2] aber behauptet geradezu, der Satz von der Zerlegbarkeit der Energieformen in den Kapazitäts- und den Intensitätsfaktor und was damit zusammenhängt, besitze nur für umkehrbare Vorgänge Giltigkeit und für solche beantworte das HAMILTON'sche Prinzip alle Fragen „viel eindeutiger"(!) und viel vollständiger, als die Energetik. Nach Fällung dieses souveränen Spruches gelingt PLANCK, — indem er eine Richtung der einheitlichen energetischen Gedankenentwickelung allein Energetik nennt, — noch folgender Trumpf: „Nichts, schlechterdings gar nichts hat die Energetik bis zum heutigen Tage an positiven Leistungen aufzuweisen!"

Hier sei nur noch einmal ausdrücklich auf den Irrtum hingewiesen, der sich in der Meinung ausspricht, die Eigenschaften der Intensität und Extensität reichten nicht so weit, wie mechanische Naturanschauung. Nachdem die Mechanik energetisch begründet ist, sind ja selbstverständlich für jede mechanische Auffassung eines Vorganges, also für jede Anwendung des HAMILTON'schen Prinzips, die Intensitäts- und Extensitätsfunktionen gegeben; man kann für jede dem mechanischen Systeme zugehende Arbeit, da sie ja selbst wieder als mechanische Arbeit vorgestellt werden muß, nicht nur integrierende Divisoren angeben, sondern auch die Zerlegung in solche Faktoren bewirken, daß ihnen die charakteristischen Eigenschaften der Intensität und Extensität zukommen. Wo die Hypothesen

---

[1] Verhandlungen der Gesellsch. der Naturf. und Ärzte 1895, II, S. 30 und 31.
[2] WIED. Ann. 57, S. 76 und 77.

schwanken, etwa ob eine Arbeit als kinetische oder als potentielle Energie anzusehen ist, spricht sich das ganz einfach in der Möglichkeit aus, verschiedene Intensitätsfunktionen wählen zu können. Wenn z. B. LODGE[1] die elektrischen Vorgänge im Dielektrikum durch ein Räderwerk mit vollkommenem Zahneingriff mechanisch versinnlicht, dessen Räder von molekularer Kleinheit sind und für die elektrischen Vorgänge in Leitern unvollkommen aufeinander gleitende Räder benutzt, so ist es die Winkelgeschwindigkeit der Räder, mit der er sich das Potential veranschaulicht, eine mechanische Intensität tritt an Stelle der elektrischen. Und die nach Befinden durch gleitende Reibung verminderte oder ganz vernichtete Winkelbewegungsgröße muß dazu dienen, die Elektrizitätsmenge zu ersetzen, eine mechanische Extensität vertritt also eine elektrische.

Aber das Intensitätsgesetz befreit von dem Zwang, alles Geschehen mechanisch aufzufassen. Wozu thun wir denn das, wozu stellen wir denn eine Erscheinung hypothetisch als Bewegungsvorgang dar? Doch allein in der Absicht auszusagen, daß wir sie unserer Erfahrung gemäß zutreffend beschreiben, wenn wir gewisse Parameter derselben als Geschwindigkeiten, andere als Kräfte, wieder andere als Strecken, Massen u. s. f. ansehen. Da nun doch am beobachteten System nichts erfahren wird, als Zu- oder Abgang von Energieformen, so handelt es sich in jedem Falle nur darum, die Intensitäten und Extensitäten derselben unter den Gesichtspunkt zu zwingen, es seien mechanische Intensitäten und Extensitäten. Gewonnen ist damit in günstigen Fällen ein anschauliches mechanisches Bild, aber das wesentlich Fördernde an dem Gedankenprozeß ist allein die Erkenntnis, daß gewisse Parameter des Systems Intensitäts-, andere Kapazitätseigenschaften besitzen.

Die Abbildung alles Geschehens auf das Gebiet der mechanischen Vorgänge ist vom Standpunkte des Intensitätsgesetzes ein Spezialfall, und für die Bevorzugung der mechanischen Energien spricht nur die Gewöhnung an die Gestaltenfülle des Raumes. Man kann es ja der Mechanik in ihrer gewöhnlichen Gestalt als einen theoretischen und logischen Mangel anrechnen, daß sie sich zweier Energieformen schon zur Darstellung reiner Bewegungsvorgänge bedient, ein Umstand, der freilich nur bei der theoretischen Begründung der Mechanik als Mangel hervortritt, bei der praktischen Anwendung aber geradezu sich als Vorteil erweist, indem er die hohe Anpassungsfähigkeit der Mechanik bedingt. HERTZ beseitigt diesen

[1] LODGE, Neueste Anschauungen über Elektrizität. Leipzig 1896.

logischen Mangel, indem er nur eine einzige Energieform bestehen läßt, die kinetische Energie. Durch Einführung geeigneter Parameter für sie, d. h. durch Einführung rein geometrischer Zusammenhänge zwischen den bewegten Massen, gelingt es, die Kraftwirkungen der gewöhnlichen Behandlungsweise als Schein hinzustellen, als Änderungen kinetischer Energie nach erdichteten Parametern.

Eine weit naivere Zurückführung mechanischer Vorgänge auf Änderungen kinetischer Energie ist die Auffassung jeder Kraftwirkung als eine Folge zahlreicher Zusammenstöße, wie sie sich in der kinetischen Gashypothese erhalten hat.

Umgekehrt wird gelegentlich bei der Begründung der Mechanik und in der technischen Mechanik von der Vorstellung Gebrauch gemacht, die Änderungen der kinetischen Energie als Arbeiten einer Kraft anzusehen, die ganz und gar den Charakter der durch geometrische Verbindungen oder durch Fernewirkungen bedingten Kräfte trägt; es wird das Eigenartige der kinetischen Energie durch diese beschleunigende Kraft vorübergehend so verwischt, daß man auch in diesem Verfahren einen Versuch zu einheitlicher Auffassung aller mechanischen Energieformen erblicken möchte.

Bei allen diesen Umbildungen müssen aber Intensitätsgrößen wieder durch solche, Extensitäten durch Extensitäten vertreten werden; ich finde daher, daß das Intensitätsgesetz ein sehr allgemeines Verfahren der theoretischen Physik auf seine erfahrungsmäßigen Gründe zurückführt und kann der Mechanik keine andere Stellung in der Physik anweisen, als sie etwa der analytischen Geometrie in der Geometrie überhaupt zukommt.

6. Angesichts der Abneigung, die das Intensitätsgesetz und die daran hängende neuere Energetik fand, kann ich einen Verdacht nicht unterdrücken. Es sind da Schritte gethan und von den Energetikern als Fortschritte betrachtet worden, die nun so auffällig e i n f a c h und s e l b s t v e r s t ä n d l i c h erscheinen. Nicht in der Heranziehung mindestens elliptischer Funktionen und vielfach dimensionierter Räume erblickt die Energetik das Heil der theoretischen Physik, sondern in einer Neubearbeitung der Fundamentalbegriffe. Wie einst Herschel sich gegen Rankine's Nomenklatur der Energie sträubte, indem er klagte, daß durch die Einführung dieser aktuellen und potentiellen Energie, deren Summe ja nun so selbstverständlich konstant erscheint, „ein Gemeinplatz an Stelle einer großen Wahrheit“ gesetzt werde, so mutet heute wohl die Energetik manchen als zu trivial an. Ich habe die Gegner im Verdacht, daß sie der

Energetik mißgünstig sind, weil diese weniger auf die sublimsten als auf die elementarsten Dinge achtet. Hat doch schon PLANCK gegen die Energetiker den alten Vorwurf der Athener wider die Neuerer erhoben, daß wir die Jugend verderben!

Gewiß, die Energetik will auf fundamental neuen Bahnen einen neuen Anlauf versuchen, die alten Gleise sind ausgelaufen genug! Zurück zur Natur, zur Natur alles Theoretisierens, zu unseren ursprünglichsten Gedanken über das Naturgeschehen!

7. Von den einfachen Klarstellungen, welche den Ertrag der neuen Betrachtungsweise bilden, sei hier auf eine hingewiesen, durch welche ein Umstand, mit dem sich PLANCK viel beschäftigt hat, in das rechte Licht gestellt wird. Bereits S. 223 sind die Worte angeführt worden, mit denen PLANCK[1] darlegt, wie in vielen Fällen die „Gleichung, welche die Erhaltung der Energie zum Ausdruck bringt, in mehrere Gleichungen, die Gesamtenergie in Energiearten zerfällt. ... „Allerdings ist wohl zu bedenken, daß die Unabhängigkeit der Energiearten sowohl, als auch der äußeren Wirkungsarten voneinander in diesem, wie in allen ähnlichen Fällen, niemals *a priori* aufgestellt werden kann, sondern stets zuerst experimentell begründet werden muß.“ Diese Zerlegung der Energien ist der Umstand, den ich hier vom Standpunkt des Gesetzes der Intensitäten und Extensitäten besprechen will. PLANCK bezeichnet die a. a. O. mit seinen Worten wiedergegebene Thatsache als „Prinzip der Superposition der Energien“. Aber es handelt sich um eine Thatsache, die in manchen Fällen, für manche Energiearten zutrifft, für andere nicht. Wo ist da das Prinzipielle?

Prinzipiell ist die Sache schon, wie wir gesehen haben (vergl. S. 171 und 173), auf Grund der GIBBS'schen Rechnungen zu durchschauen. Die Extensitäten sind Funktionen der Parameter, die den Zustand des Systems bestimmen. Bezeichnen wir die Parameter mit $p_1 p_2 \cdots p_n$, so sind die einzelnen Energieformen durch Ausdrücke von der Form:

$$J' d M' = \Sigma J' \frac{\partial M'}{\partial p} dp, \qquad J'' d M'' = \Sigma J'' \frac{\partial M''}{\partial p} dp, \ldots$$

darstellbar. Da andererseits auch die Eigenenergie E eine Funktion der Parameter p ist, so erscheint das Energiegesetz in der Form:

$$\Sigma \frac{\partial E}{\partial p} dp \leqq \Sigma J' \frac{\partial M'}{\partial p} dp + \Sigma J'' \frac{\partial M''}{\partial p} dp + \ldots .$$

[1] PLANCK, Erhaltung der Energie. S. 127.

Diese Gleichung zerfällt nun allerdings unter gewissen häufig eintretenden Umständen, und der Vorgang kann dann als eine Superposition aufgefaßt werden. Dies wird durch das Extensitätsgesetz bedingt. Die Extensitäten ein und derselben Energieform beeinflussen einander, da nicht nur die Massen der einzelnen chemischen Elemente, sondern auch die Volume der in Reaktion stehenden Körper, ihre elektrischen Ladungen, Bewegungsgrößen u. s. w. Erhaltungsgesetze erfüllen. Oft beeinflussen aber auch die Extensitäten der verschiedenen Energieformen einander; so können die Massen und Volume oder die Massen und die elektrischen Ladungen miteinander verknüpft sein, wie es die erwähnten GIBBS'schen Beispiele lehren. Wenn es nun gelingt, die Parameter so zu wählen, daß die einzelnen Bedingungsgleichungen, welche die Extensitäten erfüllen müssen, nur einzelne Teile der Energieformel beeinflussen, so zerfällt diese. Das ist bei Besprechung der GIBBS'schen Arbeiten an ein paar Beispielen nach verschiedenen Methoden ausgeführt worden, und ich kann nicht erkennen, daß es eine andere Superposition der Energien gäbe, als diese im Gesetz von der Erhaltung der Extensitäten begründete und bereits von GIBBS verwertete. Hiernach kommt das, was PLANCK in seinem Superpositionsprinzip zum Ausdruck zu bringen sucht, auf die für die mathematische Behandlung selbstverständliche Methode hinaus, daß man unter Benutzung der Sätze über die Erhaltung der Extensitäten die Parameter des Systems zweckmäßig zu wählen hat.

8. Es ist wiederholt der Versuch gemacht worden, in der Eigenenergie einzelne Energieformen zu unterscheiden, und ich habe bei der Besprechung der Arbeiten RANKINE's (S. 111), auch bei der Besprechung der freien Energie (S. 187) bereits auf das Vergebliche dieser Bemühungen hingewiesen. Die Eigenenergie eines Körpers ist ein völlig unterschiedloses Ganzes, sie kann je nach Umständen völlig oder zu verschiedenen Teilbeträgen in beliebige Energieformen übergehen auf andere Körper, um in diesen wieder einen Teil des unterschiedlosen Ganzen zu werden, das man deren Eigenenergie nennt. Daß die Energie in Sonderfonds zerfalle, kann im allgemeinen nicht behauptet werden. Am schroffsten hat diese Behauptung der vertreten, der sie am lautesten bekämpft hat — PLANCK. Aus den auf S. 223 zitierten Worten PLANCK's geht deutlich hervor, daß er sich die Eigenenergien eines Systems in Bestandteile zerfällt denkt, die einzeln von den verschiedenen Arten der Energie beeinflußt werden, die dem Systeme zugehen, so daß an der Eigenenergie Arten der Energie unterschieden werden können. Die argen Verwickelungen, zu denen diese Auffassung führt, haben ihn dann 1896 veranlaßt, „die 'Energetik" zu bekämpfen, weil die Volumenergie ein mathematisches Unding vorstellt. Nun, es ist richtig, daß außer von PLANCK auch von anderen die Eigenenergie E in Formen zerfällt worden ist nach dem Schema:

$$E = \Sigma J M.$$

Das ist gewiß unberechtigt. Wir wissen nichts über die Eigenenergie eines Systems selbst, wir kennen nur mit einer an die gegebenen Umstände hinreichend anzupassenden Annäherung ihr Differential:

$$d E = \Sigma J \cdot d M,$$

und sofern die Wärme den gegebenen Umständen gemäß berücksichtigt werden muß, kann sogar diese Gleichung nur im ideellen Grenzfalle der Umkehrbarkeit behauptet werden, im allgemeinen steht dann nur fest, daß:

$$d E \leqq \Sigma J d M.$$

Hierbei sind E und alle M Funktionen der den Zustand des betrachteten Systems definierenden Parameter.

Der in der Mechanik vorkommende Fall, daß E eine Funktion der Parameter und zugleich ihrer Differentialquotienten nach der Zeit ist, nötigt sogar zu der noch allgemeineren Fassung:

$$d_\sigma E \leqq \Sigma J d_\sigma M,$$

in der mit d_σ gewisse oben näher untersuchte Differentialoperationen bezeichnet werden.

Unser Wissen über die Energie eines Körpers wird also mathematisch durchaus nur durch Differentiale dargestellt, und über die Energie überhaupt wissen wir außerdem, daß die Summe der gleichzeitig erfolgenden Energieänderungen dE aller in Reaktion tretenden Körper verschwindet, ein Satz, der nur im Falle der Umkehrbarkeit schon in obigen Beziehungen enthalten ist. Jede Integration der Differentialgleichungen, die für umkehrbare Prozesse bestehen, ist nur unter gewissen Bedingungen richtig, bei konstantem J_1 etwa oder konstantem M_2 u. dergl.

Nach dieser Auffassung der Energieumwandlungen existiert die Energie in einer ihrer Formen nur im Augenblicke des Übergangs aus einer Eigenenergie in eine andere. Als kinetische Energie, als Volumenergie, als Wärme, als Wechselwirkung u. s. w. verläßt sie den einen Körper, um sich der Eigenenergie des anderen einzuverleiben; nur die Glieder $J\,dM$ der gesamten Energieänderung zeigen physikalische Eigenarten und deren Integration ist sinnlos.

Hinsichtlich der Wärme hat man das ja erkannt, so lange es eine mechanische Wärmetheorie giebt. Während die Stofftheorie der Wärme jedem Körper einen Besitz an Wärme zuschreibt, hat man sich unter dem Einfluß der Thermodynamik nun allgemein zu der Erkenntnis bequemt, daß was als Wärme einem Körper zugeht oder als Wärme von ihm kommt, nicht auch in ihm als Wärme bezeichnet werden darf. Wie auch, in welcher Form auch ein Körper Energie aufgenommen haben mag, er kann sie wieder als Wärme abgeben, ein Besitz an Wärme kommt ihm in keinem Sinne zu.

Ein Kilogramm flüssigen Wassers „enthält“ nicht 80 Kal. mehr als 1 kg Eis, sondern hat bei einer gewissen Art der Entstehung aus Eis 80 Kal. aufgenommen und giebt bei einer gewissen Art des Übergangs in Eis 80 Kal. ab. Was es enthält ist immer nur unterschiedslose Energie.

Aber, wird man einwenden, besitzt denn nicht jeder Körper eine ganz bestimmte Energiemenge in Form kinetischer Energie? Keineswegs. Ja, so lange wir uns auf dem Gebiete der reinen Mechanik der materiellen Punkte bewegen, ist überhaupt Eigenenergie identisch mit kinetischer Energie und da mag man ja jedem Körper eine bestimmte kinetische Energie zuschreiben. Aber bei einem physikalischen Körper hat man ebenso wenig ein Recht von seinem Besitz an kinetischer Energie zu reden, wie von seinem Besitze an Wärme. Wie man weder das Produkt aus Temperatur und Wärmekapazität, noch sonst irgend eine vom augenblicklichen Zustande eines Körpers abhängige Funktion als seinen Wärmebesitz ansprechen kann, weil die beim Übergang aus einem Zustand in einen anderen aus dem Körper zu gewinnende Wärme gar nicht von diesen Zuständen allein, sondern von der Art der Überführung abhängig ist, so kann man im allgemeinen auch keine Zustandsfunktion des Körpers als seine kinetische Energie in dem Sinne bezeichnen, daß ihre Änderung die in kinetischer Form aus dem Körper zu gewinnende Energie darstellen würde. Geschwindigkeit besitzt jeder seiner Punkte, Bewegungsgröße kommt jedem zu, seine Masse ist unzerstörbar und infolge dessen kann man stets den Wert der mathematischen Funktion $\Sigma \frac{1}{2} m (x'^2 + y'^2 + z'^2)$ anschreiben; aber wieviel ein Explosivstoff unter gegebenen Umständen kinetische Energie liefert, hängt von Parametern ab, die gar nicht in jene mathematische Funktion eingehen. Die Extensität der kinetischen

Energie, die Bewegungsgröße, hängt immer nur von den die Bewegung beschreibenden Parametern ab, aber die kinetische Energie nicht. So wenig es die Wärme ist, die während eines umkehrbaren Kreisprozesses in gleichen Beträgen zugeführt und entzogen werden muß, sondern vielmehr die Entropie, ebenso wenig kann man behaupten, daß sich während eines Kreisprozesses (z. B. bei unelastischem Stoß) die Zu- und Abgänge der kinetischen Energie ausgleichen müssen, wohl aber die der Bewegungsgröße, d. i. der Extensität der kinetischen Energie. Aus dem großen Nutzen der kinetischen Energie für die analytische Mechanik folgt nicht ihre physikalische Sonderexistenz.

Solange wir für einen Naturvorgang eine rein-mechanische Erklärung geben können, vermögen wir die Änderung dE seiner Eigenenergie als Summe zweier im allgemeinen unvollständiger Differentiale anzugeben:

$$dE = dT + dE_0,$$

indem wir mit dE_0 die Änderung der Energie in der ruhenden Substanz, mit:

$$dT = \Sigma\{x' \cdot d(mx') + y' \cdot d(my') + z' \cdot d(mz')\}$$
$$= \Sigma\{mx''\,dx + my''\,dy + mz''\,dz\}$$

die Änderung bezeichnen, die den bewegten Körper vom ruhenden unterscheidet. Nur weil es sich bisher auch bei elektrischen und magnetischen Vorgängen hat durchführen lassen, die Massen m als unabhängig von allen in dE_0 eingehenden Beeinflussungen zu betrachten, spielt die kinetische Energie ihre gegenüber anderen Energieformen selbständige Rolle. Das liegt, wie man sieht, an der Gestaltung des Massenbegriffs und hat keinen eigentlich energetischen Grund. Noch selbständiger erscheint die kinetische Energie, wenn dT ein vollständiges Differential ist, also bei konservativen Systemen.

Sechster Abschnitt.

Ostwald's Behandlung der Energiefaktoren.

1. In seiner mathematischen Formulierung erscheint das Intensitätsgesetz so allgemein, daß es recht wünschenswert bleibt, die einzelnen Eigentümlichkeiten seiner weittragenden Beziehungen in treffenden Wendungen hervortreten zu lassen. Ostwald hat sich vielfach bemüht, von verschiedenen Seiten her die Eigenschaften des Intensitätsbegriffs zu beleuchten, und wenn auch manche seiner Formulierungen nur spezielle Fälle treffen und mancher Ausdruck nicht so geglückt ist, daß er vor Mißverständnissen schützt, so erscheinen doch OSTWALD's Versuche, zu einer schlagenden Fassung dieser in ihrer Allgemeinheit so schwer faßbaren Beziehungen zu gelangen, in ganz hervorragendem Maße der Beachtung wert. Wenn irgendwo, ist es auf diesem Gebiete leicht zu mäkeln, aber schwer besser zu machen.

Zunächst hat OSTWALD[1] die oben entwickelten allgemeinen Gesichtspunkte für einen oft vorkommenden besonderen Fall weiter ausgeführt. Es seien nur zwei Energieformen in Betracht zu ziehen, nur die Energieform $J' dM'$ und die $J'' dM''$ kann dem System zugehen oder ihm entzogen werden. Das System sei im Gleichgewicht und bleibe darin, oder gehe umkehrbar in einen neuen Gleichgewichtszustand über, ohne seine Eigenenergie zu ändern. Dann ist:

$$0 = J' dM' + J'' dM''.$$

Bei vielen Maschinen handelt es sich vorwiegend darum, Energie einer Form in Energie anderer Form zu verwandeln, thunlichst unter Fernhalten sowohl anderer Energieformen, als auch der Ansammlung von Eigenenergie. Bei solchen Maschinen ist dann durch den geometrischen Zusammenhang die Beziehung zwischen den beiden Kapazitätsänderungen festgelegt. Wir nehmen demgemäß weiter an, daß alle möglichen Veränderungen des Systems durch einen einzigen Parameter p beschrieben werden können, so daß:

$$J' \frac{\partial M'}{\partial p} + J'' \frac{\partial M''}{\partial p} = 0$$

die Gleichgewichtsbedingung ist. Setzt man:

$$\frac{\partial M'}{\partial p} : \frac{\partial M''}{\partial p} = k,$$

so folgt:

$$- kJ' = J''.$$

Indem OSTWALD den Faktor k Maschinenfaktor und den Ausdruck kJ' reduzierte Intensität nennt, spricht er sein Ergebnis als verallgemeinertes Intensitätsgesetz mit den Worten aus: „Es findet zwischen zwei Energien Gleichgewicht statt, wenn die Intensität der einen der reduzierten Intensität der anderen entgegen-

[1] Leipziger Berichte. 1892. S. 229.

gesetzt gleich ist." Allerdings sehen die mathematischen Formeln OSTWALD's zu diesem Satze anders aus als die hier stehenden, doch glaube ich den in der Gedankenentwickelung enthaltenen Sinn in obiger Weise sachgemäß mathematisch eingekleidet zu haben.

Wirkt z. B.[1] auf einen Kolben, der ein Gasvolum V absperrt, einerseits der Druck P, andererseits eine Kraft X, so würde bei einer Verschiebung dx des Kolbens die Energieänderung

$$-P d V + X d x$$

sein. Es ist hier nur ein Parameter x vorhanden und

$$d V = q \cdot d x,$$

wenn q die Kolbenfläche bedeutet. Dieses q ist hier Maschinenfaktor und

$$P q = X$$

die Gleichgewichtsbedingung.

2. Läßt sich die Änderung der Eigenenergie eines Körpers wieder mit Hilfe eines Maschinenfaktors in die Form:

$$\frac{\partial E_1}{\partial p} = J_1' \frac{\partial M_1'}{\partial p} + J_1'' \frac{\partial M_1''}{\partial p} = (J_1' \cdot k + J_1'') \frac{\partial M_1''}{\partial p}$$

bringen, und gilt für einen zweiten entsprechend:

$$\frac{\partial E_2}{\partial p} = (J_2' k_2 + J_2'') \frac{\partial M_2''}{\partial p},$$

so wird keine Energieänderung eintreten, wenn:

$$\frac{\partial E_1}{\partial p} + \frac{\partial E_2}{\partial p} = (J_1' k_1 + J_1'') \frac{\partial M_1''}{\partial p} + (J_2' k_2 + J_2'') \frac{\partial M_2''}{\partial p} = 0.$$

Für umkehrbare Übergänge der Energie zwischen den beiden Körpern gilt ferner:

$$\frac{\partial M_1''}{\partial p} + \frac{\partial M_2''}{\partial p} = 0$$

folglich:

$$-(J_1' k_1 - J_2' k_2) = J_1'' - J_2''.$$

Diese Beziehung faßt OSTWALD in die Worte: „Zum Gleichgewicht ist erforderlich, daß vorhandene Sprünge in der Intensität einer Art Energie durch äquivalente entgegengesetzte Sprünge der

[1] OSTWALD, Allgemeine Chemie II, Teil 1, S. 35.

Intensität anderer Energie kompensiert werden. Die Äquivalenz der entgegengesetzten Sprünge wird aber durch die Maschinenbedingung bestimmt."[1]

3. Ostwald geht an einer anderen Stelle von dem Intensitätsgesetze aus, wie ich es 1887 ausgesprochen habe: „Jede Energieform hat das Bestreben, von Stellen, in welchen sie in höherer Intensität vorhanden ist, zu Stellen von niederer Intensität überzugehen." Im Anschluß hieran sagt er:[2] „In anderer Gestalt läßt sich der Satz von Helm folgendermaßen ausdrücken, wenn man beachtet, daß alles Geschehen in der natürlichen Welt auf Energieumwandlungen hinausläuft. Damit etwas geschieht, ist es eine notwendige Bedingung, daß die Intensität der vorhandenen Energie an verschiedenen Stellen verschieden sei. Diese notwendige Bedingung des Geschehens ist aber keine zureichende. Denn wir können überall wahrnehmen, daß trotz vorhandener Intensitätsunterschiede der Energieausgleich nicht erfolgt." Indem nun Ostwald die Bedingung, unter welcher ein Ruhezustand bei vorhandenen Intensitätsunterschieden eintritt, als Kompensation der Intensitäten bezeichnet, gelangt er zu dem Gesetz des Geschehens: „Damit etwas geschieht, ist es notwendig und zureichend, daß nicht-kompensierte Intensitätsdifferenzen der Energie vorhanden sind."

Die energetische Behandlung der Mechanik hat nun freilich gezeigt, welche Verwickelungen sofort auftreten, wenn die Änderungen eines Systems außer von Parametern p auch noch von deren Differentialquotienten p' genommen nach der Zeit abhängig sind. In der Statik, wo diese zweifache Verknüpfung fehlt, weil die Geschwindigkeiten keine endlichen Werte erreichen, stößt die Anwendung des Energieprinzips auf keine Schwierigkeiten und auch die Theorie der cyklischen Systeme, bei denen wenigstens jeder einzelne Parameter entweder nur allein als p oder nur allein als p' auftritt, fügt sich leicht den energetischen Grundzügen. Aber es bleibt bedenklich, den Anschauungen, die aus solchen Verhältnissen gewonnen sind, eine Fassung zu geben, durch welche sie auf alle Umwandlungen der Energie anwendbar erscheinen. Es könnte ja sehr wohl sein, daß es Energieformen giebt, die noch kompliziertere Verhältnisse aufweisen, als die dynamischen, und es müßte doch auch für diese, etwa für die Strahlung, das Energieprinzip gelten, wenn es überhaupt

[1] Ostwald, Allgemeine Chemie II, Teil 1, S. 35.
[2] Ebenda S. 46.

Wahrheit ist. Wenn man also durch Induktionsschlüsse von einzelnen Energieformen ausgehend zu allgemeinen Sätzen über die Intensitäten und Kapazitäten geführt wird, so bleibt es erwünscht, sich noch auf anderem Wege eine Sicherung der vermuteten allgemeinen Beziehung zu verschaffen. Einer solchen recht weittragenden Sicherung bedient sich Ostwald wiederholt, nämlich des Perpetuum-mobile-Prinzips.

4. Wenn nämlich feststeht, daß durch Intensitätsunterschiede Energieübergänge hervorgerufen werden, so kann weiter gezeigt werden, daß die Intensitäten Größen von universellem Charakter sind, daß nämlich für sie der Satz gilt, auf dessen Wert für energetische Untersuchungen in erster Linie Helmholtz 1884 in seinen Studien über monocyklische Systeme[1] hinwies und den Ostwald[2] in die Worte faßt: „Zwei Intensitäten, welche einzeln einer dritten gleich sind, sind einander gleich." Oder: „Sind zwei Körper oder Gebilde in Bezug auf eine oder mehrere Arten der Energie einzeln mit einem dritten im Gleichgewicht, so sind sie in Bezug auf dieselben Energiearten auch untereinander im Gleichgewicht. Unter Gleichgewicht wird hierbei ein Zustand verstanden, bei welchem jede vorhandene Energieart in Bezug auf Menge und Beschaffenheit ihren Wert unverändert beibehält. Man könnte vielleicht geneigt sein, den Satz selbstverständlich zu finden, da er nach Analogie des allgemeinen Satzes: ‚Zwei Größen, die einer dritten gleich sind, sind einander gleich' gebildet ist. Doch dient gerade der empirische Nachweis, daß für die Intensitäten ein solcher Satz gilt, zum Beweis dafür, daß die Intensitäten der Energie Größen allgemeinen, d. h. von dem besonderen Objekte, an dem sie erscheinen, unabhängigen Charakters sind."

„Der Beweis dieses Satzes liegt zunächst in der Möglichkeit, Intensitätsgrößen, wie Temperatur, Kraft, Druck, elektrisches Potential u. s. w. unabhängig von der Art ihres Vorkommens zahlenmäßig zu bestimmen. Wenn wir Temperaturen mittels des Thermometers, Drucke mittels des Manometers messen und ihre Zahlenwerte angeben, so setzen wir jenen Satz stillschweigend voraus, denn wir nehmen an, daß alle Körper, welche an unseren Meßinstrumenten gleiche Ablesungen ergeben, auch untereinander in Bezug auf die fragliche Größe gleich sind, und daß wir somit eine von der besonderen Natur jener Körper unabhängige, nur von der fraglichen Energieart abhängige Größe gemessen haben."

---

[1] Helmholtz, Wiss. Abhandlungen Bd. 3, S. 159 u. 167.

[2] Ostwald, Allgemeine Chemie Bd. II, Teil 1, S. 472, 1893.

„In noch umfassenderer Weise kann man sich von der Richtigkeit unseres Satzes aus der Unmöglichkeit, ein Perpetuum-mobile herzustellen, überzeugen.“

„Es wird nämlich gewöhnlich nicht beachtet, daß der Satz vom Perpetuum-mobile zwei Seiten hat. Einerseits, und hiervon ist gewöhnlich allein die Rede, könnte ein Perpetuum-mobile (welches wir erster Art nennen wollen) hervorgebracht werden, wenn man im stande wäre, Energie zu erzeugen und sie zum Betriebe irgend einer Maschine zu benutzen. Der Ausdruck dieser Unmöglichkeit ist der erste Hauptsatz der Energetik, welcher die Unerschaffbarkeit und Unvernichtbarkeit der Energie auspricht.“

„Ein Perpetuum-mobile könnte aber andererseits auch ohne Erzeugung von Energie betrieben werden, wenn es möglich wäre, die in ungeheurer Menge vorhandene ruhende Energie zu Umwandlungen zu veranlassen. Wenn z. B. der enorme Vorrat von Wärmeenergie, welcher im Wasser der Weltmeere vorhanden ist, in mechanische und chemische Energie verwandelt werden könnte, die im Laufe der Zeit wieder die Gestalt der Wärme annehmen, so könnte gleichfalls ein Perpetuum-mobile in Gang gesetzt werden. Ein solches Perpetuum-mobile heiße eines zweiter Art. Es ist dies nicht möglich, weil dieser Wärmevorrat von gleichförmiger Temperatur, also nicht verwandelbar ist (von den thatsächlich vorhandenen, relativ unbedeutenden Temperaturdifferenzen soll hier abgesehen werden).“

So bezeichnet denn Ostwald als zweiten Hauptsatz die Behauptung: Eine Perpetuum-mobile zweiter Art ist unmöglich. Die Unmöglichkeit aber ist durch die Eigenschaft der Intensitäten bedingt, daß zwei Intensitäten einander gleich sind, wenn sie einer dritten gleich sind. Denn wäre dieser letztere Satz nicht giltig und nähmen zwei Körper A und B in Berührung mit dem Wasser verschiedene Temperaturen an, so könnten wir diesen Temperaturunterschied ausnutzen, um Wärme in andere Energieformen zu verwandeln und den Vorgang beliebig oft wiederholen.

So hat z. B. Ostwald[1] nach einer Idee von Konowalow[2] die Notwendigkeit nachgewiesen, daß zwei Lösungen, die hinsichtlich der Diffusion im Gleichgewichte stehen, auch hinsichtlich ihrer Dampfspannung Gleichgewicht zeigen müssen. Denken wir uns nämlich in zwei unten wie oben kommunizierenden Gefäßen etwa eine gesättigte Lösung von Wasser und Äther in Berührung stehend mit

[1] Ostwald, Allgemeine Chemie Bd. I, S. 645, Leipzig 1891.

[2] Konowalow, Wied. Ann. 14, S. 219, 1881.

einer gesättigten Lösung von Äther in Wasser, so würde, falls der Dampf über der einen Flüssigkeit eine andere Spannung hätte, als der über der anderen, „oder anders zusammengesetzt wäre, eine fortwährende Destillation oder Diffusion von der einen Seite zur anderen stattfinden, ohne daß jemals ein Stillstand einträte, da auch die Flüssigkeiten sich durch Diffusion immer ausgleichen würden.“

In diesen Ausführungen Ostwald's scheint das Weittragende des Intensitätsbegriffes am deutlichsten hervorzutreten. Was Sadi Carnot von der Temperatur hervorhebt, ist nicht auf diese beschränkt. Jede Intensität hat die Eigenschaften, die in der mechanischen Wärmetheorie als Grundeigenschaften der Temperatur hervorgehoben werden. Das Besondere und Ausnahmsweise der Wärme liegt in den Eigenschaften ihrer Extensität, der Entropie. Die Entropie zeigt Besonderheiten, welche den freien Blick auf die allgemeinen, allen Energieformen gemeinsamen Eigenschaften der Wärme lange Zeit gehindert haben.

Siebenter Abschnitt.

Besondere Untersuchungen über die Energiefaktoren der Wärme.

1. Außerordentlich groß ist die Zahl der Arbeiten, welche den zweiten Hauptsatz der Thermodynamik und die damit zusammenhängende Nichtumkehrbarkeit vieler Vorgänge unter irgend einem mechanischen oder nicht mechanischen Bilde zu fassen oder auch nur ihn mathematisch zurechtzulegen suchen.

Ist E die Eigenenergie einer homogenen Substanz, V ihr Volum, P der Druck, unter dem sie steht, so ist bei jedem umkehrbaren Vorgang, bei dem der Substanz die Wärme dQ zugeht, nach dem ersten Hauptsatze:

1) $$dE = dQ - P\,dV.$$

Der Ausdruck:

2) $$dE + P\,dV = dQ$$

ist aber kein vollständiges Differential, da man durch Zuführung verchiedener Wärmemengen einen durch P und V bestimmten Zustand der Substanz in einen andern überzuführen vermag, indem man dabei verschieden große Arbeitsmengen $P\,dV$ nach außen abgeben läßt. Dagegen besitzt der Ausdruck 2) einen integrierenden

Divisor, d. h. es giebt eine Funktion θ der als Koordinaten betrachteten Größen P und V, die, in Gleichung 2) dividiert, ein vollständiges Differential, das Differential einer Funktion S von P und V erzeugt, so daß:

3) $$dQ = dE + PdV = \theta dS.$$

Dieser von den Begründern der Thermodynamik, vor allen von CLAUSIUS erkannte Satz läßt sich übrigens als Anwendung eines LIE'schen Theorems über PFAFF'sche Differentialausdrücke ansehen und gestattet daher auch in dem allgemeinen, in der neueren Energetik behandelten Fall, daß der Zustand einer Substanz von mehr als zwei Veränderlichen abhängt, einige mathematische Beziehungen zu erschließen.

Dieses Theorem[1] lautet: Wenn zwischen $2n+1$ Größen y, q eine einzige Beziehung besteht, so kann der Ausdruck.

4) $$dy_0 + \sum_1^n q_i dy_i$$

transformiert werden in:

4b) $$\sum_1^n p_i dx_i.$$

Und wenn zwischen $2n$ Größen y, q eine einzige Beziehung besteht, so kann der Ausdruck:

5) $$\sum_1^n q_i dy_i$$

transformiert werden in:

5b) $$dx_0 + \sum_1^{n-1} p_i dx_i.$$

Durch abwechselnde Anwendung beider Sätze kann man also den Ausdruck:

6) $$dE - \Sigma JdM$$

in den Ausdruck:

6b) $$\theta dS$$

überführen, wenn eine genügende Anzahl von Bedingungen zwischen den Größen E, J, M vorhanden sind. Dabei ist zu bemerken, daß auch schon eine Beziehung bei besonderer Beschaffenheit mehrere Schritte der Reduktion auszuführen gestattet.

Die gewöhnliche Transformation 3) bei zwei Veränderlichen ist möglich, weil zwischen E, P und V in der That eine Beziehung besteht, denn E ist durch P und V bestimmt. Bei Gasen z. B. liefert

[1] Vergl. z. B. FORSYTH, Theory of differential equations I, S. 248.

die Zustandsgleichung der Substanz eine Gleichung zwischen P, V und der Temperatur θ, und da die Eigenenergie E eine Funktion von θ allein ist, folgt E als Funktion von P und V.

Wären n homogene Substanzen gegeben, die miteinander nicht in Berührung stehen und wäre $E = \Sigma_n E_i$ ihre Gesamtenergie, so könnte der Ausdruck:

7) $$d E + \Sigma_n p_i d v_i$$

nur auf die Form:

7b) $$\Sigma_n \theta_i d S_i$$

reduziert werden; es ist nämlich E eine Funktion aller $p_i v_i \theta_i$, und zwischen jedem θ_i und den zugehörigen p_i und v_i besteht die Zustandsgleichung der betreffenden Substanz; die Elimination der θ_i liefert also eine einzige Beziehung zwischen E und sämtlichen $p_i v_i$.

Stehen dagegen die n Substanzen in Berührung miteinander, so stehen ihre Drucke in gegenseitiger Abhängigkeit und gestatten durch ihre Gleichheit den Ausdruck $\Sigma_n p_i d v_i$ in ein Glied $p d V$ zusammenzuziehen, so daß dann der frühere Fall vorliegt.

Ebenso kann man aus der Thatsache, daß für einen homogenen Stoff, der aus m verschiedenen chemischen Bestandteilen zusammengesetzt ist, die Gleichung:

$$d E + P d V - \Sigma_m \Pi_i d M_i = \theta d S$$

besteht, schließen, daß zwischen den chemischen Intensitäten Π, den Massen M sowie den Größen E, P, V eine gewisse Anzahl Beziehungen vorhanden ist.

2. Hiernach bietet sich als ein Weg, um zur Entropiefunktion zu gelangen, der rein mathematische Gedankengang dar, den i n t e g r i e r e n d e n D i v i s o r des Ausdrucks 2) zu suchen. In dieser Weise hat Zeuner[1] in der zweiten Auflage seiner mechanischen Wärmetheorie die Sache dargelegt. Ist:

8) $$d E = X d P + Z d V,$$

wo X und Z Funktion der Veränderlichen P und V sind, die der Gleichung:

9) $$\frac{\partial X}{d V} = \frac{\partial Z}{\partial P}$$

genügen, so ist:

10) $$d Q = X d P + (Z + P) d V.$$

[1] Zeuner, Mechanische Wärmetheorie. 2. Aufl. 1866 und 1877, S. 41.

Damit dieser Ausdruck einen integrierenden Divisor θ habe, muß

$$11) \qquad \frac{\partial}{\partial V}\left(\frac{X}{\theta}\right) = \frac{\partial}{\partial P}\left(\frac{Z+P}{\theta}\right),$$

woraus mit Rücksicht auf 9) folgt:

$$12) \qquad \theta = (Z + P)\frac{\partial \theta}{\partial P} - X\frac{\partial \theta}{\partial V}.$$

Freilich kann auf diese Weise nicht erkannt werden, daß der integrierende Divisor θ, der doch hiernach als eine für jede Substanz besonders zu ermittelnde Funktion von P und V auftritt, thatsächlich eine Funktion der Temperatur allein ist, nämlich die absolute Temperatur und demgemäß eine von der Natur der betrachteten Substanz unabhängige, für alle Körper gleiche Funktion. Das hat Clausius[1] kritisch hervorzuheben für nötig gefunden, obschon Zeuner durch seinen Vergleich (vergl. S. 253) der Intensitätseigenschaften der Wärme und der Schwere die Berechtigung ausdrücklich erst herleitet, in jenem integrierenden Divisor die absolute Temperatur erblicken zu dürfen. Jedenfalls ist der Zeuner'sche Gedankengang sehr geeignet, um die Existenz der Funktion S von vornherein klar zu machen.

Die Zeuner'sche Behandlungsweise ist viel später von Helmholtz in anderer Absicht wieder aufgenommen worden. Führt man s als eine Funktion von S ein, so kann man $dQ = \theta\, dS$ auch setzen:

$$13) \qquad d\,Q = \theta \frac{d\,S}{d\,s} \cdot d\,s = \eta \cdot d\,s,$$

und nun ist

$$14) \qquad \eta = \theta \cdot \frac{d\,S}{d\,s}$$

integrierender Divisor des Ausdrucks:

$$d\,Q = d\,E + P\,d\,V.$$

„Aber es findet der wichtige Unterschied statt, daß η nicht mehr diejenige Größe ist, deren Gleichheit das Wärmegleichgewicht zwischen zwei Körpern anzeigt. Diese Eigenschaft kommt nur der einen $\eta = \theta$ in der ganzen Reihe der Funktionen zu, die durch die Gleichung 14) gegeben sind." Die Intensitätseigenschaft ist es, durch die θ ausgezeichnet wird. „Die wesentliche physikalische Bedeutung der Temperatur θ ist die, daß ihre Gleichheit oder Ungleichheit zwischen zwei Körpern darüber entscheidet, ob und in welcher Richtung Wärme von einem zum andern übergehen könne."

[1] Clausius, Mechanische Wärmetheorie. Band 1, S. 365.

Wenn daher ein monocyklisches System benutzbar sein soll, um reversible Wärmevorgänge mechanisch abzubilden, so kommt es nicht nur darauf an, zu zeigen, daß die kinetische Energie, die ja an Stelle der Temperatur treten soll, als integrierender Nenner auftreten kann, sondern es muß dargethan werden, daß man zwei derartige monocyklische Systeme auf Gleichheit der kinetischen Energie koppeln kann. Und weiter muß gezeigt werden, daß, wenn die Koppelungsbedingung für die Systeme 1 und 2, sowie für 2 und 3 eingehalten ist, sie auch von den Systemen 1 und 3 befriedigt wird; denn wenn jeder einzelne von zwei Körpern mit demselben dritten im Wärmegleichgewicht ist, sind sie miteinander im Wärmegleichgewicht.

Durch die Umständlichkeiten, zu welchen diese Untersuchungen nötigen, dürfte der Wert einer derartigen Betrachtungsweise sehr beeinträchtigt erscheinen. Vor allem aber erkennt man, daß auch die mechanische Analogie nicht über die Herbeiziehung der erfahrungsmäßigen Intensitätseigenschaften hinweghilft, wie das bereits S. 286 bemerkt worden ist.

3. Sehr aufklärend ist BUDDE's[1] Untersuchung über die Auffassung der Temperatur als integrierenden Divisor, die mehrfach Bezug auf LIPPMANN's[2] Darstellung der absoluten Temperaturskala nimmt. BUDDE geht davon aus, daß die Intensität der Wärmeenergie erfahrungsmäßig durch sehr vielerlei Dinge angezeigt werden könne: Das Volum eines Körpers bei seinem eigenen Dampfdruck, sein Volum bei konstantem Druck, der elektrische Widerstand eines Drahtes, die Dissociationsspannung einer Substanz sind solche als Thermometer brauchbare Dinge. Der Bequemlichkeit halber sei zur Messung der Wärmeintensität eine Größe gewählt, die innerhalb der Messungsgrenzen stets wächst, wenn Wärme dem Thermometer zugeführt wird. Bei gegebener Wärmeintensität zeigt diese Größe einen Betrag ϑ an, der Skalenhöhe der Intensität heißen soll. Dieses ϑ ist erfahrungsgemäß eine universale Größe, d. h. zwei Körper sind unter sich in thermischem Gleichgewicht, wenn jeder mit einem Thermometer von gegebener Skalenhöhe im Gleichgewicht ist. Soll nun wirklich die Skalenhöhe das Intensitätsbestreben der Wärme messen, so darf es nicht möglich sein, unbegrenzte Wärmemengen ohne Arbeitsverbrauch aus Körpern von kleinerer in solche

[1] BUDDE, WIED. Ann. 45, 1892, S. 751.

[2] LIPPMANN, J. de phys. 3, 1884, S. 53 und 277.

von größerer Skalenhöhe zu schaffen, und nach den Arbeiten von CLAUSIUS und THOMSON ist die notwendige Bedingung hierfür, daß bei einem unendlich kleinen CARNOT'schen Kreisprozeß das Verhältnis der umgeformten zur übergegangenen Wärme eine reine Funktion der Skalenhöhe ϑ ist:

$$\frac{1}{M}\left(\frac{\partial M}{\partial \vartheta} - \frac{\partial N}{\partial v}\right) = \frac{A}{C} = \text{Funktion von } \vartheta$$

nach Formel 2) S. 83 und 5) S. 85. Ist andererseits θ ein integrierender Nenner des Ausdrucks:

$$d\,Q = M\,d\,v + N\,d\,\vartheta$$

und ist θ eine Funktion von ϑ allein, so ist:

$$\frac{1}{M}\left(\frac{\partial M}{\partial \vartheta} - \frac{\partial N}{\partial v}\right) d\,\vartheta = A\frac{d\,\vartheta}{C} = \frac{d\,\theta}{\theta}, \qquad \log\frac{\theta_0}{\theta_u} = A\int_{\vartheta_u}^{\vartheta_0}\frac{d\,\vartheta}{C}$$

entsprechend Gleichung 17) S. 89.

Diesen im wesentlichen THOMSON'schen Formeln fügt nun BUDDE den Nachweis bei, daß aus einem integrierenden Nenner jeder andere durch Multiplikation mit einer Funktion von ϑ und v hervorgeht, vorausgesetzt, daß nicht von vornherein M oder N verschwindet.

Sind nämlich D und KD zwei integrierende Nenner von $d\,Q$, so folgt aus den Bedingungen:

$$\frac{\partial}{\partial \vartheta}\left(\frac{M}{D}\right) = \frac{\partial}{\partial v}\left(\frac{N}{D}\right), \qquad \frac{\partial}{\partial \vartheta}\left(\frac{M}{K\,D}\right) = \frac{\partial}{\partial v}\left(\frac{N}{K\,D}\right),$$

daß der Quotient K beider Nenner die Gleichung:

$$M\frac{\partial K}{\partial \vartheta} = N\frac{\partial K}{\partial v}$$

befriedigen, also:

$$d\,K = \frac{M\,d\,v + N\,d\,\vartheta}{G}$$

sein muß. Somit ist K unter der angegebenen Voraussetzung selbst eine Funktion von v und ϑ gleichzeitig.

Wenn es demnach einen integrierenden Nenner θ giebt, der eine Funktion von ϑ allein ist, so ist es der einzige, der diese Eigenschaft hat, und so gelangt BUDDE zu der Definition für θ:

Temperatur heißt derjenige integrierende Nenner des umkehrbar verbrauchten Wärmedifferentials, welcher eine bloße Funktion der Skalenhöhe ist.

4. Das Unbefriedigende, das im Entropiesatze liegt, sofern er durch eine Ungleichung ausgedrückt wird, und das Befremdende der Folgerungen für die Zukunft, zu denen er nötigt, veranlaßte mannigfache Versuche, den Satz überhaupt zu beseitigen. Das einfachste Verfahren, ihn schlechthin zu ignorieren, hat sich, trotzdem die Autorität von CLAUSIUS den Satz stützte, teilweise durchführen lassen und ist sogar in Frankreich erst in den letzten Jahren aufgegeben worden. Die ernsteren Widersacher suchten die Ungleichung von CLAUSIUS durch eine Gleichung zu ersetzen und dabei für die Zukunft der Welt tröstlichere Aussichten zu gewinnen. Am ausführlichsten hat v. OETTINGEN[1] diesen Standpunkt vertreten, konnte sich aber dabei auf Vorläufer berufen, die gelegentlich ähnliche Gedanken ausgeführt hatten.

Er faßt im wesentlichen nur den nicht-umkehrbaren Prozeß ins Auge, der eintritt, wenn der auf einem Körper lastende äußere Druck π von dem inneren Drucke p verschieden ist. Ändert sich dabei das Volum des Körpers um dV, während ihm gleichzeitig von außen die Wärme dQ zugeführt wird, so setzt v. OETTINGEN:

$$dQ + (p - \pi)\, dV = \theta\, d\xi\,.$$

In dieser Gleichung soll θ die absolute Temperatur darstellen und ξ eine durch den jeweiligen Zustand des Körpers bestimmte Funktion sein, die Adiabate genannt wird und bei dem umkehrbaren Vorgange, wie er sich bei $p = \pi$ zutragen würde, in die Entropie von CLAUSIUS übergeht. Auch würde, wenn E die Eigenenergie des Körpers darstellt, der Energiebetrag

$$dE + p\, dV = \theta\, d\xi$$

gesetzt werden dürfen. Zur Begründung seines Ansatzes zieht v. OETTINGEN molekularhypothetische Ansichten heran, besonders in RANKINE'scher Weise: der Energiebetrag $(p - \pi)\, dV$ nimmt Wärmeform, die Form aktueller Energie, an, und $\theta\, d\xi$ mißt die in solcher Form im Körper enthaltene Energie. Jedenfalls zeigt v. OETTINGEN, daß in bestimmten einzelnen Kreisprozessen, die zu einer Vermehrung der CLAUSIUS'schen Entropie führen, seine Adiabate wieder auf ihren anfänglichen Wert zurückkommt. Vergl. weiter hierzu S. 318.

5. Boten sich hiernach schon bei umkehrbaren Prozessen gewisse mathematische Schwierigkeiten für die klare Erkenntnis der eigenartigen Beziehungen zwischen Wärme, Temperatur und Entropie, so erschien noch weit weniger faßlich das Verhalten der Energie und Entropie in physikalischer Hinsicht, vor allem bei nicht-

[1] POGG. Ann., Ergänzungsband 7, 1876, S. 83.

umkehrbaren Vorgängen. Daß bei letzteren die Entropie steigt, daß die Natur immer Vorliebe für die eine, Abneigung gegen die entgegengesetzte Zustandsänderung hat, daß die Energieumwandlung nicht nur Konstanz der Gesamtenergie, nicht nur Bilanz zeigt, sondern daneben noch eine Tendenz verrät, derzufolge mehr und mehr Energie Wärmeform annimmt, daß selbst bei umkehrbaren Prozessen nur ein Teil der in den Prozeß eintretenden Wärme die Energieform ändert, ein anderer Teil aber Wärme bleibt, — das sind Wahrheiten, die zwar schon den Begründern der Thermodynamik um das Jahr 1853 bekannt waren, aber sie recht begreiflich, anschaulich zu machen, d. h. auf angewöhnte Betrachtungsweisen zurückzuführen, in geläufigen Vorstellungen abzubilden, wollte nicht gelingen. Wie aus den Versuchen, diese neuen Thatsachen zu assimilieren, die moderne Entwickelung der Energiefaktoren hervorgegangen ist, haben wir bereits überblickt; es bleibt uns noch übrig, einige von dieser Entwickelung unabhängige Wendungen zu behandeln.

PFAUNDLER[1] vergleicht die in einen CARNOT'schen Kreisprozeß eingehende Wärmemenge Q mit einer Geldmenge, deren Goldwert durch das Arbeitsäquivalent $Q:A$ jener Wärmemenge gemessen werde. Den Geldmengen, fährt nun das PFAUNDLER'sche Gleichnis fort, wird verschieden hohe Qualität beigelegt; man kann mit Gold, Silber, Kupfer, Nickel zahlen, aber wir legen den Metallmengen, die einen bestimmten Goldwert besitzen, geringere Qualität bei, als dem Golde. Nun ist es in der Natur nicht so wie beim wirklichen Geldwechseln, daß die geringere Qualität einen Quantitätsverlust durch Goldagio bedingt, ebensowenig wie in der Natur ein der Wechslergebühr entsprechender Verlust stattfindet, vielmehr muß sich jeder, der in der Natur die höchste Qualität, Gold, erlangen will gegen Silber, gefallen lassen, daß er seinen Silberwert teils in Gold, teils in einem Zahlungsmittel von noch geringerer Qualität als Silber umgesetzt erhält. Und zwar würde, wenn die Geldmenge Q vom Qualitätsmaß θ_0 in Gold umgewandelt werden soll, nicht ihr Goldwert $Q:A$ in Gold gezahlt, sondern nur:

$$\frac{Q}{A}\frac{\theta_0 - \theta_u}{\theta_0},$$

während der fehlende Betrag:

$$\frac{Q}{A}\frac{\theta_u}{\theta_0}$$

in Geld von der niedrigeren Qualität θ_u ausgezahlt wird.

[1] PFAUNDLER, Die Entwertuug der Materie. Vortrag, Wien 1888.

6. Diesen Standpunkt führt WALD[1] weiter aus: Wärme und mechanische Arbeit sind hinsichtlich ihrer Quantität äquivalent, aber jene vermag nicht die Wirkungen dieser hervorzubringen, sie zeigen Qualitätsunterschiede. Wohl hat sich während einer Zustandsänderung nicht die Gesamtenergie ihrer Größe nach verändert, jedoch ihre Fähigkeit, diese Zustandsänderung zu bewirken, ist verloren gegangen. Die Wirkungsfähigkeit der Energie ist von dem Betrage der Energie wohl zu unterscheiden. Diese Wirkungsfähigkeit kann nie zunehmen; die Energie verschwindet nicht, aber sie entartet, sie erschöpft sich, sie verdirbt. Die PLANCK'sche Unterscheidung neutraler und natürlicher Prozesse (S. 190) nimmt WALD wieder auf und nennt jene konservativ, diese finitiv. „Wäre das Wort Energie vor der Entdeckung des ersten Hauptsatzes der mechanischen Wärmetheorie in Anwendung gekommen, dann wäre gewiß n u r mechanische Energie kurzweg als Energie bezeichnet worden. . . . Dann würde man auch nicht von der Äquivalenz verschiedener Energieformen sprechen, und uns wäre der Nachweis dessen erspart geblieben, was jedermann instinktiv fühlen muß, daß nämlich die sogenannten Energieformen nicht in jeder Beziehung äquivalent sind."

Während WALD im wesentlichen nur mechanische Arbeit und Wärme einander gegenüberstellt, unterscheidet OSTWALD[2] zwei Geschlechter der Energie, ein höheres, dem er mechanische und elektrische Energie, ein niederes, dem er die chemische Energie und die Wärme zurechnet. Auch er vergleicht, ähnlich wie PFAUNDLER, jene Energieformen mit Metallgeld, diese mit Papiergeld und bezeichnet die Temperatur als den Kurs der Wärme.

Ueber das Stadium einer Verbildlichung der thatsächlichen Beziehungen sind diese Betrachtungen nicht gelangt; wo sich weitergehende Ansätze zu quantitativen Feststellungen finden, wie bei WALD, scheinen sie mit den im Intensitäts- und Extensitätsbegriff enthaltenen Feststellungen zusammenzufließen.

Achter Abschnitt.

Beziehungen zwischen Intensität und Extensität.

1. Die von mir anfangs als Quantität, von OSTWALD als Kapazität bezeichnete Funktion ist Gegenstand weiterer Untersuchungen

[1] WALD, Die Energie und ihre Entwertung. Leipzig 1889.

[2] OSTWALD, Die Energie und ihre Wandlungen. Leipzig 1888.

geworden. Bald nach dem Erscheinen meines Buches erschien 1888 ein Schriftchen von WRONSKY,[1] das die neuen Begriffe mit lebhaftem Interesse erfaßt und eine weitere Funktion einführt. Heißt J die Intensität, M nach der damaligen Benennung die Quantität einer Energieform, so setzt WRONSKY

$$M = c \cdot J$$

und nennt c Kapazitätskonstante. Die Masse, die elektrische Kapazität eines Konduktors sind solche Kapazitätskonstanten. DRESSEL[2] hat diese Größe c ebenfalls in seine Darlegungen als Kapazitätsfaktor aufgenommen. Um Verwechselungen dieses Faktors c mit der Größe M zu vermeiden, für die OSTWALD die Bezeichnung Kapazität eingeführt hat, schlug ich in Lübeck vor, M als Extensität der Energieform zu bezeichnen.

Es liegt übrigens auf der Hand, daß die Betrachtungen WRONSKY's und DRESSEL's Gleichgewichtszustand voraussetzen; im allgemeinen bestimmt nur die nach Eintritt des Gleichgewichts eingetretene Intensität J zusammen mit der Extensität M eine Größe, die man als Kapazitätsfaktor c bezeichnen kann.

Aber auch bei Beschränkung auf umkehrbare Vorgänge, also auf die Giltigkeit der Gleichung

$$dE = J_1\,dM_1 + J_2\,dM_2 + \cdots + J_n\,dM_n,$$

in der alle vorkommenden Funktionen allein von den Parametern des Systems abhängen, liegt doch keine Berechtigung vor, jedes J als eine Funktion des zugehörigen M allein anzusehen. Vielmehr wird sich jedes J als Funktion aller M betrachten lassen, so daß gesetzt werden kann:

$$\begin{aligned} dJ_1 &= c_{11}\,dM_1 + c_{12}\,dM_2 + \cdots + c_{1n}\,dM_n, \\ dJ_2 &= c_{21}\,dM_1 + c_{22}\,dM_2 + \cdots + c_{2n}\,dM_n, \\ &\cdots\cdots\cdots \\ dJ_n &= c_{n1}\,dM_1 + c_{n2}\,dM_2 + \cdots + c_{nn}\,dM_n. \end{aligned}$$

Die Gleichung der Energieerhaltung bei umkehrbaren Prozessen berechtigt nun lediglich zu den Behauptungen

$$\frac{\partial J_1}{\partial M_2} = \frac{\partial J_2}{\partial M_1}, \qquad \frac{\partial J_1}{\partial M_3} = \frac{\partial J_3}{\partial M_1}, \qquad \cdots\cdots$$

[1] WRONSKY, Das Intensitätsgesetz und die Gleichartigkeit der analytischen Formen in der Lehre von der Energie. Frankfurt a. O., HARNECKER & Co., 1888.

[2] DRESSEL, Zur Orientierung in der Energielehre. Aus Natur und Offenbarung, 39. Band, 1893. — DRESSEL, Lehrbuch der Physik. Freiburg im Breisgau 1895. S. 207.

allgemein

$$\frac{\partial J_\iota}{\partial M_\varkappa} = \frac{\partial J_\varkappa}{\partial M_\iota}$$

oder[1]

$$c_{\iota\varkappa} = c_{\varkappa\iota}.$$

2. Ganz besonders glücklich und weittragend erscheint mir aber die Darstellung der Intensität, die soeben WIEDEBURG[2] angegeben hat. Er setzt die Intensität i einer jeden in das Differential dE der Eigenenergie eines Systems übergehenden Energieform de gleich

$$1) \qquad i = J + W\frac{dM}{dt},$$

wo W, ebenso wie J, eine stets positive Funktion der Parameter des Systems darstellt. Wir haben also die Beziehungen

$$2) \qquad dE = \Sigma de, \qquad de = i\,dM = J\,dM + W\left(\frac{dM}{dt}\right)^2 dt.$$

Die Intensität i des Energieüberganges wird hiernach zwar durch Größen dargestellt, die sich auf das betrachtete System beziehen, aber doch nicht allein durch die Parameter, mit denen die Zustände des Systems beschrieben werden, sondern auch durch die Änderungen, die diese Parameter unter dem Einfluß von i erleiden. Die Energieform de zerfällt in zwei Teile: Den einen hat man bisher fast ausschließlich als die zur Quantitätsfunktion dM gehörige Energieform beachtet, da sich ihm de mit abnehmenden dM nähert und bisher fast immer umkehrbare Vorgänge untersucht wurden, d. h. solche Folgen von Zuständen, die sich einer Folge von Gleichgewichtszuständen nähern. Diesen Teil $J\,dM$ von de könnte man den umkehrbaren Teil der Energieform de nennen und J die Eigenintensität dieser Energieform im System. Den anderen von WIEDEBURG neu eingeführten nicht-umkehrbaren Anteil der Energieform de, nämlich

$$W\left(\frac{dM}{dt}\right)^2 dt,$$

hat man bisher, wenn man ihn überhaupt beachtete, als neben de auftretende besondere Energieform, meist unter Heranziehung mechanischer Vorstellungen als kinetische Energie behandelt. Ist z. B. ein Gas unter dem äußeren konstanten Druck p eingeschlossen in einem Cylinder mit beweglichen Kolben, so ändert es sein Volum V,

[1] WIEDEBURG, WIED. Ann. 61, 1897, S. 710.

[2] a. a. O. und WIED. Ann. 62 u. 63, 1897.

wenn der Eigendruck P von p abweicht. Und zwar wird sich, da $-V$ als Quantitätsfunktion anzusehen ist,

3) $$de = p\,d(-V) = P\,d(-V) + W\left(\frac{dV}{dt}\right)^2 dt$$

darstellen lassen, da ja der bisherigen Ansicht gemäß neben der Volumenergie kinetische, mit $\left(\frac{dV}{dt}\right)^2$ proportionale Energie auftreten wird.

Oder: Wenn die Enden eines Leiterstückes, in dem an einer Stelle ein Potentialsprung P auftreten muß, auf der Potentialdifferenz p gehalten werden, so wird während der Entladung der Elektrizitätsmenge $d\varepsilon = J\,dt$ dem Leiterstücke der Energie zugeführt

4) $$de = p\,d\varepsilon = P\,d\varepsilon + W \cdot J^2\,dt,$$

und auch hier hat man den nicht-umkehrbaren Teil WJ^2dt der Energie bisher als eine besondere Energieform angesehen, in die sich ein Teil von de umsetzen müsse.

Nach WIEDEBURG's Ansatz ist nun

$$i \gtreqless J, \quad \text{je nachdem} \quad dM \gtreqless 0.$$

Je nachdem Energie der betrachteten Form auf das System übergeht oder von ihm abgegeben wird, ist die Übergangsintensität i größer oder kleiner als die Eigenintensität J, nur im Falle des Gleichgewichts verschwindet der Unterschied. Die Funktion M der Parameter bezeichnet übrigens WIEDEBURG, meinem ursprünglichen Vorschlage gemäß, als Quantitätsgröße.

Geht nun der Energiebetrag de von einem Körper K_2 auf einen anderen K_1 über, ohne Umformung zu erleiden oder nach der bisherigen Ansicht eine andere Umformung zu erleiden, als die mit dem Übergang nach WIEDEBURG's Ansatz untrennbar verbundene nicht-umkehrbare Erzeugung von Energiebestandteilen erheischt —, so ist

5) $$de = J_1\,dM_1 + W_1\left(\frac{dM_1}{dt}\right)^2 dt = -J_2\,dM_2 - W_2\left(\frac{dM_2}{dt}\right)^2 dt.$$

Nach dem Gesetze von der Erhaltung der Quantitätsgröße ist

6) $$dM_1 + dM_2 = 0,$$

daher auch

7) $$de = i\,dM_1 = J_2\,dM_1 - W_2\left(\frac{dM_1}{dt}\right)^2 dt$$

gesetzt werden darf, oder

8) $$i = J_1 + W_1\frac{dM_1}{dt} = J_2 - W_2\frac{dM_1}{dt}.$$

Drückt man also, wie es im Falle der Wärmeenergie geschehen muß, die Energie durch die Temperaturen θ_2 der Wärmespeicher aus, von denen der betrachtete Körper K_1 Wärme dQ empfängt oder an die er Wärme abgiebt, so ist, wenn S_1 die Entropie von K_1 darstellt,

9) $$dQ = \theta_2 \, d S_1 - W_2 \left(\frac{d S_1}{d t}\right)^2 d t,$$

10) $$dQ \leqq \theta_2 \, d S_1 .$$

Die Eigenart der Wärme liegt hiernach nur in dem Umstande, daß sich nicht Körper finden und als Wärmespeicher anwenden lassen, die für Entropieänderungen ein verschwindend kleines W zeigen. Bei anderen Energieformen ist das nicht so; Druck kann man ausüben, ohne daß die bei schneller Volumänderung allerdings auch auftretende kinetische Energie des Druckspeichers einen merklichen Einfluß hat, z. B. wenn man mittels der Atmosphäre oder überhaupt mittels sehr ausgedehnter Gasmassen drückt; elektrische Potentiale lassen sich trotz äußerst schneller Strömung konstant erhalten, wenn man sie z. B. auf galvanischem Wege aufrecht erhält.

3. Was nun endlich die von Wiedeburg neu in die Energetik eingeführte Funktion W der Parameter anlangt, die von ihm als Widerstand des Systems bezeichnet wird, so ist hervorzuheben, daß es von W abhängt, wieviel Energie zu gegebener Zustandsänderung verwendet wird. Bei gegebener Energiezufuhr $de = i \, dM$ und gegebener Eigenintensität J, ist nach 2) die Geschwindigkeit $dM : dt$ der Zustandsänderung um so größer, je kleiner W ist. Ferner folgt aus 8) die Beziehung:

11) $$J_2 - J_1 = (W_1 + W_2) \frac{d M_1}{d t},$$

und hieraus geht das Intensitätsgesetz hervor, nach welchem Energie auf den Körper übergeht, der die niedrigere Eigenintensität besitzt. Die Übergangsintensität i aber ist nach Wiedeburg's Ansatz bei einfachen Übergängen für beide Körper K_1 und K_2 die gleiche.

In dieser Wiedeburg'schen Formel ist auch das allgemeine Diffusionsgesetz enthalten, da man $\frac{dM}{dt}$ als Strömungsgeschwindigkeit u ansehen kann. Man erhält

12) $$u = - h \frac{\partial J}{\partial x}$$

zur Bestimmung der Geschwindigkeit u, mit der sich Intensitätsdifferenzen ausgleichen, die in der Richtung x bestehen. Mag man hier unter J das elektrische Potential oder die Temperatur oder die chemische Intensität oder den Druck in gleichförmig strömenden Flüssigkeiten verstehen, immer gelangt man von dieser Gleichung aus zu den experimentell festgestellten Diffusionsgesetzen der betreffenden Energieformen.[1]

Auch die zur Erklärung der Diffusion gelegentlich herangezogene Vorstellungsweise, daß jeder Intensität das Bestreben innewohne, sich auszubreiten und das Bestreben der stärkeren Intensität überwiege, eine Vorstellungsweise, die auch geeignet ist, den zeitlichen Verlauf der chemischen Reaktionen zu erklären[2], steht in enger Beziehung zu den Ansätzen WIEDEBURG's. Denn setzt man in WIEDEBURG's obiger Gleichung 11) $J_1 = 0$, so kommt

$$J_2 = (W_1 + W_2)\frac{d M_1}{d t}, \tag{13}$$

oder die Geschwindigkeit, mit der sich die Quantitätsfunktion ändert, ist der Intensität proportional, unter deren Einfluß sie sich ändert. So schreitet eine Reaktion auf weitere noch unbetroffene Molekeln mit einer Geschwindigkeit fort, die der chemischen Intensität proportional ist, unter die diese Molekeln treten.

4. Die auffälligste und weittragendste Folgerung des WIEDEBURG'schen Ansatzes ist die, daß die Funktion S, die an Stelle der Entropie tritt, nicht im Verlaufe der Naturprozesse wächst, sondern in jedem gegen alle äußeren Einwirkungen geschützten Systeme konstant bleibt, wie jede andere Quantitätsfunktion. Denn aus der Ungleichung 10) zu schließen, daß, wenn $d Q = 0$ ist, $d S > 0$ sein könne, ist, wie bereits S. 126 besprochen, ein bedenklicher Schluß. In WIEDEBURG's Ansatz 9) liegt der Fall vor, wo dieser Schluß falsch wird, weil darnach der Unterschied zwischen $d Q$ und $\theta\, d S$ mit abnehmenden $d Q$ verschwindet; mit $d Q = 0$ wird $d S = 0$, also bei adiabatischen Vorgängen die Entropie konstant. Da WIEDEBURG's Formel noch keineswegs nach allen Richtungen geprüft ist, so wäre es verfrüht, diese entscheidungsvolle Konsequenz als eine abgemachte Wahrheit hinzustellen; aber das ist gewiß, daß aus den unzweifelhaften Formulierungen des zweiten Hauptsatzes die schon bisher so oft bezweifelte Vermehrung der Entropie nicht mit Notwendigkeit folgt.

Denkt man sich z. B. daß die Wärmemenge $d Q$ aus dem Kör-

---

[1] HELM, Math. Chemie. S. 111.

[2] Ebenda, S. 117.

per K_2, dessen Temperatur θ_2 sei, auf den Körper K_1 mit der Temperatur $\theta_1 < \theta_2$ übergeht, indem beide Körper auf kurze Zeit in Berührung gebracht werden, während vor wie nach der Berührung ein jeder in vollkommenem Gleichgewichte steht, so kann man freilich nach der alten Weise als Entropieänderungen ansetzen

$$-\frac{dQ}{\theta_2} \quad \text{und} \quad +\frac{dQ}{\theta_1};$$

die gesamte Entropieänderung ist dann wegen $\theta_1 < \theta_2$ eine positive Größe. Setzt man aber nach WIEDEBURG

$$14)\quad \begin{cases} dQ = \theta_1\, dS_1 + W_1 \left(\frac{dS_1}{dt}\right)^2 dt = -\,\theta_2\, dS_2 - W_2 \left(\frac{dS_2}{dt}\right)^2 dt, \\ dS_1 + dS_2 = 0, \end{cases}$$

so wird zwar auch

$$15)\quad \begin{cases} -\frac{dQ}{\theta_2} + \frac{dQ}{\theta_1} = dS_1 + dS_2 + \left(\frac{W_1}{\theta_1} + \frac{W_2}{\theta_2}\right)\left(\frac{dS_1}{dt}\right)^2 dt \\ \doteq \left(\frac{W_1}{\theta_1} + \frac{W_2}{\theta_2}\right)\left(\frac{dS_1}{dt}\right)^2 dt \end{cases}$$

positiv gefunden, doch nicht als Entropieänderung angesprochen.

Benutzen wir, wie WIEDEBURG, den Namen Entropie für die hier auftretende Größe S, so können wir sagen, daß die Entropie der wirklichen Vorgänge in abgeschlossenen Systemen konstant ist, jedoch die Entropie gewisser fingierter Vorgänge steigt. Diese fingierten Vorgänge sind so zu konstruieren, daß sie auf umkehrbaren Wegen den wirklichen Anfangszustand jedes einzelnen Körpers in den wirklichen Endzustand desselben überführen. Für solche fingierte Vorgänge fallen nämlich die Glieder mit W fort. Können während der fingierten Vorgänge die einzelnen Körper in Berührung miteinander bleiben, so war überhaupt der wirkliche Vorgang umkehrbar und ist vom fingierten nicht verschieden; nur dann ist die Entropie auch nach der alten Behandlungsweise konstant. Die Funktion also, die PLANCK suchte, vergl. S. 190, die während der Naturvorgänge sich stets vermehren soll, ist ein besonderer Fall der von WIEDEBURG eingeführten Entropie S, nämlich die Entropie der durch fingierte Vorgänge erhaltenen Gleichgewichtszustände, man könnte sie die Gleichgewichtsentropie nennen.

Freilich, um den Sinn zu bezeichnen, in dem die Naturveränderungen ablaufen, um die PLANCK'sche Vorliebe der Natur zu messen, hätte man keinen Anlaß, diese Gleichgewichtsentropie zu retten. Denn die Ungleichung, die mittels derselben wiedergegeben wird, ergiebt sich auch ganz ungezwungen aus WIEDEBURG's Entropie.

Andererseits existiert doch vorläufig die WIEDEBURG'sche Funktion nur in Ansätzen von Differentialgleichungen und ist noch in keinem Falle als eine der Messung zugängliche Größe entwickelt.

5. Daß der Unterschied einer unveränderlichen Entropie und einer sich stets vermehrenden Gleichgewichtsentropie nicht auf die Quantitätsfunktion der Wärme beschränkt ist, sondern auch bei anderen Quantitätsfunktionen nachgewiesen werden kann, möge folgendes Beispiel zeigen[1]:

Ein im Ruhezustand befindliches Gasvolum V werde etwa durch Ausdehnung eines anderen Gases um dV komprimiert, während P der Eigendruck des Gases sei. Geschieht dies langsam umkehrbar, so ist hierzu die Arbeit $-PdV$ erforderlich; geschieht es durch plötzliche nicht-umkehrbare Kompression, so ist die größere Arbeit

$$dA = -PdV + dK \tag{16}$$

erforderlich, da dem Gase kinetische Energie erteilt werden muß. Diese kinetische Energie verschwindet aber wieder und ein neuer Gleichgewichtszustand stellt sich ein, indem das Volum sich vergrößert, so daß es im Vergleich mit dem anfänglichen Zustand sich nicht um dV, sondern um

$$dV_k < dV \tag{17}$$

vermindert hat. Würde man nun, wie es PLANCK bei der Anwendung des Prinzips der Vermehrung der Entropie thut, einen umkehrbaren Vorgang konstruieren, der das Gas — nach Loslösung von seiner bisherigen Umgebung — unter Anwendung anderer geeigneter Vorrichtungen aus dem anfänglichen in den schließlichen Gleichgewichtszustand überführt, so fände man für diesen die Entropieänderung

$$\frac{dA}{P} = -dV + \frac{dK}{P} = -dV_k \tag{18}$$

und in Übereinstimmung mit obiger Erwägung wäre

$$-dV_k > -dV.$$

Während nun die Summen aller Quantitätsfunktionen $-V$, die den in Wechselwirkung stehenden Gasen zugehören, ihrer Natur nach unveränderlich ist, ist die Summe aller „Gleichgewichtsquantitäten“ $-dV_k$ in stetem Wachsen begriffen. „Dagegen ist $-V_k$ wie $-V$ eine durch den augenblicklichen Zustand des Körpers (zu dem ja seine augenblicklichen inneren Bewegungen gehören) völlig

[1] HELM, Math. Chem. Leipzig 1894. S. 26.

bestimmte, nicht von der Art des Überganges aus einem Zustand in den anderen abhängige Funktion."

Also nicht nur die Entropieänderung ist größer, wenn die sie veranlassende Wärme nicht-umkehrbar, als wenn sie umkehrbar zugeführt wird; auch die anderen Energieformen besitzen diese Eigenschaft. Auch Überdruck bringt zunächst eine größere Zustandsänderung, hier Volumänderung hervor, als Gleichdruck, und erst infolge der Energieverwandlung wird der Überschuß rückgängig.

6. Formel 1) führt auf den Gedanken, i als eine Intensität anzusehen, die zu anderer Zeit t als der Beobachtungszeit t_0 vorhanden war und als Funktion der damals vorhandenen Extensität M darzustellen. Denn aus diesem Gedanken würde

19) $$i = J + \frac{dJ}{dM} \cdot \frac{dM}{dt} \cdot \tau = J + \frac{dM}{dt} \cdot W$$

folgen, wenn unter dem Widerstande W der von dem Verzug $\tau = t - t_0$ abhängige Ausdruck

$$W = \frac{dJ}{dM} \cdot \tau$$

verstanden wird. Die weitere Verfolgung derartiger Ansichten könnte auf einen neuen allgemeineren Ansatz als den Wiedeburg'schen führen, auf

20) $$i = J + W\frac{dM}{dt} + K\frac{d^2M}{dt^2}$$

und

21) $$de = i\,dM = J\,dM + W\left(\frac{dM}{dt}\right)^2 dt + \frac{1}{2}K\,d\left(\frac{dM}{dt}\right)^2,$$

worin eine Trägheitskonstante K auftritt. Die Mechanik könnte durch diesen Ansatz eine weit einfachere energetische Begründung finden, als jetzt, indem man statt potentieller und kinetischer Energie nur mit mechanischer Energie zu thun haben würde. Ist X die Intensität, x die Extensität einer Komponente der mechanischen Energie, so würde bei $W = 0$ die Änderung de der mechanischen Energie, die in rein mechanischen Vorgängen verschwinden muß, sofort auf die dynamische Differentialgleichung führen

$$de = 0 = X\,dx - \frac{m}{2}\,dx'^2 = X\,dx - m x''\,dx,$$

$$X = m x''.$$

Achter Teil.

Die mechanische Richtung der Energetik und die mechanischen Bilder.

Erster Abschnitt.

Die Lagrange'schen Differentialgleichungen.

1. Die Energetik will unsere Erfahrungen über die Naturvorgänge so unmittelbar wie möglich darstellen, ohne das Hilfsmittel erdichteter mechanischer Vorrichtungen. Es sollen die zeitlichen Änderungen der Parameter, durch welche die Zustände eines Systems beschrieben werden, angegeben werden, ohne daß man hypothetisch ein mechanisches System ersinnt, dessen Bestandteile sich so bewegen, als wären jene Parameter des wirklichen Systems ihre Koordinaten.

Dieses Ziel der Energetik kann jedoch die Mechanik in gewisser Weise mit ihren eigenen Hilfsmitteln erreichen und dadurch der aus der Thermodynamik heraus entwickelten Energetik ihr Gebiet streitig machen, so daß ich geradezu die Übersicht über den Zustand der Energetik, die ich für die Lübecker Versammlung deutscher Naturforscher und Ärzte bearbeitet habe, in der Weise gliedern konnte, daß ich zwei Richtungen der Energetik unterschied, die mechanische und die thermodynamische. „Der mechanischen Richtung, die mit Helmholtz' Arbeit von 1847 anhebt, erscheinen die verschiedenen Energieformen als wesensgleich, der thermodynamischen, die auf R. Mayer zurückgeht, als äquivalent, aber dem Wesen nach verschieden, und nur insoweit mit gleichen (mathematisch oder physikalisch definierten) Eigenschaften behaftet, daß sie sich dem Begriffe Energieform unterordnen." Der mechanischen Richtung der Energetik haben wir nun noch unsere Aufmerksamkeit zu widmen.

Die Mechanik hat eine so hohe Stufe analytischer Entwickelung erreicht, daß sie die zeitlichen Änderungen der Parameter eines Systems auch in solchen Fällen anzugeben vermag, wo der geometrische Zusammenhang der einzelnen Teile nicht völlig bekannt ist; man braucht ihn nur insoweit zu kennen, als es nötig ist, gewisse Funktionen der Parameter und Geschwindigkeiten, nämlich die kinetische und die potentielle Energie, bez. die als Kräfte oder allgemeiner als Aktionen bezeichneten Ausdrücke aufzustellen.

Ist F die potentielle, T die kinetische Energie, also

$$E = F + T \tag{1}$$

die Gesamtenergie eines Systems, so bilde man das „kinetische Potential"[1]

$$H = F - T \tag{2}$$

und kann dann die LAGRANGE'schen Differentialgleichungen der Bewegung in der Form aufstellen

$$\frac{\partial H}{\partial p_\alpha} - \frac{d}{dt}\left(\frac{\partial H}{\partial p_\alpha'}\right) = -P_\alpha, \tag{3}$$

in der der Unterschied zwischen potentieller und kinetischer Energie verwischt ist.

Dabei bezeichnet p_α jede der voneinander unabhängigen Koordinaten, die zur Bestimmung des augenblicklichen Zustandes des betrachteten Körpersystems genügen und p_α' stellt die Geschwindigkeit ihrer Änderung dar. Ferner ist P_α die Kraft oder besser Aktion, mit welcher das bewegte Körpersystem auf Änderung der Koordinate p_α hinwirkt, die Aktion, die es ausübt. $-P_\alpha$ dagegen stellt die äußere Aktion dar, die auf das System in der Richtung p_α ausgeübt wird, die einwirken muß, damit die vorausgesetzte Bewegung des Systems in der angenommenen Weise vor sich gehen kann. Auch stellt $+P_\alpha dp_\alpha$ die bei Änderung der Koordinate p_α in $p_\alpha + dp_\alpha$ von dem System nach außen hin abgegebene Arbeit dar.

Geht man ohne Rücksicht auf die in Gleichung 2) ausgedrückte mechanische Bedeutung von H nur von den Gleichungen 3) oder dem mit ihnen identischen HAMILTON'schen Variationsprinzip aus, so gelangt man zur Energieerhaltung durch Multiplikation jeder der Gleichungen 3) mit p_α' und Addition:

$$\sum\left\{\frac{\partial H}{\partial p_\alpha}\cdot\frac{dp_\alpha}{dt} - \frac{d}{dt}\left(\frac{\partial H}{\partial p_\alpha'}p_\alpha'\right) + \frac{\partial H}{\partial p_\alpha'}\frac{dp_\alpha'}{dt}\right\} = -\sum P_\alpha\frac{dp_\alpha}{dt},$$

$$\frac{d}{dt}\left\{H - \sum\left(\frac{\partial H}{\partial p_\alpha'}p_\alpha'\right)\right\} = -\sum P_\alpha\frac{dp_\alpha}{dt}.$$

[1] HELMHOLTZ, Über die physikalische Bedeutung des Prinzips der kleinsten Wirkung. Wiss. Abh. III, S. 203.

Es stellt also

$$E = H - \sum \left(\frac{\partial H}{\partial p_a'} p_a' \right) \tag{4}$$

die gesamte, dem System von außen zugehende Energie dar.

Wenn man nun von einem Naturvorgange, von irgend einem Zusammenhange zwischen zwei Erscheinungen, nichts voraussetzen würde, als daß er durch reine Bewegungsübertragung vermittelt wird, worin einbegriffen ist, daß die in Zusammenhang gesetzten Erscheinungen selbst Funktionen von Bewegungen sind, — dann müßten auf ihn jene Gleichungen anwendbar sein, ganz gleichgiltig, welche Parameter p man zur Beschreibung der betrachteten Zustände anwenden würde. Und man würde die Gleichungen wirklich aufstellen können, wenn man die Größen H und P als Funktionen der p und p' kennen würde.

2. Der erste, der von diesem Standpunkte aus sein Augenmerk auf die LAGRANGE'schen Bewegungsgleichungen geworfen hat, ist meines Wissens MAXWELL. Er versuchte aus möglichst allgemeinen Ansichten über die Bewegung (vergl. S. 221) diese Gleichungen herzuleiten und wendete sie dann auf elektrodynamische Vorgänge an.

Zu diesem Zwecke setzt er[1] die potentielle Energie $F = 0$ und läßt an Stelle der kinetischen Energie T, die dann mit E und H identisch wird, eine Funktion treten, die er elektrokinetische Energie nennt:

$$T = \frac{1}{2} L_1 y_1'^2 + \frac{1}{2} L_2 y_2'^2 + \cdots + M_{12} y_1' y_2' + \cdots. \tag{5}$$

In diesem Ausdrucke bezeichnen y_1', y_2', ... die Stromstärken der einzelnen Stromkreise des Systems, während L_1, L_2 ... die Koeffizienten der Selbstinduktion, M_{12} ... die der wechselseitigen Induktion dieser Stromkreise bezeichnen und Funktionen der die Lage der Stromkreise bezeichnenden Koordinaten sind. Im Falle zweier Stromkreise ergiebt sich nun durch Anwendung der dynamischen Differentialgleichungen LAGRANGE's wirklich die auf den ersten induzierte elektromotorische Kraft

$$\frac{d}{dt} (L_1 y_1' + M_{12} y_2') \tag{6}$$

und die in der Richtung x ausgeübte ponderomotorische Kraftkomponente

$$y_1' \cdot y_2' \frac{\partial M_{12}}{\partial x}. \tag{7}$$

[1] MAXWELL, Electricity and magnetism. Oxford 1873. S. 184 ff.

MAXWELL macht in diesem Zusammenhange nicht den mindesten Versuch, ein mechanisches System an Stelle der Stromkreise zu setzen oder auch nur die Stromstärken als Geschwindigkeiten uns im übrigen unbekannter Massen hinzustellen; — er zeigt nur, daß man die Erscheinungen mittels der Gleichungen LAGRANGE's beschreiben kann, wenn man die Stromstärken als Geschwindigkeitsgrößen y' einführt, deren Integralwerte y im Ausdrucke der kinetischen Energie nicht auftreten, und ferner die elektrodynamische Gesamtenergie des Systems als kinetische Energie ansieht.

Das ist ein echt energetischer Gedanke; denn offenbar können nur die Thatsachen der Energieerhaltung und -umwandlung zu einer passenden Annahme über die für die Benutzung der LAGRANGE'schen Gleichungen entscheidenden Energiegrößen F und T führen.

3. Es treten uns hier zwei besondere Arten von Koordinaten entgegen, solche, die nur allein, ohne ihre Differentialquotienten, und solche, die nur durch ihre Differentialquotienten nach der Zeit im Ausdrucke H vertreten sind, und es liegt nach MAXWELL's Vorgang nahe, auch andere Naturerscheinungen durch die Annahme zu erklären, daß die durch sie veränderten Parameter der einen oder andern dieser Arten von Koordinaten angehören, ohne daß erst ein die wirklichen Verhältnisse abbildender Mechanismus ersonnen zu werden braucht. Auf diesem Wege sind v. HELMHOLTZ[1] und J. J. THOMSON[2] vorgegangen. Letzterer nannte die Koordinaten der zweiten Art (für welche die rechtwinkligen Koordinaten $x\,y\,z$, wenn sie frei sind, das einfachste Beispiel bieten) kinosthenische oder Geschwindigkeitskoordinaten, HERTZ[3] nennt sie cyklische Koordinaten, nachdem HELMHOLTZ die Systeme cyklische Systeme genannt hatte, in denen sie auftreten. THOMSON denkt sich H außer von den Geschwindigkeitskoordinaten, noch von Positionskoordinaten abhängig, die sowohl selbst als auch mit ihren Differentialquotienten nach der Zeit in den Ausdruck H eingehen, HELMHOLTZ aber beschränkt die Betrachtung von vornherein auf den Fall, daß die neben den cyklischen Koordinaten noch in H auftretenden Koordinaten, die er auch Parameter nennt, allein, ohne ihre Differentialquotienten auftreten, — ein Fall, der übrigens wegen bekannter Eigenschaften der kinetischen Energie, nur angenähert realisierbar ist.

[1] Berl. Sitzungsber. 1884. — Wiss. Abh. III, S. 119 ff.

[2] Phil. Trans. 1885, II. — THOMSON, Anwendungen der Dynamik auf Physik und Chemie. Leipzig 1890.

[3] HERTZ, Prinzipien der Mechanik. S. 235.

„Denn — so führt Hertz aus — ist eine Größe Koordinate eines Systems, so bedingt ihre Änderung eine Verrückung mindestens eines materiellen Punktes des Systems; die Energie dieses Punktes ist also quadratische Funktion der Änderungsgeschwindigkeit jener Koordinate, und für die Energie des Systems gilt demnach das gleiche. Die Energie eines jeden Systems enthält daher in Strenge notwendig die Änderungsgeschwindigkeiten aller Größen, welche überhaupt Koordinaten des Systems sind, also auch die Energie eines cyklischen Systems die Änderungsgeschwindigkeiten seiner Parameter." Die Bedingung, daß die kinetische Energie eines cyklischen Systems eine homogene quadratische Funktion der Geschwindigkeiten seiner cyklischen Koordinaten sein muß, kann aber mit jedem beliebigen Grade der Annäherung erreicht werden, indem man die Geschwindigkeiten der cyklischen Koordinaten hinreichend groß gegenüber denen der Parameter wählt. „So sind", sagt Hertz, „in der Elektrodynamik die Anziehungen zwischen Magneten zwar unabhängig von der Geschwindigkeit ihrer Bewegung, aber doch nur so lange, als diese Geschwindigkeit weit unterhalb der Lichtgeschwindigkeit liegt." Nur so lange erscheint es nämlich gestattet, die Magnete als cyklische Systeme anzusehen, deren Parameter die zur Bestimmung ihrer Lage nötigen Koordinaten sind, während als Geschwindigkeiten der cyklischen Koordinaten die Intensitäten der Molekularströme zu betrachten wären.

4. Helmholtz faßt in dieser Weise den Maxwell'schen Fall der **Elektrodynamik** ins Auge und setzt zu diesem Zwecke:

8) $$H = -\frac{1}{2}\sum_{\mathfrak{b}}\sum_{\mathfrak{c}} Q_{\mathfrak{b},\mathfrak{c}} \cdot y_{\mathfrak{b}}\, y_{\mathfrak{c}},$$

wobei $Q_{\mathfrak{b},\mathfrak{c}}$ eine zusammenfassende Bezeichnung für die Induktionskoeffizienten L und M der Gleichung 5) ist. Bildet man nun nach 4) die Energie E des Systems, so findet man:

9) $$E = H - \sum_{\mathfrak{b}} y_{\mathfrak{b}} \frac{\partial H}{\partial y_{\mathfrak{b}}} = -H$$

und dabei erscheinen die Zusatzglieder:

8b) $$h = \sum_{\mathfrak{b}} R_{\mathfrak{b}}\, y_{\mathfrak{b}},$$

die man zu H fügen müßte, um die Wirkung permanenter Magnete zu berücksichtigen, einflußlos, weil:

10) $$h - \sum_{\mathfrak{b}} \frac{\partial h}{\partial y_{\mathfrak{b}}} y_{\mathfrak{b}} = 0.$$

Ein Blick auf die Beziehungen 1) und 2) zeigt nun auch, daß, wenn man wie Helmholtz von der Funktion H ausgeht, man zu der Behauptung geführt wird, daß im elektrodynamischen System $F = 0$, $T = E = -H$ ist.

5. Helmholtz stellt alsdann mit dieser elektrodynamischen Verwendung seiner Grundformeln eine thermodynamische in Analogie. Umkehrbare Wärmevorgänge haben ja, wenn mit T die kinetische Energie der sichtbaren Bewegungen der schweren Massen bezeichnet wird, nach den Gleichungen 11), 12) und 10) auf S. 180 folgende Eigenschaften:

11)
$$\begin{cases} P_a = -\dfrac{\partial(F-T)}{\partial p_a} - \dfrac{d}{dt}\left(\dfrac{\partial T}{\partial p_a'}\right) \\ \dfrac{dQ}{dt} = -\theta\dfrac{d}{dt}\left(\dfrac{\partial F}{\partial \theta}\right) \\ E = F - \theta\dfrac{\partial F}{\partial \theta} + T. \end{cases}$$

Führt man neben der mit F bezeichneten freien Energie, die eine Funktion der p und θ ist, noch ein:

12)
$$\frac{\partial F}{\partial \theta} = -S,$$

versteht unter s irgend eine Funktion von S und setzt:

13)
$$\theta\frac{\partial S}{\partial s} = \eta,$$

14)
$$H = F - \theta\frac{\partial F}{\partial \theta} - \eta s,$$

so lassen sich H und s als Funktionen der p und des η ansehen und man kann obige Gleichungen schreiben:

15)
$$\begin{cases} \dfrac{dQ}{dt} = \theta\dfrac{dS}{dt} = \eta\dfrac{ds}{dt} \\ -P_a = \dfrac{\partial(H-T)}{\partial p_a} + \dfrac{d}{dt}\left(\dfrac{\partial T}{\partial p_a'}\right) \\ E = H - \eta\dfrac{dH}{d\eta} + T. \end{cases}$$

Man darf hiernach im Hinblick auf die Gleichungen 3) und 4) H als kinetisches Potential, η als Geschwindigkeit, s als Bewegungsmoment einer cyklischen Koordinate ansehen, nach der die Arbeit dQ geleistet wird, und es bleibt dahingestellt, wie s von S abhängt.

Die weitere Behauptung[1], daß die kinetische Energie stets integrierender Nenner von dQ, nämlich:

$$dQ = 2T \cdot d\log(T \cdot t)$$

sei, hat HELMHOLTZ auf Einwände BOLTZMANN's[2] hin zurückgezogen[3], da sich zeigen läßt, daß $T \cdot t$ im allgemeinen nicht bloß vom augenblicklichen Zustand des Systems abhängt. Aus diesem Grunde habe ich in diesem Buche auch die älteren in gleicher Richtung zielenden Arbeiten nicht erwähnt, unter denen besonders die von SZILY[4] viel Beachtung gefunden haben.

Führt man eine Aktion P_η ein, so daß:

16) $$-P_\eta \cdot \eta \, dt = dQ,$$

so ergiebt sich auch P_η wie P_a nach Gleichung 3):

17) $$P_\eta = \frac{d}{dt}\frac{\partial H}{\partial \eta}.$$

6. Endlich führt HELMHOLTZ als eine rein mechanische Analogie das Beispiel des Kreisels mit festgehaltener Spitze aus. „Der Kreisel sei ein Rotationskörper in CARDANI'scher Befestigung. Der äußere Ring a mag um eine vertikale Achse drehbar sein; den Drehungswinkel, von einer bestimmten Vertikalebene im Raume an gerechnet, nennen wir α. Der zweite Ring b drehe sich im ersten in horizontaler Achse; den Winkel zwischen den Ebenen der Ringe a und b bezeichne ich mit β. Die Drehungsachse des Kreisels liege im Ringe b rechtwinklig zu der Drehungsachse zwischen a und b; der Winkel zwischen einem bezeichneten Meridian des Kreisels und der Ebene von b sei γ.“ Das Trägheitsmoment des Kreisels um seine Rotationsachse sei C, das um eine seiner Äquatorialachsen B, das der Ringe werde vernachlässigt. Dann ist die kinetische Energie des Kreisels:

18) $$T = \frac{1}{2}C(\gamma' + \alpha' \cos\beta)^2 + \frac{1}{2}B(\alpha'^2 \sin^2\beta + \beta'^2)$$

und nach Gleichung 4):

19) $$H = -T.$$

Die Gleichungen 3) ergeben dann für die Aktionen $A\,B\,\Gamma$, mit denen sich die Winkel $\alpha\,\beta\,\gamma$ zu vergrößern streben:

---

[1] HELMHOLTZ, Berl. Sitzungsber. 1884.

[2] BOLTZMANN, Wiener Sitzungsber. 92, 1885.

[3] HELMHOLTZ, Wiss. Abh. Bd. 3, S. 226.

[4] POGG. Ann. 145 und Ergänzungsband 7. 1876.

$$20)\quad \begin{cases} A = -\frac{d}{dt}\{C\cos\beta(\gamma' + \alpha'\cos\beta) + B\sin^2\beta\cdot\alpha'\} \\ B = -C\sin\beta(\gamma' + \alpha'\cos\beta)\alpha' + B\sin\beta\cos\beta\cdot\alpha'^2 - B\beta'' \\ \Gamma = -\frac{d}{dt}\{C(\gamma' + \alpha'\cos\beta)\}. \end{cases}$$

An diesem Beispiel kann man nun weiter ersehen, daß H auch schon in rein mechanischen Anwendungen nicht immer die Geschwindigkeiten in zweiter Potenz zu enthalten braucht. Allerdings ist ja T stets eine homogene Funktion zweiten Grades in den p', wenn soviele p angewendet werden, als zur Bestimmung des jeweiligen Zustandes nötig sind. Aber es giebt Fälle, in denen sich einzelne p eliminieren lassen und dadurch die Form der Funktion H geändert wird. Ist z. B. das Drehmoment $\Gamma = 0$, also:

$$21)\quad \gamma' + \alpha'\cos\beta = -\frac{c}{C},$$

so kann man mit Hilfe dieser Beziehung γ' eliminieren und erhält:

$$22)\quad \begin{cases} A = +\frac{d}{dt}\{c\cos\beta - B\alpha'\sin^2\beta\} \\ B = +c\sin\beta\cdot\alpha' + B\sin\beta\cos\beta\,\alpha'^2 - B\beta''. \end{cases}$$

Diese Werte erhält man aber auch mittels der Gleichungen 3), wenn an Stelle von H eine neue Funktion:

$$23)\quad H' = +\frac{1}{2}\frac{c^2}{C} - \frac{1}{2}B(\alpha'^2\sin^2\beta + \beta'^2) + c\,\alpha'\cos\beta$$

gesetzt wird, für die also die Gleichungen 3) und infolge dessen auch die Beziehung 4) gelten, obschon sie nicht mehr die Form der Funktion H hat.

7. Um das Bildungsgesetz der Funktion H' allgemein zu übersehen, wollen wir annehmen, daß das System cyklische Koordinaten $p_{\mathfrak{b}}$ enthalte, nach denen keine Arbeit geleistet wird, so daß:

$$\frac{d}{dt}\left(\frac{dH}{\partial p_{\mathfrak{b}}'}\right) = 0,$$

Die nach den p' und zwar sowohl nach den Geschwindigkeiten der nichtcyklischen wie der cyklischen Koordinaten linearen Gleichungen:

$$24)\quad \frac{\partial H}{\partial p_{\mathfrak{b}}'} = c_{\mathfrak{b}}$$

können nun zur Elimination der $p_{\mathfrak{b}}'$ benutzt werden, wobei der Wert von H in $\mathfrak{H}$ übergehen möge. Dann ist:

25) $$\frac{\partial \mathfrak{H}}{\partial p_{\mathfrak{a}}} = \frac{\partial H}{\partial p_{\mathfrak{a}}} = \sum_{\mathfrak{b}} \frac{\partial H}{\partial p_{\mathfrak{b}}'} \cdot \frac{\partial p_{\mathfrak{b}}'}{\partial p_{\mathfrak{a}}}$$

25b) $$\frac{\partial H}{\partial p_{\mathfrak{a}}} = \frac{\partial}{\partial p_{\mathfrak{a}}} \{\mathfrak{H} - \sum_{\mathfrak{b}} c_{\mathfrak{b}} \cdot p_{\mathfrak{b}}'\}.$$

Setzt man nun:

26) $$\mathfrak{H} - \sum_{\mathfrak{b}} c_{\mathfrak{b}} p_{\mathfrak{b}}' = H',$$

so wird:

27) $$\frac{\partial H}{\partial p_{\mathfrak{a}}} = \frac{\partial H'}{\partial p_{\mathfrak{a}}}$$

und weil auf Grund ganz entsprechender Schlüsse:

28) $$\frac{\partial H}{\partial p_{\mathfrak{a}}'} = \frac{\partial H'}{\partial p_{\mathfrak{a}}'}$$

folgt, so ergeben sich die Gleichungen 3) nun in der Form:

29) $$P_{\mathfrak{a}} = -\frac{\partial H'}{\partial p_{\mathfrak{a}}} + \frac{d}{dt}\left(\frac{\partial H'}{\partial p_{\mathfrak{a}}'}\right).$$

Der hier behandelte Fall ist jedoch keineswegs der einzige, bei dem durch Elimination von Koordinaten Funktionen H' entstehen, die in ihrer Bauart von H abweichen und doch mittels der Gleichungen 3) und 4) die Aktionen und die Energie zu berechnen gestatten.

Außer dem Kreisel würde aus der Mechanik wägbarer Massen auch die Bewegung eines Systems, bezogen auf ein in Drehung begriffenes rechtwinkliges Koordinatensystem, z. B. das des Erdkörpers, hierher gehören und diesen Analogien gemäß bezeichnet Helmholtz überhaupt die Fälle, wo H Glieder enthält, die nach den Geschwindigkeiten linear sind, als Fälle mit verborgener Bewegung. Dazu gehört also auch die Wechselwirkung zwischen Magneten und elektrischen Strömen, für die ja in der That schon von Ampère verborgene Bewegungen in den Magneten angenommen worden sind. Die Fälle verborgener Bewegung haben das Charakteristische, daß die Bewegung nicht unter Einhaltung der Bedingungen rückläufig gemacht werden kann, wenn nicht die verborgenen Bewegungen gleichzeitig umgekehrt werden.

8. Helmholtz[1] verwertet diese Gedanken nach energetischer Richtung, indem er aus den Gleichungen 3) Beziehungen zwischen

[1] Wiss. Abh. Bd. 3, S. 231 f.

den **Aktionen** herleitet, die eine sehr allgemeine, weit über die Mechanik hinausreichende Giltigkeit besitzen, wie sich das vor allem aus den Untersuchungen KÖNIGSBERGER's[1] ergiebt, die zu denselben Beziehungen gelangen, obschon sie (vergl. S. 338) von weit allgemeineren, die Mechanik als Spezialfall enthaltenden Grundlagen ausgehen.

Es ist bekannt, daß die nach außen wirkenden Kräfte **ruhender Systeme**, die dem Gesetze der Konstanz der Energie genügen, gewisse gesetzmäßige Beziehungen zu einander zeigen, die sich in den Gleichungen:

$$\text{30)}\qquad \frac{\partial P_{\mathfrak{a}}}{\partial p_{\mathfrak{b}}} = \frac{\partial P_{\mathfrak{b}}}{\partial p_{\mathfrak{a}}}$$

aussprechen und daß, wenn diese Gleichungen erfüllt sind, sich der Wert der potentiellen Energie finden läßt. Ähnliche Beziehungen folgen für **bewegte Systeme** aus den LAGRANGE'schen Gleichungen 3). Schreibt man diese:

$$\text{31)}\qquad P_{\mathfrak{a}} = -\frac{\partial H}{\partial p_{\mathfrak{a}}} + \sum_{\mathfrak{b}} \frac{\partial^2 H}{\partial p_{\mathfrak{b}}\, \partial p_{\mathfrak{a}}'} p_{\mathfrak{b}}' + \sum_{\mathfrak{b}} \frac{\partial^2 H}{\partial p_{\mathfrak{b}}'\, \partial p_{\mathfrak{a}}'} p_{\mathfrak{b}}'',$$

so erkennt man zunächst, daß:

$$\text{32)}\qquad \frac{\partial P_{\mathfrak{a}}}{\partial p_{\mathfrak{b}}''} = \frac{\partial^2 H}{\partial p_{\mathfrak{a}}'\, \partial p_{\mathfrak{b}}'} = \frac{\partial P_{\mathfrak{b}}}{\partial p_{\mathfrak{a}}''}.$$

Ferner ist nach 31):

$$\text{33)}\qquad \frac{\partial P_{\mathfrak{a}}}{\partial p_{\mathfrak{b}}'} = -\frac{\partial^2 H}{\partial p_{\mathfrak{a}}\, \partial p_{\mathfrak{b}}'} + \frac{\partial^2 H}{\partial p_{\mathfrak{b}}\, \partial p_{\mathfrak{a}}'} + \frac{d}{dt}\left(\frac{\partial^2 H}{\partial p_{\mathfrak{a}}'\, \partial p_{\mathfrak{b}}'}\right).$$

Daher mit Rücksicht auf 32):

$$\text{34)}\qquad \frac{\partial P_{\mathfrak{a}}}{\partial p_{\mathfrak{b}}'} + \frac{\partial P_{\mathfrak{b}}}{\partial p_{\mathfrak{a}}'} = 2\frac{d}{dt}\left(\frac{\partial^2 H}{\partial p_{\mathfrak{a}}'\partial p_{\mathfrak{b}}'}\right) = \frac{d}{dt}\left(\frac{\partial P_{\mathfrak{a}}}{\partial p_{\mathfrak{b}}''} + \frac{\partial P_{\mathfrak{b}}}{\partial p_{\mathfrak{a}}''}\right)$$

und in den zahlreichen Fällen, wo:

$$\text{35)}\qquad \frac{\partial P_{\mathfrak{a}}}{dp_{\mathfrak{b}}''} = \frac{\partial^2 H}{\partial p_{\mathfrak{a}}'\partial p_{\mathfrak{b}}'} = \text{Const},$$

wird noch einfacher:

$$\text{34b)}\qquad \frac{\partial P_{\mathfrak{a}}}{\partial p_{\mathfrak{b}}'} = -\frac{\partial P_{\mathfrak{b}}}{\partial p_{\mathfrak{a}}'}.$$

Endlich ergiebt sich noch aus 3) mit Rücksicht auf 33):

$$\text{35)}\qquad \frac{\partial P_{\mathfrak{a}}}{\partial p_{\mathfrak{b}}} - \frac{\partial P_{\mathfrak{b}}}{\partial p_{\mathfrak{a}}} = \frac{d}{dt}\left(\frac{\partial^2 H}{\partial p_{\mathfrak{a}}'\, \partial p_{\mathfrak{b}}} - \frac{\partial^2 H}{\partial p_{\mathfrak{b}}'\, \partial p_{\mathfrak{a}}}\right) = \frac{1}{2}\frac{d}{dt}\left(\frac{\partial P_{\mathfrak{a}}}{\partial p_{\mathfrak{b}}'} - \frac{\partial P_{\mathfrak{b}}}{\partial p_{\mathfrak{a}}'}\right).$$

---

[1] KÖNIGSBERGER, Berl. Sitzungsber. 1896 u. 1897, sowie J. f. Math. 118 u. 119.

Die Gleichungen 32), 34) und 35) sprechen die reciproken Eigentümlichkeiten aus, die allen Bewegungsvorgängen zukommen; wie sie sich bei cyklischen Bewegungen gestalten, hat HERTZ[1] ausgeführt.

HELMHOLTZ zeigt besonders, wie zahlreich die Erscheinungen sind, die sich der Gleichung 34b) unterordnen:

1. Wenn mit Steigerung der Kraft B, welche die Neigung β der Kreiselachse gegen die Vertikale vergrößert, die Präzessionsgeschwindigkeit α' wächst, — so wird eine Kraft A, welche die Präzessionsbewegung beschleunigt, die Kreiselachse der Vertikale nähern.

2. Die Bewegung zweier Stromkreise, welche durch die ponderomotorischen Kräfte unterstützt wird, induziert elektromotorische Kräfte, welche den Strömen entgegenwirken (LENZ'sches Induktionsgesetz).

3. Wenn Temperatursteigerung den Druck steigert, so wird isotherme Zusammendrückung mit Wärmeaufnahme verbunden sein oder kürzer: es wird Zusammendrückung die Temperatur steigern.

Um diesen Satz der Formel 34b) unterzuordnen, schreibt sie HELMHOLTZ:

$$\frac{\partial (P_\eta \cdot \eta)}{\partial p_a'} = - \frac{\partial P_a}{\partial \log \eta}$$

oder nach 16):

$$\frac{\partial}{\partial p_a'}\left(\frac{dQ}{dt}\right) = + \frac{\partial P_a}{\partial \log \eta} \tag{36}$$

und im speziellen Falle $\eta = \theta$ (vergl. Gleichung 13):

$$\frac{\partial}{\partial p_a'}\left(\frac{dQ}{dt}\right) = \frac{\partial P_a}{\partial \log \theta}. \tag{36b}$$

Da nun die linke Seite die Geschwindigkeit darstellt, mit der Wärme eintritt, wenn der Parameter p mit der Geschwindigkeit p' wächst, während die Temperatur θ konstant bleibt, so ergiebt sich die obige Formulierung.

4. Wenn Erwärmung einer Stelle in einer geschlossenen Leitung einen elektrischen Strom hervorbringt, so wird derselbe Strom dort Kälte entwickeln (PELTIER's Phänomen).

5. Wenn Erwärmung eines konstanten galvanischen Elements die elektromotorische Kraft steigert, wird der Strom in demselben Wärme latent machen.

Wer nur die HELMHOLTZ'sche Gedankenfolge vor sich sieht, wie sie gedruckt vorliegt, — ich meine, der müßte erstaunt sein über

[1] HERTZ, Mechanik. S. 242.

die Kühnheit dieser Schlüsse. Aber im Jahre 1886 erstaunte schon niemand mehr über diese allumfassende Unterordnung der verschiedensten Erscheinungen unter eine an sich rein dynamische Formel. Die Erfolge, welche die einfache Analogie in der Elektrotechnik und in den Ansätzen von Gibbs errungen hatte, ließen es bereits gar nicht mehr auffällig erscheinen, daß nicht nur Kraft und Drehmoment und mechanische Aktion überhaupt, sondern auch elektromotorische Kraft und Wärme und Druck als Dinge angesehen wurden, die insoweit gleichartig seien, daß man sie für dasselbe Zeichen P in Lagrange's Gleichungen einsetzen dürfe. Nicht minder werden in obigen Analogien Geschwindigkeiten und Ströme und Temperaturen als gleichartig zusammengeworfen und nach Bedürfnis für p' substituiert. Und da hält man es immer noch für unnötig, diese durchgreifenden Beziehungen in ihrer einfachen begrifflichen Klarheit festzustellen, wie es in den Intensitäts- uad Extensitätsgesetzen geschieht?

9. Es ist durchaus energetischer Geist, der in diesen Arbeiten herrscht, denn allein das Auftreten von Energiegrößen T, L, E, H in den dynamischen Differentialgleichungen gewährt im Grunde genommen der Analogie ihre Berechtigung. Vielleicht giebt das auch heute noch nicht jeder zu, vielleicht glaubt noch mancher, daß — wie es Helmholtz allerdings darstellt — nur die rein mathematische Formel des Hamilton'schen Prinzips, die Analogien zusammenhält, eine Formel, hinter der gar kein physikalischer Sinn steckt und die auch bei Helmholtz den Lagrange'schen Differentialgleichungen, auf die es allein ankommt, nur als Folie dient. Aber wer diesen Standpunkt einnimmt, muß doch zugeben, daß allein das Auftreten von Energiegrößen in den Differentialgleichungen die quantitative Prüfung der an sie geknüpften Analogien ermöglicht. Denn auch die Größen P sind, nachdem die p willkürlich gewählt wurden, energetisch definiert dadurch, daß Pdp eine Energiegröße ist, wie das am auffälligsten Gleichung 16) verrät.

Ich habe daher geglaubt, den Gedanken, dem seit Maxwell eine Reihe von Forschern, vor allem J. J. Thomson und Helmholtz, nachgehen, als besonderes Prinzip, das Analogieprinzip heißen möge, in folgender Fassung herausheben zu können[1]:

„Von den Koordinaten oder Parametern, die eine Naturerscheinung bestimmen (also z. B. von der Temperatur, der

[1] Helm, Überblick über den derzeitigen Zustand der Energetik. Beilage zu Wied. Ann. 1895.

elektrischen Ladung, den Potentialen) lassen sich in ähnlicher Weise wie in der Mechanik von den räumlichen Koordinaten und Geschwindigkeiten, Funktionen abhängig machen, mit denen man rechnen kann, wie die Mechanik mit kinetischer Energie und potentieller Energie bez. mechanischer Arbeit rechnet, und welche zugleich diesen mechanischen Größen physikalisch äquivalent sind."

Wenn wir ohne eine mechanische Hypothese die Mechanik für nicht-mechanische Vorgänge nutzbar machen wollen, so bleiben uns nur zwei Wege: das Perpetuum-mobile-Prinzip, das Helmholtz 1847 aufstellte und das Analogieprinzip der genannten neueren Theoretiker.

10. Unmittelbarer als Helmholtz schließt sich J. J. Thomson[1] dem Maxwell'schen Grundgedanken an. Unter dem Eindrucke der tiefer gehenden Untersuchungen von Helmholtz sind die umfassenderen, das ganze Gebiet der Physik durchmusternden Arbeiten von Thomson bisher, wie mir scheint, zu wenig gewürdigt worden. Thomson sucht, ganz wie es Maxwell angefangen, geradezu die allgemeine Form des kinetischen Potentials des Systems als Funktion seiner Koordinaten aufzustellen. Er unterscheidet zunächst folgende Arten von Koordinaten:

1. Koordinaten x zur Bestimmung der Lage starrer Körper;

2. Koordinaten w zur Bestimmung der Deformationen im System;

3. Koordinaten y zur Bestimmung des elektrischen Zustandes. Im Dielektrikum würde y die Maxwell'sche elektrische Verschiebung, im Leiter den Integralstrom, y' die Stromstärke messen;

4. Koordinaten $\eta\,\zeta$ zur Bestimmung des magnetischen Zustandes. Durch die Koordinaten η soll die Lage der Molekularmagnete oder Ampère'schen Molekularströme, durch die kinosthenischen Koordinaten ζ das Moment der Molekularmagnete oder die Intensität der Molekularströme dargestellt werden. Auch wird statt ζ das entsprechende Bewegungsmoment $\xi = \partial T : \partial \zeta'$ eingeführt.

Die kinetische Energie als homogene Funktion zweiten Grades der Geschwindigkeiten enthält nun teils Glieder, in denen Geschwindigkeiten gleicher Natur auftreten, wie $x_1' \cdot x_2'$, oder $y_1' \cdot y_2'$, teils solche, in denen Geschwindigkeiten verschiedener Natur vorkommen, $x' \cdot y'$, $x' \cdot \zeta'$ oder $x' \cdot \xi$.

[1] J. J. Thomson, Anwendungen der Dynamik. Leipzig 1890.

Jedes Glied vom Typus

$$(p\,q)\cdot p'\cdot q',$$

worin $(p\,q)$ irgend eine Funktion der Koordinaten darstellt, liefert den LAGRANGE'schen Gleichungen zufolge Kräfte von den Typen

$$\frac{d}{d\,t}[(p\,q)\cdot q'] - \frac{\partial}{\partial\,p}[(p\,q)\cdot p'\cdot q'],$$

$$\frac{d}{d\,t}[(p\,q)\cdot p'] - \frac{\partial}{\partial\,q}[(p\,q)\cdot p'\cdot q'],$$

$$-\frac{\partial}{\partial\,r}[(p\,q)\cdot p'\cdot q'],$$

wenn r eine Koordinate darstellt, die den Typen p und q nicht angehört. Fehlen erfahrungsmäßig bei einer Naturerscheinung diese Kräfte, so fehlt das Glied $p'\cdot q'$ in dem kinetischen Potential. Eine Durchmusterung der dynamischen und elektrodynamischen Erscheinungen zeigt, daß nur Glieder von folgenden Typen zu beachten sind

$$x'\cdot x',\quad y'\cdot y',\quad w'\cdot w',\quad \eta'\cdot\eta',\quad \xi\cdot\xi,\quad x'\cdot w',\ y'\cdot\xi.$$

Wie sich THOMSON bei dieser Behandlung der Bewegung, Elektrizität und Elastizität von mechanischen Hypothesen leiten läßt, jedoch nur deren allgemeine Züge, nicht ihre Einzelheiten zur Aufstellung der allgemeinen Form der Energie nötig hat, so geht er auch bei der Untersuchung der Wärmevorgänge von der mechanischen Hypothese aus und führt Koordinaten u ein, durch welche die Lage der Moleküle feststellbar ist. Hier tritt aber eine Schwierigkeit auf. Den Koordinaten der früheren fünf Typen kann man innerhalb gewisser Grenzen jeden beliebigen Wert beilegen, THOMSON nennt sie deshalb kontrollierbare Koordinaten. Anders steht es mit den Koordinaten vom Typus u. „Wir haben zwar den mittleren Wert gewisser Funktionen von einer großen Anzahl dieser Koordinaten in der Gewalt, allein wir haben keine Kontrolle über die Koordinaten im einzelnen. Diese Koordinaten können wir daher als uneinschränkbare Koordinaten bezeichnen.“ Indem nun THOMSON die kinetische Energie des Systems in zwei Summanden zerlegt, deren einer, der HELMHOLTZ' freie Energie darstellen soll, nur von kontrollierbaren Koordinaten abhängt, während der andere der absoluten Temperatur proportional gesetzt wird, ergeben sich die Grundgesetze der Thermodynamik.

Auf das Studium von Mittelwerten des kinetischen Potentials führt ferner THOMSON die Theorie der umkehrbaren „skalaren“ Erscheinungen zurück. Die bisher angeführten Koordinaten waren

Vektoren, dagegen sind Temperatur, Dampfdichte, Molekelzahl skalare Größen. Die Bestimmung des Mittelwertes des kinetischen Potentials beschränkt nun THOMSON auf unveränderliche Zustände, d. h. er nimmt an, daß Geschwindigkeiten der kontrollierbaren Koordinaten, soweit sie nicht kinosthenisch sind, verschwinden und die der kinosthenischen konstant sind.

Ist z. B. die Masseneinheit eines Gases in einem Cylinder durch einen beweglichen Kolben von der Fläche q abgeschlossen und ist x der Abstand des Kolbens vom Cylinderboden, so wird das mittlere kinetische Potential für das System von Molekeln, die das Gas bilden, die Koordinate x enthalten, weil der Gasdruck eine Kraft ist, die x zu ändern sucht. Den LAGRANGE'schen Gleichungen zufolge ist

$$\frac{\partial H}{\partial x} = -pq.$$

Ist nun θ die absolute Temperatur, R die Gaskonstante, so ist

$$p = \frac{R\theta}{v}$$

und mit Rücksicht auf $v = qx$ folgt

$$\frac{\partial H}{\partial x} = -\frac{R\theta}{v}\frac{dv}{dx},$$

$$H = -R\theta \log \frac{v}{v_0} + f(\theta),$$

es steht also das mittlere kinetische Potential in sehr naher Beziehung zur Entropie, so daß sich mit seiner Hilfe manche umkehrbare Erscheinungen ebenso wie mit der Entropie behandeln lassen.

Hinsichtlich der nicht-umkehrbaren Erscheinungen steht — wie später zu erörtern sein wird — THOMSON wie HELMHOLTZ auf dem Standpunkte MAXWELL's: Die Nicht-Umkehrbarkeit hat ihren Grund in der Beschränktheit unserer Mittel, das System zu beeinflussen; wir können nicht auf die Molekeln im einzelnen einwirken, die uneinschränkbaren Koordinaten machen einen Vorgang im allgemeinen nicht-umkehrbar.

11. Als eine weitere Ausbildung der HELMHOLTZ'schen Art, die LAGRANGE'schen Differentialgleichungen zur Beschreibung der Naturerscheinungen zu verwenden verdienten die Arbeiten von NATANSON Beachtung, die an RAYLEIGH's Zerstreuungsfunktion anknüpfen, um in die Energiegleichung nicht-umkehrbare Bestandteile aufzunehmen.

RAYLEIGH[1] hat gezeigt, daß wenn die Zähigkeit durch Kräfte dargestellt werden kann, die der Geschwindigkeit oder den Geschwindigkeitsunterschieden der sich beeinflussenden Punkte proportional sind, sie in den LAGRANGE'schen Gleichungen sehr einfach, nämlich durch eine homogene Funktion der Geschwindigkeiten vom zweiten Grade ausdrückbar ist, die Zerstreuungsfunktion Φ heißen soll. Auch hat RAYLEIGH die Annahme gemacht, daß sich die Zähigkeit immer so wiedergeben lasse. Ist T die kinetische, V die potentielle Energie des Systems, so würde nach RAYLEIGH's Ansatz die Aktion P, die von außen nach dem Parameter p ausgeübt wird, gegeben sein durch die Gleichung:

$$\frac{d}{dt}\left(\frac{\partial T}{\partial p'}\right) - \frac{\partial T}{\partial p} + \frac{\partial \Phi}{\partial p'} + \frac{\partial V}{\partial p} = P.$$

NATANSON[2] stellt nun durch die Funktion Φ den nicht-umkehrbaren Teil der vom System aufgenommenen Wärme dar, während der umkehrbare mit der potentiellen Energie V zusammengezogen wird zur freien Energie $F = V - \theta S$. So gelangt er zu dem Ansatz:

$$\frac{d}{dt}\left(\frac{\partial T}{\partial p'}\right) - \frac{\partial T}{\partial p} + \frac{\partial \Phi}{\partial p'} + \frac{\partial F}{\partial p} = P.$$

Über die Zerstreuungsfunktion Φ macht aber NATANSON die Annahme, daß die zeitliche Änderung von Φ teils von der Umgebung des betrachteten Körpers, teils von der gegenseitigen Beeinflussung seiner Teile herrührt und daß diese letztere Änderung der Funktion Φ selbst proportional ist. Diesen Teil der Änderung mit D bezeichnend, gelangt demnach NATANSON zu der Formel:

$$\frac{D\Phi}{Dt} = -\frac{2\Phi}{\tau}$$

und nennt τ die Relaxationszeit. Den Anwendungen seiner Formeln, die NATANSON selbst giebt, hat neuerdings WASSMUTH[3] weitere auf die Elektrodynamik bezügliche Ausführungen angeschlossen.

Treten uns in der Zerstreuungsfunktion Kraftwirkungen entgegen, die nicht von den Parametern p des Systems allein, sondern auch von deren Ableitungen p' nach der Zeit abhängen, so erhebt sich die weitere Frage, was denn von den dynamischen Beziehungen erhalten bleibt, wenn man überhaupt als kinetisches Potential eine

[1] STRUTT, Baron RAYLEIGH, Die Theorie des Schalles. Übers. v. NEESEN. Braunschweig 1880. Bd. 1, S. 109. Proc. London. Math. Soc. 1873. Auch THOMSON und TAIT, Natural Philosophy I, S. 388, 1890 ist zu vergleichen.

[2] Bull. Akad. Krakau. 1896. Auch: Ztschr. f. phys. Chemie 21, 1896.

[3] WASSMUTH, WIED. Ann. 62, S. 522, 1897.

Funktion der p, p' und noch höherer Differentialquotienten zuläßt und über dessen Verhalten eine Annahme macht, die im gewöhnlichen Falle der Abhängigkeit von p und p' allein auf die LAGRANGE'schen Gleichungen führt. Wie früher schon einmal C. NEUMANN hat neuerdings KÖNIGSBERGER[1] die Annahme gemacht, es gelte auch im allgemeinen Falle das HAMILTON'sche Prinzip. Daraus folgt als allgemeine Form der LAGRANGE'schen Differentialgleichungen zweiter Form:

$$\frac{\partial H}{\partial p} - \frac{d}{dt}\left(\frac{\partial H}{\partial p'}\right) + \frac{d^2}{dt^2}\left(\frac{\partial H}{\partial p''}\right) - \ldots + (-1)^\nu \frac{d^\nu}{dt^\nu}\left(\frac{d H}{\partial p^{(\nu)}}\right) + P = 0,$$

und insbesondere gelingt es KÖNIGSBERGER, zu zeigen, daß die HELMHOLTZ'schen Reciprocitätssätze 32), 34) und 35) „gar nichts mit der Natur des kinetischen Potentials, nur von den ersten Ableitungen der Koordinaten abzuhängen, zu thun haben".

Zweiter Abschnitt.

Die mechanischen Bilder.

1. BOLTZMANN hat die LAGRANGE'schen Differentialgleichungen verwertet, um das Gebiet der Physik theoretisch darzustellen, für das sie sich am unmittelbarsten haben übertragen lassen und auf das sie MAXWELL zuerst angewendet hat: die Elektrodynamik.[2] Dabei bedient sich BOLTZMANN der HELMHOLTZ'schen Theorie cyklischer Systeme und ersinnt geradezu eine auch wirklich ausgeführte Maschine, deren kinetische Energie sich im wesentlichen in der Form 5) S. 324 darstellen läßt, wobei die Stromstärken y' durch Winkelgeschwindigkeiten versinnlicht sind. Die Maschine kann daher dazu dienen, die Erscheinungen der elektrischen Induktion und der elektrodynamischen Anziehungen und Abstoßungen durch mechanische Vorgänge abzubilden.

Diese Abbildung der Erscheinungen durcheinander hat BOLTZMANN zu einer sehr beachtenswerten geschichtlichen und erkenntnistheoretischen Studie[3] angeregt. KIRCHHOFF, so etwa führt BOLTZ-

[1] KÖNIGSBERGER, Berl. Sitzungsberichte 39, S. 899, 1896.

[2] BOLTZMANN, Vorlesungen über MAXWELL's Theorie der Elektrizität und des Lichtes. Leipzig 1891 und 1893.

[3] BOLTZMANN, Über die Methoden der theoretischen Physik in: DYCK, Katalog mathematischer ... Modelle. München 1892. S. 89.

MANN aus, hat die Kräfte aus der Natur hinweg definiert und die Physik zur eigentlich beschreibenden Naturwissenschaft gemacht. „Ob man mit KEPLER die Gestalt der Bahn eines Planeten und die Geschwindigkeit in jedem Punkte oder mit NEWTON die Kraft an jeder Stelle angebe, beides seien — nach KIRCHHOFF's Standpunkt — eigentlich nur verschiedene Methoden, die Thatsachen zu beschreiben, und das Verdienst NEWTON's sei nur die Entdeckung, daß die Beschreibung der Bewegung der Himmelskörper besonders einfach wird, wenn man die zweiten Differentialquotienten ihrer Koordinaten nach der Zeit angiebt.“ Im Anschluß hieran entwickelte sich die Ansicht, „daß es nicht Aufgabe der Theorie sein könne, den Mechanismus der Natur zu durchschauen, sondern bloß, von möglichst einfachen Voraussetzungen ausgehend, möglichst einfache Gleichungen aufzustellen, die die Naturerscheinungen mit möglichster Annäherung zu berechnen erlauben; wie sich HERTZ charakteristisch ausdrückt, nur die direkt beobachteten Erscheinungen nackt durch Gleichungen darzustellen, ohne die bunten, von unserer Phantasie ihnen umgehängten Mäntelchen der Hypothesen.“ Hierzu kam, daß die von FARADAY ausgehenden Anschauungen, die zwar die bunten Mäntelchen der mechanischen Veranschaulichung besonders liebten, „in den von ihnen ersonnenen Mechanismen nicht diejenigen der Natur erblickten, sondern bloße Bilder oder Analogien“, und daß sich in der That die überraschendsten und weitgehendsten Analogien zwischen scheinbar ganz disparaten Naturvorgängen zeigten. „Die Natur schien gewissermaßen die verschiedensten Dinge genau nach demselben Plane gebaut zu haben oder, wie der Analytiker trocken sagt, dieselben Differentialgleichungen gelten für die verschiedensten Phänomene. So geschieht die Wärmeleitung, die Diffusion und die Verbreitung der Elektrizität in Leitern nach denselben Gesetzen; dieselben Gleichungen können als Auflösung eines Problems der Hydrodynamik und der Potentialtheorie betrachtet werden; die Theorie der Flüssigkeitswirbel, sowie die der Gasreibung zeigt die überraschendste Analogie mit der des Elektromagnetismus u. s. w.“

So glaubt denn MAXWELL, während er inkompressible Flüssigkeiten und Widerstandskräfte braucht, um elektrische Vorgänge zu veranschaulichen, keineswegs an die Realität dieser Dinge, konstruiert aus Flüssigkeitswirbeln und Friktionsrollen ein mechanisches Modell für den Elektromagnetismus, lediglich um durch eine mechanische Fiktion die Forschung zu fördern und gelangt wirklich auf diesem Wege zu seinem berühmten Gleichungssystem. Diese neuere Richtung der Analogiebildung verzichtet auf vollständige Kongruenz mit der Natur und kehrt dafür die Ähnlichkeitspunkte um so schlagender hervor. „Die alten Hypothesen konnten nur aufrecht erhalten werden, so lange alles klappte; jetzt aber schadeten einzelne Nichtübereinstimmungen nicht mehr, denn einer bloßen Analogie kann man es nicht übel nehmen, wenn sie in einzelnen Punkten hinkt. Daher wurden bald auch die alten Theorien, so die elastische Theorie des Lichtes, die Gastheorie, die Schemata der Chemiker für die Benzolringe u. s. w., nur mehr als mechanische Analogien aufgefaßt, und endlich generalisierte die Philosophie MAXWELL's Ideen bis zu der Lehre, daß die Erkenntnis überhaupt nichts anderes sei, als die Auffindung von Analogien. Damit war die alte wissenschaftliche Methode wieder hinwegdefiniert, und die Wissenschaft sprach nur mehr in Gleichnissen."

2. Ich führe diese vortrefflichen Darlegungen BOLTZMANN's an, um zu zeigen, daß die an die Mechanik anknüpfenden Bestrebungen das gleiche Ziel im Auge haben, wie die aus der Thermodynamik hervorgewachsenen, wenn sie sich nur von dem angeerbten Wahn frei halten, daß, da alle Erfahrung ein Schein sei, ein hinter dem Sinnenschein stehender Mechanismus die Wahrheit darstelle, die in ihren Einzelheiten zu erkennen das Ziel der Wissenschaft sein müsse.

Wenn freilich sich jemand ehrlich auf den Standpunkt stellt, daß es ihm nur um eine mechanische Analogie zu thun sei und sich nicht im stillen doch nach der Realisierung dieser Analogie sehnt, — so wird er leicht zu überführen sein, daß die thermodynamische Richtung der Energetik die vollkommenere und folgerichtigere ist. Wird nämlich, während ein System eine seiner Koordinaten um dp ändert und die anderen Koordinaten unverändert bleiben, von ihm der Energiebetrag $-de = P dp$ abgegeben, so behauptet die mechanische Richtung der Energetik, daß eine Funktion H existiere von der Art, daß:

$$\frac{d}{dt}\frac{\partial H}{\partial p'} - \frac{\partial H}{\partial p.} = P$$

sei und daß aus dieser Funktion der sämtlichen Koordinaten p des Systems und ihrer Differentialquotienten alle P und demgemäß alle de gefunden werden können. Mit anderen Worten behauptet die mechanische Energetik, daß stets zwischen den verschiedenen Aktionen P, die ein System nach den verschiedenen Koordinaten p zu leisten vermag, Beziehungen bestehen von der Art, wie sie HELMHOLTZ in den Gleichungen 32), 34) und 35) aufgestellt hat. Nun wissen wir aber von einfachen Gleichgewichtsfällen her, daß bei diesen keineswegs immer die Gleichung:

$$P = -\frac{\partial H}{\partial p}$$

gilt, sondern auch Kräfte vorkommen, die kein Potential besitzen. Wenn sich nun auch solche Fälle durch Hinzuziehung anderer Systeme und verborgener Bewegungen beseitigen lassen, so übersieht man doch sogleich die Komplikationen, zu denen die Behauptung führt, daß ein kinetisches Potential stets existiere. Diese Komplikationen durchzuarbeiten, erscheint natürlich ganz berechtigt und notwendig, wenn der Mechanismus das erstrebenswerte höchste Ziel der Forschung ist, aber wenn es sich nur um ein Bild, eine Analogie handelt, die ohnedies nur bis zu einem gewissen Grade stichhaltig bleibt, wofür dann die ganze Zurüstung? Es scheint eben überall das Schicksal der mechanischen Hypothesen zu bleiben, daß sie zuviel Beiwerk nötig haben, den betrachteten Systemen überflüssig viel Eigenschaften andichten. Daß darunter auch manche sind, die Ausgangspunkte neuer Fragestellungen werden, ist nicht zu verwundern; die übrigen aber bleiben Ballast.

Die thermodynamische Richtung der Energetik behauptet nichts von den Größen $P dp$, als daß alle gleichzeitig auftretenden zur Summe ein vollständiges Differential dE ergeben. Weiter zeigt sie im Intensitäts- und Extensitätsgesetze, daß sich dE in Summanden $J dM$ zerlegen läßt, deren Bestandteile J und M gewisse Eigenschaften erfüllen, welche die Beziehung des Systems zur Umgebung betreffen. Daß ohne diese Eigenschaften auch die mechanische Richtung nicht durchführbar zu sein scheint, ist bereits bei HELMHOLTZ' Untersuchungen über die Koppelung bemerkt worden.

Gelingt es der mechanischen Richtung, die Funktion H in einem gegebenen Falle zu ermitteln, so sind durch H und E mittelst der Formel 1) und 2) S. 323 der potentielle und der kinetische Anteil der Energie bestimmt, und damit ist ein wesentlicher Schritt zur mechanischen Auffassung des untersuchten Vorgangs gelungen.

3. Für die Geschichte der wissenschaftlichen Idee, die, im wesentlichen von MAXWELL ausgehend, bei HELMHOTZ und HERTZ ihre vollkommenste Gestaltung gefunden hat, ist es nicht ohne Interesse, die Zwischenbildungen nachzuweisen, die dieser Ausbildung vorangingen. Ich rechne hierzu gewisse mechanische Untersuchungen derjenigen beiden Forscher, denen der Versuch am nächsten liegen mußte, ihre thermodynamischen Ergebnisse auf mechanische Basis zu stellen, CLAUSIUS und WILHELM THOMSON. Beide sind ja auch — was uns hier fern liegt — als Bearbeiter mechanischer Hypothesen im alten Sinne aufgetreten, — CLAUSIUS, indem er die alten Hypothesen von der Bewegung der Atome, vor allem die kinetische Gashypothese neu belebte und vertiefte, — THOMSON, indem er die alten Atome durch Wirbelringe einer reibungslosen Flüssigkeit ersetzte, in der Absicht, mittels der HELMHOLTZ'schen Wirbeltheorie eine universelle mechanische Weltanschauung zu finden. Aber beide rücken auch dem energetischen Standpunkte auf dem Boden der Mechanik nahe, indem sie sich mit der Frage beschäftigen, was sich im allgemeinen über ein System von der Art atomistisch aufgebauter Körper aussagen läßt, ohne in das Detail der Bewegungsvorgänge, die den Atomen einzeln zugedacht werden, eingehen zu müssen. Beide treten also an die Bearbeitung der periodischen Bewegungen heran, die man den Teilen eines im ganzen sich nicht ändernden Körpers noch beizulegen vermag. THOMSON stellt in solcher Absicht die Untersuchungen über die harmonischen Schwingungen zusammen[1], deren ein beliebiges System fähig ist, und CLAUSIUS entwirft eine Theorie der stationären Zustände und Mittelwerte, gleichsam eine Statistik der Atome.[2] Der Gegenstand beider Untersuchungen ist kein bestimmter Mechanismus, sondern der Mechanismus der Atome, aber freilich bleibt der Zusammenhang der Ergebnisse mit den wirklich beobachtbaren Parametern, die bei J. J. THOMSON, wie wir S. 334 gesehen haben, in den Vordergrund des Interesses rücken, ein lockerer und zweifelhafter.

CLAUSIUS spricht sich einmal sehr klar über die Absicht aus, die er bei seinen molekularhypothetischen Untersuchungen verfolgt. Als er im Jahre 1871 aus seiner Theorie stationärer Zustände unter Heranziehung gewisser Annahmen über diejenigen inneren Bewegungszustände der Körper, die als Wärme bezeichnet werden sollen, den Satz bewiesen hatte, daß das über einen umkehrbaren Kreisprozeß erstreckte Integral von $dQ:\theta$ verschwindet, fügt er die Bemerkung bei[3]: Im Jahre 1854 habe ich diese Gleichung „aus dem Grundsatze, daß die Wärme nicht von selbst aus einem kälteren in einen wärmeren Körper übergehen kann, abgeleitet.[4] Später[5]

[1] THOMSON u. TAIT, Natural philosophy. Cambridge 1890. I, § 343 über harmonische Systeme. S. 370 ff.

[2] CLAUSIUS, Gött. Nachr. 1872; MATH. Ann. 6, 1873; POGG. Ann. 150, 1873.

[3] POGG. Ann. 142, S. 460, 1871.

[4] POGG. Ann. 93, S. 481.

[5] POGG. Ann. 116, S. 73.

habe ich dieselbe Gleichung noch auf einem anderen, von jenem sehr verschiedenen Wege abgeleitet, nämlich aus dem ... Gesetze, daß die Arbeit, welche die Wärme bei einer Anordnungsänderung eines Körpers thun kann, der absoluten Temperatur proportional ist, in Verbindung mit der Annahme, daß die in einem Körper wirklich vorhandene Wärme nur von seiner Temperatur und nicht von der Anordnung seiner Bestandteile abhänge. Dabei betrachtete ich den Umstand, daß man auf diese Art zu der schon anderweitig bewiesenen Gleichung gelangen konnte, als eine Hauptstütze jenes Gesetzes." Nun, fährt er fort, habe er abermals dieses Gesetz auf andere Grundsätze, nämlich auf allgemeine mechanische Prinzipien zurückgeführt.

Man ersieht aus diesen Worten von Clausius, wie ein hervorragender Vertreter theoretischer Physik in der gegenseitigen Stützung der Theorien ihre Hauptstärke sieht, nicht in der von seinen modernen Nachfolgern angepriesenen Selbständigkeit und Allgemeingiltigkeit des mechanischen Abbildungsverfahrens.

4. Zu den Arbeiten, die mittels mechanischer Analogien die Energetik fördern, darf man auch die Untersuchungen rechnen, mit welchen Duhem[1] ebenso die Reibung, Zähigkeit, elastische Nachwirkung und Hysterese energetisch zu beschreiben vermag, als auch eine ganze Reihe chemischer Erscheinungen, die er unter dem Namen der „falschen Gleichgewichte" zusammenfaßt, nämlich den Siedeverzug, den Kondensationsverzug, den Zersetzungs- und Umwandlungsverzug, die Überschmelzung und die Übersättigung der Lösungen.

Freilich steht Duhem durchaus auf dem Boden der Thermodynamik; aber er benutzt mechanische Analogien, um sich über die Grenzen der klassischen Thermodynamik hinaus leiten zu lassen zu den Beziehungen, welche außer den gewöhnlichen Gleichgewichtszuständen auch die soeben genannten Erscheinungen mitumfassen. Ich hebe dies Verfahren hervor, um zu zeigen, daß es durchaus nicht nötig ist, um der Energetik willen die aus der Mechanik her uns vertrauten Vorstellungen schlechthin preiszugeben; das wäre ja eine sehr unverständige Forderung, denn im Anschluß an ihm

[1] Duhem, Théorie thermodynamique de la viscosité, du frottement et des faux équilibres chimiques. Paris 1896. Auch: Mém. Soc. des Sciences de Bordeaux (5) II. — Sur les déformations permanentes et l'hysteresis. Bruxelles 1896. — Journ. de math. (4), 10; 1894. — Traité élementaire de mécanique chimique. Paris 1897.

Bekanntes erobert sich unser Geist das Neue. Aber der große Unterschied zwischen der mechanischen Auffassung und DUHEM's energetischer Methode ist, daß jene die neuen Erfahrungen, den alten Vorstellungen unterwerfen will, diese aber mittels der neuen Erfahrungen die alten Vorstellungen umgestaltet.

Ein in allen seinen Teilen gleichmäßig temperiertes System sei außer durch seine Temperatur θ durch Normalveränderliche (vergl. S. 271) $p_1, p_2 \ldots$ bestimmt. Ist dann F die freie Energie des Systems, eine Funktion von $p_1 p_2 \ldots$ und θ, und ist die Arbeit, die von der äußeren Umgebung auf das System bei Änderung der Parameter übertragen wird, dargestellt durch:

$$- P_1 d p_1 - P_2 d p_2 - \ldots,$$

so gelten während des Gleichgewichts des Systems die Gleichungen (S. 323):

$$1) \qquad - P_a = \frac{\partial F}{\partial p_a},$$

die in der Form, in der sie DUHEM vorträgt, auf S. 270 entwickelt wurden.

Bei Änderungen des Gleichgewichts müßte aber nach dem D'ALEMBERT'schen Prinzipe, wenn mit T die kinetische Energie des Systems, mit t die Zeit bezeichnet wird, den Gleichungen genügt werden:

$$2) \qquad - P_a - \frac{d}{dt}\left(\frac{\partial T}{\partial p_a'}\right) + \frac{\partial T}{\partial p_a} = \frac{\partial F}{\partial p_a}.$$

Wollte man sich der freien Energie nicht bedienen, so hätte man:

$$3) \qquad \frac{\partial F}{\partial p_a} = \frac{\partial E_0}{\partial p_a} - \theta \frac{\partial S}{\partial p_a}$$

zu setzen, also statt F die dem Systeme im Gleichgewichtszustande zukommende Energie E_0 und Entropie S einzuführen. Auch könnte man die Gleichungen 2) in die eine Formel zusammenfassen:

$$4) \qquad d_\sigma E = \theta d_\sigma S - \sum_a P d_\sigma p,$$

in der σ irgend eine mögliche Veränderung bedeutet, z. B. die, bei der sich p_1 ändert, aber $p_2, p_3 \ldots$ konstant bleiben. In dieser Formel würde:

$$5) \qquad E = E_0 + T$$

die gesamte Energie des Systems bezeichnen, und nach Gleichung 42) S. 232 wäre:

6) $$\begin{cases} d_\sigma T = \sum\limits_{\mathfrak{a}} \left\{ \frac{d}{d t}\left(\frac{\partial T}{\partial p'}\right) - \frac{\partial T}{\partial p} \right\} d_\sigma p, \\ d_\sigma E_0 = \sum\limits_{\mathfrak{a}} \frac{\partial E_0}{\partial p} d_\sigma p, \qquad d_\sigma S = \sum\limits_{\mathfrak{a}}' \frac{\partial S}{\partial p} d_\sigma p. \end{cases}$$

5. Soweit reicht die gewöhnliche Behandlung der Energetik. Nun weist Duhem auf die Fälle hin, die oben aufgezählt worden sind; es trifft ja nicht zu, bemerkt er, daß z. B. ein auf horizontaler Unterlage ruhender schwerer Körper nur in Ruhe bleibt, wenn keine horizontal gerichtete Kraft auf ihn wirkt, wie es doch zufolge der Gleichungen 2) der Fall sein müßte. Vielmehr bleibt auch unter dem Einfluß einer horizontalen Kraft von begrenzter Stärke noch der Ruhezustand bestehen; nicht durch eine Gleichung ist der Wert der Kraft bestimmt, der zur Ruhe erforderlich ist, sondern durch Ungleichungen ist er in Grenzen eingeschlossen.

Duhem verfolgt nun die Annahme weiter, daß in allen den oben bezeichneten Fällen die Gleichungen 2) nicht erfüllt seien, sondern Zusatzglieder zu ihrer Erfüllung hinzugenommen werden müßten. Und auch beim Bau dieser Zusatzglieder läßt er sich von den Erscheinungen der Reibung und Zähigkeit zur allgemeinen Hypothese leiten. Es genügt, die weitere Darlegung der Duhem'schen Hypothese auf den Fall einzuschränken, daß der Zustand des Systems außer von der Temperatur θ nur von einer einzigen Veränderlichen p abhängt, und damit die von Duhem sehr ausführlich behandelten analytischen Schwierigkeiten, die bei der Abhängigkeit von mehr Veränderlichen auftreten, zu umgehen.

Duhem setzt für diesen Fall:

7) $$P + \frac{\partial F}{\partial p} + \frac{d}{d t}\left(\frac{\partial T}{\partial p'}\right) - \frac{\partial T}{\partial p} = f + g.$$

Dabei bedeutet f eine Funktion von p, p' und θ, die mit p' verschwindet und sonst immer entgegengesetztes Zeichen wie p' hat, also **negative** Arbeit liefert; sie soll Zähigkeit heißen. Ferner bedeutet g eine Funktion von p, P, p', θ, die sich einer endlichen Grenze γ nähert, wenn p' gegen 0 konvergiert, und ebenfalls immer entgegengesetztes Zeichen wie p' hat; sie wird Reibung genannt.

Nun läßt sich zeigen, daß, so lange die Ungleichung:

8) $$\gamma < P + \frac{\partial F}{\partial p} < -\gamma$$

eingehalten wird, keine Bewegung eintreten kann. Denn:

$$-\left(P + \frac{\partial F}{\partial p}\right) + g$$

ändert sich stetig und wird also innerhalb obiger Grenzen das Vorzeichen behalten, das es für $p' = 0$ besitzt, d. h. negativ sein. Andererseits ist:

$$dT - f \cdot dp,$$

da f stets negative Arbeit liefert und dT beim Verlassen des Ruhezustandes positiv ist, eine positive Zahl; folglich kann mit Rücksicht auf 6) innerhalb der Grenzen 8) die Gleichung 7):

$$dT - f \cdot dp = -\left(P + \frac{\partial F}{\partial p}\right) \cdot dp + g \cdot dp$$

nicht stattfinden, d. h. keine mögliche Veränderung wirklich eintreten.

Aus der Ungleichung 8) ergiebt sich nun immer in Fällen, wo die von Reibung und Zähigkeit absehende klassische Thermodynamik einen Gleichgewichtspunkt, bez. eine Gleichgewichtskurve ergiebt, in der DUHEM'schen verallgemeinerten Thermodynamik ein Gleichgewichtsgebiet, ein Gleichgewichtsstreifen, und der Satz wird hinfällig, daß die Aktionen P als Ableitungen einer Funktion F oder überhaupt nur als Funktionen von $p_1\ p_2 \ldots$ und θ darstellbar seien.

Aber noch weitertragend erscheint die Folgerung, daß einzig das Auftreten der Reibung und Zähigkeit es sei, wodurch die CLAUSIUS'sche Entropiegleichung umkehrbarer Vorgänge bei nichtumkehrbaren zur Ungleichung wird. Nach Gleichung 7) ist nämlich:

7b) $$\left(P + \frac{\partial F}{\partial p}\right) \cdot dp + dT < 0.$$

also bei isothermen Änderungen:

7c) $$P \cdot dp + d(F + T) < 0,$$

Bei jeder Änderung aber ist nach dem ersten Hauptsatze:

$$dE = dE_0 + dT = dQ - P dp$$

$$\frac{dQ}{\theta} = \frac{dE_0}{\theta} + \frac{dT}{\theta} + \frac{P}{\theta} dp.$$

Unter Berücksichtigung der Gleichungen:

$$E_0 = F - \theta \frac{\partial F}{\partial \theta}, \quad S = -\frac{\partial F}{\partial \theta}$$

erhält man:

9) $$\frac{dQ}{\theta} - dS = \frac{1}{\theta}\left(P + \frac{\partial F}{\partial p}\right) dp + \frac{dT}{\theta}$$

und zufolge der Reibungshypothese, die durch Formel 7) ausgedrückt ist, folgt:

9b) $$\frac{dQ}{\theta} - dS < 0, \qquad \frac{dQ}{\theta} < dS.$$

Also wird das über einen Kreisprozeß erstreckte:

$$\int \frac{dQ}{\theta} < 0$$

sein, wenn Reibung und Zähigkeit wirken. Diese Auffassung des zweiten Hauptsatzes stimmt grundsätzlich ganz mit der durch WIEDEBURG vertretenen, auf S. 318 besprochenen Ansicht überein.

Dritter Abschnitt.

Die Wanderung der Energie.

1. Auch die aus den Anschauungen und Formeln MAXWELL's heraus entwickelte, von POYNTING[1], HEAVISIDE[2] und LODGE[3] bearbeitete Wanderung der elektromagnetischen Energie ist als ein mechanisches Bild, als eine Analogie für eigenartige Zusammenhänge zu betrachten, die sich zunächst durch Gleichungen ausdrücken ließen. Ich beschränke mich hier darauf, den Gegenstand in der von HERTZ[4] herrührenden Form zu behandeln.

Die Komponenten der elektrischen Kraft nach den Richtungen xyz seien XYZ, die der magnetischen LMN, die Komponenten der elektrischen Polarisation $\mathfrak{X}\mathfrak{Y}\mathfrak{Z}$, die der magnetischen $\mathfrak{L}\mathfrak{M}\mathfrak{N}$; die Strömungskomponenten $u\,v\,w$. Werden also die Dielektrizitätskonstanten mit ε, die Magnetisierungskonstanten mit μ, die Leitfähigkeiten mit λ bezeichnet, die durch die Natur der Substanz bedingten elektromotorischen Kräfte mit $X'\,Y'\,Z'$, so gelten im isotropen Medium Gleichungen von der Art:

1) $$\begin{cases} \mathfrak{X} = \varepsilon X \\ \mathfrak{L} = \mu L \\ u = \lambda(X - X'). \end{cases}$$

[1] POYNTING, Phil. Trans. 2, 1885, S. 277; 2, 1884, S. 343.

[2] HEAVISIDE, Electrician 1885; Phil. Mag. 25, 1888, S. 153.

[3] LODGE, Phil. Mag. (5), 19, 1885, S. 487.

[4] HERTZ, WIED. Ann. 40, S. 577 oder Ges. Werke Bd. 2, Leipzig 1894 S. 208.

Zwischen den hier angeführten Größen bestehen nun Beziehungen, die HERTZ in folgende Form gefaßt hat:

$$
2)\quad \begin{cases}
A\frac{\partial \mathfrak{L}}{\partial t} = \frac{\partial Z}{\partial y} - \frac{\partial Y}{\partial z} & A\frac{\partial \mathfrak{X}}{\partial t} = \frac{\partial M}{\partial z} - \frac{\partial N}{\partial y} - 4\pi A\cdot u \\
A\frac{\partial \mathfrak{M}}{\partial t} = \frac{\partial X}{\partial z} - \frac{\partial Z}{\partial x} & A\frac{\partial \mathfrak{Y}}{\partial t} = \frac{\partial N}{\partial x} - \frac{\partial L}{\partial z} - 4\pi A\cdot v \\
A\frac{\partial \mathfrak{N}}{\partial t} = \frac{\partial Y}{\partial x} - \frac{\partial X}{\partial y} & A\frac{\partial \mathfrak{Z}}{\partial t} = \frac{\partial L}{\partial y} - \frac{\partial M}{\partial x} - 4\pi A\cdot w
\end{cases}
$$

Darin bedeutet A eine universelle Konstante.

Nun wird als elektromagnetische Energie der Volumeinheit der Ausdruck bezeichnet:

$$
3)\quad \frac{1}{8\pi}(\mathfrak{X}X + \mathfrak{Y}Y + \mathfrak{Z}Z) + \frac{1}{8\pi}(\mathfrak{L}L + \mathfrak{M}M + \mathfrak{N}N).
$$

Wir berechnen jetzt die elektromagnetische Energie S eines Raumes τ, welcher durch die Oberfläche ω begrenzt ist, indem wir die Gleichungen der Reihe nach mit $LMNXYZ$ und außerdem sämtlich mit $d\tau : 4\pi A$ multiplizieren, alles addieren und über τ integrieren. Es folgt:

$$
4)\quad \begin{cases}
\frac{dS}{dt} = \frac{1}{4\pi A}\int d\tau \left\{\frac{\partial}{\partial x}(NY - MZ) + \frac{\partial}{\partial y}(LZ - NX)\right. \\
\qquad \left. + \frac{\partial}{\partial z}(MX - LY)\right\} - \int (uX + vY + wZ)\,dt \\
\quad = \frac{1}{4\pi A}\int d\omega \{(NY - MZ)\cos(nx) + (LZ - NX)\cos(ny) \\
\qquad + (MX - LY)\cos(nz)\} - \int (uX + vY + wZ)\,d\tau.
\end{cases}
$$

Hierbei stellt n die Richtung der Normale des Flächenelements $d\omega$ dar.

Erstreckt sich nun der Raum τ bis zu einer Fläche ω, an welcher die Kräfte verschwinden, so wird:

$$
5)\quad \frac{dS}{dt} = -\int (uX + vY + wZ)\,d\tau\,,
$$

d. h. in jedem Raum, auf den von außen keine elektromagnetischen Kräfte übertragen werden, muß, um die Energie zu erhalten, in der Zeiteinheit soviel Energie in anderer als elektromagnetischer Form auftreten, wie das rechts stehende Integral angiebt.

Die Gesamtenergie in irgend einem begrenzten Raumteil, d. h. die Größe

$$
6)\quad \frac{dS}{dt} + \int (uX + vY + wZ)\,d\tau
$$

kann also durch ein Oberflächenintegral richtig berechnet werden; wir können annehmen, die Energie wandere durch die Oberfläche in den Raum τ; die Energie ändert sich so, als träte sie „nach Art einer Substanz durch die Oberfläche ein und zwar in solcher Fülle, daß durch die Flächeneinheit einer jeden Oberfläche die Menge

$$7)\quad \frac{1}{4\pi A}\{(NY - MZ)\cos(nx) + (LZ - NX)\cos(ny) + (MX - LY)\cos(nz)\}$$

tritt. Eine geometrische Diskussion dieses Ausdrucks ergiebt, daß unsere Annahme identisch ist mit der Aussage, die Energie bewege sich überall in einer Richtung, welche auf den Richtungen der magnetischen und der elektrischen Kraft senkrecht steht und in solcher Fülle, daß in dieser Richtung in der Zeiteinheit durch die Flächeneinheit eine Menge trete gleich dem Produkt der beiden Kräfte, dem Sinus des eingeschlossenen Winkels und dem Faktor $1:4\pi A$."

2. Zu dieser von Poynting stammenden Auffassung macht Hertz einige kritische Bemerkungen. Sein hauptsächlichstes Bedenken liegt in der Frage, „wie weit bei unseren gegenwärtigen Kenntnissen von der Energie die Lokalisation derselben und ihre Verfolgung von Punkt zu Punkt überhaupt Sinn und Bedeutung hat. Derartige Betrachtungen sind noch nicht durchgeführt bei den einfachsten Energieumsätzen der gewöhnlichen Mechanik; es ist daher die Frage noch unerledigt, ob und in welchem Umfange der Begriff der Energie eine solche Behandlungsweise zuläßt. Wenn eine Dampfmaschine mittels eines hin- und zurücklaufenden Riemens eine Dynamomaschine treibt und diese wiederum mittels eines hin- und zurücklaufenden Drahtes eine Bogenlampe speist, so ist es allerdings eine allgemein übliche und einwurfsfreie Ausdrucksweise, zu sagen, daß die Energie von der Dampfmaschine durch den Riemen auf die Dynamomaschine übertragen werde und von dieser wiederum mittels des Drahtes auf die Lampe. Aber hat es einen deutlichen physikalischen Sinn, zu behaupten, die Energie bewege sich längs des gespannten Riemens entgegen der Richtung der Bewegung desselben von Punkt zu Punkt fort? Und wenn nicht, kann es dann einen deutlicheren Sinn haben, zu sagen, die Energie bewege sich in den Drähten oder nach Poynting in dem Zwischenraum zwischen den beiden Drähten von Punkt zu Punkt fort? Die hier auftretenden begrifflichen Dunkelheiten bedürfen noch sehr der Aufhellung."

Sie bedürfen der Aufhellung für den, der die Wanderung der Energie als ein allgemeines Prinzip, eine mechanische Eigenschaft der Energie betrachtet; aber keineswegs liegen Dunkelheiten vor für den, der in der Wanderung der elektromagnetischen Energie nichts sieht als eine Analogie, nichts sieht, als was HEAVISIDE und POYNTING zunächst meinten und was auch in HERTZ' Darstellung allein in Frage kommt, nämlich eine mechanische Beschreibung der durch Gleichung 4) bewirkten Aussage. Wenn im Raume τ innerhalb der Oberfläche ω die Masse M vorhanden ist, und es strömt durch die Oberfläche die Masse mit den Strömungskomponenten $u\,v\,w$ ein, dann ist:

$$8)\qquad \frac{dM}{dt} = \int [u \cos(n x) + v \cos(n y) + w \cos(n z)]\, d\omega .$$

Die nahe Beziehung der Gleichung 4) zu dieser Formel soll beschrieben werden, weiter nichts. Will man versuchen, ob auch in anderen Fällen der Energieübertragung eine so nahe Beziehung zur Formel 8) nachweisbar ist, so steht dem nichts entgegen, aber die gefundene Beziehung verleiht den gesuchten keine erhebliche Wahrscheinlichkeit und noch weniger kann man nach einem einzigen zutreffenden Falle erwarten, daß bei allen möglichen Energieübertragungen die Vermutung zutreffe, sie könnten auf Formel 8) führen.

Wer solche Schlüsse von vornherein für zwingend hält, steht nicht auf dem Boden des mechanischen Bildes, der Analogie, sondern folgt der mehr oder weniger klaren Anschauung, die Energie selbst sei ein existierendes, hinter den Erscheinungen spukendes Wesen, ein Etwas, das auch ohne die Erscheinungen da sein könnte, eine unzerstörbare, von Ort zu Ort bewegliche Substanz. Das ist eine völlig grundlose und auch ganz unnütze Vorstellung, die Energie bringt immer nur Relationen zum Ausdruck.

3. Der von der Gleichung 4) losgelöste allgemeine Gedanke der Energiewanderung ist für die bei Maschinen vorkommenden Fälle weiter verfolgt worden von LODGE[1] und von FOEPPL[2], während W. WIEN[3] untersucht hat, inwieweit er sich für die Beschreibung der Vorgänge in stetig ausgebreiteten Medien eignet.

[1] LODGE, Neueste Anschauungen über Elektrizität. Leipzig 1896. S. 118.
[2] FOEPPL, Einführung in die MAXWELL'sche Theorie. Leipzig 1894. S. 296.
[3] W. WIEN, WIED. Ann. 45, S. 685.

Daß auch in der deutschen Übersetzung von LODGE's Werk angegeben ist, bei Triebriemen wandere die Energie mit der Materie auf dem straffen Teile des Riemens, ist wohl nicht als Ablehnung, sondern als Unkenntnis der HERTZ'schen Bemerkung anzusehen. In einem Zugorgan müßte wohl immer die Energie gegen den Stoff, in einem Druckorgan mit dem Stoff wandern. Sitzen Riemenscheiben oder Zahnräder auf ein und derselben Welle, so wandert die Energie von einem Rad zum andern längs der Wellenachse, dagegen in jedem Rad radial. So erscheint in FOEPPL's Auffassung die vollständige Maschinenanlage einer Fabrik durchsetzt von einem Energiestrom, der, soweit er nicht an einzelnen Stellen durch Reibung verbraucht wird, zu den Arbeitsmaschinen hin gelangt, um dort teils als Wärme zerstreut, teils als potentielle Energie aufgestapelt zu werden.

4. WIEN bringt die zeitliche Änderung, welche die am Orte $x y z$ in der Volumeinheit vorhandene Eigenenergie E eines Systems erleidet auf die Form:

9) $$\frac{\partial E}{\partial t} = \frac{\partial \mathfrak{u}}{\partial x} + \frac{\partial \mathfrak{v}}{\partial y} + \frac{\partial \mathfrak{w}}{\partial z}$$

und nennt dann $\mathfrak{u}$, $\mathfrak{v}$, $\mathfrak{w}$ die Komponenten der strömenden Energie, weil die Integration dieser Gleichung über einen beliebigen, von einer geschlossenen Fläche ω abgegrenzten Raumteil V die Gleichung liefert:

9b) $$\int \frac{\partial E}{\partial t} d V = - \int \{ \mathfrak{u} \cos (n x) + \mathfrak{v} \cos (n y) + \mathfrak{w} \cos (n z) \} d \omega ,$$

wobei n die innere Normale andeutet. Läßt sich noch:

10) $$\mathfrak{u} = \mathfrak{r} \xi', \quad \mathfrak{v} = \mathfrak{r} \eta', \quad \mathfrak{w} = \mathfrak{r} \zeta', \quad \frac{\partial \mathfrak{r}}{\partial t} + \frac{\partial \mathfrak{u}}{\partial x} + \frac{\partial \mathfrak{v}}{\partial y} + \frac{\partial \mathfrak{w}}{\partial z} = 0$$

setzen, so kann man $\mathfrak{r}$ Dichtigkeit der Energie am Orte $x y z$ und $\xi' \eta' \zeta'$ Geschwindigkeitskomponenten der Energie nennen. Denn diese Beziehungen sind der Kontinuitätsgleichung einer mit der Geschwindigkeit $u v w$ strömenden Flüssigkeit, deren Dichtigkeit μ ist, nachgebildet, nämlich den Gleichungen:

11) $$\frac{d \mu}{d t} = - \mu \left(\frac{\partial u}{\partial x} + \frac{\partial v}{\partial y} + \frac{\partial w}{\partial z} \right)$$

oder

11b) $$\frac{\partial \mu}{\partial t} + \frac{\partial (\mu u)}{\partial x} + \frac{\partial (\mu v)}{\partial y} + \frac{\partial (\mu w)}{\partial z} = 0 .$$

Bei unzusammendrückbaren Flüssigkeiten z. B. ist die kinetische Energie allein Eigenenergie (vergl. S. 244) und die Energieerhaltung wird daher durch die Gleichung ausgesprochen:

12)
$$\begin{cases} \int \frac{dE}{dt} DV = -\int \mu \frac{dW}{dt} DV \\ + \int P\{u\cos(nx) + v\cos(ny) + w\cos(nz)\} D\omega. \end{cases}$$

Hierbei bezeichnet P den auf das Oberflächenelement $D\omega$ der Flüssigkeitsbegrenzung ausgeübten Druck, DV das Volumelement,

13)
$$E = \frac{1}{2}\mu(u^2 + v^2 + w^2)$$

die kinetische Energie der Volumeinheit, die mit Masse von der Dichte μ erfüllt ist, W die potentielle Energie, welche die äußeren Kräfte auf die Masseneinheit in xyz übertragen. Da W die Zeit nicht explizit enthält, ist:

$$\frac{dW}{dt} = \frac{\partial W}{\partial x} u + \frac{\partial W}{\partial y} v + \frac{\partial W}{\partial z} w,$$

während:

$$\frac{dE}{dt} = \frac{\partial E}{\partial t} + \frac{\partial E}{\partial x} u + \frac{\partial E}{\partial y} v + \frac{\partial E}{\partial z} w.$$

Beachtet man noch die Kontinuitätsgleichung:

$$\frac{\partial u}{\partial x} + \frac{\partial v}{\partial y} + \frac{\partial w}{\partial z} = 0,$$

so gelangt man zu der Beziehung:

14)
$$\int \frac{\partial E}{\partial t} DV$$
$$= \int [E + \mu W + P][u\cos(nx) + v\cos(ny) + w\cos(nz)] D\omega$$

und man darf daher:

15)
$$\begin{cases} \mathfrak{u} = -u[E + \mu W + P] \\ \mathfrak{v} = -v[E + \mu W + P] \\ \mathfrak{w} = -w[E + \mu W + P] \end{cases}$$

wählen, jedoch auch beliebige additive Konstanten beifügen. Erfolgt speziell die Flüssigkeitsbewegung nach einem Geschwindigkeitspotential φ, so daß:

$$u = \frac{\partial \varphi}{\partial x}, \quad v = \frac{\partial \varphi}{\partial y}, \quad w = \frac{\partial \varphi}{\partial z},$$

so ist bekanntlich:

16)
$$\mu \frac{\partial \varphi}{\partial t} + E + \mu W + P = \mathrm{Const},$$

und man darf

17) $$\mathfrak{u} = \mu \frac{\partial \varphi}{\partial x} \frac{\partial \varphi}{\partial t}, \quad \mathfrak{v} = \mu \frac{\partial \varphi}{\partial y} \frac{\partial \varphi}{\partial t}, \quad \mathfrak{w} = \mu \frac{\partial \varphi}{\partial z} \frac{\partial \varphi}{\partial t}$$

wählen. Aber auch:

18) $$\mathfrak{u} = \frac{\mu}{2} \frac{\partial}{\partial x}\left(\varphi \frac{\partial \varphi}{\partial t}\right), \quad \mathfrak{v} = \frac{\mu}{2} \frac{\partial}{\partial y}\left(\varphi \frac{\partial \varphi}{\partial t}\right), \quad \mathfrak{w} = \frac{\mu}{2} \frac{\partial}{\partial z}\left(\varphi \frac{\partial \varphi}{\partial t}\right)$$

ist, wie WIEN hinzufügt, eine zulässige Wahl, da es ja nur auf den Wert von

$$\frac{\partial \mathfrak{u}}{\partial x} + \frac{\partial \mathfrak{v}}{\partial y} + \frac{\partial \mathfrak{w}}{\partial z}$$

ankommt und dieser sich in beiden Fällen gleich groß ergiebt, weil die Kontinuitätsbedingung $\varDelta \varphi = 0$ gilt.

Man sieht schon an diesem einfachen Falle, daß die Energiewanderung kein eindeutiges Problem ist, ein Umstand, der von vornherein ihre physikalische Berechtigung herabzumindern scheint.

Hinsichtlich des POYNTING'schen Ausdrucks 7) hat BIRKELAND[1] untersucht, welche Funktionen man ihm zufügen kann, ohne den Wert des in Gleichung 4) auftretenden Integrals, auf den allein es ankommt, zu ändern, und hat dabei allerdings gefunden, daß die POYNTING'sche Wahl ganz naturgemäß erscheint.

Vierter Abschnitt.

Die Grenzen der Beschreibung durch mechanische Bilder.

1. Die eigentliche Schwierigkeit, den zweiten Hauptsatz durch mechanische Vorgänge wiederzugeben, liegt nun aber gar nicht allein im Erfinden von Bewegungsformen, für die sich Funktionen angeben lassen, deren Verhalten das der Temperatur wiedergiebt und das der Entropie bei umkehrbaren Vorgängen; vielmehr muß noch die gefundene Analogie auf nicht-umkehrbare Erscheinungen übertragbar sein.

Das wäre ja nun eine ganz einfache Sache, wenn man die Reibung oder reibungsartige Kräfte zur Beschreibung der Nichtumkehrbarkeit heranziehen dürfte, wie es DUHEM und WIEDEBURG thun. Aber solche Kräfte würden dem ersten Hauptsatze widersprechen, wenn nicht über den Verbleib der durch sie entzogenen Energie Auskunft gegeben werden könnte. Und da diese auf Reibung verwendete Energie von jeder mechanischen Hypothese doch wieder einem mechanischen Systeme zugedacht werden muß, um

[1] WIED. Ann. 52, S. 357, 1894.

die mechanische Analogie durchzuführen, so ist klar, daß schließlich doch nur konservative Systeme ein für den rein mechanischen Standpunkt brauchbares Bild zu liefern vermögen.

Um nun diesen konservativen Systemen die Umkehrbarkeit zu nehmen, die ihnen aus mechanischen Gründen stets zukommt, giebt es nur einen Weg, auf den schon MAXWELL hingewiesen hat und den HELMHOLTZ durchführte. Die Veränderungen, die CARNOT und CLAPEYRON untersuchten, sind vollkommen umkehrbar, solange der jederzeitige Zustand des betrachteten Körpers durch einen Punkt der Ebene, durch zwei Veränderliche vollkommen definiert ist. Wenn aber der von der klassischen Thermodynamik behandelte Körper nicht mehr bloße Gleichgewichtszustände durchläuft, wenn er etwa nicht mehr in allen Teilen dieselbe Temperatur oder dieselbe Geschwindigkeit besitzt, wenn zwei Parameter nicht mehr ausreichen, die von ihm durchlaufenen Zustände zu definieren, dann beginnt die Möglichkeit eines nicht-umkehrbaren Verlaufs seiner Veränderungen. Denken kann man sich wohl auch dann noch, daß man den Verlauf umkehren, die einzelnen Teile einzeln beeinflussen, die nicht berücksichtigten Parameter berücksichtigen könne, aber auszuführen ist es nicht mehr. Das gilt offenbar auch dann noch, wenn zur Definition der Körperzustände von vornherein mehr als zwei Parameter angewendet werden; entweder sind es dann die in den angewendeten Parametern nicht berücksichtigten möglichen Veränderungen, welche die Nichtumkehrbarkeit bedingen, oder es sind Parameter angewendet, die praktisch nicht beherrscht, deren Änderungen nicht umgekehrt werden können. Diese Umstände kann die mechanische Weltanschauung in vollkommener Analogie nachbilden. Nach der Auffassung der kinetischen Gashypothese ist ja der Zustand einer Gasmasse im Grunde genommen durch ganz andere Angaben bestimmt, als durch Druck, Volum oder Temperatur; diese Dinge sagen nur aus, wie für uns gemeinhin dieser Zustand genügend genau beschrieben wird, in Wahrheit ist er erst definiert, wenn für jede der Molekeln, bez. für jedes Atom Ort und Geschwindigkeit bekannt sind. MAXWELL[1] wendet hier ein treffendes, von ZÖLLNER so ungerecht beurteiltes Bild an: Gäbe es Wesen, welche die einzelnen Molekeln sähen, ihren Lauf beeinflussen könnten, so gälte der CARNOT-CLAUSIUS'sche Grundsatz nicht. Diese Wesen brauchten ja nur ein Ventil in der Scheidewand zwischen zwei Gasen A und B zu öffnen, wenn eine Molekel großer Geschwindig-

[1] MAXWELL, Theorie der Wärme. Braunschweig 1878. S. 374.

keit von A her kommt, dagegen das Ventil für den Durchgang langsamer von A her kommender Molekeln zu sperren, während sie umgekehrt von B her nur die langsamen Molekeln passieren lassen dürften; es würde dann die Temperatur in B steigen, ohne daß Arbeit aufgewendet würde.

Theoretisch ist zwar jedes konservative System umkehrbar, aber praktisch nicht. Den Lauf der Erde um die Sonne, die Drehung der Pendelebene an der Oberfläche der rotierenden Erde können wir nicht umkehren. Während in diesen Beispielen die zur Umkehrung theoretisch erforderliche Energie uns ihrer Größe wegen unzugänglich bleibt, ist es in zahllosen mikrokosmischen Vorgängen die Anordnung der Energie, die der Umkehrung unübersteigliche Schwierigkeiten setzt. So können wir die gewöhnlichen Widerstände der Bewegung, die Reibung und den Mittelwiderstand nicht vollständig zur Förderung der Bewegung umkehren, nicht die Bewegung der schäumenden Woge oder der klangerfüllten Luft, obschon in diesen Fällen über den kinematischen Zusammenhang der einzelnen Veränderungen kein Zweifel besteht. Die mechanische Weltanschauung hält nun hypothetisch auch dann solche Bewegungen kleiner Teile für vorhanden, wo der Erfahrung Wärmeerscheinungen oder elektrische oder chemische Vorgänge entgegentreten. Besonders im Hinblick auf diese uns als Bewegungen ganz unzugänglichen hypothetischen Vorgänge hat HELMHOLTZ die Fälle nicht-umkehrbarer Bewegungserscheinungen studiert und als Fälle mit verborgener Bewegung zusammengefaßt. „Daß wir die Wärmebewegung der Atome nicht direkter angreifen und verwandeln können, als es der Fall ist, hängt doch nur davon ab, daß wir unsere Einwirkungen nicht auf bestimmte, in bestimmter Richtung vorgehende Atome isolieren können, sondern notwendig immer alle eines bestimmten Raumbezirks gleichmäßig treffen müssen. Es beruht nur auf der Beschränkung der uns zu Gebote stehenden Methoden und nicht im Wesen der Bewegung.“

Man könnte hier noch anmerken, daß die Ansicht, viele Koordinaten seien unserem Einflusse entzogen, offenbar nicht an die mechanische Auffassung alles Naturgeschehens gebunden ist. Auch wenn die Koordinaten zum Teil nicht-mechanischer Natur sind, bleibt die Möglichkeit sie in solche zu scheiden, die von uns vollkommen beherrscht werden können, und in solche, die unserer Willkür nicht unterliegen. Ich habe in Lübeck diese Idee etwas weiter ausgeführt, um damit die Nichtumkehrbarkeit zu beschreiben. Da inzwischen DUHEM und WIEDEBURG hierzu weit anschaulichere

Mittel gefunden haben, und mittels viel bestimmterer Annahmen dasselbe Ziel erreichen, so ist vorläufig kein Anlaß vorhanden, jenen Gedanken weiter durchzuführen.

2. Die Annahme, daß in der Natur viele Koordinaten unserem Einflusse entzogen sind, genügt nun zwar, um die Nicht-Umkehrbarkeit aller der Erscheinungen zu erklären, zu deren Beschreibung solche Koordinaten nötig sind, aber es bleibt immer noch unerklärt, warum die Erscheinungen jene merkwürdige Uebereinstimmnng zeigen, in deren Folge die Gesamtheit alles Geschehens gleichsinnig fortschreitet, die Dissipation der Energie. Die mechanische Auffassungsweise muß nicht nur mechanisch verständlich machen, daß ein gegebener Vorgang nicht auch nach Belieben umgekehrt werden kann, sondern auch erklären, warum sich die vorhandene Energie überwiegend in Energie verborgener Bewegungen umwandelt, nicht umgekehrt, warum sich also mehr und mehr die Energie unserer Beeinflussung entzieht.

Auch hierfür besitzt die mechanische Weltanschauung nur einen Erklärungsgrund, das ist die seit der Ausbildung der kinetischen Gashypothese beachtete Wahrscheinlichkeit der Naturvorgänge. Thomson und Tait haben allerdings die nicht-konservativen Systeme in akkumulative und dissipative geteilt.[1] Bei jenen sind es von der Lage allein, bei diesen von der Geschwindigkeit abhängige Kräfte, die das System zu einem nicht-konservativen machen. Die damit hervorgehobene Besonderheit der dissipativen Systeme läßt sich aber aus den soeben erwähnten Gründen nicht zu einer kinetischen Hypothese verwerten.

Es bleibt nichts übrig als anzunehmen, daß es in der Natur bei weitem mehr verborgene Bewegungen als unserem Einfluß zugängliche giebt, so daß, wie Hertz es ausdrückt, eine sehr große Wahrscheinlichkeit dagegen spricht, daß sich die Energie gerade in der besonderen und ausgezeichneten Richtung von jener großen Zahl verborgener Bewegungen auf diese kleine Zahl uns unterworfener hin konzentriere.

Wir haben von den Vorgängen der molekularen Welt nur sozusagen ein statistisches Wissen; wir sind nicht solche Wesen, wie sie Maxwell ersann, die den Lauf der Molekeln zu lenken vermögen, wir finden nur das Durchschnittsergebnis ihrer Bewegungen vor.

---

[1] Thomson u. Tait, Natural philosophy I, S. 384 ff. Cambridge 1890.

Loschmidt[1] hat zuerst betont, daß die Mechanik konservativer Systeme mit dem zweiten Hauptsatze unvereinbar sei. Wenn bei einer Bewegung B sämtliche materiellen Punkte zu Anfang, zur Zeit 0, dieselben Positionen haben, die sie im Verlaufe einer anderen etwa früher von ihnen ausgeführten Bewegung A zur Zeit t hatten, und auch ganz dieselben nur entgegengesetzt gerichteten Geschwindigkeiten, so werden sie bei dieser Bewegung B dieselben Zustände, die sie bei der Bewegung A in direkter Weise durchliefen, nun in der verkehrten Weise durchlaufen und zur Zeit t den Endzustand erreichen, der bei der Bewegung A der Anfangszustand war. Hängen also, wie man es sich gewöhnlich vorstellt, die Größen dQ und θ nur von den Zuständen des Systemes ab, wobei natürlich alle überhaupt während der Bewegung in Wechselwirkung tretenden materiellen Punkte der Welt dem Systeme zuzurechnen sind, so ist klar, daß, wenn das Integral

$$\int dQ : \theta,$$

über die Bewegung A erstreckt, Null oder negativ ist, es, über die Bewegung B erstreckt, Null oder positiv sein muß. Hiernach erscheint es ein vergebliches Bemühen, den Satz von der Entropiezunahme aus der Mechanik herzuleiten, denn nicht allein von der Natur der Körper und Kräfte, sondern auch von den Anfangsbedingungen hängt es ab, ob die für das mechanische System als Entropie anzusprechende Funktion während der Bewegung steigt oder fällt.

In diesem Loschmidt'schen Schlusse sieht Boltzmann[2] nur ein verlockendes Sophisma. Denn wenn in einem geschlossenen Gefäße eine unendliche Zahl absolut elastischer Kugeln in einer nach Geschwindigkeit oder Dichte ganz unregelmäßigen Verteilung vorhanden wären, so würde nach dem Loschmidt'schen Satze geleugnet werden müssen, daß ihre Bewegung zu gleichmäßiger Verteilung hinführe. Würden sie nämlich zur Zeit t fast gleichmäßig gemischt sein, während sie zur Zeit 0 unregelmäßig verteilt waren, so müßte ja, wenn man nun jene fast gleichmäßige Verteilung zum Anfangszustande wählte, diese im Laufe der Zeit t völlig unregelmäßig werden.

Diese Bedenken beseitigt Boltzmann durch Hinweis auf die Wahrscheinlichkeit der Zustände. „Ein Beweis, daß nach Verlauf einer gewissen Zeit t die Mischung der Kugeln mit absoluter

[1] Wiener Sitzungsberichte, 73 II, 1876, S. 139.
[2] Wiener Sitzungsberichte, 75 II, 1877, S. 67.

Notwendigkeit eine gleichförmige sein müsse, wie immer die Zustandsverteilung zu Anfang der Zeit gewesen sein mag, kann nicht geliefert werden; .... denn jede noch so ungleichförmige Zustandsverteilung ist, wenn auch im höchsten Grade unwahrscheinlich, doch nicht absolut unmöglich.“ Jede einzelne mögliche Zustandsverteilung, sie mag gleichförmig sein oder nicht, hat gleiche Wahrscheinlichkeit; „nur daher, daß es viel mehr gleichförmige als ungleichförmige Zustandsverteilungen giebt, stammt die größere Wahrscheinlichkeit, daß die Zustandsverteilung mit der Zeit gleichförmig wird. Man kann also nicht beweisen, daß, wie immer die Positionen und Geschwindigkeiten der Kugeln zu Anfang gewesen sein mögen, nach Verlauf einer sehr langen Zeit die Verteilung immer gleichförmig sein muß, sondern bloß, daß unendlich vielmal mehr Anfangszustände nach Verlauf einer bestimmten längeren Zeit zu einer gleichförmigen, als zu einer ungleichförmigen Zustandsverteilung führen und daß auch im letzteren Falle nach Verlauf einer noch längeren Zeit die Zustandsverteilung wieder gleichförmig wird.“

Weiter als zu dieser Erklärung[1] sind wir auch bis heute trotz der Theorie der verborgenen Bewegungen nicht gekommen.

3. Freilich hängt an dieser Erklärung eine Schwierigkeit oder doch eine recht unbequeme Last. Wenn es auch noch so hohe Wahrscheinlichkeit hat, daß die Erscheinungen in der Natur im Sinne der Zerstreuung der Energie vor sich gehen, so bleibt doch die Möglichkeit des umgekehrten Vorganges und bei den unendlich vielen Proben, die theoretisch durch die Unbegrenztheit des Raumes und der Zeit gewährleistet sind, muß der Wahrscheinlichkeitsstandpunkt anerkennen, daß Perioden eintreten und Gebiete des Universums gefunden werden können, in denen die Natur für die Zerstreuung der Energie Abscheu anstatt der Vorliebe Plancks zeigt. So muß man denn der mechanischen Hypothese zu Liebe auch mit hinnehmen, daß gelegentlich der Weltlauf sich umkehrt; muß mit hinnehmen, daß in der Fülle der Ereignisse auch einmal das Kind in den Mutterschoß zurückkehrt, wenn man das stolze Gefühl besitzen will, daß das Gebären nach den Lagrange'schen Differentialgleichungen durch konservative Kräfte erfolgt.

Gewiß wäre es thöricht und ungerecht, mit dieser Lächerlichkeit beweisen zu wollen, daß die mechanische Naturanschauung

[1] Eine allgemeinverständlich gehaltene Entwickelung dieser Ideen giebt ein Vortrag Boltzmann's, der in dem Hefte: „Die feierliche Sitzung der kaiserlichen Ak. d. Wiss. am 29. Mai 1886. Wien“ enthalten ist.

schlechthin verfehlt sei. BOLTZMANN konnte mit Recht einen jüngst gegen die kinetische Gashypothese erhobenen Einwand[1] durch eine Zahl entkräften. ZERMELO hatte seinen Einwand auf einen Satz POINCARÉ's[2] gestützt, den er dahin formuliert, „daß in einem System von materiellen Punkten unter Einwirkung von Kräften, die allein von der Lage im Raume abhängen, im allgemeinen ein einmal angenommener durch Konfiguration und Geschwindigkeit charakterisierter Bewegungszustand im Laufe der Zeit, wenn auch nicht genau, so doch mit beliebiger Annäherung noch einmal, ja beliebig oft wiederkehren muß, vorausgesetzt, daß die Koordinaten, sowie die Geschwindigkeiten nicht ins unendliche wachsen.“ Nach diesem Satze, auf dessen strenge, auch von BOLTZMANN festgehaltene Fassung hier nicht eingegangen zu werden braucht und dessen mathematischer Beweis in knapperer Form als bei POINCARÉ von BOLTZMANN[3] selbst ausführlich dargelegt worden ist, ist die Umkehrbarkeit aller Erscheinungen eine notwendige Folge der mechanischen Weltanschauung. Übrigens hat POINCARÉ auch an einer anderen Stelle[4] und auf ganz andere Weise gezeigt, daß die Zunahme der Entropie für HELMHOLTZ' cyklische Systeme mit verborgenen Bewegungen im allgemeinen nicht stattfindet; er wird zu der Behauptung geführt, „daß die irreversiblen Vorgänge und die Theorie von CLAUSIUS nicht durch die Gleichungen von LAGRANGE erklärt werden können“ oder kurz: „Der Mechanismus ist unvereinbar mit dem Theorem von CLAUSIUS.“

So bleibt also der mechanischen Weltanschauung nichts übrig, um die Nichtumkehrbarkeit zu erklären, als der Nachweis, daß die Wiederkehr eines vorhandenen Zustandes bei den thatsächlich nicht umkehrbaren Erscheinungen, wenn sie auch theoretisch nicht unmöglich ist, doch einen äußerst geringen Grad von Wahrscheinlichkeit besitzt. Um speziell den gegen die Konsequenzen der kinetischen Gashypothese erhobenen Einwand ZERMELO's zu entkräften, denkt sich BOLTZMANN[5] ein Gefäß von 1 ccm Rauminhalt, in dem Luft von gewöhnlicher Dichte, also rund eine Trillion Molekeln vorhanden sei, setzt die anfängliche Geschwindigkeit eines jeden gleich 500 m : sec., den mittleren Abstand der Mittelpunkte zweier Nachbarmolekeln 10^{-6} cm und nimmt an, daß jede Molekel in der Sekunde $4 \cdot 10^9$ Zusammenstöße erfährt. Nun braucht nach dem POINCARÉ'-

[1] ZERMELO, WIED. Ann. 57, 1896, S. 485.

[2] POINCARÉ, Acta math. 13, 1890, S. 67.

[3] BOLTZMANN, Wiener Sitzungsberichte, 106 II, 1897, S. 12.

[4] POINCARÉ, Thermodynamik. Berlin 1893, S. 294 u. S. XII.

[5] WIED. Ann. 57, 1896, S. 773.

schen Satze der ursprüngliche Zustand nicht früher angenähert wiederzukehren, als bis die Geschwindigkeiten der Molekeln alle möglichen Kombinationen durchlaufen haben, und jeder Zusammenstoß bringt die Möglichkeit einer anderen Kombination. Aus diesen Voraussetzungen findet BOLTZMANN nach den Grundsätzen der Wahrscheinlichkeitsrechnung, daß bis zum Eintritt einer der ursprünglichen Geschwindigkeitsverteilung innerhalb gewisser von BOLTZMANN gewählten Grenzen nahe kommenden Geschwindigkeitsverteilung, also kurz gesagt bis zur angenäherten Wiederkehr des Anfangszustandes, eine Anzahl von Sekunden vergeht, die „viele Trillionen Stellen hat". „Wenn dagegen," fährt er fort, „um jeden mit den besten Fernrohren sichtbaren Fixstern so viele Planeten, wie um die Sonne kreisten, wenn auf jedem dieser Planeten so viele Menschen wie auf der Erde wären und jeder dieser Menschen eine Trillion Jahre lebte, so hätte die Zahl der Sekunden, welche alle zusammen erleben, noch lange nicht fünfzig Stellen." Nun ist ja die letzte Wendung nicht ganz glücklich; denn diese Menschen in dieser langen Zeit haben Gelegenheit, nicht einen, sondern eine ungeheure Zahl von Kubikcentimetern auf Nichtumkehrbarkeit zu beobachten, und die Wahrscheinlichkeit, einmal die Rückbildung vorzufinden, ist nicht so gering, wie es jener Wendung nach scheint. Aber immerhin mag sie so ausfallen, daß es für unsere Erfahrungsmöglichkeiten ausgeschlossen erscheint, eine Abnahme der Entropie zu beobachten; es mag zutreffen, daß man die kinetische Gashypothese so wenig wegen der besprochenen Konsequenz verwerfen darf, wie ein Würfelspieler den Würfel deswegen für falsch erklären darf, weil er nie hat beobachten können, daß tausendmal hintereinander ein Auge geworfen wird, obschon doch die Wahrscheinlichkeit dafür nicht genau gleich Null ist. Es kommen ja auch sonst Fälle genug vor, wo wir einen der Theorie nach sehr kleinen Wert als schlechthin verschwindend klein praktisch vernachlässigen, — und auch darin kann man BOLTZMANN beistimmen, daß die reinen Konsequenzen der Entropiesteigerung doch ebenfalls wenig befriedigen, wenn man sie auf das Universum in CLAUSIUS'scher Weise anwendet.

Aber daraus geht doch, im günstigsten Lichte betrachtet, nur das hervor, daß die mechanische Weltanschauung nicht einfach hinfällig ist, sondern auch vor der Thatsache der Nicht-Umkehrbarkeit sich halten kann. Eine andere Frage ist es, ob man solche Konsequenzen zweckmäßigerweise verfolgt, ob also der konsequent durchgeführte Atomismus ein zweckmäßiges Weltbild liefert.[1]

[1] Vergl. MACH, Erhaltung der Arbeit. Prag 1872. S. 30 u. 32.

Da scheint es denn überall das unbeugsame Schicksal der mechanischen Hypothese zu sein, daß sie um die Erfahrungen zu beschreiben sich mit einer erdrückenden Überlast von Vorstellungen beschweren muß, die nichts mit der Erfahrung zu thun haben. Die Mittel, die sich so trefflich bewähren, um von einem kleinen Gebiete der Erfahrung ein mechanisches Bild zu liefern, werden immer unzweckmäßer, je größer das Erfahrungsgebiet ist, das sie wiedergeben sollen und versagen schließlich vollständig. Es ist wie mit den Abbildungen, welche die Dioptrik zu liefern vermag oder deren sich die Kartographie bedient. Die mechanische Weltanschauung ist ein universelles Abbildungsverfahren, aber sie liefert kein universelles Weltbild; mit ihrer Ausdehnung schwindet ihre Kraft.

4. Boltzmann hat in einem kürzlich erschienenen Aufsatz[1] für den Standpunkt des Atomismus und der mechanischen Weltanschauung den schlagenden Ausdruck gefunden: die Atome existieren. Nun, wir schreiben gewissen Dingen unserer Umgebung Existenz zu, um uns Ruhepunkte in der Erscheinungen Flucht zu verschaffen. Unsere Beobachtungen liefern uns immer Beziehungen, ein Ding hängt vom andern ab, wir brauchen Dinge, auf die wir die anderen beziehen und an deren eigene Bezüglichkeit wir nicht immer denken müssen. Und wir legen diesen Dingen objektive Existenz bei, wenn wir nicht zweifeln, daß Wesen, die wir in dieser Beziehung für gleichberechtigt mit uns halten, dieselben Dinge als geeignete Haltepunkte des Denkens anerkennen. So existiert die Venus, die Newton'sche Anziehungskraft, ebenso wie dieser Baum neben mir oder der Himmel über mir. Wir haben damit Stichworte, unter denen wir unsere Erfahrungen bequem wiederfinden.

Aber die Wissenschaft wird leicht unvorsichtig in der Benutzung solcher Stichworte, viel unvorsichtiger als der Alltagsgebrauch und meint, weil sie dem Atom Kraft zuschreibt, wie sie der menschliche Arm besitzt, kenne sie es so gut wie ein Mensch sich selbst. Deshalb ist es gefährlich, zu sagen, die Atome existieren. Freilich ist das Atom ein gutes Stichwort, um die Erfahrungen der Stöchiometrie, der Körperkonstitution, der Reibungswärme und dergleichen darunter wiederzufinden, aber für die Thermodynamik schon und für viele andere Erfahrungsgebiete wird es doch recht unbequem. Es existiert etwa, wie das Himmelsgewölbe existiert,

[1] Wiener Sitzungsberichte 106, S. 83, 1897.

was ja auch für die meisten Menschen eine ganz befriedigende Aussage ist, während wir vorteilhafter denken, wenn wir denken, es existiert nicht.

Für die Naturwissenschaft existiert nichts als die wissenschaftlichen Beobachtungen, und die theoretische Naturwissenschaft könnte etwa, um ihr Gebiet nicht zu weit auszudehnen, jenen fundamentalen Ergebnissen der Beobachtungskunst und Beobachtungskritik Existenz zusprechen, die wir nach der durch den Gebrauch im Alltagsleben gesicherten Weise als klare Begriffe, als feststehende Erfahrungen, als entdeckte Gesetze und entdeckte Gegenstände bezeichnen. Jede spezielle Theorie mag ihr Gebiet enger ziehen und davon ausgehen, daß der Äther existiert, oder die Atome oder die NEWTON'sche Kraft oder in fester geometrischer Verbindung stehende unzerstörbare Massen und dergl. Aber für die allgemeine theoretische Physik existieren weder die Atome, noch die Energie, noch irgend ein derartiger Begriff, sondern einzig jene aus den Beobachtungsgruppen unmittelbar hergeleiteten Erfahrungen. Darum halte ich es auch für das Beste an der Energetik, daß sie in weit höherem Maße als die alten Theorien befähigt ist, sich unmittelbar den Erfahrungen anzupassen, und sehe in den Versuchen, der Energie substanzielle Existenz zuzusprechen, einen bedenklichen Abweg von der ursprünglichen Klarheit der ROBERT MAYER'schen Anschauungen. Es existiert kein Absolutes, nur Beziehungen sind unserer Erkenntnis zugänglich. Und so oft sich der Forschergeist beruhigt auf das Faulbett irgend eines Absoluten gelegt hat, so war es gleich um ihn gethan. Es mag ein behaglicher Traum sein, daß in den Atomen unser Fragen Ruhe finden könne, aber es bleibt ein Traum! Und ein Traum wäre es nicht minder, wollten wir in der Energie ein Absolutes sehen und nicht vielmehr nur den zur Zeit schlagendsten Ausdruck quantitativer Beziehungen zwischen den Naturerscheinungen.

5. Auch BOLTZMANN's neue Verteidigung der Atomistik durch den Differentialbegriff kann ich nicht für ausreichend erachten. „Wer", sagt BOLTZMANN[1], „die Atomistik durch Differentialgleichungen losgeworden zu sein glaubt, sieht den Wald vor Bäumen nicht. Was nützt es, die Forderung, sich eine große Zahl von Einzelwesen zu denken, zu verschweigen, wenn man bei Erklärung der Differential-

[1] WIED. Ann. 60, S. 234.

gleichungen den durch dieselben ausgedrückten Wert durch jene Forderung definiert hat?" — Dagegen ist zu bemerken, daß es die Physik nichts angeht, ob die Metaphysik der Zahlen das Stetige auf Unstetiges zurückführt. Thatsächlich sind die Vorstellungen des Stetigen und des Unstetigen beide in uns, und wer die Differentialgleichungen durch Operationen mit diskreten Zahlen erklärt, braucht den stetigen Zusammenhang nicht zu leugnen, er kann ihn nur nicht mit der ihm erforderlich scheinenden Schärfe begrifflich fassen. Der Grenzübergang kann sehr wohl eine Qualitätsänderung darstellen. Aber welcher Atomistiker faßt denn seine physikalischen Atome so auf? Sieht man in ihnen wirklich bloße Hilfsmittel der Begriffsbildung, schreibt man ihnen nicht vielmehr reale Existenz zu?

6. So oft und nachdrücklich auch schon diese Gedanken alle vertreten worden sind — der Kenner wird, wie ich hoffe, an vielen Stellen dieses Buches die Gedankenkreise von Mach und von Avenarius deutlich genug wiedererkennen —, in der Naturwissenschaft sind sie noch nicht zu der allgemeinen Geltung durchgedrungen, die ihnen gebührt; sonst hätten in Lübeck die tieferen Züge der Energetik nicht so geringes Verständnis gefunden.

Das engherzige Festhalten an den mechanischen Hypothesen gegenüber der über sie wegblickenden Energetik, ist ja wahrlich nicht der erste Fall, daß die Wissenschaft auf überkommenen Methoden mit Starrsinn beharrt und dem größten Beispiele gemäß darf man dies Verfahren wohl als Scholastik bezeichnen. Mag man den angewöhnten Methoden eine größere, durch vielfachen Gebrauch erreichte Sicherheit und Leistungsfähigkeit, oder einen größeren Bildungswert nachrühmen — es hilft alles nichts, sie bleiben von begrenzter Verwendbarkeit und über ihre Grenzen hinaus tragen nur neue, unmittelbarer an die Erfahrung angeschlossene Betrachtungsweisen.

Ein treffliches Wort hierüber hat einst Maxwell[1] gesprochen, gleichsam die Bestrebungen der neueren Energetik voraussagend: „Sehr wünschenswert ist es, daß die Männer der Wissenschaft Darstellungsmethoden erfinden, durch welche die Ideen genau so weit, als sie reichen, dem Geiste überliefert werden und die doch allgemein genug sind, um die Einführung unberechtigter Einzelheiten zu vermeiden." Die Energetik ist eine solche Methode.

Rosenberger hat jüngst Dynamik, Energetik und Kinetik als

[1] Proc. Cambr. Phil. Soc. II, 1876; Scientific Papers II, S. 309.

drei etwa gleichberechtigte Richtungen der physikalischen Naturerkenntnis in Parallele gestellt und es scheint mir, daß er damit eine ziemlich verbreitete Ansicht ausgesprochen hat. Nun, gewiß kann man nach Geschmack mehr die Kraft oder die Energie oder die Gleichungen hervorheben, durch welche die verschiedenen Veränderungsmöglichkeiten verknüpft sind. Jede dieser Richtungen kann sich zu üppiger Mystik und überschwänglicher Bildlichkeit steigern, jede sich züchtig bescheiden, nichts weiter sein und treiben zu wollen, als eine Wiedergabe der Erfahrung. So hält sich Newtons Dynamik, Hertz' Kinetik, ja selbst die allgemeine Kinetik des Äthers in der Optik und Elektrik frei von unnötigen Vorstellungen, während die Energetik in der Form der Energiewanderung mindestens eine starke Neigung zu leerem Aufputz verrät. Wohl also mag man diese drei Richtungen der theoretischen Physik in Parallele stellen; — aber man soll nicht meinen, damit die Lübecker Streitfrage zu treffen. Was da an der Energetik bekämpft und verteidigt worden ist, das ist die Methode, in einer bilderfreien Sprache von den Naturvorgängen reden zu können; und in dieser Methode ist die Energetik unübertroffen, von keiner der anderen Richtungen auch nur annähernd erreicht.

Man braucht aber deshalb nicht soweit zu gehen, wie es Ostwald gethan hat, und die Bilder schlechthin verwerfen. Warum geben denn die Hypothesen den von ihnen erdichteten Mechanismen thunlichst molekulare Dimensionen? Die Lagrange'schen Gleichungen, die Hertz'schen starren Verbindungen sind keineswegs nur für molekulare Dimensionen gültig. Aber wenn man den von ihnen der Phantasie dargebotenen Rahmen mit Gestalten erfüllen will, die elektromagnetische Übertragung mit einem Räderwerk nach Lodge wiedergeben oder eine Konstitutionsformel mit einer geometrischen Figur anschaulich machen will, muß man ins verschwindend Kleine hinabsteigen. Dienen uns also die molekularen Dimensionen nicht um aus der Sinne Schranken in die Freiheit der Gedanken zu flüchten, ist es nicht vielleicht die eigentliche Bedeutung des Atomismus, unserem Geiste ein Reich der Freiheit zu sichern? Aber das freiere Spiel des Geistes würde eitel Spielerei, wenn er sich der Grenze zwischen Dichtung und Wahrheit nicht bewußt wäre.

Eine durch induktive Schlüsse festgestellte Beziehung zwischen Naturerscheinungen bietet immer der Phantasie Spielraum zu weiteren Versuchen. So führten die von Kopernikus und Keppler durchschauten Beziehungen im Planetensystem zur Gravitation und diese gewährt ihrerseits wieder der Vorstellungskraft Gelegenheit, sich zu entfalten. Gewonnen wird bei diesem Spiel, wenn eine Vorstellung aufsteigt, durch welche Erfahrungen in zutreffende Beziehungen gesetzt werden, die bisher außer Beziehung standen, z. B. die Bewegung des Mars mit der irdischen Schwere oder die Gravitation mit den elektrischen und magnetischen Fernewirkungen. Aber wenn man nun die erdichtete Vorstellung für das Wesen der Sache hält, für wertvoller als die Erfahrungen, aus denen sie erdichtet ist — da beginnt die Scholastik. Und wer eine völlig genügende Beschreibung der Erscheinungen, wie die Energetik sie bietet, verwirft, eine Beschreibung ohne die Hilfsmittel der Dichtung, der steht auf scholastischem Boden. Nicht die alten Methoden zur Beschreibung der Erscheinungen halte ich daher für bedenklich, sondern ihren Überschwang, jenen blinden Glauben an ihre Allgemeingültigkeit und Unfehlbarkeit, der zu allerhand Rettungsversuchen verführt, die sonderbarsten Vorstellungen erdichtet, die zu keinem anderen Zwecke nütze sind, als zu solcher Rettung und diese Dichtungen dann als Wahrheit ausgiebt.

Thatsächlich wird denn auch, z. B. bei der Entwickelung der Atom- zu der Ionenhypothese, das Mechanistische mehr und mehr als Beiwerk und Einkleidung empfunden, und die Helmholtz-Hertz'schen verborgenen Bewegungen verzichten grundsätzlich darauf, mehr zu sein, als ein der Lagrange'schen Denkformen wegen erforderliches Anschauungsmittel, energetische Beziehungen zu beschreiben. Aber es giebt eine Beschreibung ohne Lagrange's Gleichungen, wie es neben dem anschaulichen ein begriffliches Denken giebt.

7. Ja noch mehr! Die Energetik braucht die Bilder gar nicht zu bekämpfen, als ihr feindlich; denn in Wahrheit sind sie ihr unterthan, wie selbständig sie sich auch gebärden. Woran nämlich erkennen wir, ob ein Bild zutrifft? Man sagt, an seiner Übereinstimmung mit der Erfahrung oder an der Übereinstimmung seiner logischen Konsequenzen mit der Erfahrung. Aber wie denn? Ist denn nicht das Bild qualitativ verschieden von der Thatsache, die es abbildet, wie kann man es oder wie seine Konsequenzen mit jener vergleichen? Wo ist das tertium comparationis? Nehmen wir ein Beispiel. Man ersinnt ein Bild zur Beschreibung der Wärmeerscheinungen, eine gewisse Größe, die nicht Wärme ist, soll die Wärme vorstellen, eine andere die Temperatur. Was heißt denn nun an der Erfahrung prüfen, ob das Bild brauchbar ist? Alle Züge des Bildes stimmen nicht mit den Erfahrungen über Wärme überein; sonst wäre es kein Bild. Welche müssen übereinstimmen,

damit die exakte Forschung befriedigt sei? Allein die Energetik erteilt die Antwort auf diese Frage. Als Wärme werden wir nur eine Größe ansprechen dürfen, die als Energieform aufgefaßt werden kann, z. B. sich dem Satze von der Erhaltung der Energie fügt; als Temperatur kann nur eine Größe anerkannt werden, die mit der Temperatur z. B. die Intensitätseigenschaft teilt. Kurz, die Züge, die das Bild wiedergeben muß, sind genau die zur vollständigen quantitativen Beschreibung der Erfahrung nötigen, sind genau die in der Energetik festgehaltenen. So steht die Energetik in jedem Sinne über den mechanischen Bildern, sie ist ihre Richterin; durch ihre Kritik wird erst festgestellt, ob das Bild eine zutreffende Beschreibung der Wirklichkeit, kein leeres Spiel der Phantasie, sondern dichterische Wahrheit sei. Und ohne diese Kritik wäre das Festhalten an überkommenen Anschauungsweisen, das Ersinnen neuer Hilfsvorstellungen, nur um die alten Bilder zu retten, eitel Scholastik.

So handelt es sich denn auch in dem 1895 in Lübeck angefachten Streite nicht eigentlich um Atomismus oder stetige Raumerfüllung, nicht um das Ungleichheitszeichen in der Thermodynamik, nicht um die energetische Begründung der Mechanik: das sind alles nur die Einzelheiten. Im letzten Grunde geht es um die Prinzipien unserer Naturerkenntnis. Wider die Omnipotenz, welche die mechanische Methode, unsere Erfahrungen theoretisch wiederzugeben, beansprucht, tritt ein junges Verfahren auf, das weit unmittelbarer die Erfahrungen zu beschreiben gestattet und doch die Allgemeinheit der Begriffe erreicht, die für jede zweckmäßige theoretische Wiedergabe der Natur unumgänglich ist. Faßt man das Gebiet der Energetik in dieser Weite, in der allein man ihren Bestrebungen gerecht werden kann, dann steht die Entscheidung sehr einfach: Hie Scholastik — hie Energetik — das ist die Wahl!

Register.

Druck von Metzger & Wittig in Leipzig.

www.ingramcontent.com/pod-product-compliance
Lightning Source LLC
LaVergne TN
LVHW091041021026
849161LV00002BA/273